3DEXPERIENCE 系列培训教程

3DEXPERIENCE WORKS 结构有限元仿真教程

主　编　彭　军

参　编　刘敦远　刘文彬　江流洋　陈　军

张忠良　李　根　张明学

机械工业出版社
CHINA MACHINE PRESS

本书以多个不同类型的仿真案例操作的形式，详细介绍了 3DEXPERIENCE WORKS 结构有限元仿真角色的功能特点和操作流程。内容覆盖隐式求解器和显式求解器的应用，从静力学仿真到瞬态动力学仿真，从常规弹塑性材料到材料损伤和失效，从热传导到疲劳仿真等，涵盖结构有限元仿真的大多数应用场景。

本书共 16 章。第 1 章介绍了 3DEXPERIENCE 平台的基本特点和使用，以及有别于常见仿真软件工具的基本概念和操作流程。第 2、3 章介绍了结构有限元仿真常见的材料定义、截面属性、网格划分、单元类型与选择、分析步类型与使用、接触属性与接触类型、负载与边界、模型部件连接关系等，可以作为后续章节的参考材料。第 4 ~ 16 章根据 3DEXPERIENCE FGM 仿真角色覆盖的功能，使用具体的仿真模型介绍详细的操作过程，同时对操作过程中的注意事项和知识要点等进行了说明。

本书适合结构有限元仿真领域的高校师生、企业工程技术人员阅读，也可以作为仿真咨询行业 CAE 技术人员的学习资料和培训教程。

图书在版编目（CIP）数据

3DEXPERIENCE WORKS 结构有限元仿真教程 / 彭军主编．—北京：机械工业出版社，2024.3

3DEXPERIENCE 系列培训教程

ISBN 978-7-111-74609-6

Ⅰ．① 3…　Ⅱ．①彭…　Ⅲ．①机械设计 – 结构分析 – 有限元法 – 应用软件 – 教材　Ⅳ．① TH122

中国国家版本馆 CIP 数据核字（2024）第 016989 号

机械工业出版社（北京市百万庄大街 22 号　邮政编码 100037）

策划编辑：张雁茹　　责任编辑：张雁茹　赵晓峰

责任校对：杨　霞　张　征　　封面设计：张　静

责任印制：常天培

北京科信印刷有限公司印刷

2024 年 3 月第 1 版第 1 次印刷

184mm × 260mm ・18.25 印张 ・461 千字

标准书号：ISBN 978-7-111-74609-6

定价：75.00 元

电话服务　　网络服务

客服电话：010-88361066　机　工　官　网：www.cmpbook.com

010-88379833　机　工　官　博：weibo.com/cmp1952

010-68326294　金　书　网：www.golden-book.com

机工教育服务网：www.cmpedu.com

序

“十四五”规划和2035年远景目标纲要明确表明当下的中国正从数量时代逐步转向质量时代。众所周知的是，中国拥有世界上规模最大的制造业，对制造业更高质量的追求莫过于通过数字化转型实现智能制造，进而迈向产业升级。

在过去的30多年里，基于3D的数字化技术不断升级迭代，尤其是在今天，云计算、大数据等技术日趋成熟，云端应用也越来越普及。因为市场环境及其需求的不断变化，所以除了软件的数字化功能，企业更加关注应用程序（APP）的灵活性和弹性、企业内外协作的即时性。企业数字化转型正在经历从基于传统IT架构的信息化管理，到快速迈向基于云架构的全数字化、智能化的运营。

3DEXPERIENCE平台是融合了达索系统旗下所有品牌工业软件的功能模块，同时融入了达索系统多年来服务各行业所积累的工业知识与专业经验，而形成的完全基于模型的全数字化平台，具有数字连续、数据驱动、单一数据源等特点。3DEXPERIENCE平台，覆盖的业务领域广泛，可为各行各业的客户提供全面而完整的数字化转型解决方案。

3DEXPERIENCE WORKS是3DEXPERIENCE平台的一个子集，专门面向主流制造业的市场与客户，选取各品牌中最适合此目标市场的重要或主要解决方案，同时强调与SOLIDWORKS等主流3D CAD建模工具的连接与融合，从而形成完全基于云端的、SaaS（Software as a Service，软件即服务）模式的产品组合。

3DEXPERIENCE WORKS是基于云计算、大数据技术的创新产品研发平台，具有快速部署、即时应用、灵活扩展的特点。3DEXPERIENCE WORKS目前提供5大领域的解决方案，即设计与工程、验证与仿真、生产与制造、管理与报告、市场与销售；其中验证与仿真领域的专业涉及结构、流体、电磁、模流、多体动力学等，涵盖的学科专业非常广泛。这对于专注于创新研发，并致力于数字孪生技术实现全面数字化转型的主流制造业企业来说，无疑提供了强大的技术支撑和数字化基础平台。本书将主要聚焦于3DEXPERIENCE平台上完全基于模型的设计验证与仿真技术的学习与操作，从而深入理解数字化的虚拟仿真与智能制造的密切关系。

本书作为3DEXPERIENCE系列培训教程之一，不仅能帮助读者打开神秘的3DEXPERIENCE平台之门，而且能使读者深入体验业界先进的MODSIM(基于模型的一体化仿真)技术的真谛，进而深刻领会和理解代表当今先进理念与潮流技术的创新数字化平台的全貌，从传统的桌面应用快速走进云端的创新，进一步适应和熟悉SaaS在工业上的真正落地与实践。希望3DEXPERIENCE平台能够早日成功应用于产品创新研发之中，助力企业的数字化转型，帮助企业在激烈的市场竞争中保持优势！

达索系统大中华区技术咨询部 SOLIDWORKS 技术总监 戴瑞华

前言

达索系统一直致力于为企业提供 3D 体验技术，改变产品设计、生产和技术协作的方式，实现可持续性创新。早在十余年前，达索系统就开始研发新一代的业务协作平台和创新环境，即 3DEXPERIENCE 平台，如今该平台已经逐步完善成熟并推向市场。在 3DEXPERIENCE 平台上，企业内部和外部都能够以全新的方式进行协作和创新，并利用虚拟体验来创建产品和服务。基于云端的 3DEXPERIENCE WORKS 提供了一整套业界领先的解决方案，可为企业提供将想法变为现实所需的产品，包括设计与工程、制造与生产、仿真、管理和生命周期等。

3DEXPERIENCE 平台中的仿真角色功能非常强大，涵盖的学科领域非常广泛，包含结构、流体、电磁、模流、多体动力学等。3DEXPERIENCE 平台结构仿真角色采用业界著名的 SIMULIA Abaqus 求解器，在继承 Abaqus 强大的非线性结构仿真求解能力的同时，又引入了数据连续和云端求解计算等功能。这个全新的综合性平台不仅包含了全新的操作界面和数据格式等，而且包含了颠覆式的数据衍生和信息传递流程。对于 3DEXPERIENCE 用户及 CAE 仿真技术人员，如何快速高效地理解和掌握这一全新的 3DEXPERIENCE 平台，尤其是其中包含的仿真相关的角色、流程和方案等，似乎是一个重大的挑战。

考虑到目前市场上缺少 3DEXPERIENCE 平台仿真相关的教程和书籍，我们特别组织了相关渠道社群的最强大脑们，一起编写了这本书。正如 3DEXPERIENCE 平台强调的协作和共享一样，我们团队也一直致力于打造独特的渠道分享文化和协作共赢的价值观。本书内容不仅只强调操作过程的掌握，更重视对基本概念、基本原理和基本应用原则的解释和说明，全书内容的编排尽量覆盖了 3DEXPERIENCE 平台结构仿真角色的绝大部分功能和行业应用场景。

本书的编写分工如下：全书内容策划、章节安排及修改、统稿由彭军负责，第 1、16 章由刘敦远编写，第 2、12、13 章由刘文彬编写，第 3、9 章由彭军编写，第 4、5 章由江流洋编写，第 6 章由陈军编写，第 7、11 章由张忠良编写、第 8、10 章由李根编写，第 14、15 章由张明学编写。在本书撰写过程中，达索系统公司颜学专、胡其登、戴瑞华、白锐、安锐明、卢芳、李严、安嬰嬰等领导和同事给予了大力支持和帮助，在此深表感谢！

3DEXPERIENCE 平台仿真覆盖的仿真学科和专业领域非常宽广，由于编者水平有限，书中难免有错误和疏漏之处，恳请广大读者批评指正！

编　者

目　录

第 1 章 3DEXPERIENCE 平台基础

1

学习目标

1）3DEXPERIENCE 平台基本概念。
2）3DEXPERIENCE 平台的安装与使用。
3）3DEXPERIENCE 平台基础设置。
4）Web 用户端多工具使用方法。
5）桌面用户端安装与使用。
6）结构仿真角色常规操作。

1.1 3DEXPERIENCE 平台概述

1.1.1 3DEXPERIENCE 平台

3DEXPERIENCE 平台是达索系统推出的新一代业务协作平台和创新环境。在 3DEXPERIENCE 平台上，企业和人员能够以全新的方式进行协作和创新，并利用虚拟体验来创建产品和服务。它提供了业务活动和生态系统的实时视图，将人员、创意和数据连点成线。通过 3DEXPERIENCE 平台，可以为每个行业提供量身定制的行业解决方案体验。

基于云端的 3DEXPERIENCE WORKS 提供了一整套业界领先的解决方案，为企业提供将想法变为现实所需的一切，包括设计与工程、制造与生产、仿真、管理和生命周期。它可以摆脱 IT 硬件限制，基于云平台整合业务的各个方面，加强协作、加强执行和加快创新。

1.1.2 3DEXPERIENCE 平台概念与名词

Compass（罗盘）：提供 3DEXPERIENCE 平台的角色、应用程序和解决方案包的交互入口。罗盘包含 4 个象限，分别是 3D 建模、虚拟仿真、信息智能和社交协作，如图 1-1 所示。

Role（角色）：能够完成用户特定工作流程的应用程序（APP）组合。例如，3D Creator 就是 3DEXPERIENCE 平台中的一个 3D 建模的角色，如图 1-2 所示。

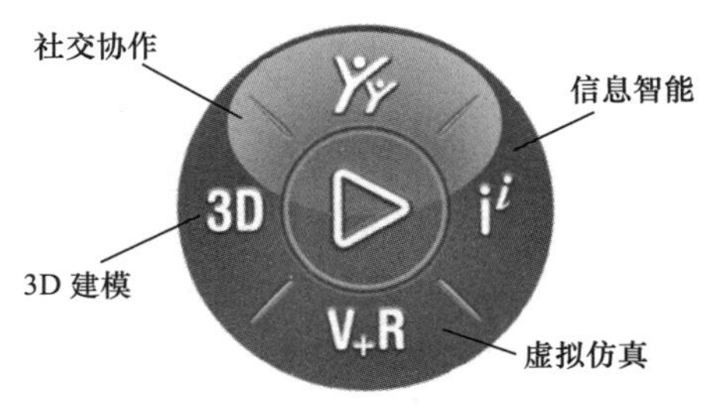

图 1-1 罗盘

APP（应用程序）：用户具体使用的 3DEXPERIENCE 平台应用程序。例如，3D Creator 角色中的 xDesign APP 可以使用网页浏览器来在线创建 3D 数据，如图 1-2 所示。

Dashboard（仪表板）：一项允许创建、可视化、管理和共享仪表板的服务，它也提供 3DEXPERIENCE 平台管理工具，如管理用户的邀请、角色和权限分配以及通用平台定制等。

3DSwym Community（社区）：3DEXPERIENCE 平台上的交流社区，提供与经销商/服务合作伙伴及达索系统支持团队进行直接联系的社区。用户可以在这个社区中发布或分享内容，获得所需的支持。

3DEXPERIENCE 平台管理员：3DEXPERIENCE 平台管理员是由用户确定的关键人员，该人员将在实施和管理过程中发挥重要作用。

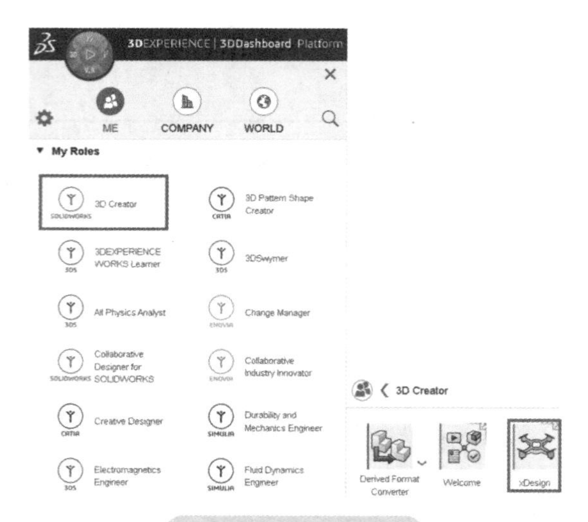

图 1-2　角色与 APP

3DXML：一种通用的基于 XML 的轻量级格式文件，供用户捕获和共享实时、准确的 3D 数据。3D 信息可以合并到技术文档、维护手册、营销手册、网站和电子邮件通信中。3DXML 压缩高度复杂的数据，提供快速的文件传输和更短的加载时间，同时保持所交换文件的精确几何形状。

3DE/3DX：3DEXPERIENCE 平台的简称。

1.2　平台搭建与平台管理

搭建 3DEXPERIENCE 环境前，需要确认硬件环境资格。安装前应注意以下几点：

1. 认证的硬件

可以在以下链接找到公有云 3DEXEPERIENCE 平台的认证工作站列表。链接：https://www.3ds.com/support/hardware-and-software/hardware-and-software-configurations/。

2. 环境资格

提供指向 3DEXPERIENCE 平台硬件和软件资格工具的当前链接，以允许用户检查硬件是否合乎 3DEXEPERIENCE 平台的要求。链接：https://www.3ds.com/support/3dexperience-platform-on-cloud-support/eligibility/。

3. 本机应用程序安装

提供指向 3DEXPERIENCE 平台本机应用程序安装指南的当前链接，以便用户在需要时进行参考引用。链接：https://www.3ds.com/support/3dexperience-platform-on-cloud-support/on-boarding/native-apps-installation/。

1.2.1　启动 3DEXPERIENCE 平台

获得 3DEXPERIENCE 平台使用权限之后，用户将收到一封邀请电子邮件，邀请用户单击链接以登录或创建用户的 3DEXPERIENCE ID 来访问平台。被指定为“管理员”的用户有权访问平台激活电子邮件，然后单击唯一的一次性票据（OTT）链接，激活平台并将其分配为第一位管理员。平台第一次登录步骤如图 1-3 所示。

激活 3DEXPERIENCE 平台的详细操作步骤如下：

1）从达索系统收到的平台激活电子邮件连接到 3DEXPERIENCE 平台。

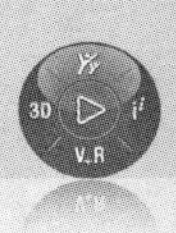

2）检查管理员是否已经具有 SOLIDWORKS ID（用于登录 SOLIDWORKS 用户门户，SOLIDWORKS 论坛和 MySOLIDWORKS，适用于 SOLIDWORKS 用户）。

① 尝试登录这些资源之一进行验证。

② 如果管理员具有 SOLIDWORKS ID，使用该 ID 登录 3DEXPERIENCE 平台。

③ 根据需要创建 3DEXPERIENCE ID（仅当尚未拥有 SOLIDWORKS ID 时）。

④ 使用凭据登录平台。

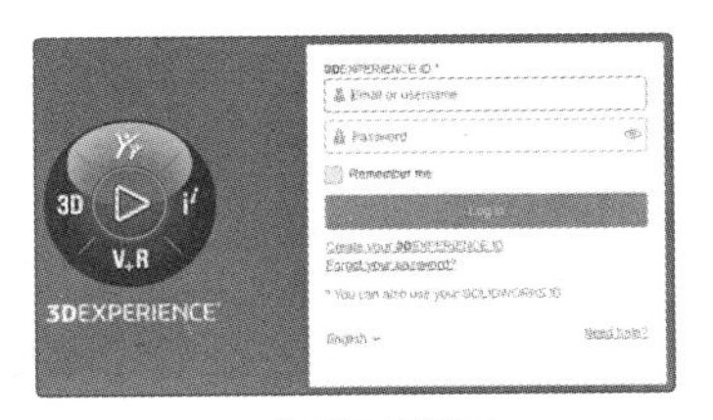

a) 登录初始界面

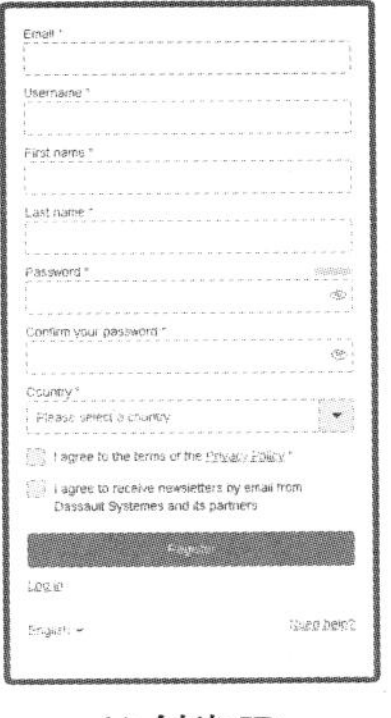

b) 创建 ID

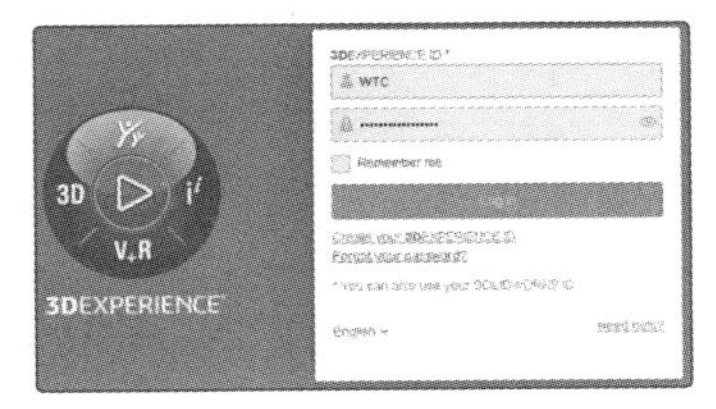

c) 登录

图 1-3　平台第一次登录步骤

注意：1）激活平台的链接仅能使用一次，这是正确设置平台的关键步骤。只有主要管理员（第一个平台管理员）需要使用电子邮件中提供的链接，进行首次连接。待平台激活以后，可以添加更多的管理员，但只有在进行第一次连接并登录平台以后才可以添加其他的平台管理员。

2）如果用户被邀请到多个平台，单击其中一封电子邮件中的链接或打开其中一个平台的 URL 网址即可访问 3DEXPERIENCE 平台。

1.2.2　平台基础设置

登录平台之后，用户可以根据自身喜好修改平台初始设置，包括选择界面语言、选择鼠标控制等。

1. 选择界面语言

对于本地应用程序和 Web 应用程序，可以使用希望的语言开始会话。如果未选择任何语言，3DEXPERIENCE 将默认使用英语界面。

3DEXPERIENCE 支持的语言有英语、简体中文、繁体中文、法语、德语、西班牙语、捷克语、意大利语、日语、韩语、波兰语、葡萄牙语、俄语。

如果要更改语言，可使用以下任意一种方式操作：

1）当用户处于 3DEXPERIENCE 平台登录页面时，在登录界面底部选择一种语言，如图 1-4 所示。

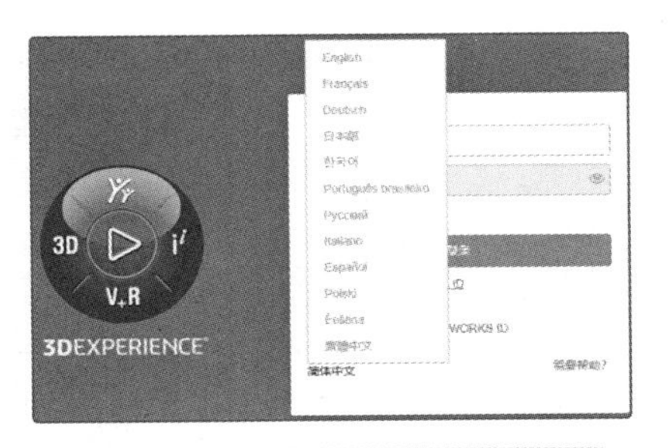

图 1-4　平台默认语言设置（一）

2）如果已经登录 3DEXPERIENCE 平台，可以单击“用户头像”/“首选项”，在“首选项”对话框的“语言”选项卡中选择新的语言，然后单击“保存”，如图 1-5 所示。

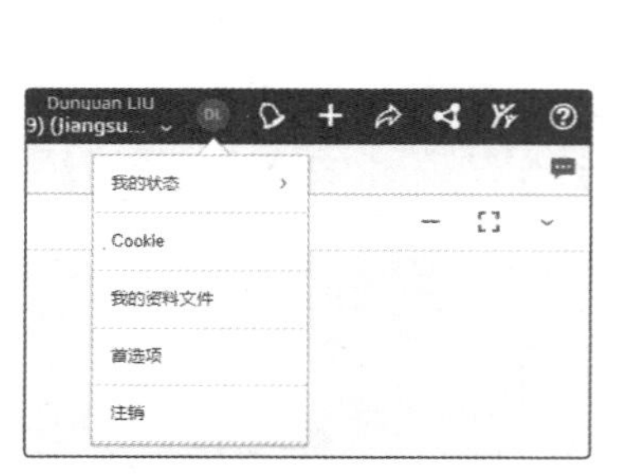

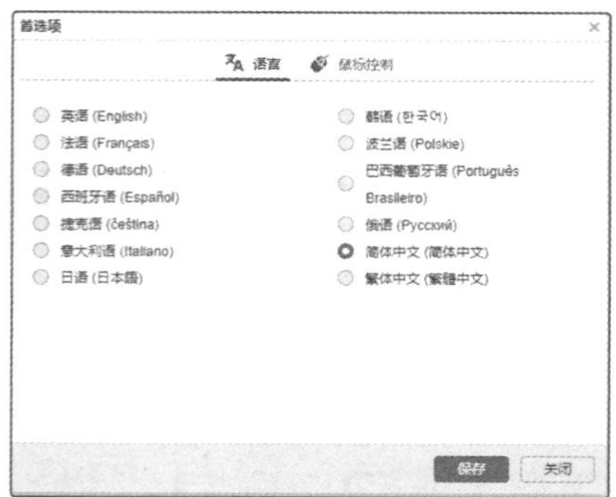

图 1-5　平台默认语言设置（二）

2. 选择鼠标控制

选择鼠标控制是用户在应用程序中使用鼠标操作 3D 视图的方式。在启动仪表板应用程序会话时，会按照用户设定的方式工作。分配给首选项中的鼠标控制将保留在所有应用程序中，如图 1-6 所示。

选择鼠标控制的操作步骤如下：

1）从顶部栏中，选择“我”/“首选项”。

2）单击“鼠标控制”选项卡。

3）在“鼠标控制”对话框中，选择鼠标控制文件类型，平台默认为 3DEXPERIENCE。

4）单击“保存”。

5）鼠标控制文件已应用，用户可以下次登录时使用它。

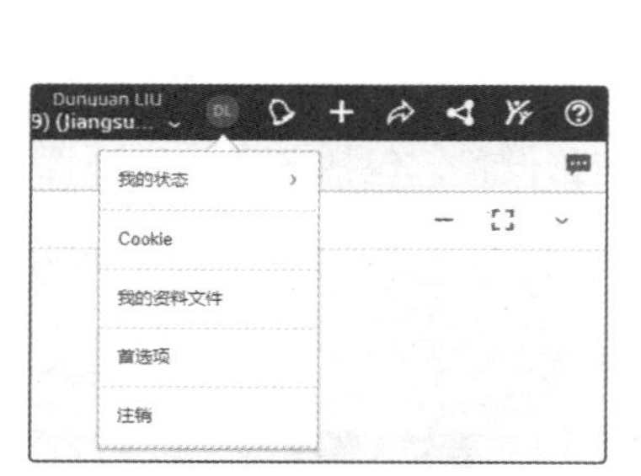

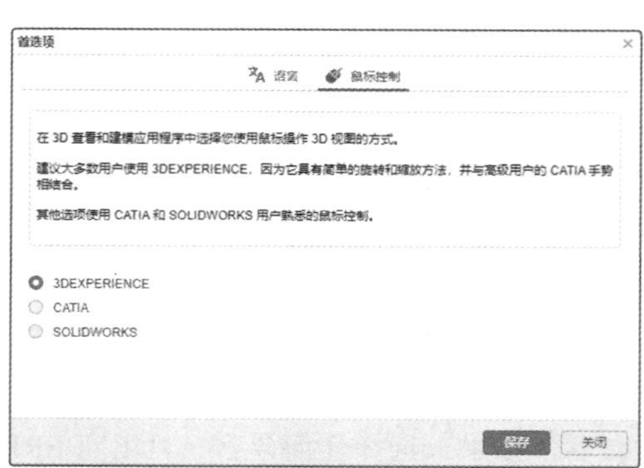

图 1-6　平台默认鼠标控制设置

注意：建议大多数用户使用的鼠标控制为 3DEXPERIENCE，因为它具有简单的旋转和缩放方法，并与高级用户的 CATIA 手势相结合。如果以前是 CATIA 或者 SOLIDWORKS 的用户，则可以根据习惯选择熟悉的鼠标控制。

1.2.3　查看角色、应用程序和解决方案组合

用户可以通过罗盘查看已授予用户的所有角色和应用程序，请求新角色和应用程序，并发现整个投资组合。单击罗盘查看用户的角色、应用程序和解决方案，如图 1-7 所示。

图 1-7　当前角色和应用程序查看

1.2.4　平台管理

作为平台管理员，用户需要执行一系列操作来对平台完成基础搭建，主要包括添加团队成员并分配角色、创建一个用户组并添加所有团队成员（可选）、创建一个社区并分配所有团队成员、创建一个空白的仪表板、创建一个协作区等。

1. 添加团队成员并分配角色

管理员可以使用 PlatformManagement（平台管理（图 1-8a）仪表板）邀请所有成员（团队成员）加入平台（图 1-8b），并可以根据需要对所有成员授予角色。

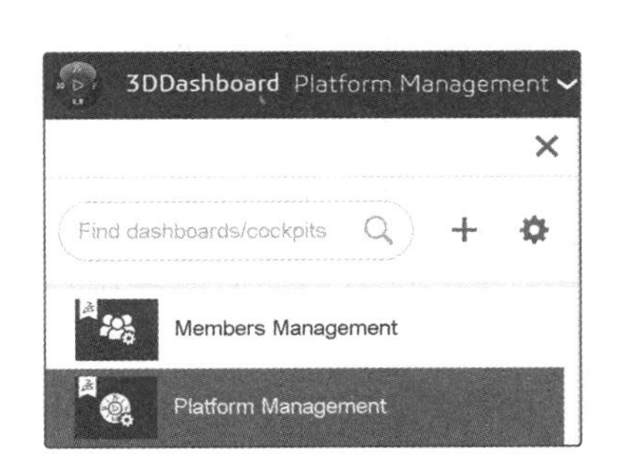

a) 选择平台管理仪表板

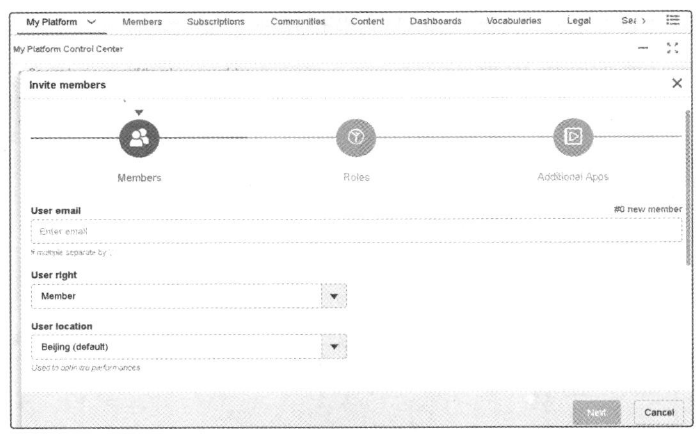

b) 邀请成员加入平台

图 1-8　平台管理仪表板

平台管理仪表板是平台管理员对整个 3DEXPERIENCE 进行管理的平台，仅管理员可以访问。平台管理员可以在平台管理仪表板中对平台成员（人员邀请与管理、角色分配）、订阅、社区（社区创建与删除、社区统计）、目录（查看各用户所占平台磁盘空间）、仪表板（管理平台控制面板）、词汇表、法律法规等进行管理。

2. 创建一个用户组并添加所有团队成员

这是一个可选步骤，它可使受邀请的用户组更轻松地访问仪表板、社区和其他共享内容。使用“User Groups（用户组）”（图 1-9a）应用程序管理用户组。

使用“用户组”对话框，可以创建一个新的组，并将其命名为“Design Team（设计团队）”。打开创建的组，可以将所有设计团队成员加入其中。

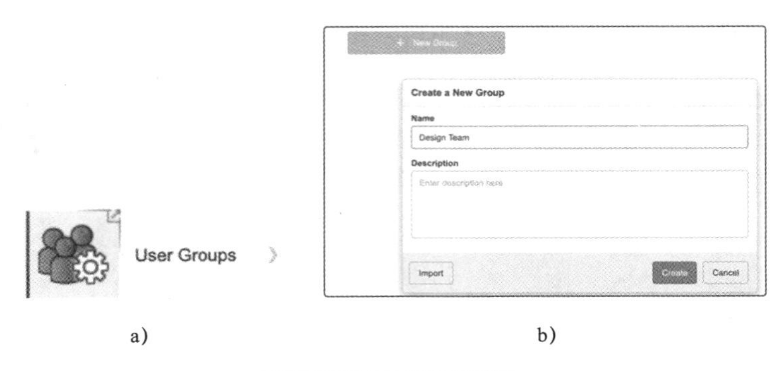

a) b)

图 1-9 创建用户组

3. 创建一个社区并分配所有团队成员

3DSwym 社区是团队交换信息的绝佳之处。社区信息是永久性的，不会出现丢失的情况，如在电子邮件中丢失或在不再使用的计算机上丢失等。邀请到现有社区的所有新用户都可以查看所有信息，并且能比标准解决方案（如电子邮件、即时消息、电话）更快速地获取最新信息，如图 1-10 所示。

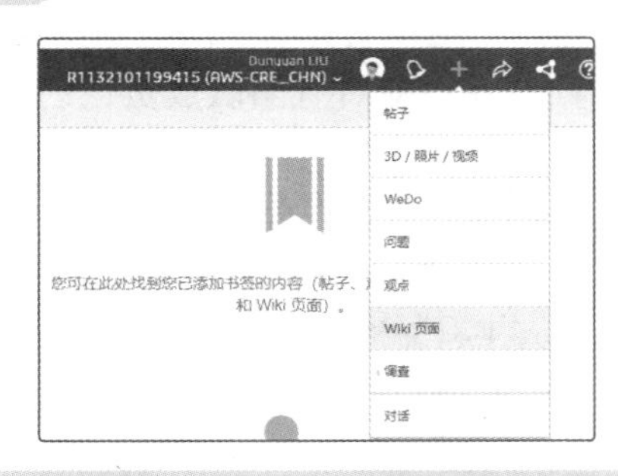

图 1-10 在 3DSwym 社区中发布信息

注意：用户是否能创建社区可以在平台中设置。默认情况下，所有管理员均可创建社区。

4. 创建一个空白的仪表板

仪表板可以通过 Web 浏览器进行访问、汇总相关信息。

对于平台用户来说，从预设仪表板开始更方便，后续用户可以自定义或添加更多仪表板。单击默认仪表板右上角的“添加”➕（图 1-11a），单击“控制面板”来创建仪表板，如图 1-11b 所示。

a) b)

图 1-11 创建一个空白仪表板

5. 创建一个协作区

协作区（Collaborative space）是用户在云端保存模型和用户之间进行协作的空间或区域，

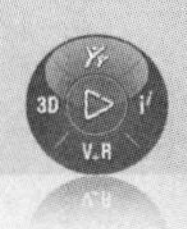

用户使用 3DSpace APP 可以创建和管理协作区。用户可以从罗盘（Compass）中打开 3DSpace APP，单击“我的协作区”来创建协作区，也可以将 3DSpace APP 拖动到仪表板选项卡上固定，如图 1-12 所示。

a）单击“新建协作区”

b）“创建协作区”界面

图 1-12　在 3DSpace 中创建一个协作区

1.2.5　平台使用

作为平台使用者，用户需要学习和了解一些平台常规的操作与设置，主要包括：

1）使用 3DSwym 社区，进行协作与交流。

2）访问并编辑空白仪表板，丰富显示内容。

3）在协作区中上传模型文件。

4）使用 3DSearch 搜索。

5）使用在线帮助文档。

1. 使用 3DSwym 社区，进行协作与交流

社区位于安全的位置，可以通过持续的消息、图片、视频和 3D 内容等与他人进行协作，这是与所有干系人共享有关项目信息的最佳方法。如果项目成员发生变化，社区所有者只需要授予相关的访问权限，任何新用户都可以快速轻松地访问所有项目信息，而无须从旧的电子邮件或不用的磁盘中去搜索。

用户可以使用多种方式使用 3DSwym 应用，访问社区，如图 1-13 所示。

1）单击罗盘中的 3DSwym 应用程序图标将在新对话框中打开社区（图 1-13a），或者将 3DSwym 应用程序拖动到仪表板上。

2）直接在已经插入到仪表板中的 3DSwym 中访问社区（首选方法）。

3）从顶部栏的右上方区域访问社区窗格（Communities pane）（图 1-13b）。

提示

用户可以在社区中创建一个帖子，并让其他人知道用户已开始使用 3DEXPERIENCE 平台。

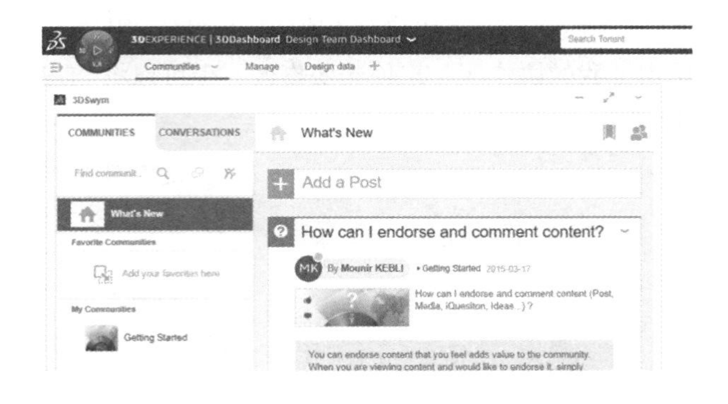

a) b)

图 1-13 打开 3DSwym 社区

2. 访问并编辑空白仪表板，丰富显示内容

仪表板是平台网页，由多个图块组成，这些图块显示来自其他来源的相关内容，从而可以快速轻松地访问用户需要的所有重要内容。在 3DDashboard 应用程序中，3DDasboard 显示在标题区域的左上角。

1）如果尚未加载（3DDashboard），单击“Compass”，然后单击“3DDashboard”图标。

2）访问用户可以使用的仪表板。

3）选择一个由管理员为用户创建的名称为“设计团队仪表板（Design Team Dashboard）”，并将其拖拽到“我的控制面板”收藏夹。

4）如果已经加载了 3DDashboard 应用程序，请从上面的步骤 2）开始访问设计团队仪表板。

进入之前创建的空白仪表板，然后按照以下步骤定义显示的内容：

1）编辑“新标签（选项卡）”的名称并将其标记为“社区”。

2）通过将 3DSwym 应用程序拖放到空白处来添加 3DSwym 对话框小部件（Widget）。

① 选择“内部团队”社区。

② 创建一个简单的欢迎帖子。

③ 在 Widget 首选项中，使用“首选项”定义设置，然后取消选择“即使刷新也保留上一次访问的内容”，如图 1-14 所示。

图 1-14 更改 3DSwym 设置

3）添加 3DPlay 应用并拖动到 3DSwym 小部件的右侧，如图 1-15 所示。

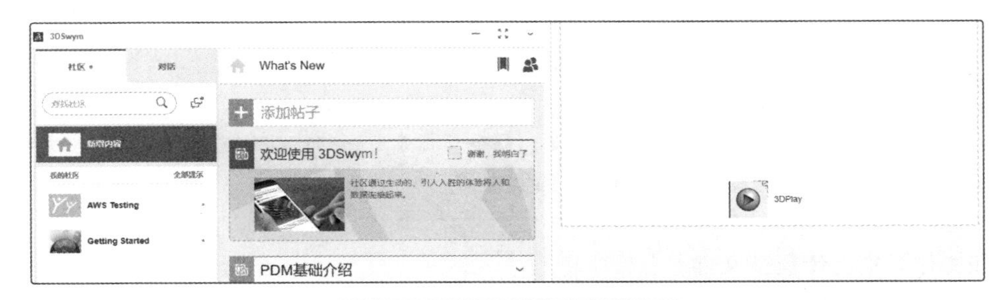

图 1-15　添加 3DPlay 并拖动

4）创建一个名为 manage 的管理选项卡，如图 1-16 所示。

① 拖拽添加 3DPlay。

② 拖拽添加 Bookmark Editor。

③ 拖拽添加 3DDrive。

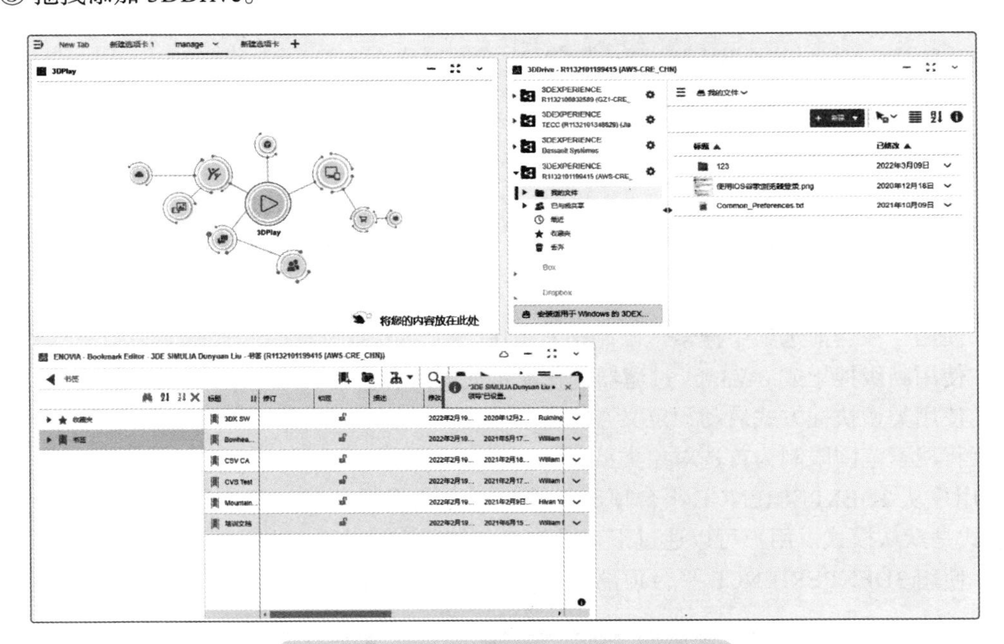

图 1-16　在 manage 选项卡中添加内容

5）创建一个“设计数据”选项卡。

① 拖拽添加 3DSpace。

② 创建协作区，并命名为“设计数据”。

③ 将“设计数据”协作区可见性设置为“私人”，并将“Family（大规模系列）”设置为“设计”。

④ 创建协作区，并命名为“标准件”。

⑤ 将“标准件”协作区可见性设置为“受保护”，并将“Family（大规模系列）”设置为“设计”。

⑥ 拖拽添加 3DPlay。

6）创建“资源和学习”选项卡，然后拖动 Web Page Reader 应用程序到该选项卡上。

7）与用户或“设计团队”用户组共享设计团队仪表板。

注意：用户可以创建出多个仪表板。例如，每个项目或用户都可以创建一个仪表板。尽量限制仪表板的数量，以轻松找到所需的仪表板避免造成混淆。

3. 在协作区中上传模型文件

创建协作区后，用户可以通过工具栏中的菜单进行以下操作，见表 1-1。

表 1-1　协作区工具栏可执行操作及描述

操作	描述
添加内容	将新文件作为文档上传到协作区
添加成员	将成员或用户组添加到协作区
编辑	编辑协作区的详细信息，这些是用于创建它的相同细节
更改缩略图	允许用户自定义为此协作区显示的缩略图
删除	允许用户删除协作区，只能删除用户拥有且不包含任何内容的协作区

4. 使用 3DSearch 搜索

在 3DEXPERIENCE 平台中，搜索工具称为 3DSearch。使用 3DSearch，用户可以：

1）执行简单的全文搜索。

2）控制搜索结果的显示。

3）使用“在当前选项中搜索”限制搜索范围。

4）使用高级搜索或 6WTags 过滤器优化显示搜索内容。

5）使用类型快捷方式启动预定义查询。

6）将搜索范围限制为首选对象类型。

当用户从 3DEXPERIENCE 平台顶部栏或 3DSearch 仪表板应用程序使用 3DSearch 服务时，搜索模式是默认模式。用户可以通过下列操作之一使用搜索功能，并访问 3DSearch。

1）使用 3DEXPERIENCE 平台顶部栏搜索字段，如图 1-17 所示。

图 1-17　利用顶部栏搜索字段

2）从罗盘打开 3DSearch 仪表板应用程序。

提示

查询必须至少包含 3 个字符，并且不超过 5000 个字符。

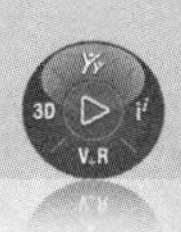

5. 使用在线帮助文档

如果用户在使用 3DEXPERIENCE 平台时有疑问或需要解决问题，可以在许多地方寻求帮助。用户可以根据需要查阅嵌入式文档并访问不同类型的信息，从基本信息到更详细信息。用户还可以访问 help.3ds.com 上的默认在线用户帮助门户或用户的管理员安装在系统上的用户帮助门户。用户帮助门户旨在使任何达索系统应用程序的用户都可以从一个位置访问和搜索所有指南，主要有以下几个方面。

1）获得帮助。

2）显示 Coachmark。

3）显示工具提示和长帮助消息。

4）获取上下文帮助。

5）使用用户帮助面板。

6）访问教程。

7）访问已安装的用户帮助。

8）关于 3DEXPERIENCE 平台。

9）查询更新。

10）搜索用户帮助。

11）文档浏览器要求。

1.3 角色安装与使用

3DEXPERIENCE 平台中的一些角色（如部分设计角色和仿真角色）需要本地安装才可以使用，本节主要介绍 3DEXPERIENCE 平台本地角色安装方式及使用方式。

1.3.1 角色介绍

3DEXPERIENCE 结构仿真是在基于云的 3DEXPERIENCE 平台上相互连接、功能强大和协作式仿真解决方案组合。利用市场领先的内置 Abaqus 求解器技术，可以快速执行任何结构分析任务，从最简单的线性静态分析到最复杂的非线性跌落测试和瞬态冲击分析。

直观的交互式 3DEXPERIENCE 平台让用户的团队可通过 Web 浏览器随时随地共享和可视化 3D 模拟结果并进行实时协作。还可以轻松创建和分配任务以及管理多个项目，加快项目交付速度。

3DEXPERIENCE 中的每个角色除了有正式名称以外，还有对应的唯一的三字符代码（Trigram Name)，如 Structural Mechanics Engineer 角色的三字符代码是 SSU。为了方便起见，通常也会以三字符代码来代指相应的角色。3DEXPERIENCE 中的结构仿真相关角色包括：

1）Structural Designer（SRD）：面对需要在线性静态、热和频率条件下评估产品性能的设计人员使用的引导式直观仿真解决方案。

2）Structural Engineer（SLL）：为设计工程师提供线性静态、线性动态、热和频率分析解决方案的角色，该解决方案具有可评估产品性能的实体、壳体和梁单元。

3）Structural Performance Engineer（SFO）：设计工程师和仿真专家用于评估产品在线性和非线性静态、热、频率、热应力和准静态条件下的性能的角色，包含隐式求解器。

4）Structural Mechanics Engineer（SSU）：设计工程师和仿真专家用于解决除 SFO 功能以

外的非线性动态高速事件、材料校准和几何简化的角色，包含隐式和显式求解器。

5）Durability Performance Engineer（FGP）：产品工程师在设计流程中执行结构仿真和疲劳仿真所需的强大而直观的工具，包含隐式求解器。

6）Durability and Mechanics Engineer（FGM）：产品工程师在设计流程中执行结构仿真和疲劳仿真所需的强大而直观的工具，包含隐式和显式求解器。

7）Simulation Collaborator（SEI）：需要随时随地实时审核和比较仿真以更快地做出设计决策的任何协作者和经理使用的角色。

> 注意：本书各仿真案例使用的角色为 SSU 和 FGM。其中第 2 ～ 15 章使用结构仿真角色 SSU，第 16 章使用结构及疲劳仿真角色 FGM。

FGM 涵盖结构和疲劳分析，该角色使用户能够执行：

1）多步骤结构仿真。由市场领先的 Abaqus 技术提供支持用于全面的产品性能评估，包括静态、频率、热扭曲、隐式 / 显式动态分析、线性动态分析。

2）疲劳仿真。可以预测准确的疲劳寿命，并确保复杂的工程产品设计具有耐久性，避免后期重新设计、最大限度地减少物理测试、降低保修成本、延长使用寿命。

3）与几何体的无缝关联可创建高效的“假设”场景。

4）用于几何体的几何清理功能。

5）大型模型可视化、后处理和 *XY* 曲线绘图功能。

6）高达 8 核的嵌入式计算能力。

1.3.2　角色安装

角色的具体安装步骤如下：

1）单击罗盘，并选择“Durability and Mechanics Engineer”角色，显示可用的应用程序。

2）单击“Structural Model Creation”APP 图标，如图 1-18a 所示。

3）下载 3DEXPERIENCE 启动器，运行安装程序，完成后，单击“继续”，如图 1-18b 所示。

4）单击“安装包含 Structural Model Creation 的所有角色”，如图 1-18c 所示。

5）按照屏幕上的对话框完成安装，用户可以根据需要修改安装位置。

a) 单击 APP

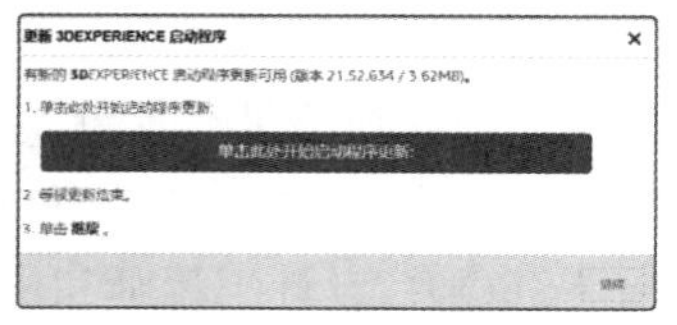

b) 启动更新

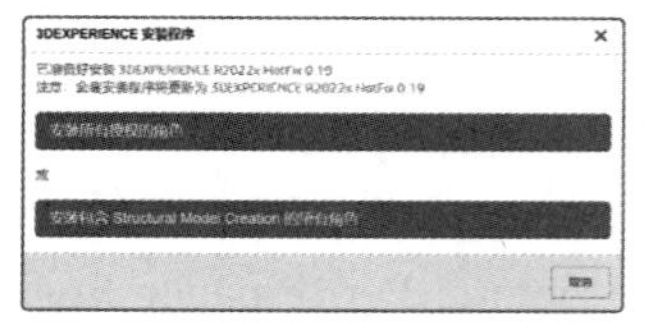

c) 安装角色

图 1-18　角色安装步骤

1.3.3　角色启动

“Durability and Mechanics Engineer”角色安装成功后，可以通过以下几种方式启动角色：

1）单击罗盘并选择“Durability and Mechanics Engineer”角色，单击“Structural Model Creation”APP 图标。

2）单击罗盘并选择“Durability and Mechanics Engineer”角色，单击“Structural Model Creation”APP 图标右下角的箭头图标，单击“创建桌面快捷方式”，完成后双击该桌面快捷方式。

启动完成后，按照以下顺序打开平台：

1）输入用户名密码（图 1-19）。

2）选择登录凭证（图 1-20）。在这个步骤中，用户需要进行如下设置。

① 合作区：确认登录的协作区以确认文件储存位置，进入平台后可以更改。

② 组织：Company Name。

③ 访问角色：用户访问该协作区时使用的身份。

④ 完成登录（图 1-21）。

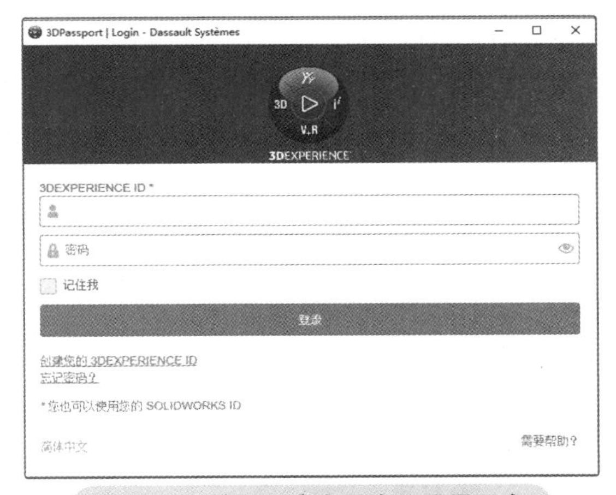

图 1-19　输入用户名及密码登录平台

图 1-20　选择登录凭证

图 1-21　3DEXPERIENCE 初始界面

1.4　3DEXPERIENCE 本地用户端使用

3DEXPERIENCE 本地用户端（图 1-22）的使用方式与网页版用户端有许多类似的地方，主要操作菜单如下：

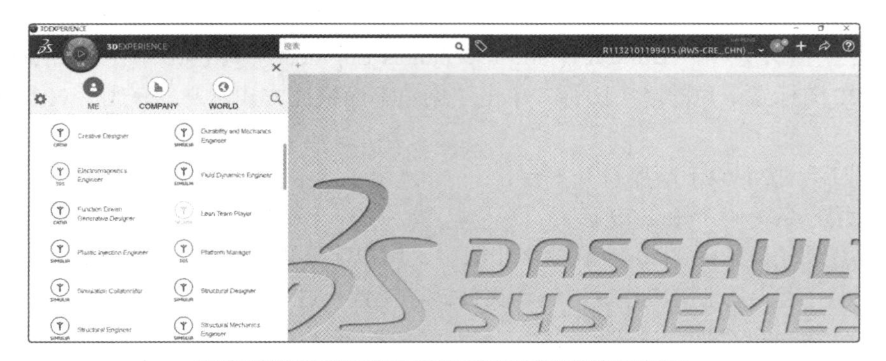

图 1-22　3DEXPERIENCE 本地用户端界面

1. 罗盘

与网页版用户端相同，用户可以通过罗盘实现角色的打开与切换。

2. 搜索

3DSearch 功能，实现文件的查找与搜索。

3. 启动项

用来修改登录凭证（包括协作区、登录身份等）。

4. 设置

设置主要包括“我的状态”“首选项”“我的脱机内容”“我的收藏夹内容”“我的仿真任务”和“我的配置文件”。

其中“首选项”（图 1-23）是非常重要的平台设置界面，平台属性、应用程序属性、鼠标配置文件、仿真计算站点、单精度与双精度等都可在这里修改。

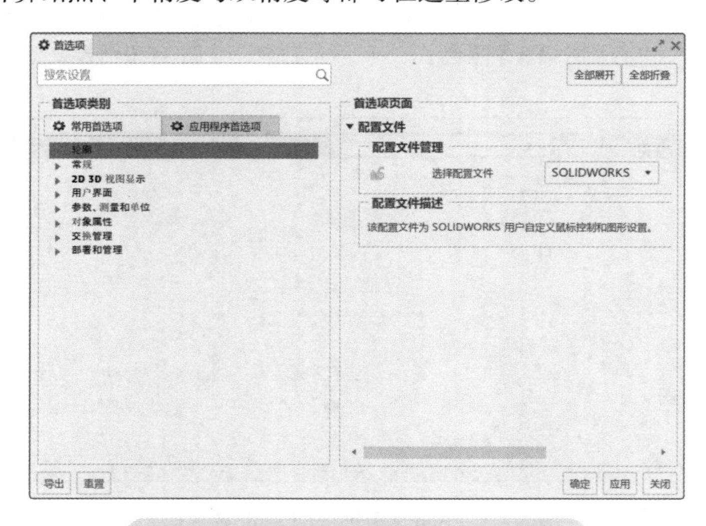

图 1-23　3DEXPERIENCE 平台首选项

5. 新建与导入

用户可以通过单击➕来导入文件或者创建新产品，导入的文件会默认储存在当前所处的协作区中。

6. 共享

共享与导出当前文件。

7. 帮助

功能丰富的在线帮助文档。

1.4.1　FGM 工作流程及用户界面

Durability and Mechanics Engineer（FGM）是 3DE XPERIENCE 结构仿真角色中功能较多的角色，下面将通过 FGM 角色来进行使用说明和介绍。3DEXPERIENCE 中 FGM 工作流程如图 1-24 所示。

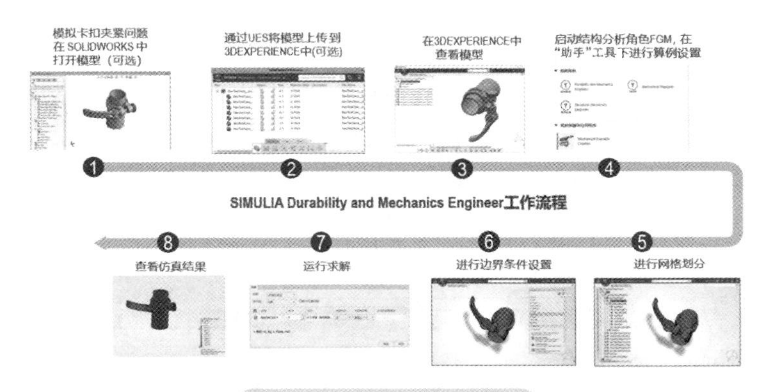

图 1-24　FGM 工作流程

根据这个仿真工作流程我们可以看到，在 3DEXPERIENCE 中进行一次仿真分析主要有以下几个步骤：

1）在 SOLIDWORKS 中打开模型（可选）。

2）通过 UES 角色（Collaborative Designer for SOLIDWORKS）将模型上传到 3DEXPERIENCE 中（可选）。

3）在 3DEXPERIENCE 中查看模型。

4）启动结构分析角色 FGM，在助手工具下进行算例设置。

5）进行网格划分。

6）进行边界条件设置。

7）运行求解。

8）查看仿真结果。

1.4.2　FGM 常规操作

接下来通过一个例子来了解如何在 3DEXPERIENCE 中完成一个仿真算例。

1. 模型导入

1.4.1 节中的步骤 1）或步骤 2）可根据自身实际情况选择，用户也可以直接将模型上传到

3DEXPERIENCE 中，然后按照步骤 3）~ 8）完成一个仿真算例。实现步骤 1）或步骤 2）的前提是用户已安装 SOLIDWORKS 和 3DEXPERIENCE 中的角色 Collaborative Designer for SOLIDWORKS（UES）。

Collaborative Designer for SOLIDWORKS（UES）允许用户从 SOLIDWORKS 中访问基于云的 3DEXPERIENCE Platform，以实现安全的数据和产品生命周期管理，借助 UES 这个角色，设计团队可实现跨专业的安全协作和产品生命周期管理，从而缩短上市时间。所有产品设计数据均可以存储到平台上，以便在 SOLIDWORKS 应用程序中使用，也可转换为 3DEXPERIENCE 格式，供平台应用程序使用。通过 UES，用户可以直接从 SOLIDWORKS 应用程序中搜索、访问、组织和管理用户的设计数据，通过更简单的并发设计体高效工作，通过无缝集成的产品生命周期管理来管理产品设计数据，访问广泛的角色和应用程序产品组合，使用数据进行 3D 设计以外的操作。

2. 界面布局

FGM 角色包含多个 APP，它们的界面布局相似。典型的 APP 如 Model Assembly Design，其界面布局如图 1-25 所示，包含以下主要部分。

1）特征树。用户可以在设计树中浏览装配体中各个部件，如果导入的模型为参数化模型且其格式可以被 3DEXPERIENCE 识别，则可以在特征树中对参数进行修改。

2）命令工具栏。可在此进行软件基本操作，如分析步设置、材料设置、连接关系设置等。

3）绘图区。UI 界面中的空白处称为绘图区，可以通过在绘图区处右击打开特征管理器和助手等工具。

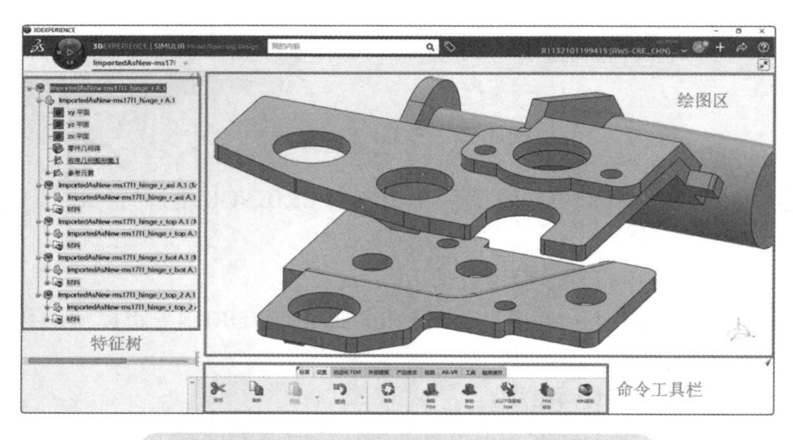

图 1-25　Model Assembly Design APP 界面

提示

Model Assembly Design APP 常用的快捷键（部分快捷键所有 APP 界面均通用）有以下几种。

<F1>：获取上下文联机帮助；<F3>：切换特征树显示的打开和关闭状态；<F7>：隐藏当前目标；<F8>：显示目标；<Ctrl+S>：保存；<Ctrl+N>：新建内容；<Ctrl+Z>：撤销上次操作；<Ctrl+Alt+K>：使用剪裁工具。

3. 特征树与助手

“力学方案创建”APP 界面如图 1-26 所示。助手工具（图 1-27）是在 3DEXPERIENCE 中进行仿真分析的重要工具，它显示一组操作，用户可以按照大致呈现的顺序执行这些操作以完成模拟。助手工具在大多数结构仿真应用程序中都可用，用户可以显示、移动、调整大小、隐藏或固定它。

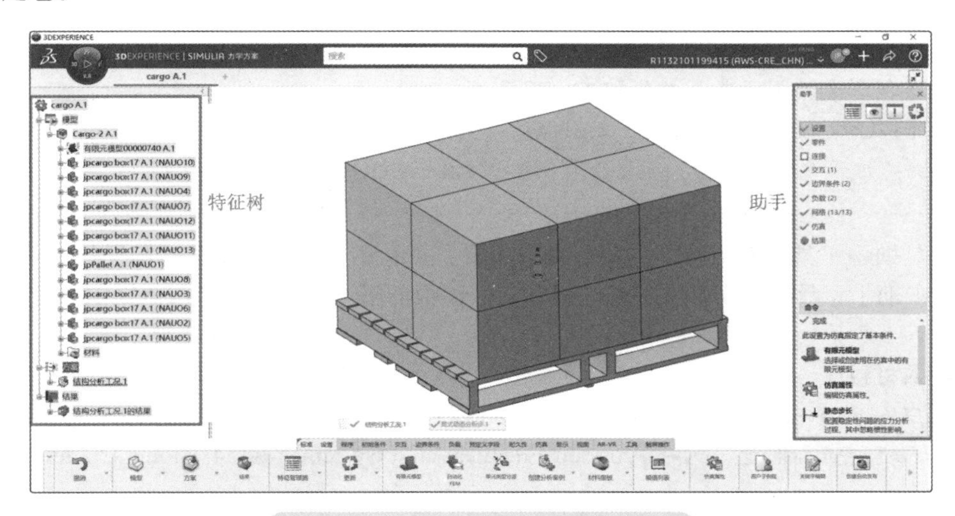

图 1-26 “力学方案创建”APP 界面

助手工具栏分为两个主要区域，即面板上半部分的操作流程与下半部分的命令。

操作是描述完成模拟所要执行的一般任务类别，如限制和负载的定义。操作按顺序呈现，但是，用户不需要严格按顺序完成这些操作，也不需要完成所有操作。某些操作只有在用户完成其他前置的必备操作后才能执行。

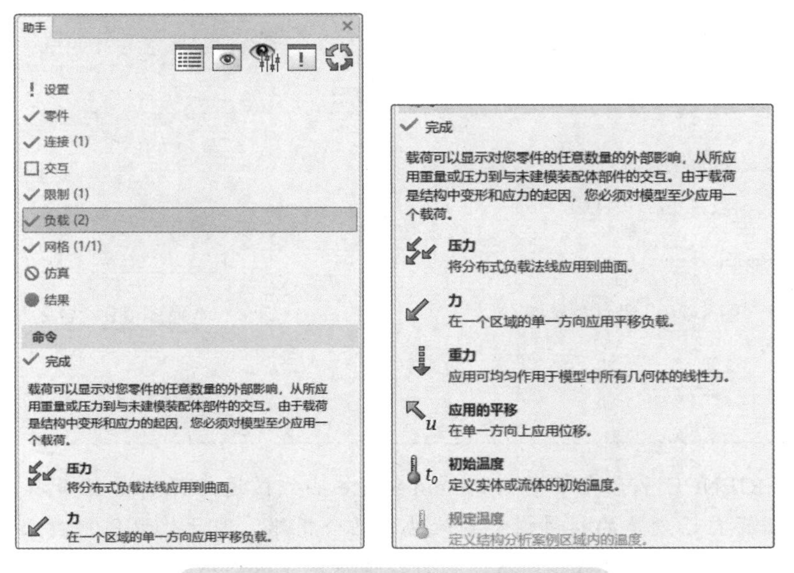

图 1-27 3DEXPERIENCE 助手工具

图标用来指示每个操作的状态。✔表示该步操作已完全完成；□表示该步操作已部分完成，不影响下一步操作；⊘表示由于某种原因该步操作不可用或无法执行；○表示该步操作或设置不完整；!表示该步操作存在警告信息；◎表示该步操作如结果等需要更新。

单击选择加载某项操作后，相关的命令和对应的说明将出现在下方的命令栏中。

提示

力学场景创建界面常用快捷键有以下几种。

<Ctrl+U>：更新全部设置；<Ctrl+M>：打开材料面板；<Alt+I>：打开特征管理器；<Alt+V>：打开诊断查看器；<Alt+X>：运行仿真；<Alt+R>：切换至结果。

命令是助手工具中对应操作的一组动态工具，可让用户轻松访问与当前操作相关的选项。当用户单击助手工具栏上半部分的任何操作时，面板的下半部分会显示与该操作相关的工具和文字说明。

4. 导入材料库

在用户安装好FGM角色以后，平台自带的材料库文件通常会存放在以下典型路径（根据用户安装路径确定）：C：\Program Files\Dassault Systemes\B424_Cloud_Content\win_b64\resources\materials。

用户可以通过3DSpace APP创建属于用户自己的协作区，然后将材料库文件如DS-Engineering.3dxml或DS-Standard.3dxml等文件（图1-28），通过仿真角色的相关应用程序APP（如Mechanical Scenario Creation）右上角的➕导入到协作区中，如图1-29所示。

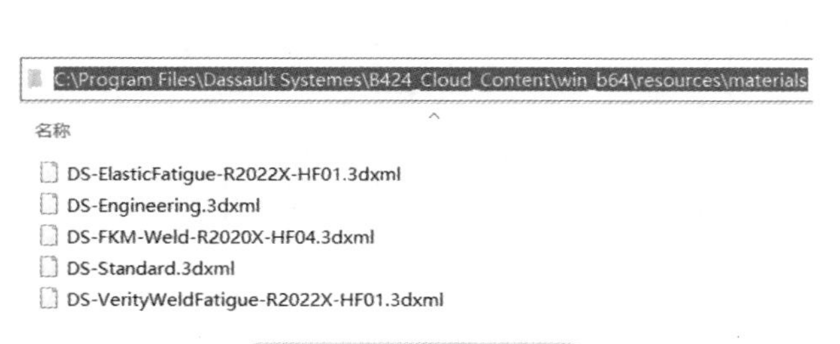

图1-28 默认材料库

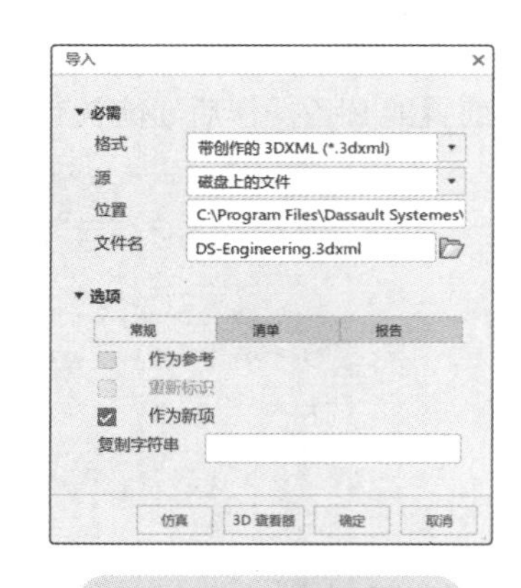

图1-29 导入材料库

提示

3DEXPERIENCE平台自带的Common Space协作区通常只有管理员具有最高权限，普通用户若保存自己创建的材料模型到此协作区会报错。因此建议用户自己创建协作区，后续模型的创建和保存、材料库导入、材料模型创建等操作均在该协作区中进行。

5. 运行求解

常见的运行求解界面如图 1-30 所示。运行模拟时可以使用以下许可证选项：

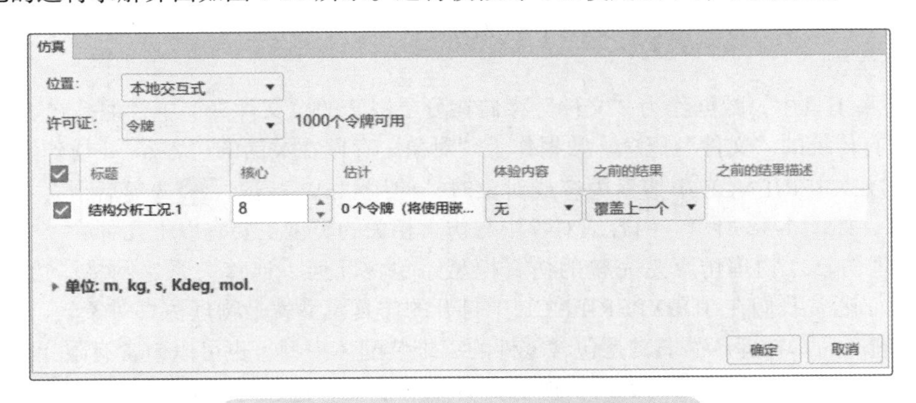

图 1-30 3DEXPERIENCE 运行求解界面

1）信用点数。信用点数是可用于运行模拟的一次性消耗性许可项目。当用户偶尔运行大型、复杂的模拟时，使用信用点数对于峰值计算工作负载更有效。在信用许可中，用户的公司购买了一定数量的信用额度，这些信用额度可从信用点数池中获得。当一个积分被消耗时，它会从可用的总计数中扣除。

对于 3DEXPERIENCE 中的 SimUnit 点数，消耗的点数主要取决于用户使用的内核数量，还有一些其他因素取决于用户正在模拟的类型，如仿真模型的复杂性、步骤类型以及用户希望仿真运行完成的速度。求解器可以评估模型的复杂性及其包含的功能，以分配最有效和最经济地运行模拟的计算配置。用户可以通过选择计算核心数来编辑计算配置。

用户可以监控模拟以确定运行模拟需要多少信用点数、有多少点数可用以及到目前为止模拟消耗了多少信用点数。

2）令牌。令牌是可重复使用的许可项目，用户可以从公共池中签出并用于运行模拟。当用户有大量的持续性模拟工作负载时，令牌是一个合适的许可选择。

用户所在的站点可配置一定数量的模拟令牌，这些模拟令牌可从令牌池中获得。当用户运行模拟时，会从池中签出特定数量的令牌。对于 SimUnit 令牌，所需的令牌数量主要取决于用户使用的内核数量，以及基于用户正在模拟的类型。求解器可以评估模型的复杂性及其包含的功能，以分配最有效和最经济地运行模拟的计算配置。

当计算模拟完成后，令牌将返回到令牌池中以供其他模拟作业使用。如果用户运行的模拟需要比池中可用数量更多的令牌，它会在作业队列中等待，直到有足够的令牌可用。用户可以监控用户的模拟以确定运行模拟需要多少令牌以及有多少令牌可用。

3）嵌入式许可。嵌入式许可用于某些应用程序和角色的单独许可机制，不需要消耗信用点数或令牌。每个用户可以使用嵌入式许可一次运行一个模拟作业。嵌入式许可允许单个用户运行一个分析案例，而无须使用消耗信用点数或令牌。在运行嵌入式许可模拟时，可以使用信用点数或令牌许可运行其他并发模拟。如果用户想更快地运行仿真，还可以使用 SimUnit 点数或令牌来扩展嵌入式许可并提供额外的多核计算能力。

6. 缓存清理

在 3DEXPERIENCE 结构仿真角色计算过程中，通常会生成很多临时文件或缓存文件，这些文件需要定期处理以免本地硬盘空间不够影响后续计算。缓存文件夹通常位于 3DEXPERIENCE 平台仿真角色的安装目录，如 C：\Users\UserID\AppData\Local\DassaultSystemes，用户可以直接删除或清空该文件夹内容，如图 1-31 所示。

7. 对象类型

传统仿真工具中，数据作为“文件”存储在分层嵌套的“文件夹”中，但是在 3DEXPERIENCE 中没有传统的“文件”概念，数据作为“对象”存储在灵活的“容器”（协作区）中。

当在 3DEXPERIENCE 中搜索内容或对象时，使用“6W 标记”选项后，会在左侧显示对象的类型，如图 1-32 所示。内容或对象中与仿真相关的类型主要有以下几种：

1）物理仿真。物理仿真是完整的仿真模型，包含几何、连接关系、网格、边界、加载、计算结果等。通常我们在 3DEXPERIENCE 中打开的仿真模型就是物理仿真对象。

2）物理产品。物理产品通常是包含零件的三维装配体模型，也可以包含有限元模型。

3）有限元模型。有限元模型是物理仿真对象的子集，包含有限元仿真模型的几何、连接关系、材料、网格等信息，但不包含分析步和边界条件。

4）3D 外形。3D 外形是零部件几何模型。

5）型芯材料。型芯材料是用于仿真模型的材料模型，3DEXPERIENCE 中还有用于外观显示的包覆材料，需要区别开来。一个型芯材料可以包含多个材料模拟域。

6）材料模拟域。材料模拟域是用于定义材料参数的对象，用户可以通过材料模拟域来设置材料模型和相应参数。

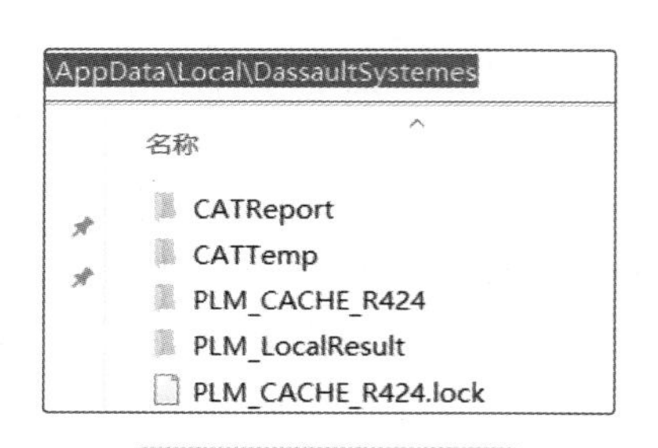

图 1-31　缓存文件夹

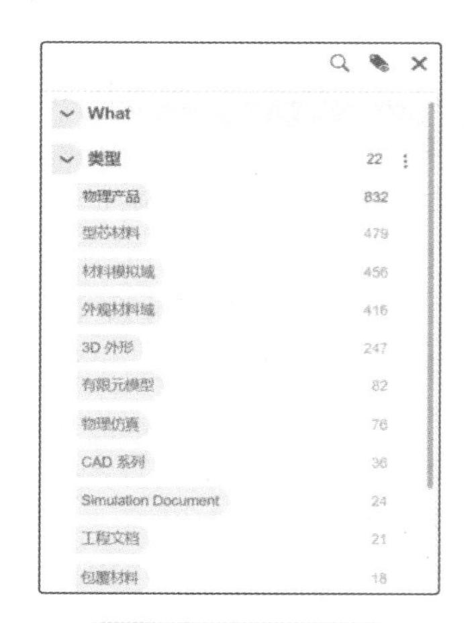

图 1-32　对象类型

8. 对象成熟度

3DEXPERIENCE 平台是一个多用户协作平台，平台中的数据或对象可能由其他用户创建或修改。对象有成熟度的概念，成熟度也可称为对象的生命周期。成熟度决定了谁可以查看、修改或删除对象，搜索时对象是否显示以及哪些操作可以执行。用户可以通过 Collaborative Lifecycle APP 进行对象成熟度设置。

成熟度分为私有、工作中、冻结、已发布和作废五个状态，如图 1-33 所示。

1）对象在“工作中”状态下创建，“私有”状态阻止其他用户搜索或访问内容。

2）一旦对象“已发布”，它就不能再被降级到较低的生命周期状态。“已发布”对象可以

安全地用于后续开发，因为它们不能再被修改。

3）一旦对象处于“作废”状态，就无法再更改生命周期，此时对象不再有效或不再使用。

4）当对象需要审核时，成熟度需要转换到“冻结”状态，以保证协作区中的其他成员能继续使用该对象或数据，但不能编辑和修改。

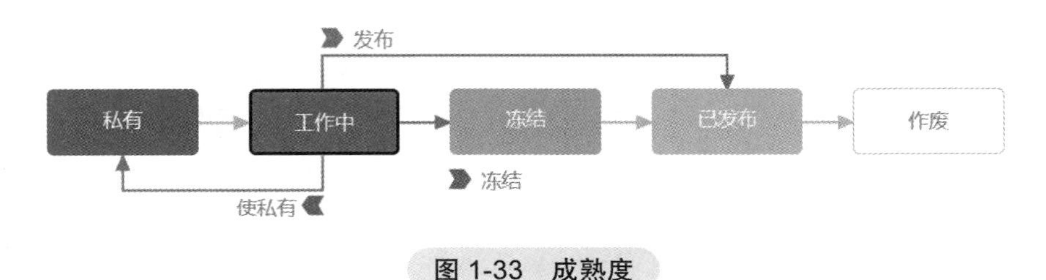

图 1-33　成熟度

9. 对象锁定与解锁

3DEXPERIENCE 平台通过锁定和解锁对象使并行工程成为可能。用户可以通过 Collaborative Lifecycle APP 进行对象的锁定与解锁，如图 1-34 所示。当对象被锁定时，其他用户无法修改或删除该对象。

1）默认情况下，安全规则会阻止用户保存对其他用户锁定的对象的修改。用户将被允许在会话中进行修改，但不能将它们保存到数据库中。

2）在开始处理对象之前锁定对象被认为是一种很好的做法，这可以防止保存过程中出现错误（例如，多个用户尝试保存相同的内容）。

图 1-34　锁定与解锁

10. 复制与删除

用户可以通过 Collaborative Lifecycle APP 进行对象新修订版、复制和删除等操作，如图 1-35 所示。

需要注意的是，3DEXPERIENCE 中仿真相关的对象不可无限制地删除，当对象处于以下状态时，无法进行删除操作。

1）对象已被其他用户锁定。

2）对象或内容在会话中被加载，即对象处于编辑模式下。

3）对象处于已发布或作废生命周期状态。

4）如果一个对象被另一个对象所引用，也无法删除。例如，对于已经赋予材料的零件，要删除该材料，用户首先需要删除对该材料所有引用。这是基于保持数据库完整性的考虑。

图 1-35　复制与删除

对于仿真模型，有时候包含仿真结果的模型会非常大。用户可以尝试删除仿真结果并将模型导出成 3DXML 格式，以用于仿真模型的外部分享。用户可以在命令工具栏单击“仿真”/“结果存储”/“删除仿真结果”，如图 1-36 所示。如果仿真模型没有在仿真相关的 APP 中打开，用户也可以在仿真应用程序中搜索“物理仿真”，选中要删除的模型后，右击选择“删除结果”，如图 1-37 所示。

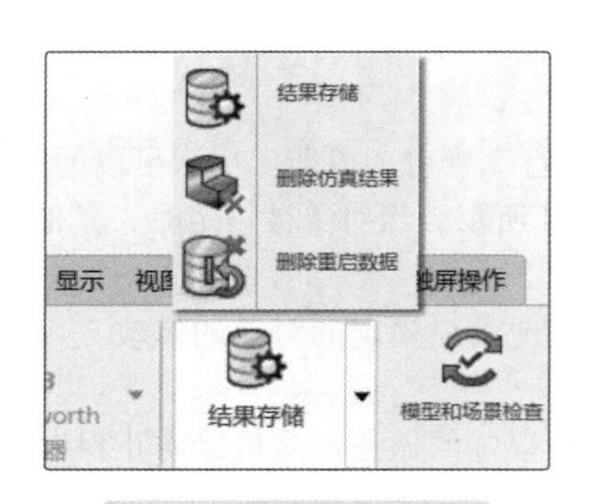

图 1-36　删除仿真结果

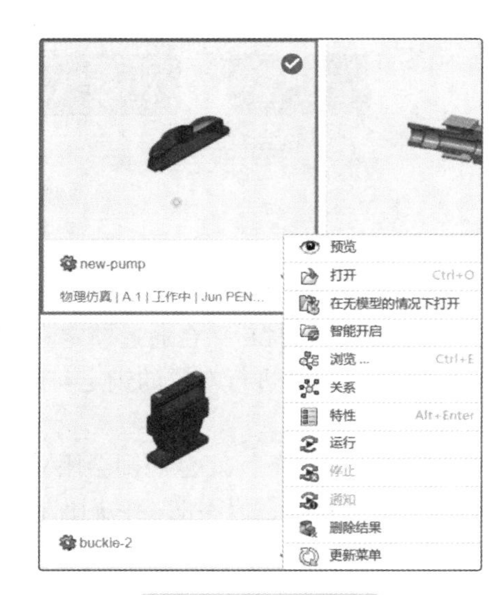

图 1-37　删除结果

1.5　小结

本章主要介绍了 3DEXPERIENCE 平台的基础设置和操作。在 Web 网页用户端中我们学会了如何利用 3DSpace、3DSwym 以及 3DDashboard 等创建一个属于自己的内部平台，用于公司内部信息共享与交流。同时也介绍了 3DEXPERIENCE 本地平台安装与结构分析角色 FGM 的常规使用流程。

由于 3DEXPERIENCE 体验平台数据格式的特殊性，对于仿真模型相关操作需要先理解内容或对象的类型、成熟度、锁定与解锁，才能更好地进行编辑、复制、删除等操作，以及更好地理解在进行操作时可能出现的警告信息。这些流程或操作在后续章节具体模型中会反复使用。

第2章 材料、截面、单元、分析步、接触

2

学习目标

1）材料模型。
2）截面属性。
3）网格划分方式。
4）单元类型与用法。
5）分析步类型与应用。
6）接触类型与接触属性。

2.1 材料定义

材料定义是仿真模型中最重要的组成部分之一，它会直接影响仿真模型的计算结果。

可以根据仿真的目标、载荷的性质和可用的测试数据来选择材料模型。对于同一种材料，可能有不同的材料模型来适配不同的仿真分析类型。例如，如果要模拟回形针使用过程中的性能（图 2-1），使用线性材料模型可能就足够了。但是，如果试图了解或改进回形针的制造工艺过程，则需要使用考虑弹塑性的非线性材料模型。相同的回形针产品，相同的材质，但在不同的仿真模型中需要定义不同的材料模型，如图 2-2 所示。

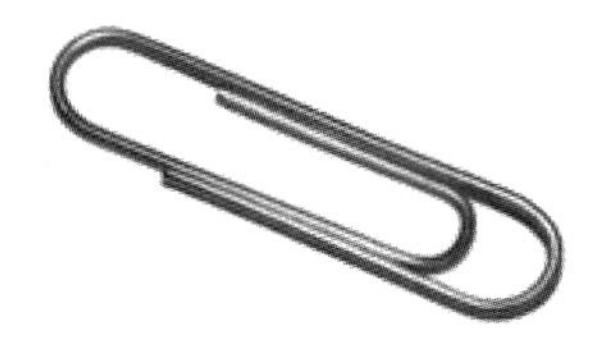

图 2-1 回形针模型

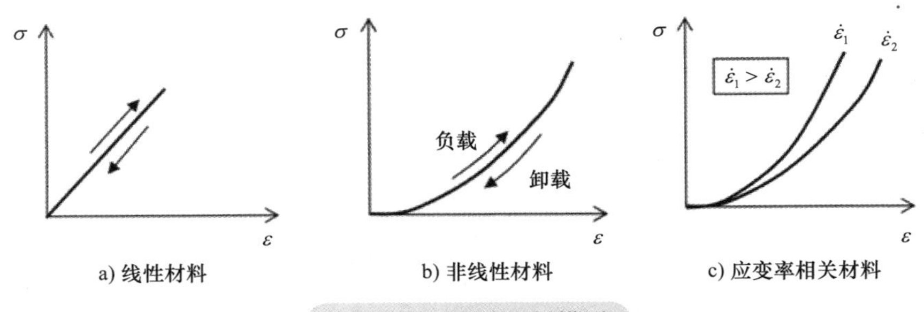

图 2-2 不同的材料模型

注意：如果测试数据有限，请使用更简单的材料模型。高级和复杂的材料模型通常需要更多和适当的数据进行定义或校准。

SSU 中的材料属性旨在全面涵盖线性和非线性、各向同性和各向异性等材料行为。仿真结果的准确性受到材料参数准确性的影响。

2.1.1 线弹性材料

弹性材料模型，也称为线弹性材料（Linear Elasticity），是最简单的材料模型，如图 2-3 所示。众所周知，当材料受到载荷作用时会发生变形，线弹性材料定义了外界载荷与材料响应之间的关系。该材料模型参数包含杨氏模量（弹性模量）和泊松比，它还支持对黏弹性时间尺度的可选定义。

线弹性材料模型适用于小弹性应变（通常小于 5%）情形，可以是各向同性、正交各向异性或完全各向异性类型，材料参数可以设置为随温度或其他场变量变化。

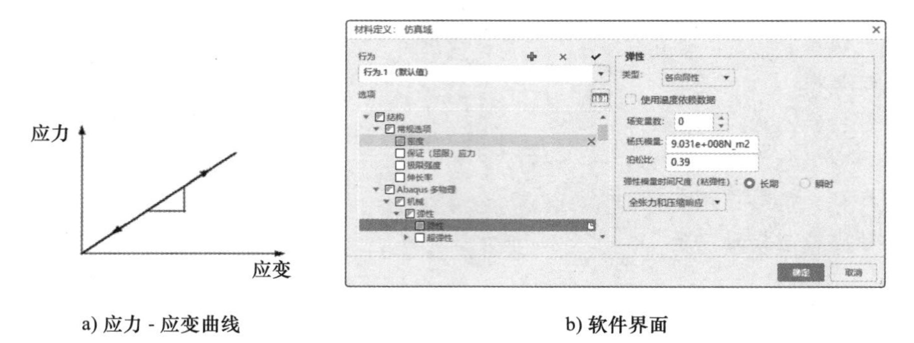

a) 应力 - 应变曲线　　　　b) 软件界面

图 2-3　线弹性材料模型

在类型中，可以根据不同的使用场景设置不同的线弹性材料类型，如图 2-4 所示。

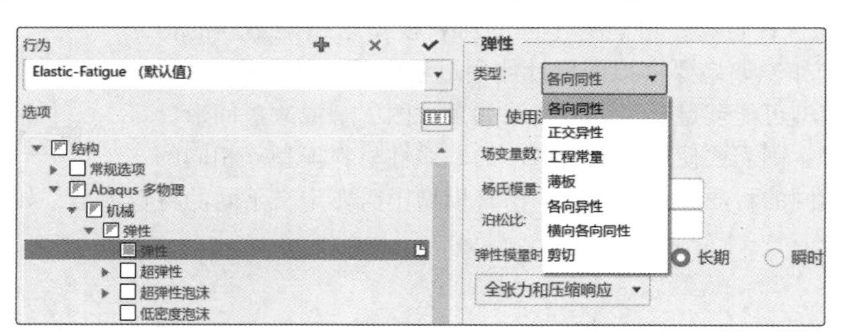

图 2-4　线弹性材料的不同类型

1）各向同性（Isotropic）。材料在各个方向上具有相同的材料行为，线弹性材料的最简单形式是各向同性。

2）正交异性（Orthotropic）。材料在 3 个相互垂直的方向上表现出不同的材料行为，正交各向异性材料中的线弹性可以通过给出 9 个独立的弹性刚度参数来定义，也可以是温度和其他预定义场的函数。

3）工程常量（Engineering Constant）。正交各向异性弹性可以通过提供工程常量来定义，工程常量包含杨氏模量、泊松比和与 3 个主要材料方向相关的剪切模量。

4）薄板（Lamina）。薄板弹性是正交各向异性弹性的一种特例，适用于薄板或薄壳结构。

5）各向异性（Anisotropic）。材料在不同方向上表现出不同的材料行为，用于为高度各向异性行为的材料提供建模能力，例如，生物医学软组织和纤维增强弹性体。对于完全各向异性弹性，需要 21 个独立的弹性刚度参数。

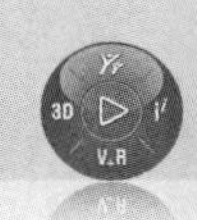

6）横向各向同性（Transversely Isotropic）。横向各向同性是正交各向同性的一个特殊子类，其特征是在材料的每一点上都有一个各向同性平面。

7）剪切（Shear）。在显式分析中，可以定义各向同性剪切模量来描述由状态方程控制体积响应的材料的偏差响应。

2.1.2　超弹性材料

有些材料会产生较大的弹性应变（Large Strain Elasticity），一个常见的例子是橡胶（图 2-5），它广泛应用于多种工程产品中。这些材料可以用超弹性材料模型来模拟，超弹性材料的变形在大应变值（通常超过 100%）时仍保持弹性。典型橡胶材料的应力 - 应变行为是弹性的，但高度非线性，并且取决于加载模式。弹性材料在单轴拉伸、双轴拉伸或纯剪切类型不同载荷下可以观察到不同的应力 - 应变行为。

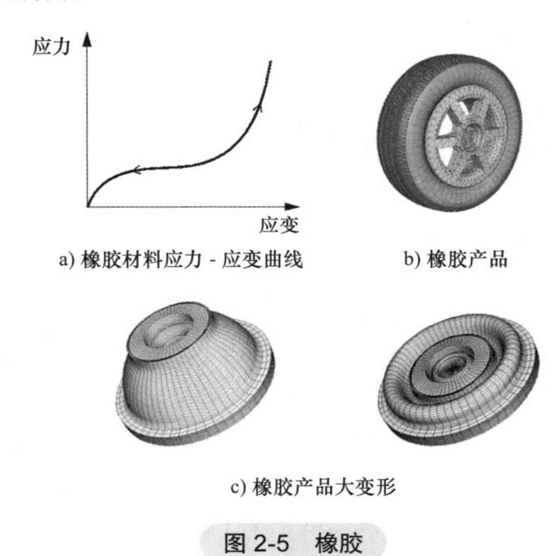

a) 橡胶材料应力 - 应变曲线　　b) 橡胶产品

c) 橡胶产品大变形

图 2-5　橡胶

对于超弹性非线性材料，一般都是采用应变能密度（U）函数来描述材料的力学行为，它将每单位体积存储在材料中的应变能定义为材料中应变的函数，该函数中通常包含应变不变量 I_1、I_2 和体积比参数 J。根据应变能函数类型划分，3DEXPERIENCE 平台提供以下几种超弹性材料模型，如图 2-6 所示。

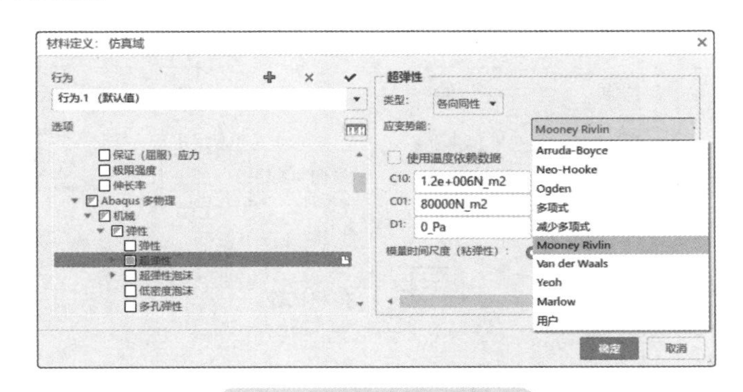

图 2-6　超弹性材料模型

1）Arruda-Boyce。该模型也称为 Arruda-Boyce 8 链模型，因为它是基于代表性实体单元（六面体）开发的，其中 8 链从单元体积的中心发散到角落。该模型是两参数剪切模型，因为模型中只有 2 个参数，模拟改变形状的能力有限，通常适用于测试数据有限的情形。

2）Neo-Hooke。Neo-Hooke 模型是最早提出的超弹性材料模型，它的应变能函数中有 2 个参数，非常易于使用。同 Mooney Rivlin 模型一样，该模型无法捕捉大变形情况下应力 - 应变曲线变形上升阶段，适用于小应变情形。

3）Ogden。Ogden 材料模型由 Ray W. Ogden 于 1972 年提出，采用主伸长率来描述能量函数，该模型对于大应变的模型模拟较好。如果试验数据较少，例如只有单轴拉伸试验数据，不建议采用此模型。该模型的应变势能函数的阶数是 1 时，方程中有 3 个参数。应变势能函数阶数最高可以达到 6 阶，参数达到 18 个。

4）多项式。多项式模型使用多项式方程作为应变能密度函数，它是可供使用的最复杂的超弹性模型，包括 Mooney Rivlin 模型、Neo-Hooke 模型、减少多项式模型和 Yeoh 模型。

5）减少多项式。该模型从多项式模型中去掉了第二应变不变量，它的应变能函数最高可以达到 6 阶。当阶数为 1 时，实际上就是 Neo-Hooke 模型。

6）Mooney Rivlin。该模型是多项式模型中常用的超弹性材料模型。Mooney Rivlin 模型的应变能函数中有 3 个参数。它对于实验数据的精确拟合有难度，通常无法捕捉应力 - 应变曲线变形上升阶段，适合用来模拟中小程度应变情形。

7）Van der Waals。Van der Waals 模型也称为 Kilian 模型。

8）Yeoh。减少多项式模型的阶数为 3 时，就是 Yeoh 模型。Yeoh 模型在较大的应变范围内非常适合应用，能很好地捕捉应力 - 应变曲线变形上升阶段，当试验数据有限时也能使用。

9）Marlow。Marlow 模型不需要进行曲线拟合，可以从一种标准加载模式（单轴、双轴或平面）精确再现测试数据。当可用的测试数据非常有限时，可以使用此模型。当一种类型的测试数据详尽可用时，该模型效果最佳。

10）Valanis Landel。Valanis Landel 模型是一种各向同性的超弹性模型，该模型中根据指定的测试数据确定应变能函数。

注意：超弹性材料的分析结果准确度，很大程度取决于实验的材料数据。当试验数据越完整时，越能精确反应材料的特性。不可压缩材料的等效试验分为单轴试验、双轴试验、平面试验和体积试验（图 2-7），通常针对同一种材料可能有多个试验方法和多个试验数据。

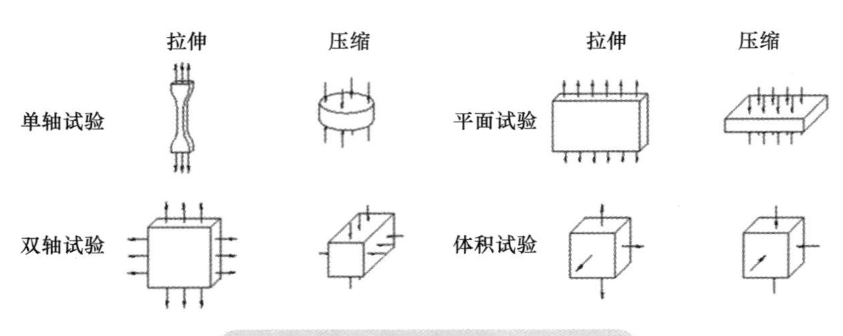

图 2-7　不可压缩材料的等效试验

当有多种试验方式（如单轴试验和双轴试验或更多种试验数据）获得的材料数据可用时，Van der Waals 和 Ogden 材料模型的应变能函数在拟合应力 - 应变曲线时更精确。如果可用于校准的测试数据有限，则 Arruda-Boyce、Yeoh、Mooney Rivlin、Neo-Hooke 或减少多项式模型可提供合理的行为。当只有一组测试数据（单轴、等双轴或平面测试数据）可用时，建议使用 Marlow 模型，在这种情况下，构建的应变能势将准确地再现测试数据，并且在其他变形模式下具有合理的行为。

为了提升超弹性材料模型模拟的准确性，关于材料测试数据可以遵循以下建议：

1）获取模拟中可能出现的变形模式的测试数据。例如，如果实际模型组件以压缩加载，确保测试数据包含压缩加载，而不仅仅是拉伸加载。

2）允许使用拉伸和压缩数据，压缩应力和应变输入为负值。如果可能，根据应用状况使用压缩或拉伸数据，因为单个材料模型对拉伸和压缩数据的拟合通常不如单独拉伸或单独压缩的测试准确。

3）尝试包括来自平面测试的测试数据。平面测试测试测量剪切行为，这可能非常重要。

4）提供更多关于期望材料在模拟过程中受到的应变大小的数据。例如，如果材料只有很小的拉伸应变，（低于 50%）则不要提供太多在高应变值（超过 100%）下的测试数据。

2.1.3　其他弹性材料

在 3DEXPERIENCE 中，还包括了其他的弹性材料，如图 2-8 所示。

1）超弹性泡沫（Hyper Foam）。超弹性泡沫或弹性体泡沫是指多孔固体，其孔隙率允许非常大的体积变化。

2）低密度泡沫（Low Density Foam）。低密度泡沫模拟具有显著速率敏感行为的高度可压缩弹性体泡沫，如聚氨酯泡沫。

3）多孔弹性（Porous Elasticity）。多孔弹性材料模型定义了多孔材料的弹性参数，可以使用剪切模量或泊松比定义多孔弹性。

4）准弹性（Hypoelasticity）。准弹性材料选项适用于小弹性应变的各向同性线弹性模型。该模型需要指定两个各向同性弹性常数，它们是 3 个应变不变量的函数。

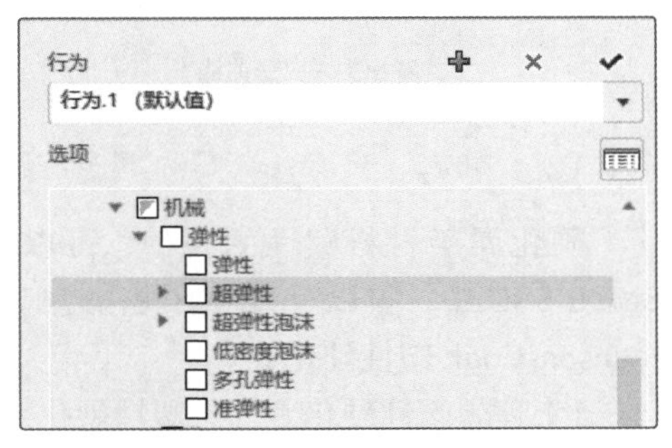

图 2-8　其他弹性材料

2.1.4　塑性材料模型

塑性材料模型描述非弹性材料的力学行为，屈服准则规定了从纯弹性到弹塑性行为的转变，硬化规则规定了屈服准则和塑性行为如何随着超过初始屈服的持续加载而演变。

1. 经典金属塑性

经典金属塑性模型有 Von Mises 和 Hill 塑性屈服模型。

1）VonMises。该标准假设当 Mises 应力达到屈服强度时开始屈服，适用于延展性材料，如金属。

2）Hill。该标准有一个二次方程，除了基于 Mises 的参考屈服强度定义外，还需要 6 个屈

服比参数，它最常用于各向异性塑性。

经典金属塑性材料模型如图 2-9 所示，它具有以下特点：

1）使用 Von Mises 或 Hill 屈服和相关塑性流动，分别考虑各向同性和各向异性屈服。

2）使用理想塑性或各向同性硬化行为，包括表格形式和 Johnson-Cook 塑性硬化模型。

3）可用于包含位移自由度的单元的模型。

4）必须与线弹性材料模型或状态方程材料模型 [EOS（状态方程）] 结合使用。

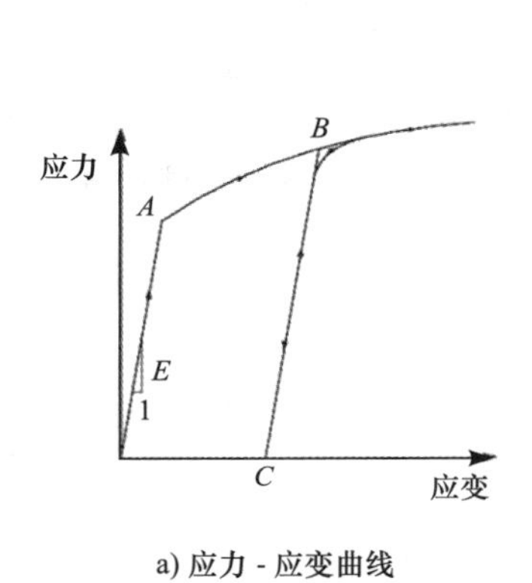

a) 应力 - 应变曲线

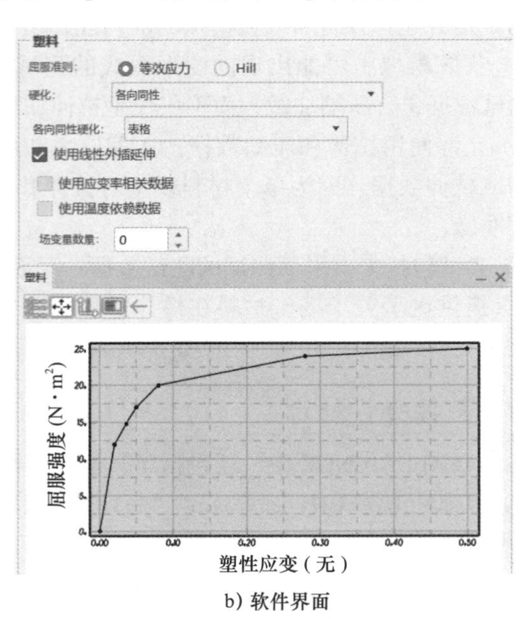

b) 软件界面

图 2-9　经典金属塑性材料模型

硬化属于材料塑性的一种，可以描述屈服点因塑性变形而发生的变化。在 3DEXPERIENCE SSU 中，可以定义以下硬化规则：理想塑性硬化、各向同性硬化、运动硬化、混合硬化、Johnson-Cook 塑性硬化等。

1）理想塑性硬化。理想塑性硬化意味着屈服应力不随塑性应变而变化。

2）各向同性硬化。屈服面在塑性流动的所有方向上均匀扩展。

3）运动硬化。屈服面尺寸保持不变，并沿屈服方向平移。

4）混合硬化。混合硬化包含各向同性硬化和运动硬化。

5）Johnson-Cook 塑性硬化。用于模拟各向同性硬化，可以考虑等效塑性应变、应变率和温度等参数的影响。

Johnson-Cook 塑性模型是一种特殊的各向同性 Mises 等效应力模型，具有硬化定律和速率依赖性的分析形式。它适用于大多数金属材料的高应变率变形，通常用于绝热的瞬态动力学模拟。Johnson-Cook 塑性模型的使用方式具有以下特点：

1）必须与隐式求解器中的线弹性材料模型、状态方程材料模型（EOS）或超弹性材料模型一起结合使用。

2）可以与渐进式损伤和失效模型（渐进式损伤和失效）结合使用，以指定不同的损伤起始标准和损伤演化规律，从而允许材料刚度的渐进退化和从网格中移除元素。

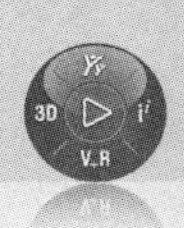

3）可以与显式求解器中的 Johnson-Cook 动态失效模型结合使用。

4）可以与拉伸失效模型结合使用，在显式求解器中模拟拉伸剥落或压力截止。

Johnson-Cook 塑性模型中的静态屈服应力 σ^0 定义为

$$\sigma^0=[A+B(\bar{\varepsilon}^{pl})^n](1-\hat{\theta}^m) \tag{2-1}$$

式中，$\bar{\varepsilon}^{pl}$是等效塑性应变；A、B、n、m 是材料参数；$\hat{\theta}$是无量纲温度。其中$\hat{\theta}$的定义中又包含了材料的融化温度和转变温度，转变温度定义为在该温度或低于该温度时屈服应力没有温度依赖性。

在 3DEXPERIENCE 中定义 Johnson-Cook 塑性模型需要输入式（2-1）中包含的相关材料参数。

提示

即使有试验数据，材料参数的拟合和获取也是耗费时间的工作。3DEXPERIENCE SSU 中的材料校准 APP 可以在已有材料拉伸试验数据的基础上，对 Johnson-Cook 塑性模型等材料模型进行材料参数的拟合计算，具体可以参考第 15 章内容。

2. 其他塑性

除了经典金属塑性模型外，在 3DEXPERIENCE 平台上，还包括以下塑性模型，如图 2-10 所示。

1）岩石和土壤塑性（Rock and Soil Plasticity）。岩石和土壤塑性选项旨在精确模拟岩土材料中常见的行为，如压力相关的屈服、膨胀、内聚力和内摩擦。它们还可用于复合材料和聚合物材料。3DEXPERIENCE 中的岩石和土壤塑性模型包含：

① Drucker-Prager 模型。Drucker-Prager 模型也称为扩展 Drucker-Prager 模型，是一种常用于模拟摩擦材料的弹塑性本构行为。该模型需要定义屈服行为和硬化机制，支持可选的速率依赖和蠕变行为。

② Mohr-Coulomb 模型。Mohr-Coulomb 模型模拟颗粒材料（如土壤）在单调载荷下的行为。该模型需要屈服行为和硬化机制，支持可选的拉伸切断机制。

③ Cap plasticity 模型。Cap plasticity 模型称为帽盖模型，也称为修正的 Drucker-Prager 模型，用于模拟黏性地质材料的本构响应。该模型需要定义屈服行为和硬化机制，支持隐式分析的可选蠕变行为。

④ Soft rock plasticity 模型。Soft rock plasticity 模型模拟了软岩和弱固结砂的力学响应。该模型需要屈服行为和压缩硬化机制。它还支持可选的张力硬化机制和数值正则化，以帮助提高收敛性。

⑤ Clay Tabular Plasticity 模型。Clay Tabular Plasticity 模型模拟没有内聚力的沙子或材料的机械响应。该模型需要定义屈服行为和压缩硬化机制。它还支持可选的张力硬化机制和数值正则化，以帮助提高收敛性。

⑥ Clay Exponential Plasticity 模型。Clay Exponential Plasticity 模型旨在模拟没有内聚力的沙子或材料的机械响应。该模型需要定义屈服行为和指数硬化机制。

2）混凝土（Concrete）。混凝土模型用于建模混凝土和其他脆性材料，如陶瓷和脆性岩石。

混凝土塑性材料又包含以下两种特性：

① 混凝土损伤塑性（Concrete Damage Plasticity，CDP）。混凝土损伤塑性材料行为能够对梁、桁架、壳体和实体中的混凝土和其他准脆性材料进行建模。可以通过指定屈服行为和两种单独的硬化机制（拉伸硬化和压缩硬化）来定义这种材料行为。混凝土损伤塑性模型是一种连续的、基于塑性的混凝土损伤模型。该模型还支持两种可选的损坏行为和一种失效机制。它假设主要的两种失效机制是混凝土材料的拉伸开裂和压缩压碎。两个硬化变量控制屈服（或失效）表面的演变：拉伸等效塑性应变和压缩等效塑性应变。这些变量分别与拉伸和压缩载荷下的失效机制相关联。混凝土失效仅在显式分析步中可用。

② 脆性开裂模型。脆性开裂模型主要用于模拟钢筋混凝土结构，但也可以模拟普通混凝土、玻璃、陶瓷和脆性岩石的断裂失效。该模型需要定义开裂后的张力和剪切行为，还可以定义可选的失效行为。脆性开裂模型仅在显式分析步中可用。关于脆性开裂模型的使用，读者可以参考第 14 章脆性玻璃失效内容。

3）可挤压泡沫（Crushable Foam）。可挤压泡沫模型能够模拟可挤压泡沫，这些泡沫通常用作能量吸收结构，可以用来模拟除泡沫以外的可压碎材料，如轻木等。该模型需要定义屈服行为和硬化机制。它还支持可选的速率依赖性。

4）塑性变形（Plasticity Deformation）。该模型使用 Ramberg-Osgood 理论，主要用于开发韧性金属断裂力学应用的全塑性解决方案。

5）镍钛诺（超弹性）[Nitinol（Superelasticity）]。该模型用于对镍钛合金类型材料的建模，能呈现马氏体与奥氏体相变转变并显示超弹性响应，可以用来模拟奥氏体向马氏体的应力诱导转变、马氏体向奥氏体的应力诱导转变、马氏体的再取向以及形状设定过程。该模型只能与线性弹性结合使用。关于镍钛诺的设置和使用，读者可以参考第 9 章内容。

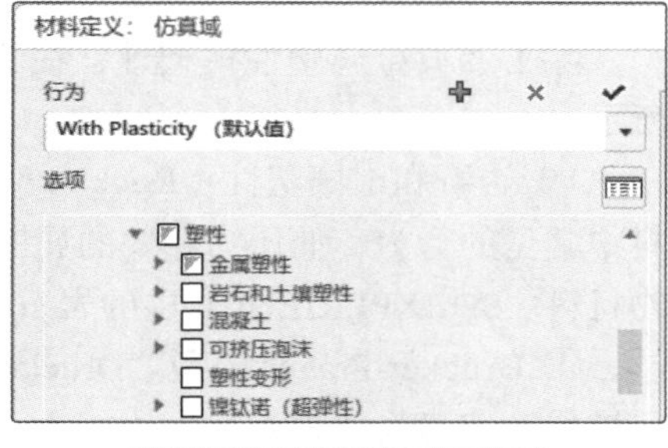

图 2-10　塑性模型材料

2.1.5　黏弹性、蠕变、膨胀材料模型

黏弹性、蠕变、膨胀材料模型可以定义材料关于黏弹性、蠕变和蠕变膨胀的相关参数，如图 2-11 所示。

1）黏弹性（Viscoelastic）。黏弹性材料模型用于定义材料行为随时间或频率变化。在此材料模型中，施加应力的初始响应是弹性的，但随着时间的推移，材料表现出黏性响应。因此，黏弹性材料表现出弹性和黏性行为，这取决于施加应力的时间。

2）非线性黏弹性（Nonlinear Viscoelastic）。非线性黏弹性材料模型，也被称为平行流变框架（Parallel Rheological Framework），旨在对表现出永久变形和非线性黏性行为并经历大变形的聚合物和弹性材料进行建模。

3）蠕变（Creep）。蠕变定义了材料在高应力下长时间塑性变形的趋势，即使这些应力远低于材料的

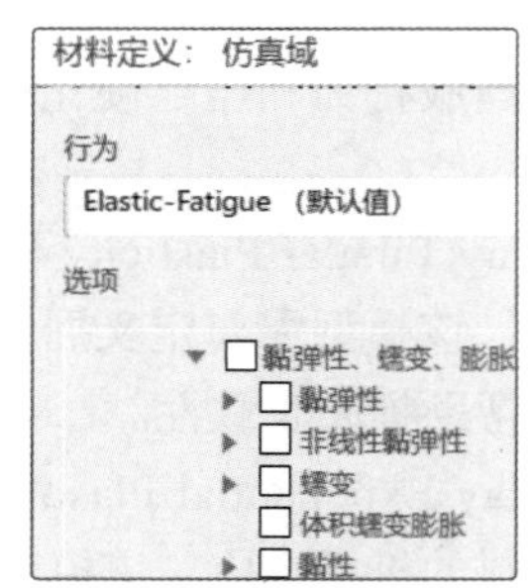

图 2-11　黏弹性、蠕变、膨胀材料模型

屈服应力。在应力不变的情况下，应变随着时间的延长而增加。

4）体积蠕变膨胀（Volumetric Creep Swelling）。可以通过提供表格输入或通过用户子程序来定义。可以是各向同性的，也可以是各向异性的。

5）黏性（Viscous）。黏性行为与弹性和塑性一起定义了两层黏塑性材料模型的黏性特性。

2.1.6　损伤

损伤特性使用各种损伤算法描述材料的渐进损伤和失效。如图 2-12 所示，应力 - 应变曲线中的 *cd* 段为损伤演化过程。

3DEXPERIENCE 中的损伤模型包含延性金属损伤模型和钢筋复合材料损伤模型。在金属损伤模型定义中，可以使用以下算法对损伤模型进行建模，如图 2-13 所示。每个损伤设定下都包含损伤演化，如图 2-14 所示。

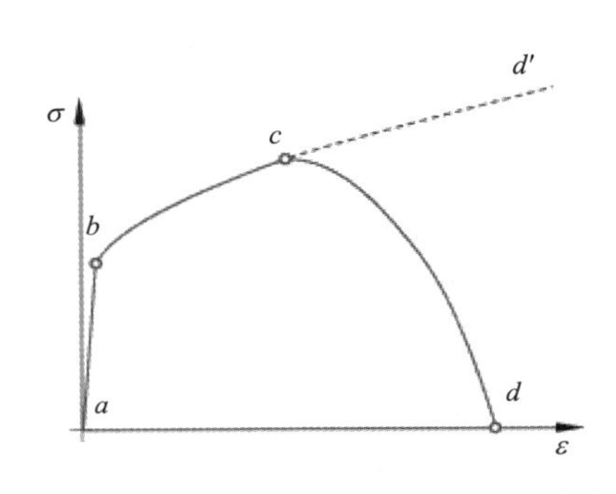

图 2-12　简单单轴拉伸中的材料响应

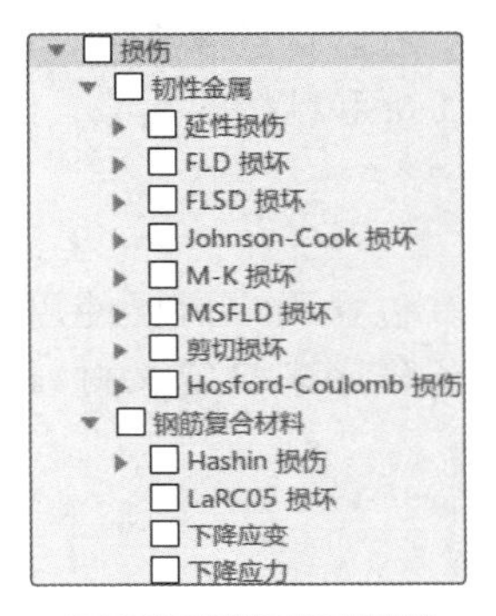

图 2-13　损伤模型

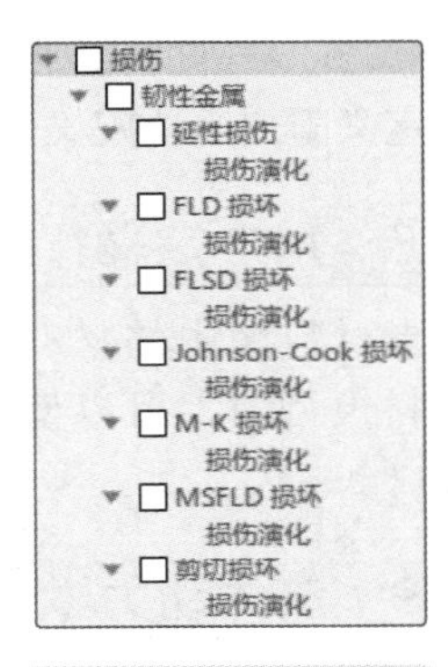

图 2-14　损伤演化

1）延性损伤。延性损伤是用于预测由延性金属中空洞的成核、生长和聚结引起的损伤开始的模型。关于延性损伤的使用和设置，读者可以参考第 13 章塑性金属失效内容。

2）FLD 损坏。成形极限图（Forming Limit Diagram；FLD）是在主（平面内）对数应变空间中的成形极限应变图，板材在缩颈开始之前可以承受的最大应变称为成形极限应变。FLD 损坏起始标准旨在预测钣金成形中缩颈不稳定性的发生。

3）FLSD 损坏。成形极限应力图（Forming Limit Stress Diagram；FLSD）损坏旨在预测钣金成形中缩颈不稳定性的发生。基于应变的成形极限曲线（在 FLD 损坏准则中使用）被转换为基于应力的曲线，以减少对应变路径的依赖性。这提高了 FLSD 损坏模型在任意加载条件下的性能。

4）Johnson-Cook 损坏。Johnson-Cook 损坏是延性损伤模型的一个特例，用于预测延性金属中空洞的成核、生长和聚结造成的损伤的开始。该模型假设损伤开始时的等效塑性应变是应力三轴度和应变率的函数。可以将 Johnson-Cook 模型与 Von Mises、Johnson-Cook、Hill 塑性模型一起使用。

5）M-K 损坏。Marciniak-Kuczynski（M-K）损坏模型用于预测任意加载路径的钣金成形极限。该模型以凹槽的形式在板材中引入厚度缺陷来模拟缺陷。当凹槽变形相对于原始板厚变形的比率超过临界值时，就会发生损坏。

6）MSFLD 损坏。Müschenborn-Sonne 成形极限图（MSFLD）损坏模型用于预测任意加载路径的钣金成形极限。该模型在等效塑性应变的基础上工作，并假设成形极限曲线代表可达到的最高等效塑性应变的总和。

7）剪切损坏。剪切损坏是用于预测剪切带定位的损伤开始的模型。该模型假设损伤开始时的等效塑性应变是剪应力比和应变率的函数。

8）Hosford-Coulomb 损伤。Hosford-Coulomb 损伤模型基于应变率预测各向异性损伤。

2.1.7 阻尼

材料阻尼根据以下公式指定

$$\zeta = \frac{\alpha_R}{2\omega_i} + \frac{\beta_R \omega_i}{2} \tag{2-2}$$

式中，ω_i 是结构的自然频率；α_R 是质量比例阻尼系数，在较低的频率下，该参数往往具有更强的影响；β_R 是刚度比例阻尼系数，在较高的频率下，该参数往往具有更强的影响。

定义阻尼需要定义 Alpha、Beta 和结构的数值，如图 2-15 所示。

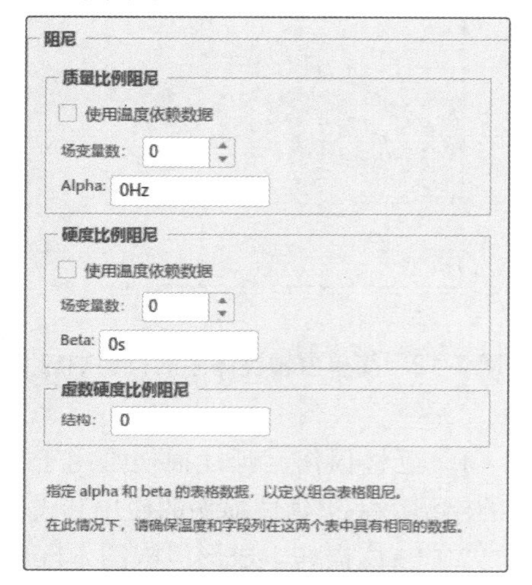

图 2-15 阻尼设置

2.1.8 用户定义行为

当材料库中的材料模型没有包含用户需要使用的材料模型时，可以使用用户子程序来自定义材料模型。

2.1.9 流体动力学

流体动力学材料属性用来描述流体的状态方程（EOS）和黏性。状态方程（EOS）是将压力定义为密度和内能函数的本构方程。状态方程行为能够定义流体动力学模型，其中体积压力响应由状态方程确定，压力取决于密度和每单位质量的比能，还可以通过将 EOS 模型与其他材料选项相结合来添加偏差响应。

状态方程模型有如下应用特点：

1）可用于模拟仅具有体积强度的材料（假定材料没有剪切强度）、也具有各向同性弹性或黏性偏斜行为的材料。

2）除非选择点火和增长，可与金属塑性模型或 Johnson-Cook 塑性模型一起使用。

3）除非选择点火和增长，可与扩展的 Drucker-Prager 塑性模型（没有塑性膨胀）一起使用。

4）除非选择理想气体，可选择与拉伸失效模型一起使用，来模拟动态剥落或压力截止。

在 SSU 材料库中包含 6 个状态方程类型，用于描述材料的流体动力学行为和对流体材料进行仿真，如图 2-16 所示。

1）理想气体。使用理想气体状态方程来定义流体材料。

2）JWL。Jones-Wilkins-Lee（或 JWL）状态方程模拟了炸药中化学能释放所产生的压力。该模型以称为程序燃烧的形式实施，这意味着炸药的反应和起爆不是由材料中的冲击决定的。取而代之的是，起爆时间由几何结构确定，该几何结构使用爆炸波速度和材料点与爆炸点的距离。

3）Us-Up。用来定义 Mie-Grüneisen 状态方程。

4）表格。表格状态方程为模拟材料的流体动力学响应提供了灵活性，这些材料在压力 - 密度关系中表现出急剧转变，如由相变引起的转变。

5）点火和增长。点火和增长描述模拟了固体炸药的激波引发和爆炸波传播，这些炸药反应形成气态产物。它需要规定将未反应的固体炸药转化为反应气体的反应速率和比热容特性。

6）用户。通过用户子程序 VUEOS 指定压力的通用功能，压力是电流密度和每单位质量内能的函数。

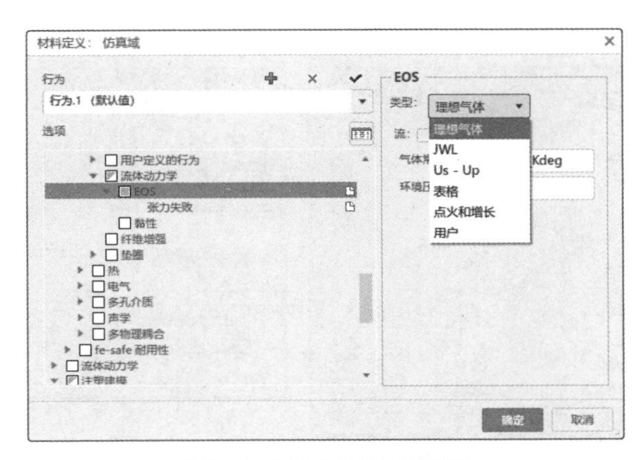

图 2-16　状态方程类型

2.1.10　纤维增强

通过纤维增强材料（Fiber Reinforcement）模型，可以指定纤维复合材料中一种或多种纤维成分的特性，如图 2-17 所示。

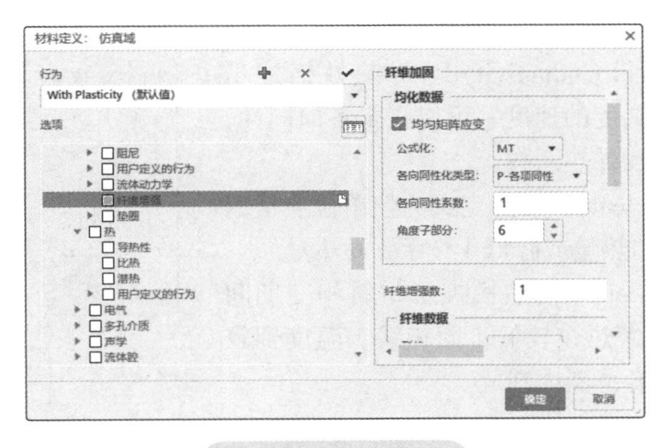

图 2-17　纤维增强

可以使用不同的材质行为定义复合材料基体成分的材质属性。基体的性质在纤维增强材料中不定义。还可以指定各种参数来定义半解析均匀化方法，以计算复合材料的热性能和机械能。

纤维增强材料选项包含：

1）支持一个或多个纤维。

2）仅可使用线弹性响应模拟其机械响应的纤维行为。

3）支持每个纤维增强体的膨胀、热导率和密度。

4）可以预测复合材料中每个成分的占比。

2.1.11　垫片

垫片（Gasket）材料通过其厚度、横向剪切弹性和膜弹性来描述垫片的行为。在垫片材料属性行为中可以选择三种材料行为来设置，分别是垫片膜弹性、垫片横向剪切弹性、垫片厚度行为，如图 2-18 所示。

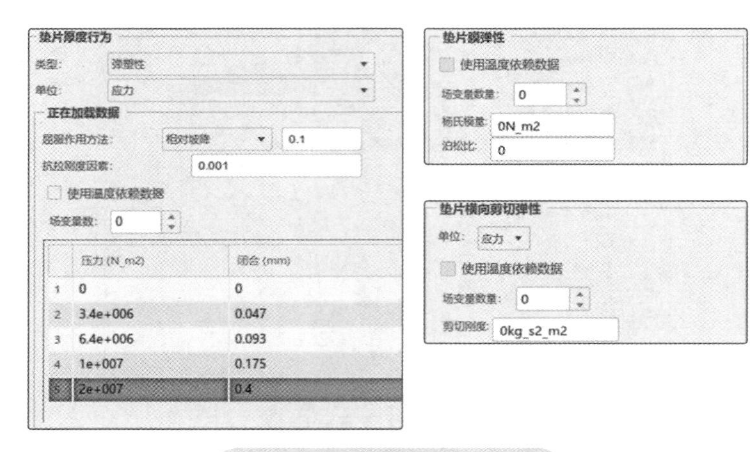

图 2-18　垫片材料属性行为

2.1.12　热

热（Thermal）属性行为描述了材料的导热性、比热和潜热，对传热进行定义，如图 2-19 所示。

1）导热性（Thermal Cnductivity）。导热性描述了热量在材料中通过温度梯度的速度。可以指定各向同性、正交各向异性或各向异性导热系数。

2）比热（Specific Heat）。比热定义为使单位质量的物质温度升高 1℃吸收的热量或降低 1℃释放的热量。

3）潜热（Latent Heat）。潜热模拟了材料相变期间内能的巨大变化。假定潜热在较低（固相线）温度到较高（液相线）温度的温度范围内释放。

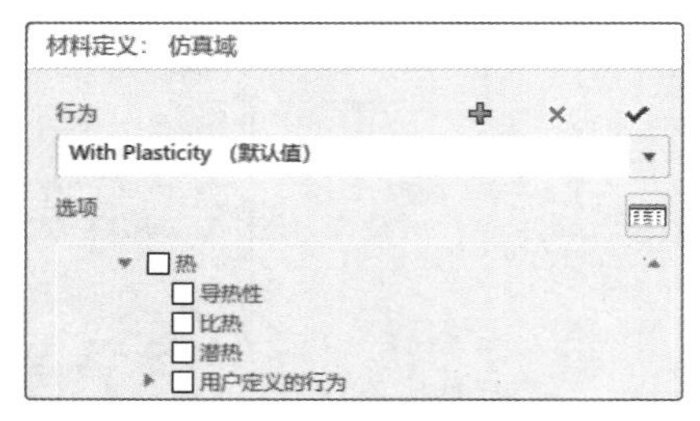

图 2-19　热属性

2.1.13　电气

电气（Electrical）选项用于在热电耦合结构分析和热电耦合结构分析中定义热电耦合结构元件和热电耦合结构元件的导电率。该选项还用于定义涡流分析中电磁元件的导电性。

电导率的类型如图 2-20 所示。

1）可以是各向同性、正交异性或各向异性。

2）可以是线性或非线性的（通过将其定义为温度的函数）。

3）可以指定为频率的函数。

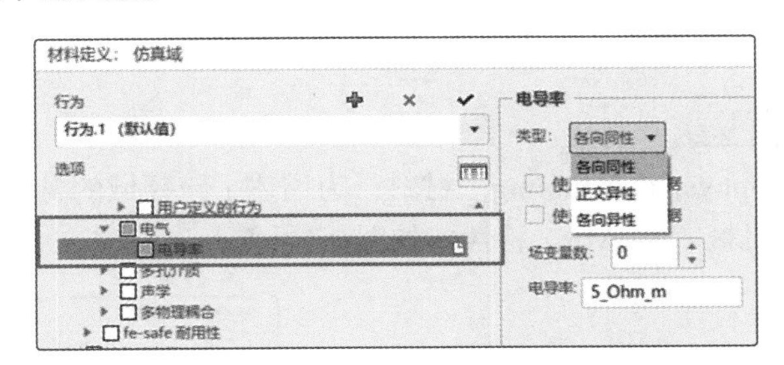

图 2-20　电导率的类型

2.1.14　多孔介质

多孔介质（Porous Media）材料用来描述模型中包含多孔材料的材料属性，如图 2-21 所示。

1）孔流体密度（Pore Fluid Density）。定义了多孔介质中流体每单位体积的质量。

2）多孔体积模量（Porous Bulk Modulus）。定义了固体颗粒和渗透流体的体积模量，以便在分析多孔介质时考虑其压缩性。

3）多孔介质渗透性（Porous Media Permeability）。定义了渗流和多孔材料问题中孔流体流动的渗透性。

4）多孔介质吸附（Porous Media Sorption）。定义了部分饱和多孔介质在液体流动和多孔介质应力耦合分析中的吸附和脱附行为。

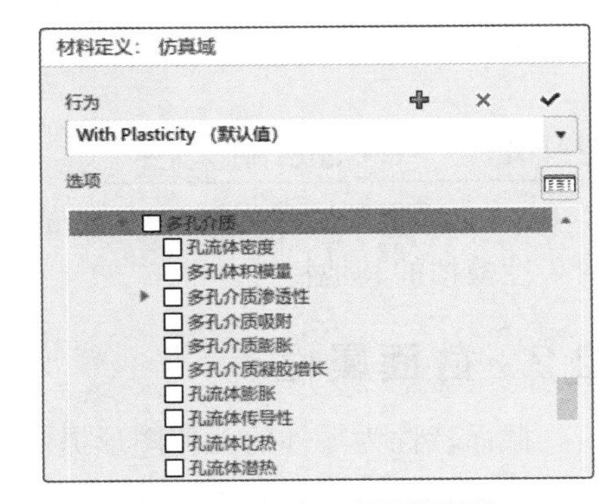

图 2-21　多孔介质设定

5）多孔介质膨胀（Porous Media Swelling）。定义了部分饱和流动条件下多孔介质固体骨架的饱和驱动体积膨胀。

6）多孔介质凝胶增长（Porous Media Gel Growth）。允许对凝胶颗粒的生长进行建模，凝胶颗粒在部分饱和多孔介质中膨胀并捕获液体。

7）孔流体膨胀（Pore Fluid Expansion）。定义了多孔介质中流体的热膨胀系数。

8）孔流体传导性（Pore Fluid Conductivity）。定义了多孔介质中流体的热导率。孔流体的导电性必须是各向同性的。

9）孔流体比热（Pore Fluid Specific Heat）。定义了多孔介质中流体的比热。

10）孔流体潜热（Pore Fluid Latent Heat）。定义了孔流体材料相变期间的内能变化。

2.1.15　声学

声学（Acoustics）用于模拟声音传播问题，可用于纯声学分析或耦合声学结构分析，如流体中冲击波的计算或振动问题中的噪声计算。

声学的材料参数如图 2-22 所示。

1）体积弹性模量（Bulk Modulus）。定义了材料的抗压性，可以将其定义为单个实际值或取决于频率的复杂值，还可以指定体积模量数据的温度依赖性。

2）体积阻力（Volumetric Drag）。可用于模拟声学介质中能量耗散和声波衰减的影响。

3）吸声（Acoustic Absorption）。通过指定不同频率下的幅值和相位角，能够描述具有实部和虚部的阻抗表。

2.1.16 多物理耦合

多物理耦合（Multi-physical Coupling）材料行为描述了跨领域的材料特性，如热机械特性、电气热机械特性或电气机械（MEMS）特性，如图 2-23 所示。

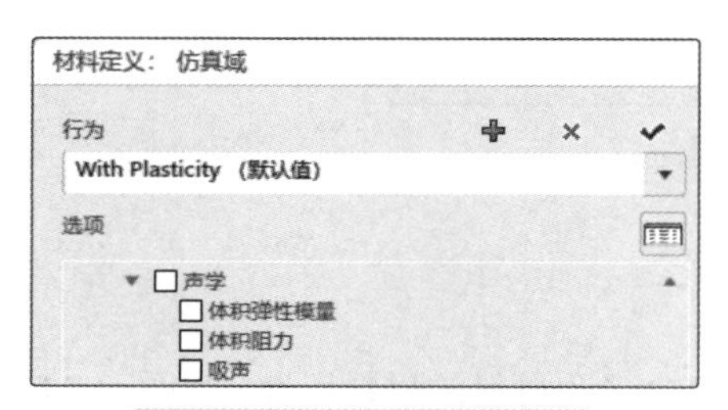

图 2-22 声学的材料参数

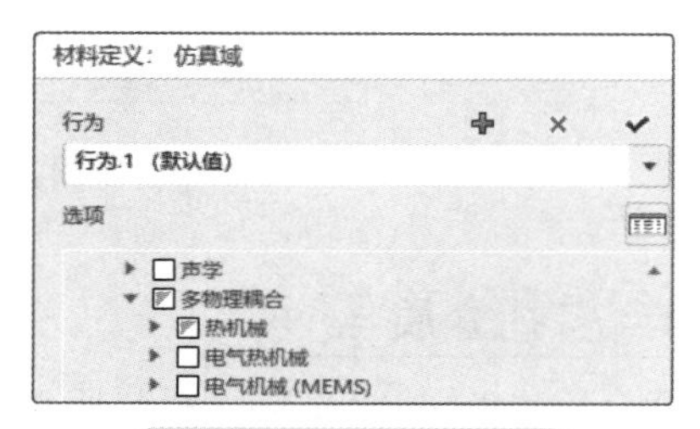

图 2-23 多物理耦合

2.1.17 Fe-safe 耐久性

Fe-safe 耐久性材料行为（Durability Properties）能够定义模拟的疲劳算法，并指定有助于耐久性模拟的其他特性。

2.2 截面属性

截面特性为零件的几何图形提供了附加的物理信息。材料特性或横截面轮廓不会直接应用于零件，需要通过截面属性进行特性的赋予。对于一根工字钢，在有限元模型中可以用不同的截面属性来表示，工字钢几何模型与截面属性见表 2-1。

表 2-1 工字钢几何模型与截面属性

工字钢	梁	壳	实体
几何模型			
几何模型 + 截面属性			

2.2.1 实体截面

实体截面用于将特性应用于材料在零件厚度上连续的区域。实体截面和实体（连续体）单元可用于线性分析和涉及接触、塑性、大变形的复杂非线性分析。

1）选择工具栏“属性”中的“实体截面”，如图 2-24 所示。

2）单击显示区域的模型。

3）“材料”选择“1060 Alloy”，如图 2-25 所示。

4）单击“确定”。

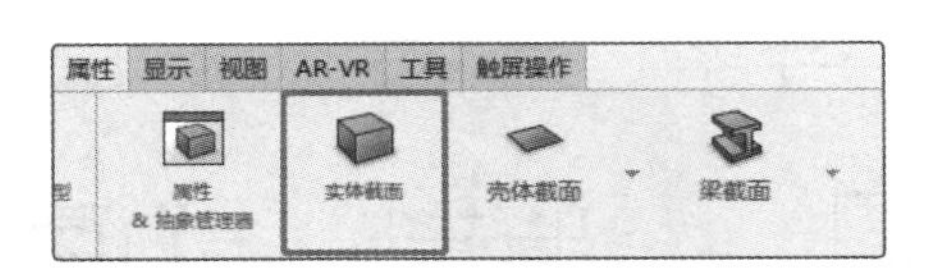

图 2-24　选择“实体截面”

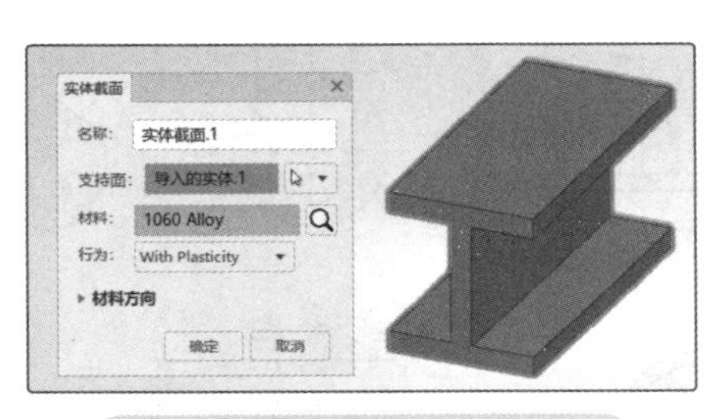

图 2-25　设置实体截面属性

2.2.2　壳体截面

壳体截面（Shell Section）用于将特性应用于一个尺寸（厚度）明显小于其他两个尺寸的区域，如钣金件。

壳体截面应用于表面，从几何角度来看，表面没有厚度，厚度作为壳体截面定义的一部分指定给曲面几何图形。在模拟过程中，壳体表面被视为位于表面几何体上方和下方厚度距离的一半（中面）。

1）选择工具栏“属性”中的“壳体截面”，如图 2-26 所示。

2）单击显示区域的模型。

3）输入“厚度”为“10mm”。

4）“材料”选择“1060 Alloy”，如图 2-27 所示。

5）单击“确定”。

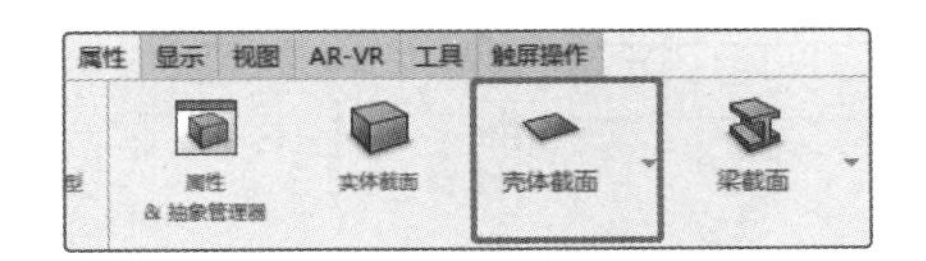

图 2-26　选择“壳体截面”

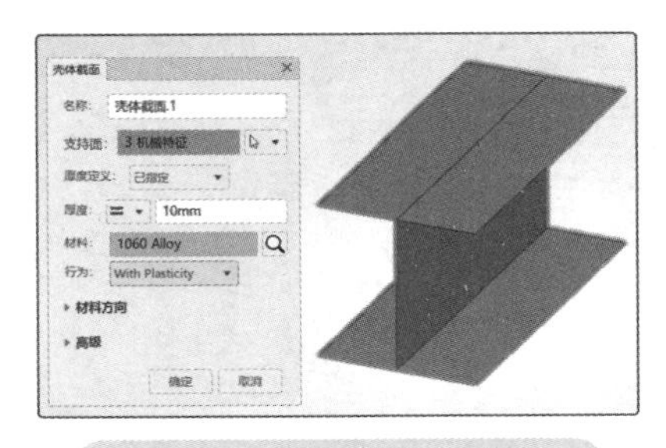

图 2-27　设置壳体截面属性

2.2.3　梁截面

梁截面（Beam Section）应用于从几何角度看没有厚度的线。材质、梁轮廓和方向将作为梁截面定义的一部分指定给该线。在模拟过程中，除非自定义其偏移位置，否则轮廓将被视为原始线位于其质心。

应用梁截面需要先定义梁截面属性，如图 2-28 所示。在 SSU 中，支持的截面形状有：箱体、圆弧、常规、六边形、I 形、L 形、管路、矩形、梯形、T 形、通道，如图 2-29 所示。

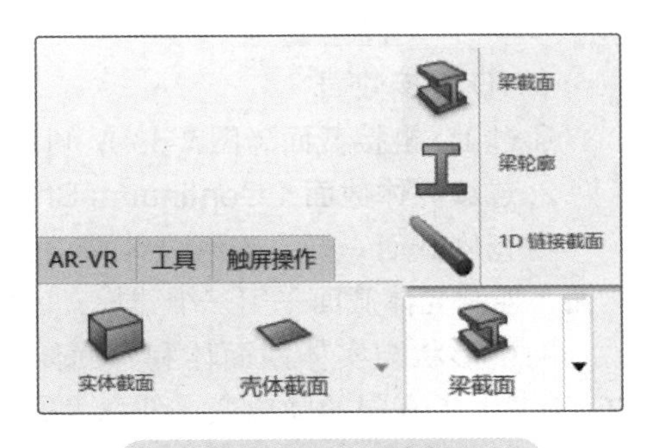

图 2-28　定义梁截面属性

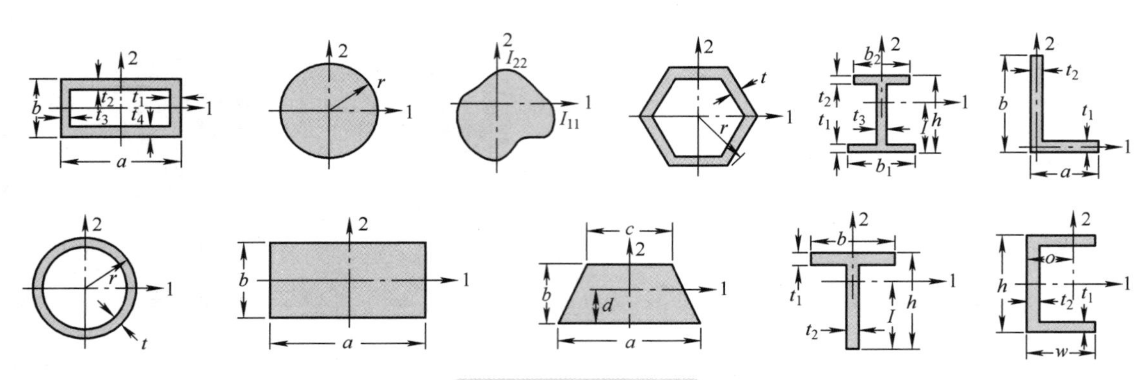

图 2-29　梁截面形状

为线段定义梁截面的操作过程如下：

1）选择工具栏“属性”中的“梁截面”/“梁轮廓”，如图 2-30 所示。

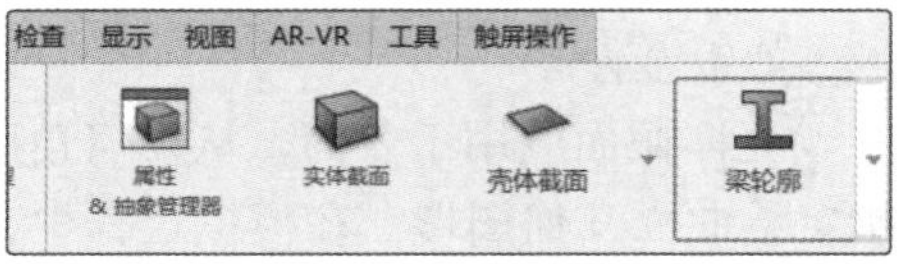

图 2-30　“梁截面”/“梁轮廓”

2）“形状”选择“I”，输入尺寸参数后，单击“确定”，如图 2-31 所示。

3）单击“梁截面”，“支持面”选择“直线 1”，选择新建的横梁轮廓，“材料”选择“1060 Alloy”，“方向几何图形”选择 Y 轴方向作为“1 边线”，单击“确定”，如图 2-32 所示。

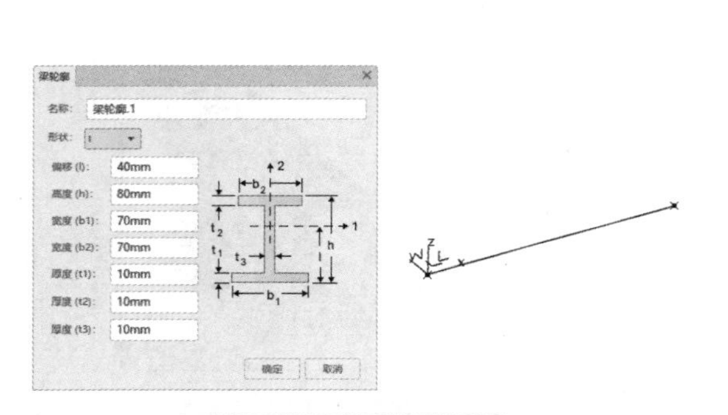

图 2-31　定义梁轮廓

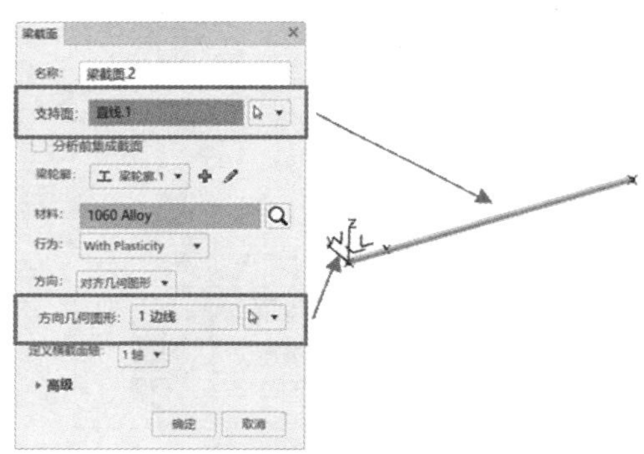

图 2-32　设置梁截面属性

2.2.4　其他截面

1. 1D 链接截面

通过 1D 链接截面（图 2-33），可以对导线、绳索和桁架等单元进行建模。

2. 连续壳体截面（Continuum Shell）

与壳体截面一样，连续壳体截面（图 2-34）的一个维度（厚度）明显小于其他两个维度。然而，连续壳体截面采用三维建模，因此厚度由模型定义，厚度方向上的应力不可忽略。

网格形状与实体四面体和六面体一致，但是单元功能有所不同。连续壳体单元 SC6R 和 SC8R 考虑了有限的膜应变、任意大旋转，并考虑了厚度的变化，使其适用于大应变分析。厚度变化的计算基于单元节点位移，而节点位移又根据分析开始时定义的有效弹性模量计算。

3. 隔膜截面（Membrane Section）

隔膜截面（图 2-35）也称为膜截面，用来定义一个尺寸（厚度）明显小于其他两个尺寸的结构，与壳体截面相似。与壳体截面不同的是，隔膜截面没有弯曲刚度。

隔膜截面用于表示空间中的薄表面，在截面平面上提供强度，但没有弯曲刚度。隔膜的一个例子是气球吹气成型。

与壳体截面一样，隔膜截面也适用于没有几何厚度的表面。然而，与壳体截面不同的是，隔膜截面不允许不同的厚度，也不提供截面集成选项。相反，隔膜截面包括一个单一的、均匀的表面几何形状厚度分配和一个泊松比，以确定应变下的厚度行为。

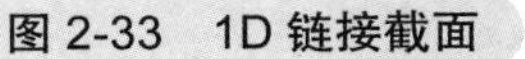
图 2-33　1D 链接截面

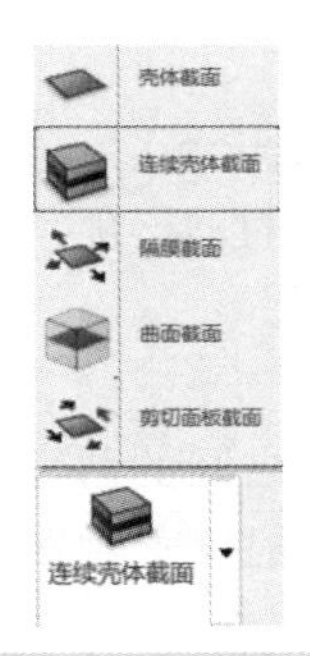

图 2-34　连续壳体截面

图 2-35　隔膜截面

4. 曲面截面（Surface Section）

曲面截面（图 2-36）将特性应用于没有固有刚度的膜状表面区域。可以将曲面截面应用于模型的曲面或区域。

可以为接触模拟、连接约束、紧固件和耦合定义曲面，可以定义一个区域的表面部分，用于分布表面载荷、声辐射、声阻抗，以及表面上积分量的输出。

曲面截面在以下几种特殊的建模情况下很有用：

1）用于承重钢筋层，以表示实体结构中的薄加筋构件。钢筋层的刚度和质量将添加到曲面单元中。

2）用于以每单位面积累积的形式将额外质量引入仿真模型。例如，将油箱中的燃油质量分布在油箱的表面上，尤其是当油箱使用实体单元进行仿真时。

3）当约束中使用的曲面不具有结构特性时（声辐射、声阻抗等），用于指定该曲面。

4）定义基于表面的流体腔的全部或部分边界，如空气弹簧。

5. 剪切面板截面（Shear Panel Section）

剪切面板截面（图 2-37）用于模拟沿着薄加强板（如飞机结构中的蒙皮板）边缘传递的剪切力。

剪切面板截面沿边缘传递剪力，但不能传递法向力。由这些截面建模的结构没有弯曲刚度，因此，应包括加强桁架或梁。

这些截面用于小位移分析，只能用于线弹性材料行为，不包括大旋转效应、热应变效应和基于材料 / 单元的黏性阻尼效应。

该截面应用于从几何角度来看没有厚度的表面。厚度作为壳体部分定义的一部分分配给表面几何形状，厚度可以是恒定值或使用空间分布的厚度数据。

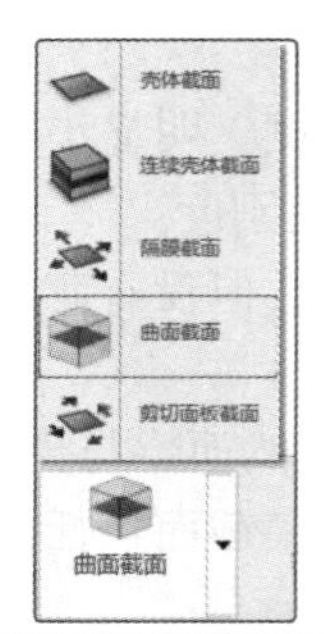

图 2-36　曲面截面

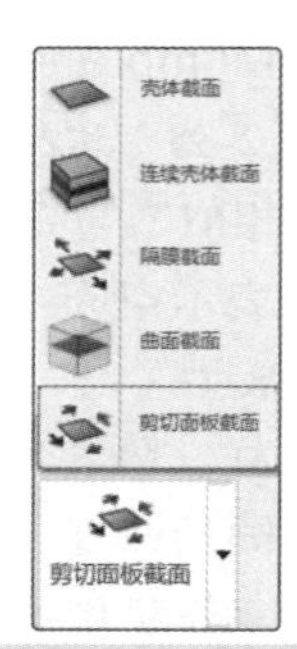

图 2-37　剪切面板截面

6. 网格化螺栓截面（Meshed Bolt Section）

网格化螺栓截面用于施加到实体螺栓的螺栓预紧力，它表现为穿过实体螺栓（相对于虚拟螺栓）或其他紧固件主体的平面表面。

7. 垫片截面（Gasket Section）

垫片（Gasket）是用于模拟结构部件之间的薄密封部件。垫片截面定义了在厚度方向上、在压缩应力作用下，引入相对薄的材料以提供密封表面的区域。垫片截面需要与垫片材料模型一起结合起来使用。

注意：1）可视化提示：默认情况下，软件不显示梁轮廓或壳厚度。但是可以渲染厚度，可以在“模型图解”中设置（图 2-38）。效果如图 2-39 所示。

2）对于横梁截面也可以在“显示首选项”中进行渲染和横梁截面方向的显示，如图 2-40 所示。

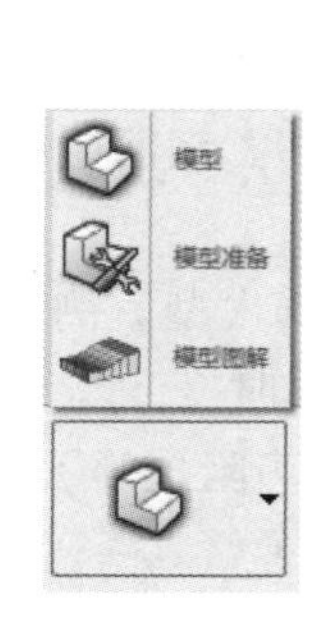

a) 模型图解

b) 轮廓设置

图 2-38　设置截面属性

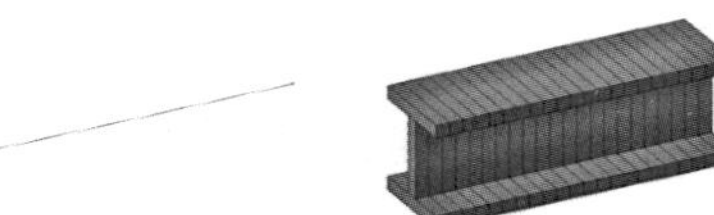

a) 梁单元

b) 梁渲染

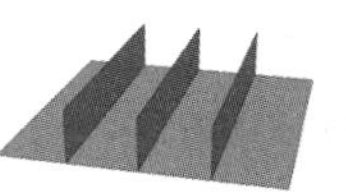

c) 壳单元

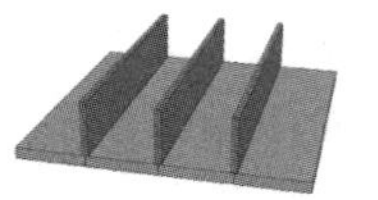

d) 壳渲染

图 2-39　截面属性渲染

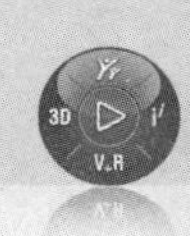

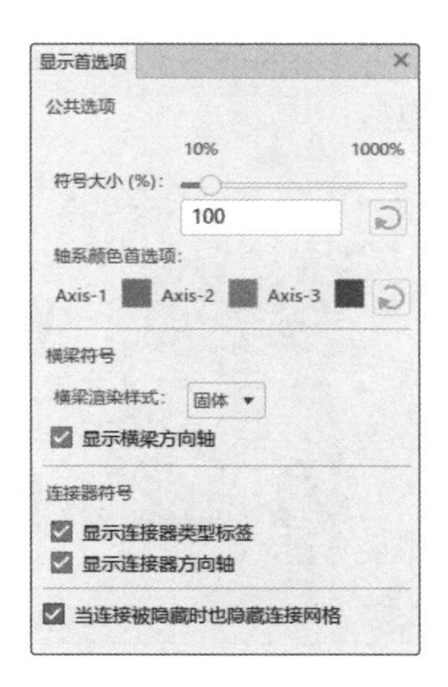

a）软件界面

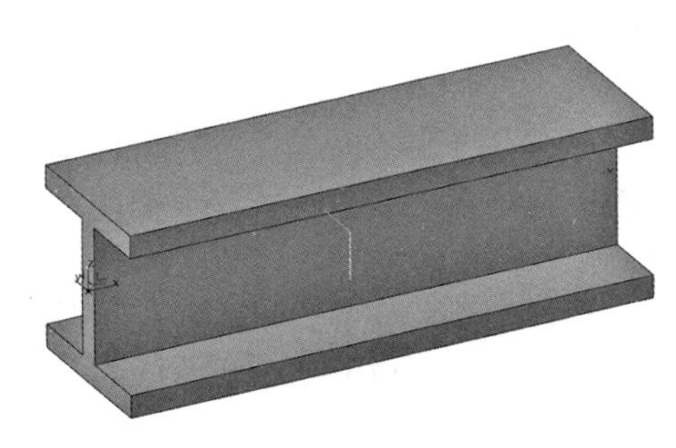

b）显示效果

图 2-40　“显示首选项”设置

2.3　网格划分

2.3.1　网格基础

网格划分是将几何体离散为有限个几何简单形状单元（有限元），有限元分析软件需要网格来执行模拟。例如，骨骼的复杂几何结构已离散为有限个单元，网格在几何体上显示为块状实体，如图 2-41 所示。

在 3DEXPERIENCE 平台中是以有限元模型（FEM Rep）来表示几何体的有限元对象。FEM Rep 与 3D 零件或物理产品相关联。一个 3D 零件或物理产品可以有任意数量的 FEM Rep 与它关联。

FEM Rep 还可以与一个抽象形状（不影响原始设计的理想几何图形，如线框、曲面等）相关联，该形状链接到实际几何图形。可以创建多个 FEM Rep，但只能将一个 FEM Rep 与仿真关联。

2.3.2　创建 FEM Rep

1）单击“罗盘”，如图 2-42 所示。

2）单击“Structural Model Creation”APP，如图 2-43 所示。

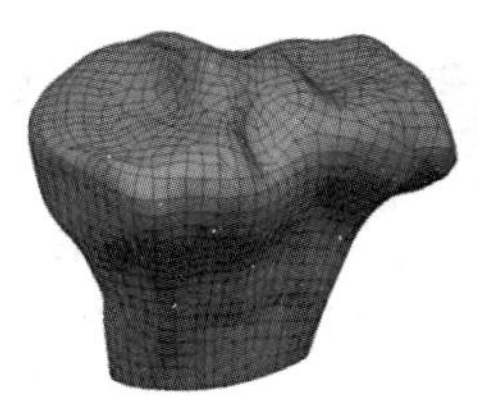

图 2-41　骨骼模型

图 2-42　罗盘

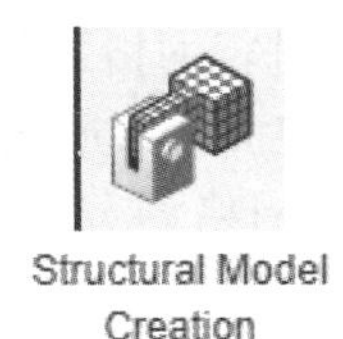

图 2-43　“Structural Model Creation”APP

3）此时会出现一个对话框（图 2-44），其中包含初始化网格的选项。这些选项仅适用于实体几何体（壳几何体和线框几何体不进行初始化），主要包括：

① 标准。使用网格类型、单元顺序、大小和厚度（对于壳单元）等基本参数管理多个实体的实体和曲面网格。此方法可以导入和网格点紧固件（如果它们包含在模型中）。

② 高级。可以选择用于部件中每个零件的网格过程。还包括几个连接网格程序（点、线、虚拟螺栓或从设计中读取）。

③ 用户驱动。管理对部件中零件的多个网格程序和输入的应用，为每个零件生成网格和质量报告。此方法不支持连接。

④ 空 FEM。有限元法创建链接到选定形状的空有限元模型。

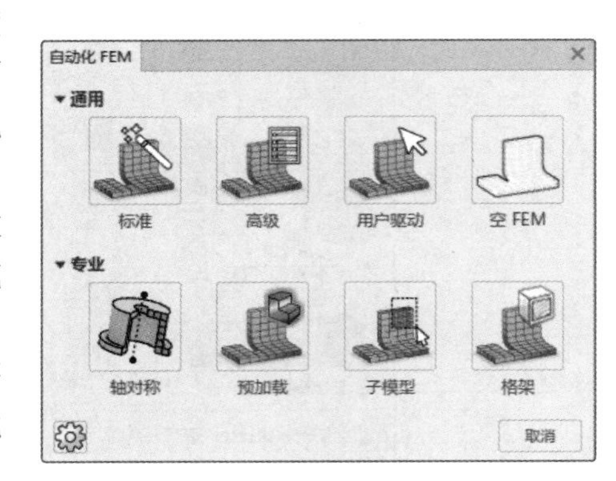

图 2-44　初始化类型

⑤ 轴对称。对三维模型进行剖切，以生成二维轴对称仿真模型，然后将模型和场景特征添加到此简化表示中，以生成表示三维设计的结果。

⑥ 预加载。从另一个分析案例创建 FEM 的链接副本。新的 FEM 包括网格零件、组和编号，还可以包括模型约束。

⑦ 子模型。从模型的选定区域创建子模型 FEM，可以将子模型用于高级多比例、多级别模拟。

⑧ 格架（Lattice）。提供用于为使用 Lattice Design APP 创建的附加制造设计创建 FEM 功能。

2.3.3　网格技术

网格创建可以为线框实体、3D 曲面几何体和 3D 实体几何体创建网格。

可用于生成网格的最重要要素包括单元大小、单元阶次（线性与二阶）和单元形状（四 / 六面体、三 / 四边形）。

可以使用自由网格划分、结构化网格、扫掠网格等生成网格。

2.3.4　壳体网格

壳体网格（曲面网格）允许使用三角形和四边形单元（线性或二次单元）对复杂曲面几何体进行网格化，如图 2-45 所示。

可以定义局部规格以简化几何图形，然而，在网格化过程中，基础几何图形永远不会被修改。

在对几何体进行网格划分时，也可以忽略建模细节。例如，可以在孔和间隙上进行网格划分。可以消除小表面，如加强筋和法兰。

可用于曲面网格划分的工具包括曲面四边形网格、八叉树三角形网格、曲面三角形网格，如图 2-46 所示。曲面四边形网格划分是这些工具中使用最广泛的一种。当曲面网格划分工具对实体进行划分时，只会对实体的外表面进行网格划分。不同曲面网格划分效果如图 2-47 所示。

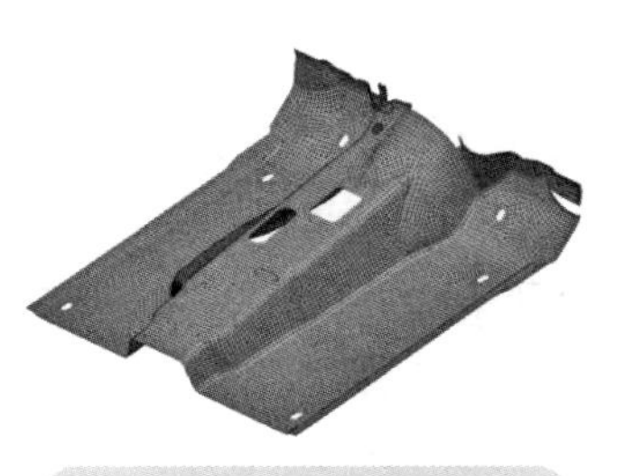

图 2-45　复杂曲面网格

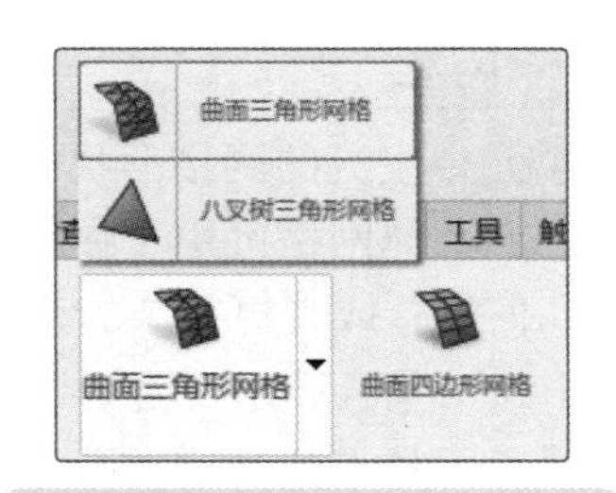

图 2-46　曲面网格划分工具

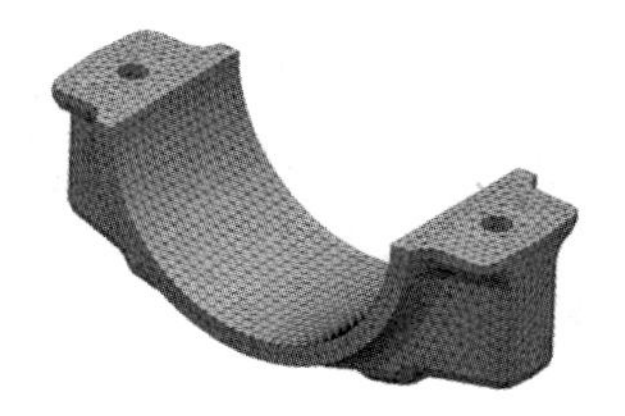

a) 曲面三角形网格

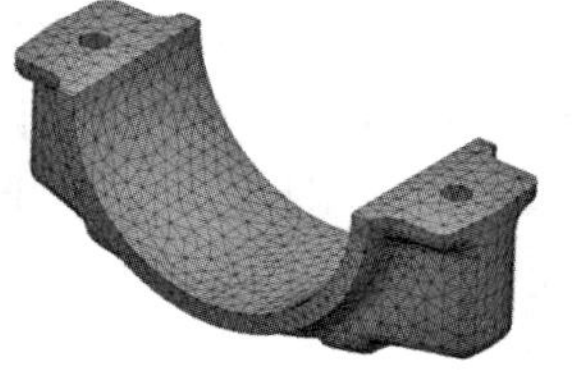

b) 八叉树三角形网格

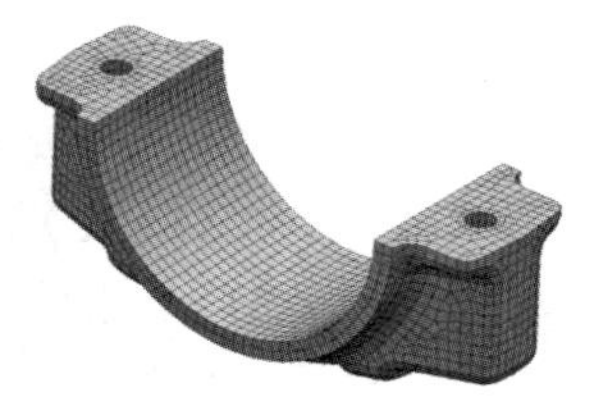

c) 曲面四边形网格

图 2-47　不同曲面网格划分效果

大多数曲面可以生成四边形网格，而无需任何用户干预。如果不可能使用完整的四边形网格，则四边形主导网格（即仅在几何结构极其复杂的区域使用三角形单元）是次优选择。

1）四边形单元（图 2-48）。一阶四边形单元通常是包括接触在内的模型的良好选择。二阶四边形单元在表示曲线几何和捕捉应力集中方面更好，但计算成本更高。

2）三角形单元。一阶三角形单元通常应用作最小感兴趣区域的填充网格。

要使用曲面四边形网格工具划分网格，必须选择支持面并指定全局参数，如元素顺序（单元阶次）、网格大小、偏移、绝对弦高、自动网格捕获，如图 2-49 所示。

1）可以选择曲面或实体作为支持面。

2）曲面四边形网格工具可以生成线性和二次单元。

3）绝对弦高仅适用于三角形单元和四面体单元。

4）通过单击“通过几何图形初始化”，可以从几何体自动设置单元大小和绝对弦高。

5）自动网格捕获在给定公差范围内从相邻网格捕获外部节点，以生成兼容的网格（图 2-50）。

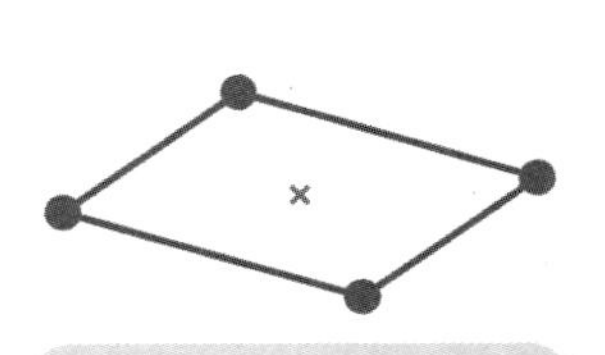

图 2-48　四边形单元

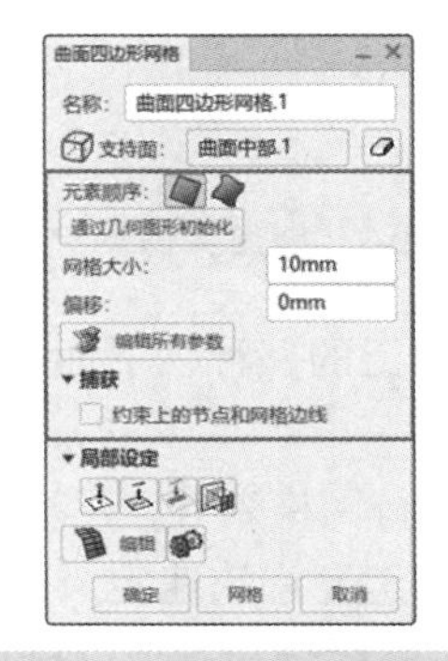

图 2-49　曲面四边形网格参数

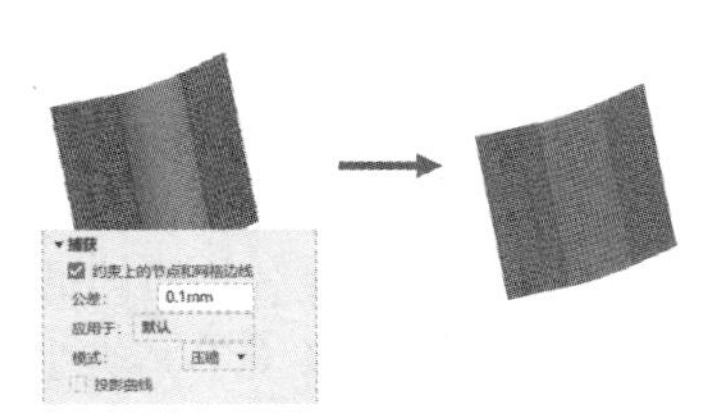

图 2-50　捕获网格

2.3.5 实体网格

在实体单元中主流的网格形状有 3 种：四面体、楔形和六面体，最常用的网格形状是四面体和六面体。四面体网格可用于在复杂几何体上生成网格，用户干预最少。六面体网格通常需要更简单的几何体，或者更复杂的几何体需要手动分割为更简单的形状。在如图 2-51 所示的手持设备模型中，一些区域用四面体划分，而另一些区域用六面体划分。

创建生成六面体单元所需的分区可能需要花费大量精力，而生成四面体单元通常不需要花费太大精力。对于给定的求解精度，相同尺寸的六面体单元通常比四面体单元提供更有效的模拟，但是相对更精细的四面体单元可以提供与六面体单元相似的计算精度。因此在对复杂外形的产品进行仿真时，工程中通常越来越倾向于采用网格前处理时间更少的四面体网格。

四面体单元（图 2-52）通常应避免使用一阶（线性）四面体单元。它们可以用作最不感兴趣区域的填充单元。二阶（二次）四面体单元通常是最佳选择。

六面体单元（图 2-53）一阶单元通常是包括接触在内的模型的良好选择。二阶单元在表示曲线几何和捕捉应力集中方面更好，但计算成本更高。

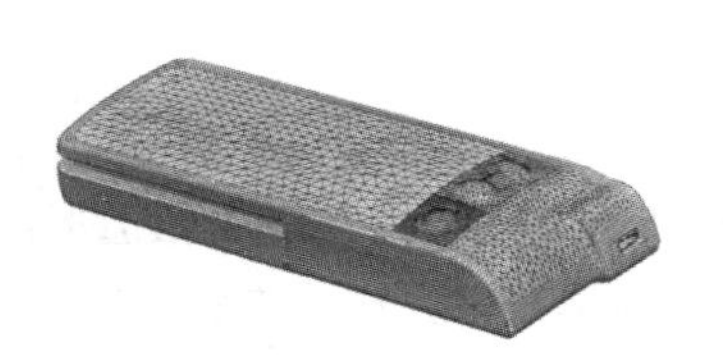

图 2-51　手持设备模型

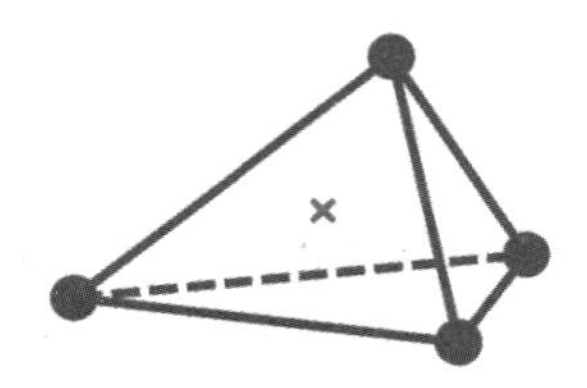

图 2-52　四面体单元

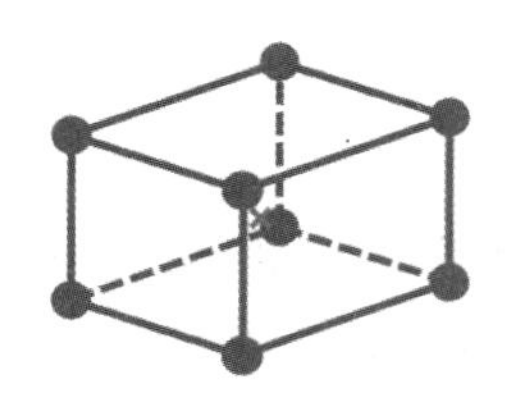

图 2-53　六面体单元

有 3 种方法可以创建三维单元：使用现有零件作为支撑面直接创建实体网格（即要网格化的区域）；重复使用曲面网格为该零件创建实体网格；直接创建以六边形为主的网格（用于 CFD 应用）。用户应评估零件的几何模型，以确定创建实体网格的最佳方法。

以下工具可用于创建实体网格：四面体网格（Tetrahedron Mesh）、八叉树四面体网格（Octree Tetrahedron Mesh）、扫掠 3D 网格（Sweep 3D Mesh）、分隔六面体网格（Partition Hex Mesh）、四面体填充网格（Tetrahedron Filler Mesh）、六面体主导网格（ Hex-dominant Meshing），如图 2-54 所示。

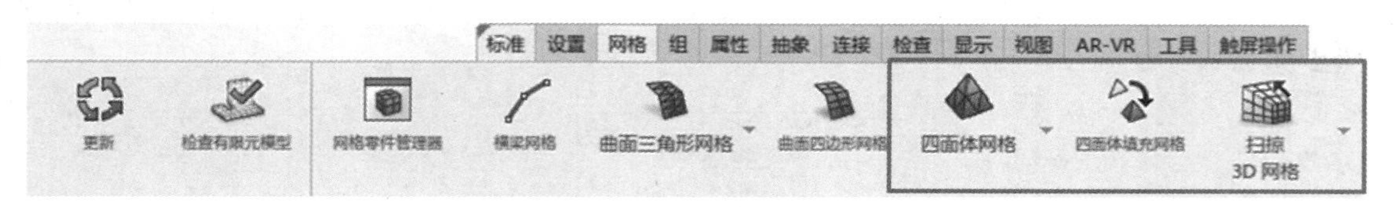

图 2-54　创建实体网格工具

四面体网格是这些工具中使用最广泛的一种，下面以四面体网格为例，讲解网格划分的原理与网格参数。

四面体网格器对几何体的外表面进行网格划分，然后用线性 / 二次四面体填充几何体。

全局网格规格（单元类型、大小等）允许快速定义网格属性。它们允许控制网格特定区域中单元的大小和数量。此外，可以指定高级全局参数以提高网格的质量。

生成网格所需的重要参数包括（图 2-55）：

1）元素顺序（单元阶次）。选择使用线性或二次单元生成网格。

2）网格大小。选择网格单元的大小。

3）绝对弦高。确定网格和几何体之间的最大间隙（图 2-56）。

图 2-55　网格参数

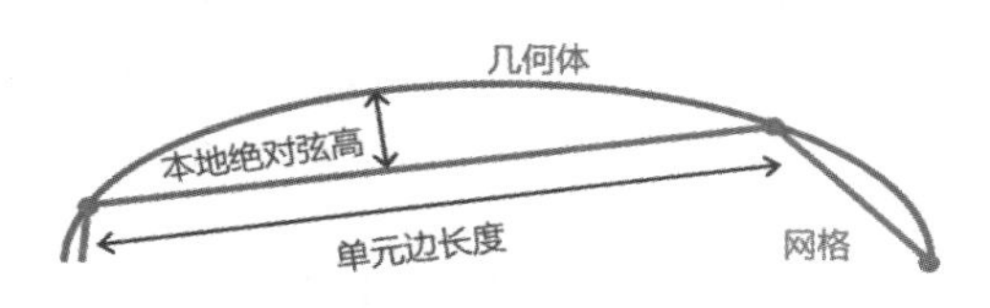

图 2-56　绝对弦高

还可以定义以下局部设定（图 2-57）：

1）本地网格大小。该工具可以控制网格特定区域中单元的大小和数量。

2）强加的点。可以约束网格以在特定几何点生成节点。例如，在为点焊和其他连接类型建模时，非常有用。

3）投影曲线（Project Curves）。可以投影外部曲线，并使用该投影的结果来约束网格拓扑。

4）保留的边界。可以指定顶点、边和面以保留网格内的边界。

5）面捕获。默认情况下，映射网格用于在体积上生成四面体网格的曲面网格。

6）本地边界层（包括或排除）。该工具在实体边界上生成规则的单元层。

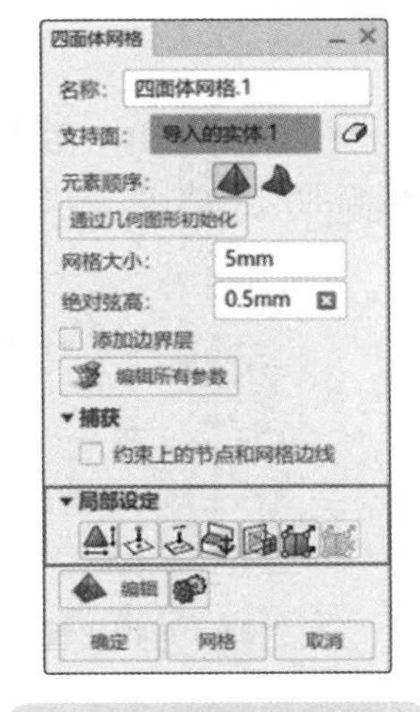

图 2-57　单元局部设定

2.3.6　网格零件管理器

网格零件管理器显示模型中的所有网格零件，并提供如网格状态和其他基本参数等信息。用户还可以使用管理器编辑、删除、移除、更新或控制网格的显示，在网格零件上右击以显示更多选项，如图 2-58 所示。

在下面所示的示例中，将网格的“弦高”从“1mm”更改为“1.5mm”，“顺序”选择“线性”。在“更新”列下，可以更新网格零件，如图 2-59 所示。

放大
重新定位
使居中
隐藏网格零件
仅显示网格零件
反转可见性
计算质量
质量分析
标记为构造
停用
更新
删除
移除网格
编辑
修改参数
修改颜色

图 2-58　右键快捷菜单

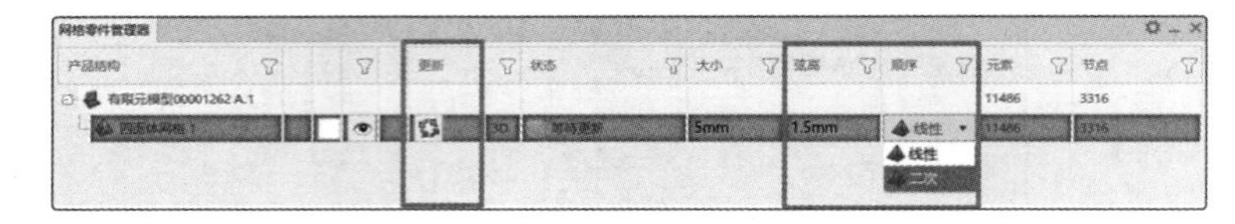

图 2-59　网格零件管理器

2.3.7　可视化网格

Structural Model Creation APP 中的“可视化”部分包含以下工具（图 2-60）：可视化管理、可视性控制、裁剪框、切割、编号可视化、网格颜色、缩小元素。

“可视化管理”工具（图 2-61）允许在有限元模型中隐藏 / 显示不同的对象。

图 2-60　可视化工具

“切割”工具（图 2-62）可以使用剖切面删除网格零件的部分，以检查内部单元，选中“精确的网格剪切”复选按钮后，剖切面将可见，如图 2-63 所示。

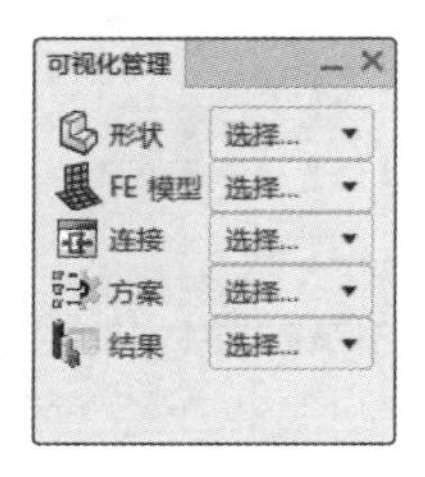

图 2-61　可视化管理

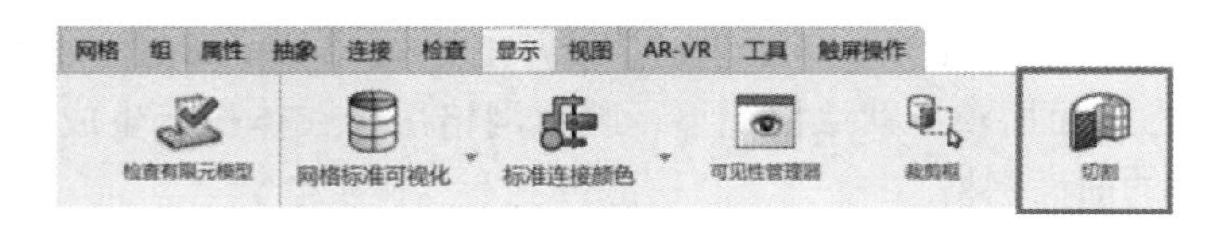

图 2-62　“切割”工具

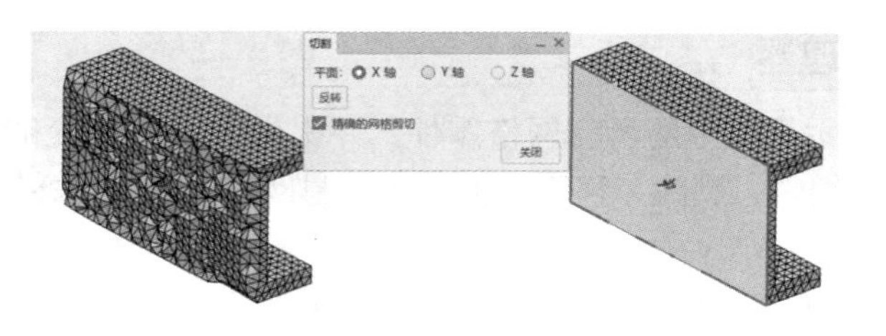

图 2-63　精确的网格剪切

2.3.8　网格检查

“检查”菜单包含一组用于检查网格规格的工具，包含质量分析、干涉、自由边线检查器、重复检查器、隔离节点检查器，如图 2-64 所示。

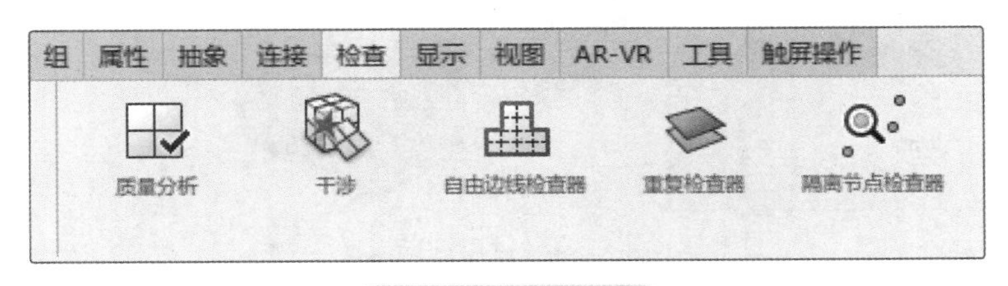

图 2-64　检查网格

1）质量分析。可以根据一组标准检查分析网格的质量。“质量报告”对话框中提供了以下工具集：统计曲线、最差元素浏览器、单个元素分析、条件编辑器、创建 CSV 文件，如图 2-65 所示。

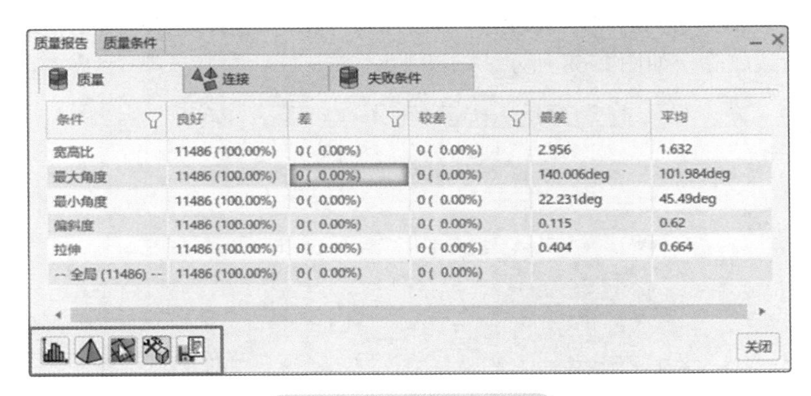

条件	良好	差	较差	最差	平均
宽高比	11486 (100.00%)	0 (0.00%)	0 (0.00%)	2.956	1.632
最大角度	11486 (100.00%)	0 (0.00%)	0 (0.00%)	140.006deg	101.984deg
最小角度	11486 (100.00%)	0 (0.00%)	0 (0.00%)	22.231deg	45.49deg
偏斜度	11486 (100.00%)	0 (0.00%)	0 (0.00%)	0.115	0.62
拉伸	11486 (100.00%)	0 (0.00%)	0 (0.00%)	0.404	0.664
-- 全局 (11486) --	11486 (100.00%)	0 (0.00%)	0 (0.00%)		

图 2-65　质量分析工具

2）自由边线检查器。未连接到其他网格的边线称为自由边。此工具有助于快速可视化曲面几何体上不兼容的网格，如图 2-66 所示。

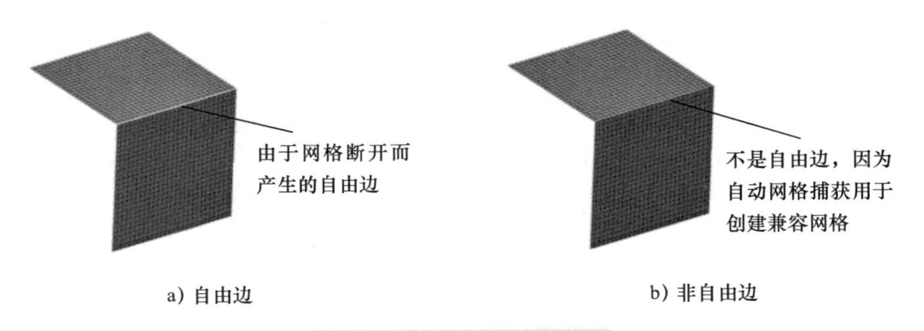

图 2-66　自由边线检查器

3）重复检查器。相互重合或非常接近的节点（或单元）被视为重复节点。当曲面网格之间未使用自动网格捕捉时，可能会出现这种情况。可以在给定的间隙值内搜索重复节点，如图 2-67 所示。

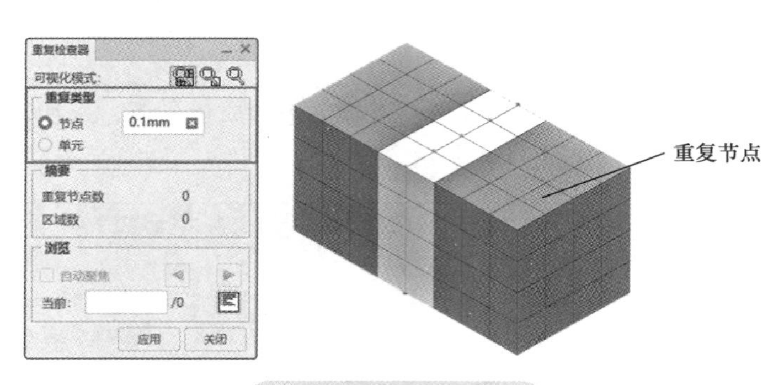

图 2-67 重复检查器

2.3.9 组

组（Group）是包含网格单元（如点单元、线单元、面单元、体单元）的集合，可用于指定属性、约束、载荷和接触对。

使用“组管理器”可打开“组管理器”对话框。右击“组管理器”对话框中的组，可对其进行编辑、更新或删除，如图 2-68 所示。

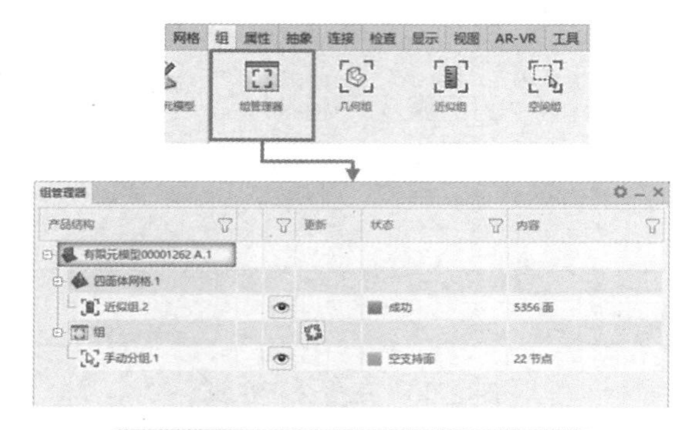

图 2-68 打开“组管理器”对话框

> 注意：通过右击特征树中的组并选择“显示内容”，可以查看组的内容，如图 2-69 所示。

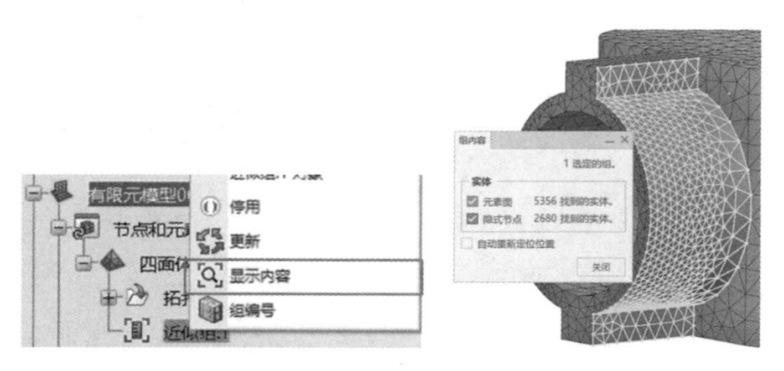

a）“显示内容”选项　　b）内容详情

图 2-69 显示组内容

可以创建以下类型的组：

1）几何组。几何组的支持面中可以选择几何模型的顶点、线或面，并创建包含节点、单元或单元面的组。

2）近似组。近似组与几何组类似，只是指定了搜索公差以捕捉不同的网格实体。

3）空间组。空间组使用长方体或球体包围区域，从而定义选择。

4）边界组。边界组是从模型的几何图形（直线或面）和边界（直线上的点或面上的曲线）中选择的网格组。

5）手动组。手动组是由节点、单元边、单元面或从网格中选择的单元组成的网格组。

创建多个组后，可以使用运算创建不同类型的布尔组，包括联合组、相交组和差异组，如图 2-70 所示。

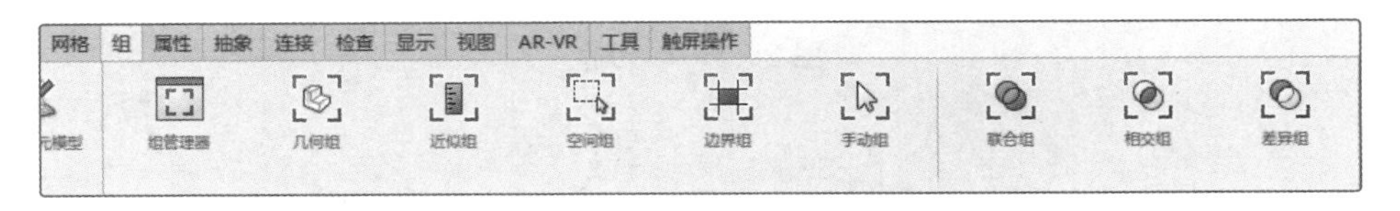

图 2-70　组的类型

创建组时，选择支持的方法对于所有组都是通用的，可以使用选择工具快速选取，如图 2-71 所示。例如，使用“面拓展”工具快速选取单元面，如图 2-72 所示。

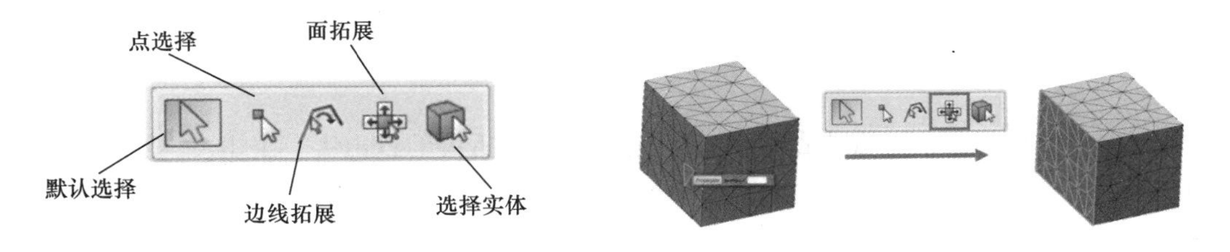

图 2-71　选择工具

图 2-72　“面拓展”选择单元面

2.4　单元类型与选择

2.4.1　单元分类

单元库中广泛的单元提供了对不同几何和结构建模的灵活性。每个单元可以通过考虑以下因素来描述：单元族或单元类型（Family）、节点数量（Number of nodes）、自由度（Degrees of freedom）、公式（Formulation）、积分（Integration）。

1）单元族（单元类型）。有限元族是用于对单元进行分类的最广泛的类别，同一族中的单元具有许多基本特征，但是在一个族中可能有许多变化。常见的单元族有连续体（实体单元）、壳单元、梁单元、膜单元、桁架单元、连接单元等，如图 2-73 所示。

2）节点数量。单元的节点数量由单元的阶次（Order）决定。在 3DEXPERIENCE 中有一阶和二阶单元（分别为线性和二次插值）供选择。二阶单元比一阶单元的节点数量多，通常在单元边线的中点也会有节点，如图 2-74 所示。

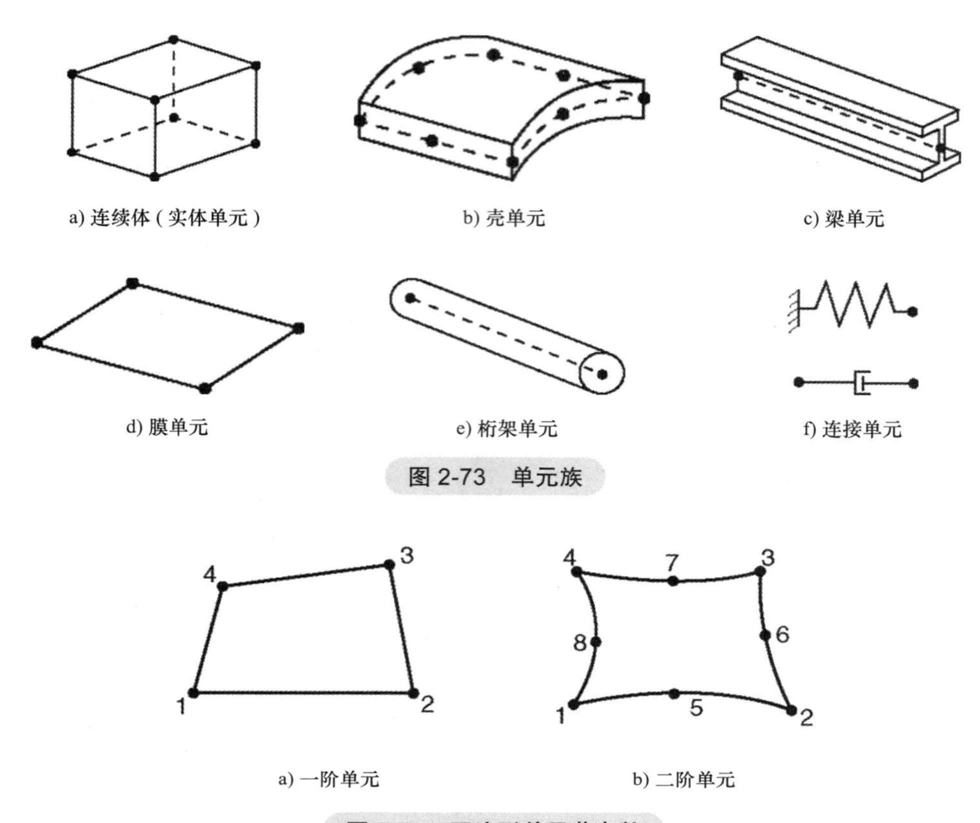

a) 连续体（实体单元） b) 壳单元 c) 梁单元

d) 膜单元 e) 桁架单元 f) 连接单元

图 2-73 单元族

a) 一阶单元 b) 二阶单元

图 2-74 四边形单元节点数

3）自由度。单元节点处存在的主要变量是有限元分析中的自由度。自由度的类型有位移（Displacement）、旋转（Rotation）、温度（Temperature）、电势（ Electrical Potential ）等。

4）公式。用于描述单元行为的数学公式是用于对单元进行分类的另一大类，如杂交单元（Hybrid Element）、小应变壳单元（Small-strain Shell Element）、有限应变壳单元（Finite-strain Shell Element）、改进表面应力单元（Improved Surface Stress Element）等。

5）积分。单元的刚度和质量在单元内称为积分点的采样点上进行数值计算，如完全积分单元和减缩积分单元。减缩积分单元比完全积分单元积分点少一个阶次，见表 2-2。

表 2-2 完全积分和减缩积分

类型	完全积分单元	减缩积分单元
一阶单元	2 × 2	1 × 1
二阶单元	3 × 3	2 × 2

2.4.2　单元命名

在单元库中，单元一般是根据单元的类型、节点数、阶次、积分类型等的缩写进行命名的，如 S4R 表示的是 Shell（壳体）、4-node（4 节点）、Reduced Integration（减缩积分）；C3D4 表示的是 Continuum（连续体）、3-D（三维）、4-node（4 节点）；C3D8R 表示的是 Continuum（连续体）、3-D（三维）、8-node（ 8 节点）、Reduced Integration（减缩积分），如图 2-75 所示。

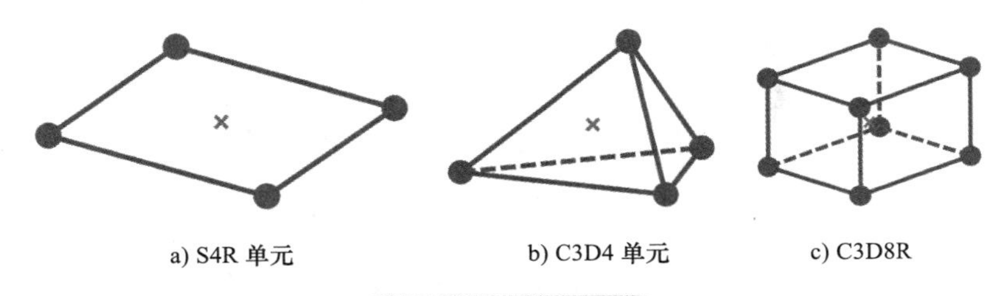

a) S4R 单元　　b) C3D4 单元　　c) C3D8R

图 2-75　单元命名

2.4.3　模拟弯曲的单元类型

有限元法计算纯弯曲时具备以下物理特性：

1）平面截面在整个变形过程中保持为平面。

2）轴向应变 ε_{xx} 随厚度线性变化。

3）当 v（泊松比）为 0 时，厚度方向 ε_{yy} 的应变为 0，没有剪切应变。

这意味着在变形时，最初平行于梁的轴线的边线呈圆弧状，如图 2-76 所示。

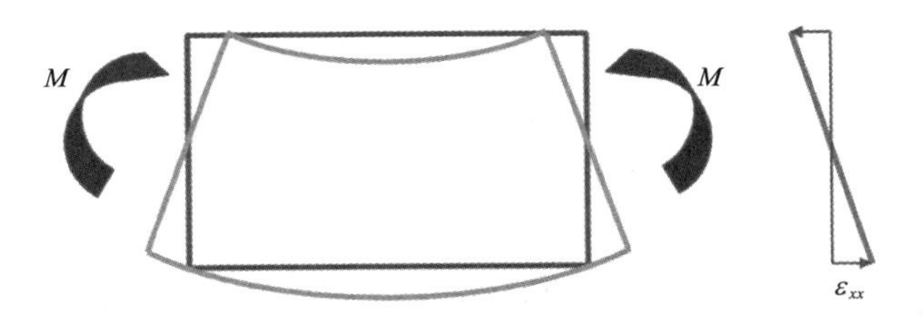

图 2-76　正常的弯曲行为

使用二阶完全积分（C3D20）和减缩积分（C3D20R）实体单元可以精确弯曲。轴向应变等于初始水平线长度的变化，厚度应变为 0，剪切应变为 0，符合正常现象，如图 2-77 所示。

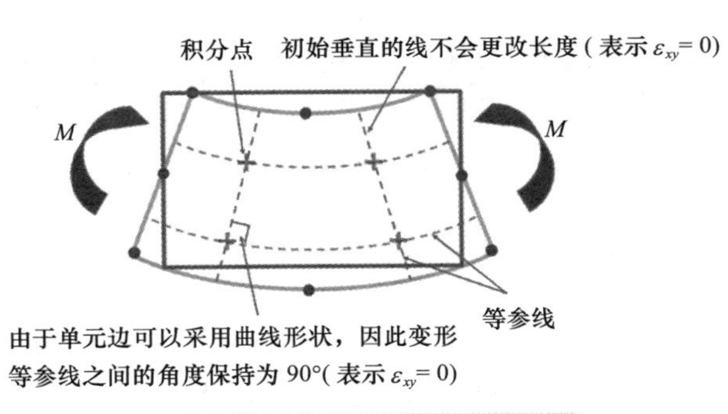

图 2-77　二阶单元弯曲行为

使用一阶完全积分实体单元（C3D8）模拟弯曲，由于单元过于僵硬的行为（单元边线不能弯曲），会导致能量进入单元后进行剪切而不是弯曲它（称为剪切锁定和剪切自锁），从而产生错误的结果，如图 2-78 所示。剪切锁定由于单元边缘必须保持笔直，等参线之间的角度不等于 90°（意味着 $\varepsilon_{xy} \neq 0$），在弯曲为主的区域不使用这些单元。

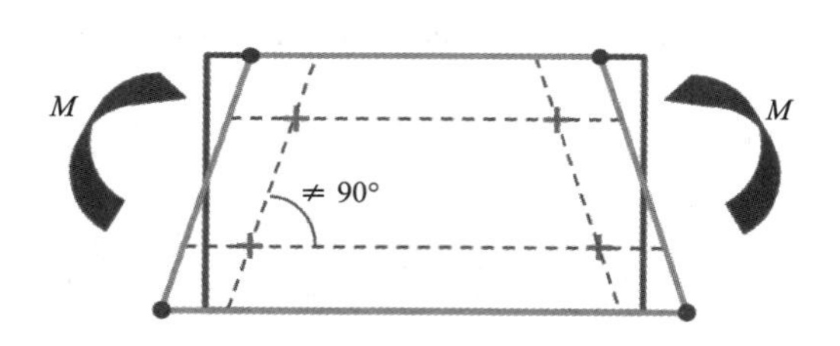

图 2-78　一阶完全积分实体单元弯曲行为

使用一阶减缩积分实体单元（C3D8R）模拟弯曲时，这类型单元会消除了剪切自锁，但是会产生另外一个问题——沙漏效应。

单元质心处只有一个积分点，穿过厚度的单个单元无法检测弯曲中的应变，变形是一种零能量模式（Zero-energy Mode），单元变形但无应变，称为沙漏效应，如图 2-79 所示。

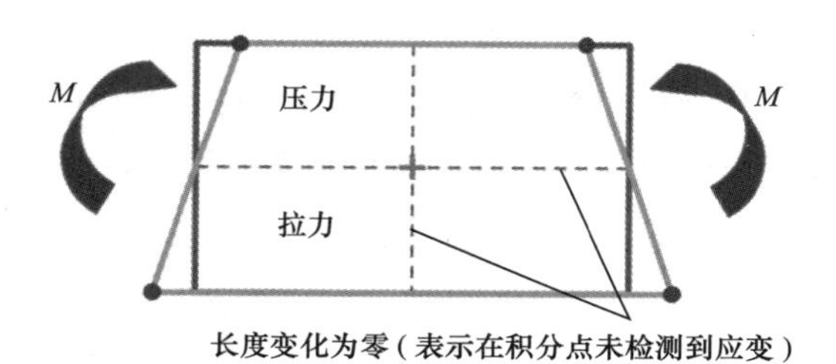

图 2-79　沙漏效应

沙漏效应可以很容易地通过一阶减缩积分的单元传播，从而导致不可靠的结果，但是如果使用多个单元（至少 4 个），沙漏效应就不是问题。

沙漏效应通常可以在变形的形状图中看到（图 2-80）所示，或者通过能量图表进行验证，通常人工能量（Artificial Energy）相对于内部能量（Internal Energy）较小（<1%）。

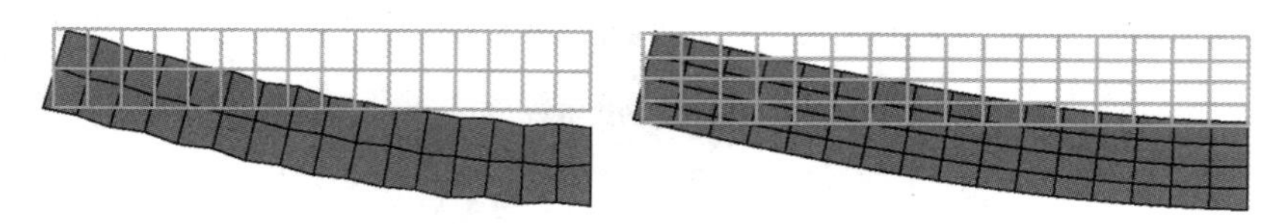

图 2-80　放大 1000 倍的位移

2.4.4　应力集中的单元类型

在应力集中的问题上，二阶单元明显优于一阶单元，非常适合于分析裂纹。二阶单元的完全积分和二阶单元的减缩积分都可以很好地解决应力集中问题，但是在相同精度的条件下，二阶减缩积分单元的计算成本更加低。而且，二阶单元由于节点优势，可以使用较少的单元捕捉

模型的几何特征，如图 2-81 所示。

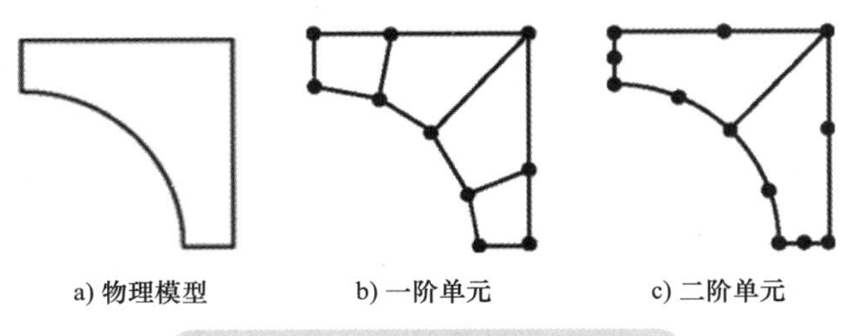

图 2-81　一阶单元对比二阶单元

2.4.5　接触的单元类型

模型中使用的接触公式类型会影响单元选择。

1）使用面对面（Surface to Surface）接触离散化。通常没有特殊要求或单元类型限制。

2）使用节点对曲面（Node to Surface）接触离散化。通过这种接触离散化，最好避免在从面中有二阶四面体单元（C3D10），可以使用 C3D10M 或 C3D10HS 代替。

2.4.6　不可压缩材料的单元类型

对于不可压缩材料，每个积分点体积必须保持几乎恒定。这会过度约束运动的位移场，并导致体积锁定（Volumetric Locking）。例如，在 8 节点六面体的三维网格中（C3D8），每个单元平均 1 个节点具有 3 个自由度，每个积分点的体积必须保持固定。完全积分的六面体每个单元使用 8 个积分点，因此，每个单元有多达 8 个约束，但只有 3 个自由度可以满足这些约束，这样会导致网格过约束（锁定）。

体积锁定在完全积分单元中最为明显，减缩积分单元（以 R 为结尾的单元）具有较少的体积锁定。

用实体单元模拟的完全不可压缩材料必须使用杂交公式（名称以字母 H 结尾的单元），在该公式中，压力应力被视为一个独立插值的基本解变量，通过本构理论与位移解耦合。杂交单元在问题中引入更多变量，以缓解体积锁定问题，但额外的变量也使它们计算成本更加昂贵。

一阶杂交四面体（C3D4H）在准不可压缩材料和不可压缩材料中均存在体积锁定问题。对于不可压缩材料，建议采用四边形网格（二维）或六面体网格（三维）。

2.4.7　问题类型与单元选择

不同仿真问题类型下单元的选择和避免使用，见表 2-3。

表 2-3　不同仿真问题类型下单元的选择和避免使用

问题类型	最佳选择	避免使用
可变形实体之间的常规接触	一阶单元	当使用 Node to Surface 接触算法时，避免使用二阶单元
具有弯曲的接触	足够多层数的减缩积分单元、非协调单元（如 C3D8I）	当使用 Node to Surface 接触算法时，避免使用一阶完全积分单元或二阶单元

（续）

问题类型	最佳选择	避免使用
弯曲（无接触）	二阶单元	一阶完全积分单元
应力集中	二阶单元	一阶单元
几乎不可压缩（泊松比 $\nu > 0.475$ 或者大塑性应变，塑性应变 $\varepsilon > 10\%$）	一阶单元或二阶减缩积分单元（如C3D8R）	二阶完全积分单元
完全不可压缩（泊松比 $\nu = 0.5$）	杂交四边形 / 六面体单元（如 C3D8H）	一阶单元或二阶减缩积分单元（如 C3D8R）
整块金属成型（网格严重扭曲、变形）	一阶减缩积分单元	二阶四边形 / 六面体单元
复杂几何模型（线性材料，无接触）	二阶六面体单元（若果没有过度变形）或二阶四面体单元（划分网格更加简单）	
复杂几何体模型（非线性材料、有接触）	一阶六面体单元，若有网格质量的需求使用二阶四面体修正单元（C3D10M 或 C3D10HS）	二阶六面体单元
自然频率（线性动力学）	二阶单元	一阶单元（粗糙网格）
线性动力	一阶单元	二阶完全积分单元

2.5 分析步类型与使用

模拟中的一个基本概念是将模拟划分为多个步骤。在最简单的形式中，一个步骤可以只是负载从一个数量级变化到另一个数量级的静态模拟，这些步骤称为“分析步（Step）”。例如，考虑拉弓过程（图 2-82）的模拟，该模拟包括 4 个步骤：第一步预张紧弓弦（静态响应），第二步拉弓弦（静态响应），第三步计算预张紧弓弦的固有频率（线性摄动），第四步松开弓弦（动态响应）。

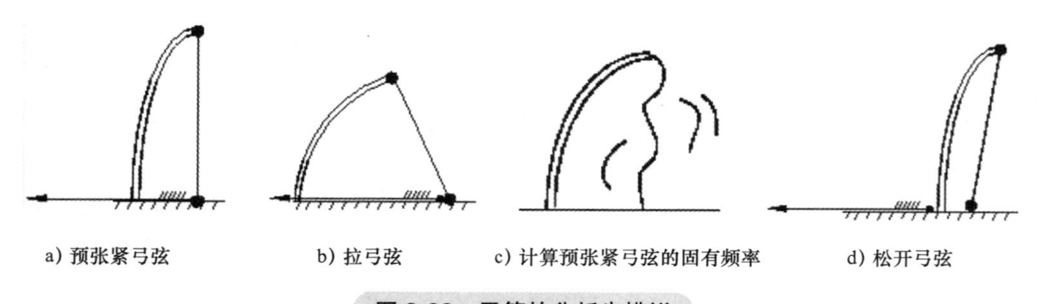

a）预张紧弓弦　b）拉弓弦　c）计算预张紧弓弦的固有频率　d）松开弓弦

图 2-82　弓箭的分析步模拟

对于每个分析步，用户需要选择一个模拟程序。模拟程序定义了要在分析步中执行的仿真类型，如静态应力仿真、动态应力仿真等。在分析步中还可以设置的仿真参数有交互、约束、负载、温度和输出请求。

3DEXPERIENCE 平台中 SSU 角色的可用程序（分析步）如图 2-83 所示，包含静态步长（分析步）、静态 Riks 分析步、静态摄动分析步、屈曲分析步、半静态步长、隐式动态步长、显式动态分析步、频率步长、复合频率步长、谐响应步长、随机振动步、响应波谱步长、模态动态步长、直接谐波响应步长、子结构生成步骤、稳定状态热传导步长、瞬时热传导分析步等。

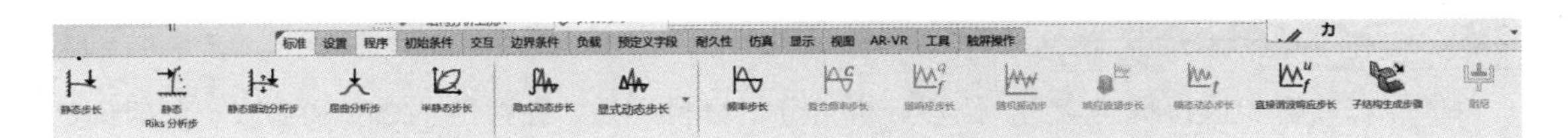

图 2-83　分析程序

2.5.1　静态分析步

当惯性影响可以忽略，而且分析可以是线性或非线性时，使用静态分析步，如图 2-84 所示。此外，静态分析步忽略了时间相关的材料行为（蠕变、膨胀、黏弹性），但考虑了超弹性材料与速率相关的塑性和滞后行为。

1）步长时间。在静态分析步中，为分析指定一个步长时间。步长时间与振幅（幅值曲线）相关联，振幅选项可用于确定一个步骤中载荷和其他外部规定参数的变化。

2）增量。通常，增量大小的选择取决于计算效率。如果增量太大，将需要更多的迭代。此外，牛顿迭代法具有有限的收敛半径，太大的增量可能会导致迭代无法收敛。在大多数情况下，首选默认的自动增量方案，因为它将根据计算效率选择增量大小。增量大小也可直接由用户控制，因为如果对某个特定问题有丰富的经验，这种方法能够更快地获取结果。

3）稳定。在不稳定分析中，不稳定是局部的。例如，表面起皱、材料不稳定或局部屈曲。静态分析步提供了稳定此类问题的选项，方法是在整个模型中应用阻尼，使引入的黏性力足够大，以防止瞬时屈曲或坍塌，但影响足够小，以在稳定问题时不显著影响主体结果。

4）包括几何非线性。非线性可能由大位移效应、材料非线性或边界非线性（如接触和摩擦）引起，必须加以考虑。如果在一个分析步中可以预测到几何非线性行为，则应使用包括几何非线性。在大多数非线性分析中，载荷一般会根据时间变化而变化，如温度瞬态或规定的位移。

2.5.2　静态 Riks 分析步

静态 Riks 分析步是为不稳定静态响应（如后屈曲）（图 2-85）寻找解决方案的有效方法。可以使用此方法来解决不稳定问题，如极限载荷问题或几乎不稳定的软化问题。

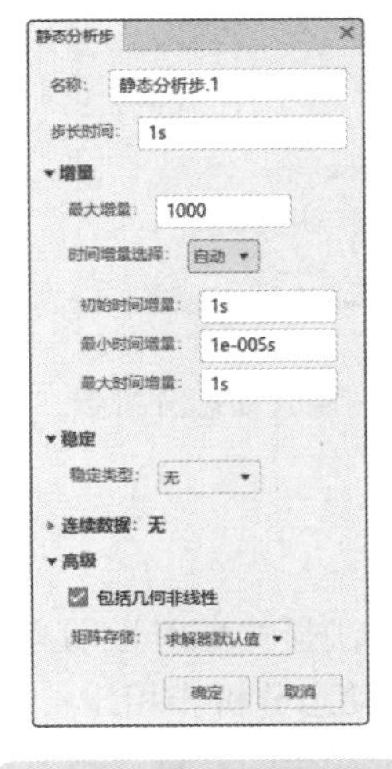

图 2-84　静态分析步

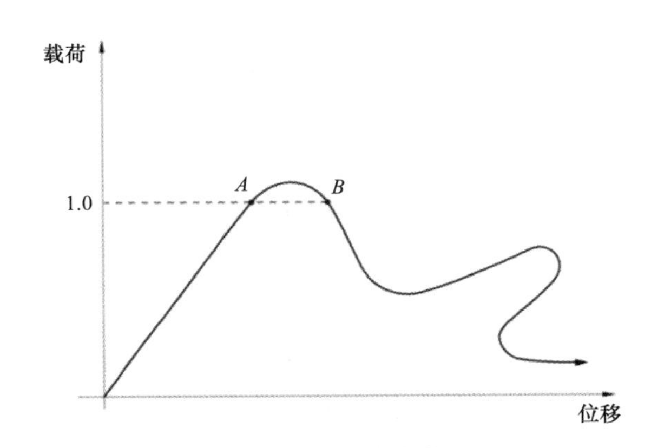

图 2-85　屈曲行为

2.5.3 半静态分析步

半静态分析步执行瞬态应力 / 位移分析，分析材料行为（黏弹性、蠕变和膨胀）随时间的变化。当惯性效应可以忽略时，可以使用准静态步骤，分析可以是线性或非线性的。

与静态分析步不同，半静态分析步中可以“对蠕变行为使用显式集成”，如图 2-86 所示。显式积分计算可以降低计算成本，实现简化用户定义蠕变定律。这种显式方法计算效率高，因为与隐式方法不同，不需要迭代。

2.5.4 隐式动态分析步

隐式动态分析步使用隐式时间积分来计算系统的瞬态动力或准静态响应。典型的动态应用程序分为 3 类，如图 2-87 所示。

1）瞬时保真度。瞬时保真度应用（如卫星系统的仿真）使用小的时间增量来精确解析结构的振动响应，并将数值能量耗散保持在最低限度。

2）中等损耗。中等耗散应用（包括各种插入、冲击和成形仿真）使用一些能量耗散（塑性、黏性阻尼或数值效应）来减少求解噪声并改善收敛行为，而不会显著降低求解精度。

3）半静态。半静态应用引入惯性效应，主要是为了规范仿真中的不稳定行为，其主要关注点是最终静态响应。半静态应用尽可能采用较大的时间增量以最小化计算成本，并且可以使用相当大的数值耗散来在加载的某些阶段获得收敛。

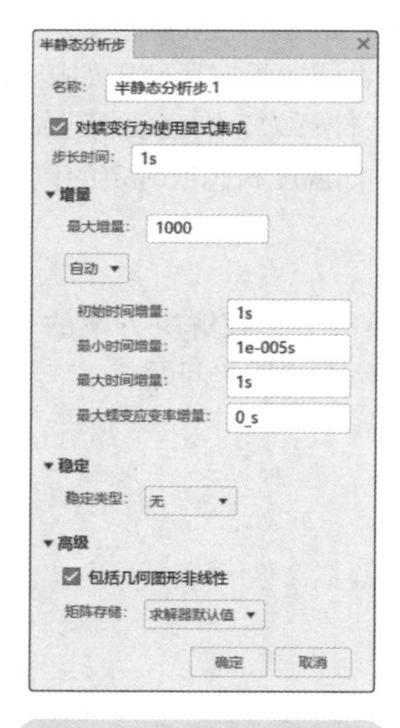

图 2-86 半静态分析步

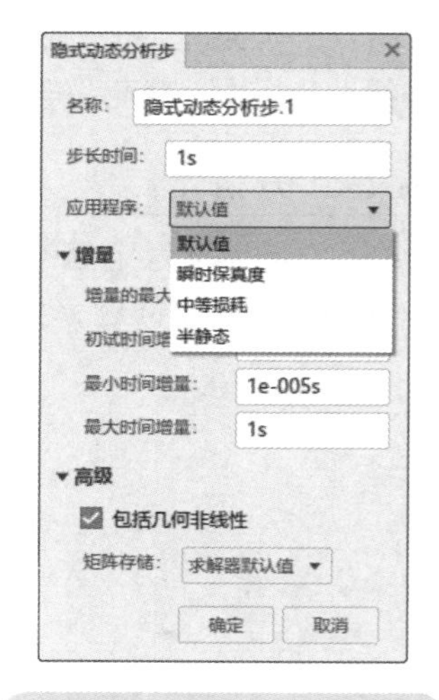

图 2-87 隐式动态分析步

2.5.5 显式动态分析步

显式动态分析步有效地执行大量小时间增量，采用中心差分法显式地对运动方程在时间域上进行积分。显式动态分析步每个增量计算的时间较短（与隐式动态分析步相比），在分析过程中不需要形成总体刚度矩阵，也不必求解总体平衡方程，每个增量步的计算代价要小于隐式求解器，因为不用联立方程组求解。

显式动态分析步的优点如下：

1）使用小增量（由稳定极限决定）是有利的，因为它允许在不进行迭代的情况下继续求解，并且不需要形成切线刚度矩阵，此外还简化了接触的处理。

2）显式动态分析步非常适合分析高速动态事件，但其许多优点也适用于分析较慢（准静态）过程。一个很好的例子是板料成形，在这种情况下，主要是求解接触，并且由于板料的起皱，可能会形成局部不稳定性。

3）显式动态分析步中的结果不会自动检查准确性，在大多数情况下，这并不重要，因为稳定性条件施加了一个小的时间增量，使得解在任何一个时间增量中只发生轻微变化，从而简化了增量计算。虽然分析可能需要非常多的增量，但每个增量计算成本非常小，对于高速动态的分析通常产生经济的解决方案，如冲击、材料失效、屈曲等，如图 2-88 所示。

a）车体侧面碰撞　　b）管道压碎

图 2-88　显式动态分析步仿真示例

2.5.6　线性摄动分析步

在线性摄动（Linear Perturbation）中包含以下程序：静态摄动分析步、屈曲分析步、频率步长、复合频率步长、谐响应步长、随机振动步、响应波谱步长、模态动态步长、直接谐波响应步长，如图 2-89 所示。

图 2-89　线性摄动分析步

1）静态摄动分析步。在线性摄动分析步中，响应始终是线性的，后续分析步中不考虑该步骤的结果。基本状态是最后一个常规分析步计算结束时模型的当前状态。如果静态扰动步骤是模拟中的第一步，则基本状态是模拟场景中的初始条件。

2）屈曲分析步。屈曲分析步可以作为空载荷（不存在载荷）分析步，可用来研究结构的稳定性和失稳的风险。

3）频率步长。频率步长可以提取结构的特征值，以计算系统的固有频率和相应的振型。

4）谐响应步长。谐响应步长是基于模态的分析，需要先建立频率步长。谐响应分析步用于计算系统对谐波激励的稳态动态线性化响应。

5）随机振动步。当模型受到不确定的连续振动时，随机振动步预测模型的响应。随机振动步是一种线性摄动分析步，它给出了对随机激励（振动）的线性化动态响应。根据模型的固有频率和振型计算响应，必须首先使用前一个频率步长中提取的固有频率和振型。模态用于计算响应输出变量（应力、应变、位移等）的功率谱密度以及这些变量的相应均方根值（RMS）。

6）模态动态步长。模态动态步长给出了基于给定时变载荷的模型响应随时间的变化。结构的响应基于系统模式的子集，必须首先在频率步长中提取。前一步必须是线性摄动分析步，模态动态步长不会继承前一步骤结果的初始条件。可以选择在模态动态步长中包含材料阻尼的效果。

7）复合频率步长。复合频率（复模态）步长执行特征值提取，以计算系统的复合固有频率值和相应的复振型。对于刚度矩阵或阻尼矩阵不对称（如包含摩擦）的模型，复合频率步长可用于识别系统的不稳定性。复合频率步长还包括一些在频率步长中不可用的高级选项。这些选项包括：

① 基于摩擦的阻尼效应。

② 固有频率下频率相关材料性能的评估。

③ 不稳定、复杂模式的切除频率值。

④ 矩阵存储的控制。

2.5.7 热分析

热分析有两种使用的分析程序：稳定状态热传导步长和瞬时热传导分析步，如图 2-90 所示。

1）稳定状态热传导步长意味着忽略控制传热方程中的内能项（比热容）。因此，问题没有物理意义的时间尺度。然而，可以为分析步骤指定“初始时间增量”“步长时间”以及允许的最大和最小时间增量（图 2-91），这通常便于输出，并指定具有不同量级的规定温度和热通量。

2）瞬时热传导分析步决定了在给定时间段内，由于传导和边界辐射，物体内温度的动态分布。响应可以是线性的，也可以是非线性的。瞬态问题中的时间积分是在单元传导中用后向欧拉法（Backward Euler Method）（有时也称为改进的 Crank-Nicholson 法）进行的。该方法对线性问题是无条件稳定的。

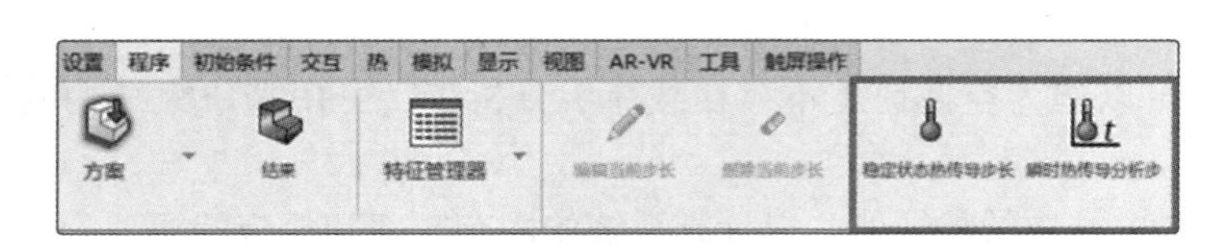

图 2-90　热分析程序

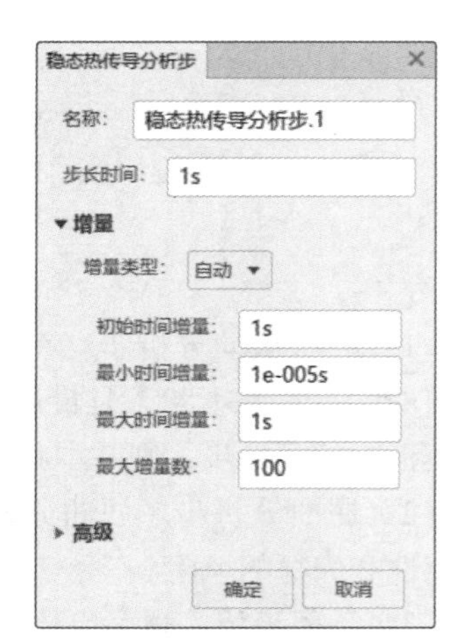

图 2-91　稳态热传导分析步

2.6　接触属性与接触类型

2.6.1　交互概述

交互（Interaction）可用于模拟部件不同零件之间的接触。例如，在图 2-92 所示的卷曲成型模拟中，通用接触允许对冲头、砧座、夹具和 19 股钢丝之间的接触进行精确仿真。

a) 卷曲成型产品

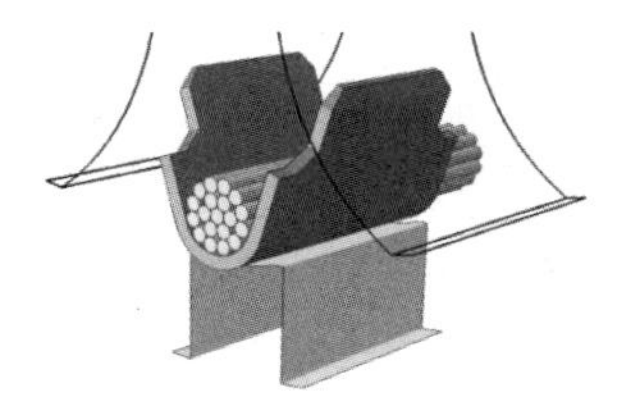

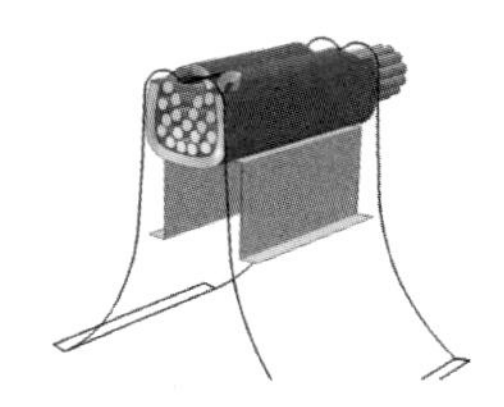

b) 卷曲成型仿真

图 2-92　卷曲成型

那什么是接触？当两个固体接触或相互作用时，力在它们的接触表面上传递。接触可以传递法向应力和切向应力，接触分析的一般目标是确定接触区域和传递的应力。但是在求解接触时需要注意接触的计算成本，因为接触是一种严重不连续的非线性形式，在求解时会比较容易出现不收敛的情况。

2.6.2　接触类型

3DEXPERIENCE 提供了两种用于接触交互的算法，即常规接触（通用接触算法）和基于曲面的接触（接触对算法）。

基于曲面的接触描述两个表面之间的接触，它有如下特点：

1）必须定义每个可能的接触对相互作用（包括可能与其相互作用的表面）。

2）对于可使用的表面类型存在某些限制。

3）相较于常规接触，通常会使分析更加有效率，因为接触面相互作用和接触算法搜索的范围更小，如图 2-93 所示。

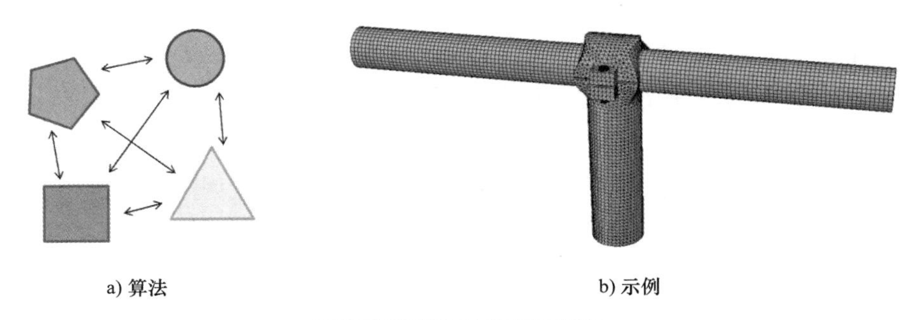

a) 算法　　　　b) 示例

图 2-93　基于曲面的接触

常规接触是允许用户通过单个或多个交互定义模型或所有区域之间的接触，它有如下特点：

1）默认域是通过基于全单元的表面自动定义。

2）可以轻松处理刚性和可变形表面。

3）适用于具有多个组件和复杂拓扑结构的模型，如图 2-94 所示。

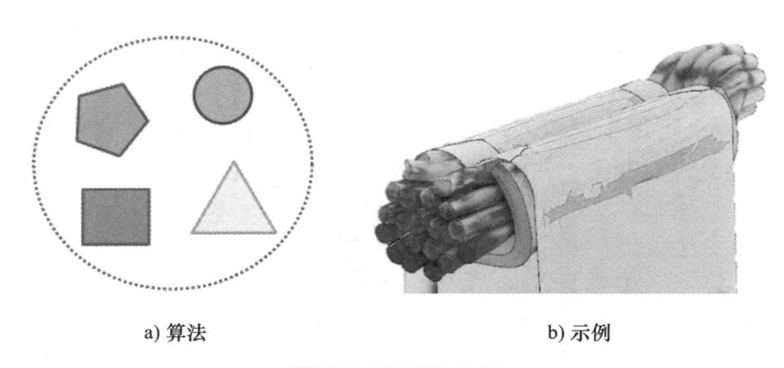

a) 算法　　b) 示例

图 2-94　常规接触

常规接触和基于曲面的接触之间的选择在很大程度上是在于定义接触和模拟性能之间的权衡，两种方法的鲁棒性和准确性相似。

2.6.3　交互基础

只有在定义了分析步之后才能定义交互。在一些多分析步模拟中，不能在每个步骤中定义或更改交互，在这种情况下，某些交互工具将无法选择。

如 2.6.2 节所述，有两种方法可以模拟交互接触。在软件中，可以非常简单地在“交互”中找到。除此之外，软件中还包含其他功能帮助使用者去控制接触，如图 2-95 所示。

图 2-95　“交互”功能

1）基于曲面的接触。对于基于曲面的接触的方法，可以使用接触检测工具在模型中自动查找接触对。

2）接触特性。用于描述表面之间的法向和切向行为。

3）接触初始化。确定在模拟开始之前自动调整常规接触面的方式。

4）接触干涉。允许对接触对进行热缩配合。

5）接触控件。在涉及不稳定接触的情况下，接触控件应用稳定因子以促进收敛。

6）切线行为覆盖。允许在后面的步骤中更改摩擦行为。

此外，还提供了接触可视化功能，用于显示不同零件在部件中的连接方式，如图 2-96 所示。3 种可视化工具的说明如下：

1）显示已断开几何体。用于显示所有接触但未定义接触的零件。

2）显示接触几何体。用于高亮显示彼此对齐和接触的所有区域。

3）显示相交几何体。用于高亮显示彼此相交的所有零件。

例如，选择“显示接触几何体”工具会高亮显示彼此接触的所有区域，如图 2-97 所示。

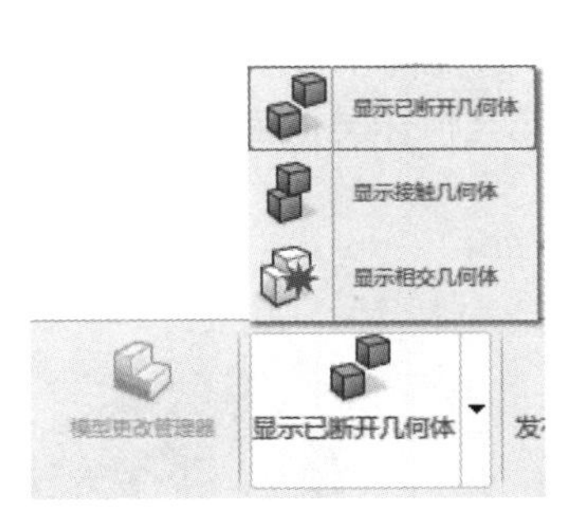

图 2-96　接触可视化

图 2-97　显示接触区域

2.6.4　常规接触

单击“常规接触”工具（图 2-98），弹出“常规接触”对话框，在该对话框中“包含的曲面对”可以选择“所有曲面”“指定的曲面”，也可以选中“指定排除的曲面”复选按钮，排除所选择的曲面，如图 2-99 所示。

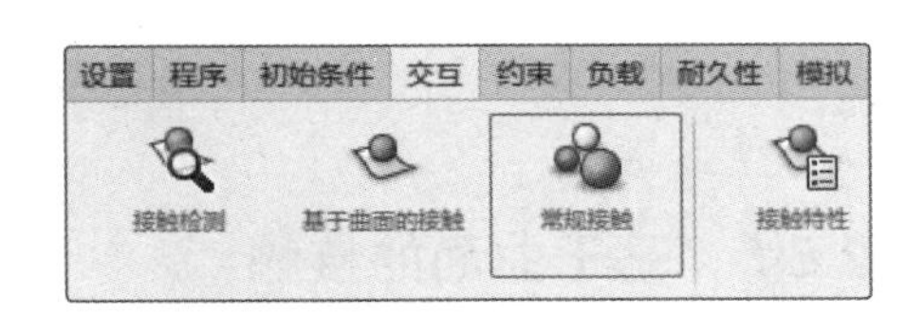

图 2-98　“常规接触”工具

常规接触算法可与基于曲面的接触算法结合使用。在这种情况下，“常规接触”将忽略通过“基于曲面的接触”设定的任何区域。

可以选择曲面对并创建局部“接触属性分派”。例如，可以指定不同的摩擦系数以覆盖全局设置，如图 2-99 所示。

通过“接触初始化分派”，可以指定在模拟开始之前需要调整的曲面，如图 2-100 所示。

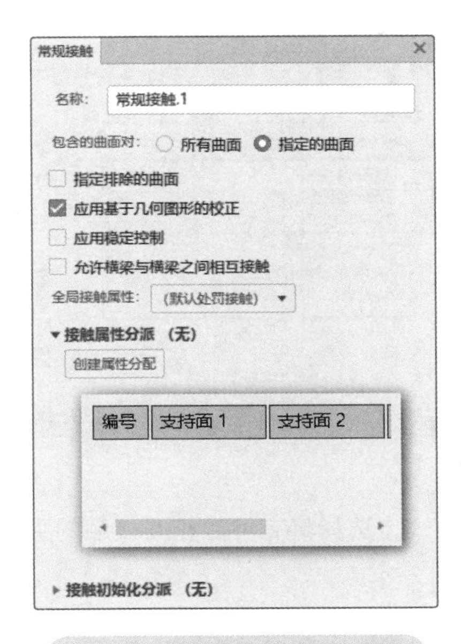

图 2-99　“常规接触”对话框

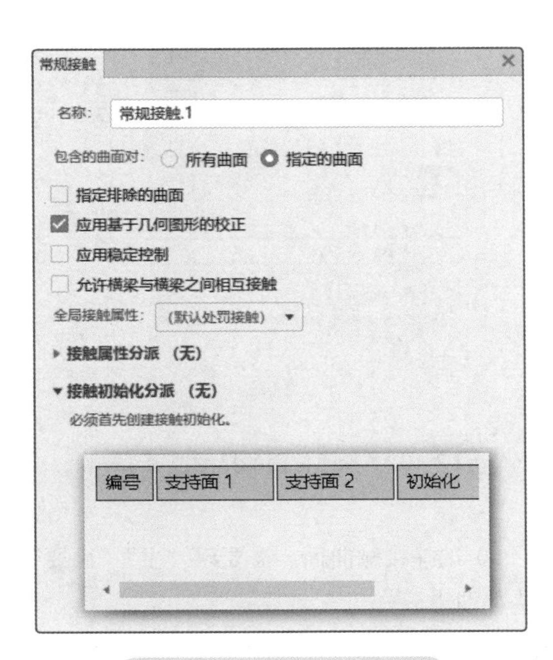

图 2-100　接触初始化分派

在接触求解中，平滑的曲面几何可以减少离散化误差，这提高了接触应力的准确性和隐式模拟的鲁棒性。“应用基于几何图形的校正”可以修正单元几何体与曲面几何体的偏差，如图 2-101 所示。

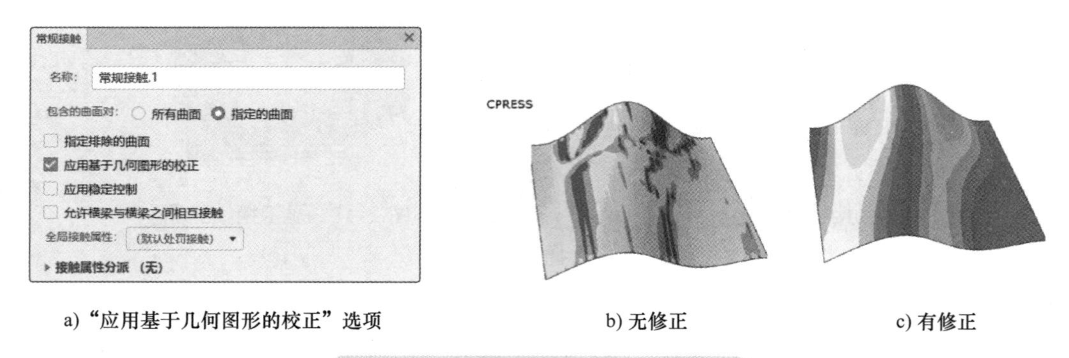

a)“应用基于几何图形的校正”选项　　b) 无修正　　c) 有修正

图 2-101　应用基于几何图形的校正

2.6.5　基于曲面的接触

在基于曲面的接触（接触对）中，需要用户明确设定接触的表面。定义接触对的步骤（图 2-102、图 2-103）如下：

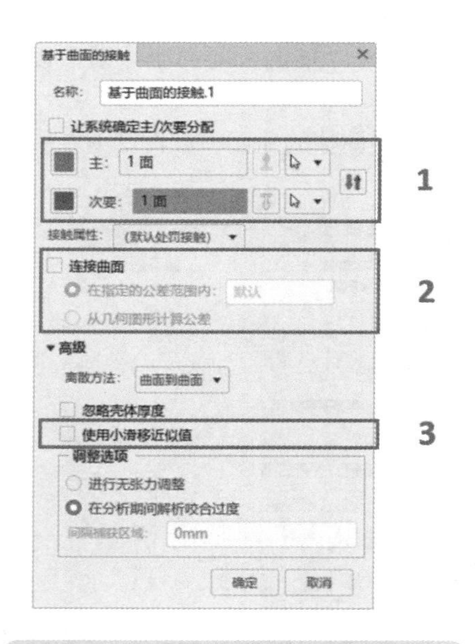

图 2-102　基于曲面的接触选项（一）

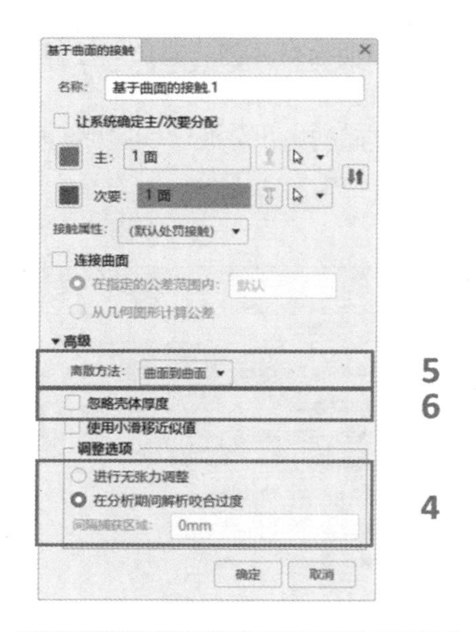

图 2-103　基于曲面的接触选项（二）

1）选择接触曲面。需要以“主”“次要”表面的形式，选择将有可能相互接触的主面和次面（从面）。

注意：主面选择的一般规则：网格较粗、结构较硬、面积较大的面应作为主面。

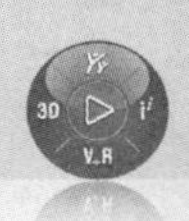

2）连接曲面。“连接曲面”用于指定接触对曲面是否绑定在一起。

3）选择接触公式。接触公式涉及曲面跟踪方法，默认情况下软件会选择“有限滑移”公式。“有限滑移”是一种通用的跟踪方法，允许在接触面之间进行任意相对分离、滑动和旋转。“使用小滑移近似值”用于选择“小滑移”公式，接触面之间只能发生相对较小的滑动，但允许物体任意旋转。小滑移接触类型比有限滑移接触类型计算量小。

4）调整选项。如果接触对表面之间存在几何模型干涉，调整选项可用于设置干涉是做不产生应力和应变的网格移动调整，还是按实际干涉或过盈情形做应力和应变计算。“进行无张力调整”（进行无应变调整）应用于从属曲面节点，进行节点位置调整，从而处理干涉问题。如果是真实存在的干涉问题，可以选择“在分析期间解析咬合过度”。

5）离散方法。在模型进行接触时需要对接触区域进行接触离散（Contact Discretization）。接触离散方法有“节点到曲面”（Node to Surface）和“曲面到曲面”（Surface to Surface）两种。与“节点到曲面”离散方法相比，“曲面到曲面”离散方法的算法更优，在能保证计算收敛的前提下应尽可能使用。两种离散方法的比较见表 2-4。

表 2-4　两种离散方法的比较

离散方法	接触计算性能	计算所需内存和计算量	节点搜索范围	主次面选取标准
节点到曲面	接触应力结果噪声通常较大，面与面之间相对滑动时容易出现卡滞，面与面之间容易出现穿透	计算所需内存小，计算时间少，计算量小	节点接触搜索范围小	选择网格较粗、结构较硬、面积较大的面作为主面
曲面到曲面	接触应力结果相对更准确，能减少面与面之间的滑动卡滞，面与面之间的穿透量小	计算所需内存大，计算时间长，计算量大	节点接触搜索范围大	基本原则同上，对主面和次面的选取不是很敏感

6）忽略壳体厚度。在接触计算中通常需要考虑壳体厚度，该选项在默认情况下处于启用状态。但是，在需要时可以将其关闭，选中“忽略壳体厚度”复选按钮即可。

7）主面和次面都有颜色编码。绿色的一面表示主面，紫色的一面表示次面。单击“主”“次要”后的后，单击选中的曲面，就可以高亮显示它们，如图 2-104 所示。

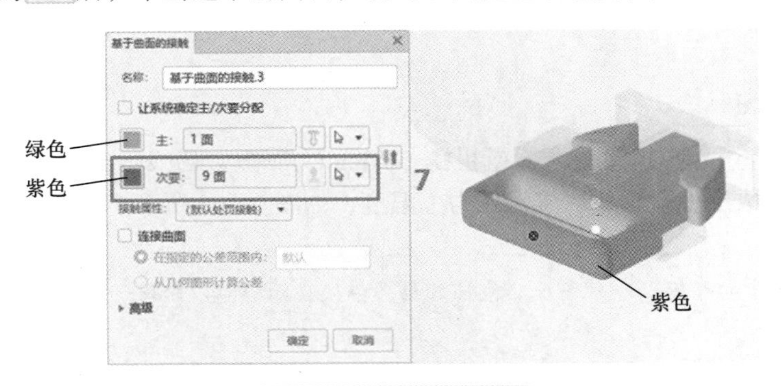

图 2-104　选择主次面

单击“更改曲面侧面”工具，可用于选择曲面或壳体面的内表面或外表面，如图 2-105 所示。

8）如有必要，可以使用“特征管理器”工具，在分析步中移除基于曲面的接触。但是，在后续分析步中不能重新激活接触对，如图 2-106 所示。

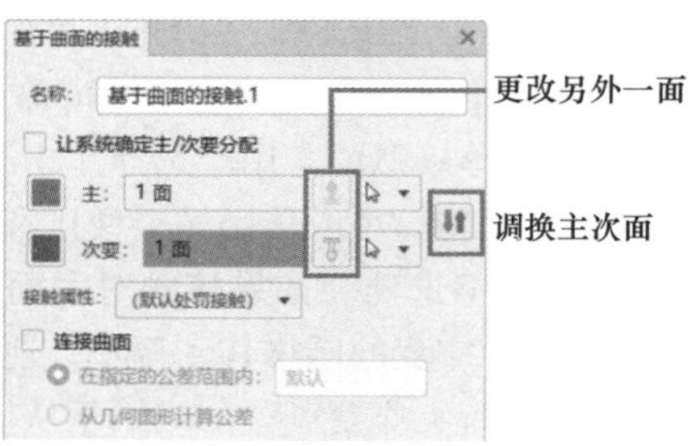

图 2-105　反转曲面

2.6.6　接触检测

自动接触检测是在模型中定义接触对的一种快速简便的方法。与单独选择曲面并定义它们之间的接触不同，该方法可以自动定位搜索模型中可能进行交互接触的所有曲面（针对基于某一距离）。

可用于定义与壳、膜、固体的接触，主要分为两种模型类型的搜索。“几何图形”是默认选项，用于检测几何体之间的接触。“网格”用于检测网格零件（孤立网格或原生网格）之间的接触，如图 2-107 所示。

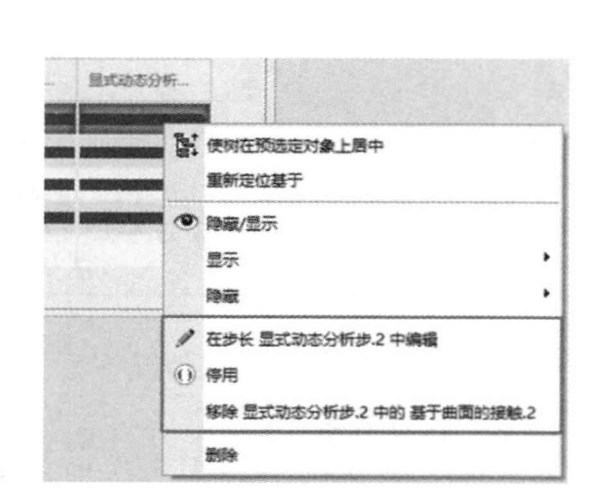

图 2-106　移除基于曲面的接触

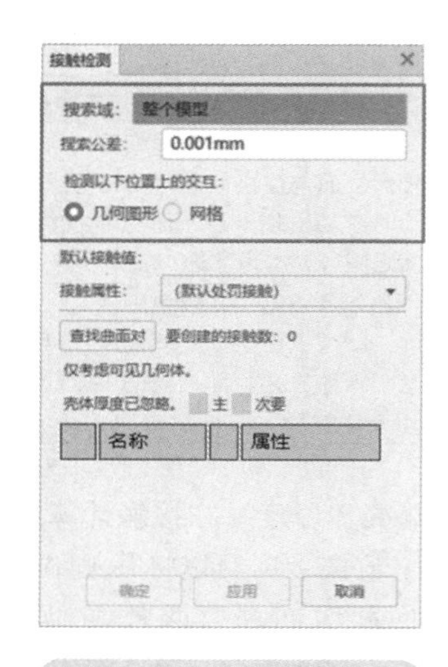

图 2-107　自动接触检测

2.6.7　接触特性

1）切线行为。用于模拟库仑摩擦或粗糙（Rough）摩擦。切线行为有罚函数法和拉格朗日乘数法。摩擦系数取决于滑移率、接触压力、温度，如图 2-108 所示。

注意：接触中的摩擦是一种高度非线性效应，会使接触解难以求解。除非它在物理上很重要，否则不要使用它。

2）法线行为。用于定义法线接触约束的强制执行。强制执行类型有：直接法、处罚（罚函数）法、增强拉格朗日法。“压力咬合过度类型”有硬接触（默认）、表格或指数，如图 2-109 所示。

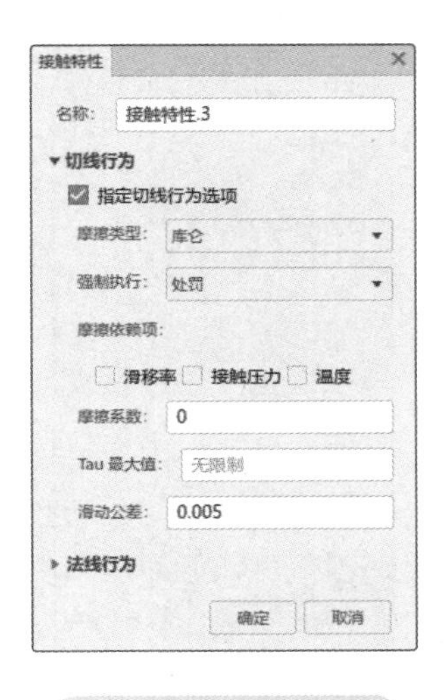

图 2-108　切线行为

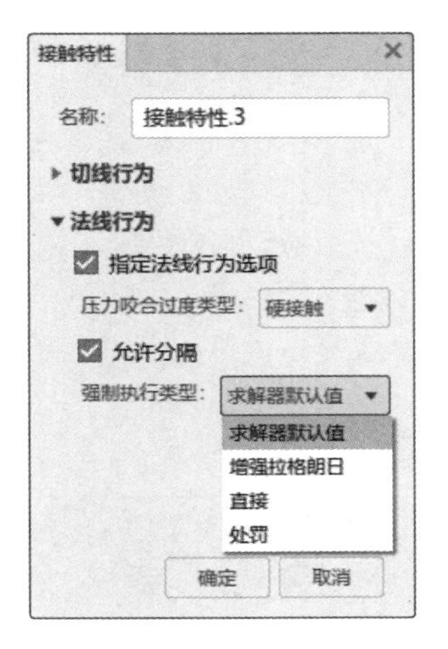

图 2-109　法线行为

注意：硬接触 + 直接函数和硬接触 + 罚函数的用法各有特点。

1）硬接触 + 直接函数：优势是精确强制约束（无穿透）；缺点是拉格朗日乘数增加了方程求解器的成本，对抖振（收敛问题）敏感，难以收敛，难以求解过度约束，如图 2-110 所示。

2）硬接触 + 罚函数：优势是由于数值软化，改进了收敛性，无拉格朗日乘数自由度（求解成本下降），避免过度约束问题；缺点是存在一些穿透（小穿透），在某些情况下需要调整罚函数刚度，如图 2-111 所示。

3）罚函数法通常会提供一个更有效的解决方案，减少计算成本和总体迭代次数，精度损失通常是在可以接受的范围内。

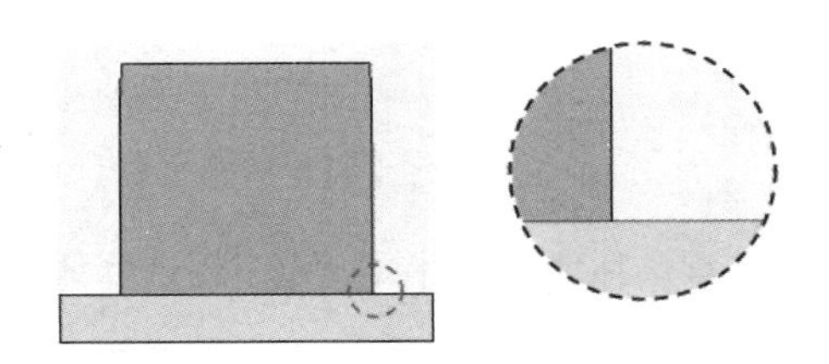

图 2-110　硬接触 + 直接函数

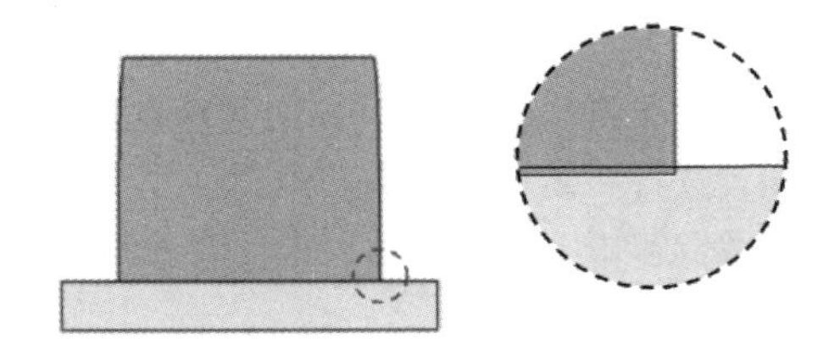

图 2-111　硬接触 + 罚函数

2.6.8　接触初始化

接触初始化（图 2-112）是一种自动调整，可以在模拟开始之前纠正一般接触表面之间的小间隙或过度闭合（过盈问题）。接触初始化用于常规接触，其主要选项（图 2-113）及说明如下：

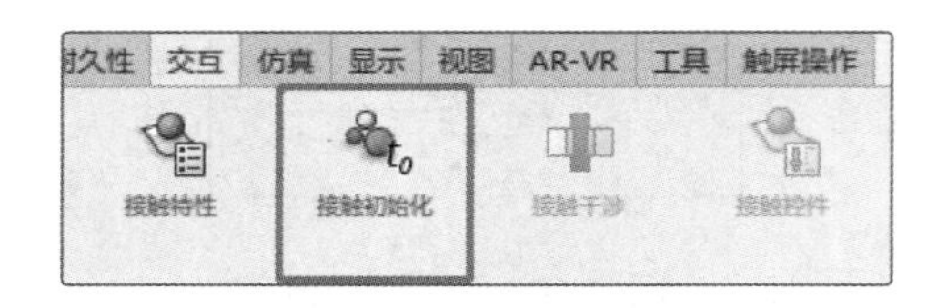

图 2-112　接触初始化

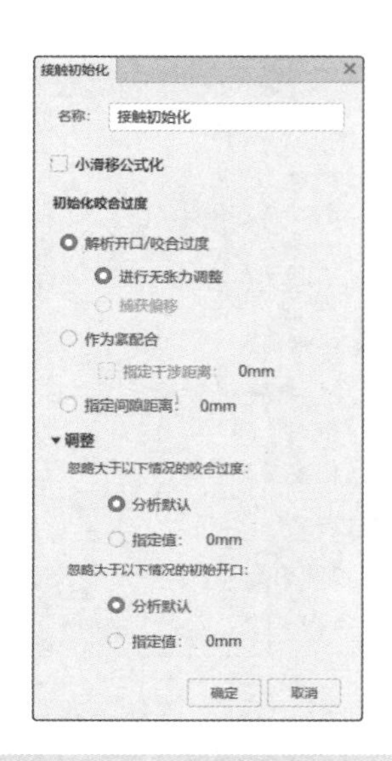

图 2-113　接触初始化选项

1）“进行无张力调整”是在模拟开始时，将次要（从属）曲面调整为完全接触，或按指定距离分开，而不产生应变。

2）“作为紧配合”是在第一步将模型的干涉问题作为紧配合，效果与“进行无张力调整”不同，这会在模型中产生应变。

3）“调整”是通过调整过盈次要（从属）节点，使其在指定范围内准确接触或与相对表面分离，而不会产生应变。

2.6.9　接触干涉

接触干涉的功能与接触初始化类似，但是针对的是于基于曲面的接触（接触对），如图 2-114 所示。默认情况下，SSU 会使用“自动缩小拟合”，软件会尝试在单个增量消除整个干涉（图 2-115）。通常建议指定非默认接触干涉控制，选择“统一允许值”可以在第一个分析步内，使用多个增量解析干涉（图 2-116）。在这两种情况下，干涉都会在增量步计算过程中逐渐降低。

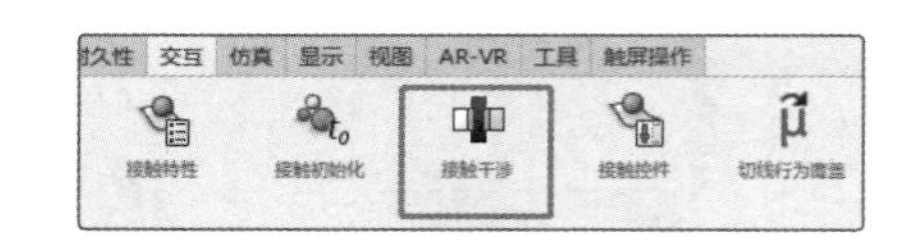

图 2-114　接触干涉

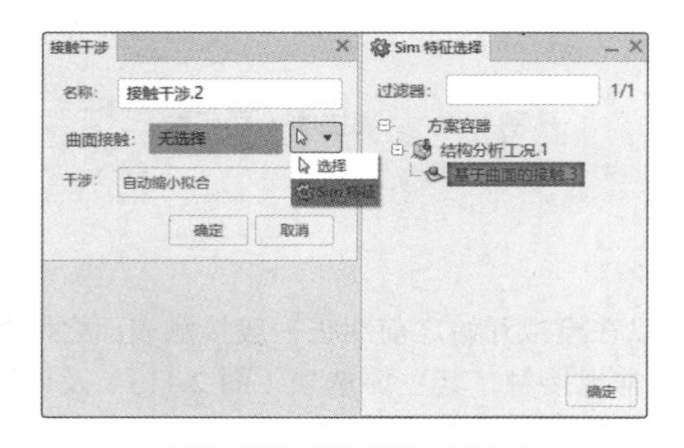

图 2-115　自动缩小拟合

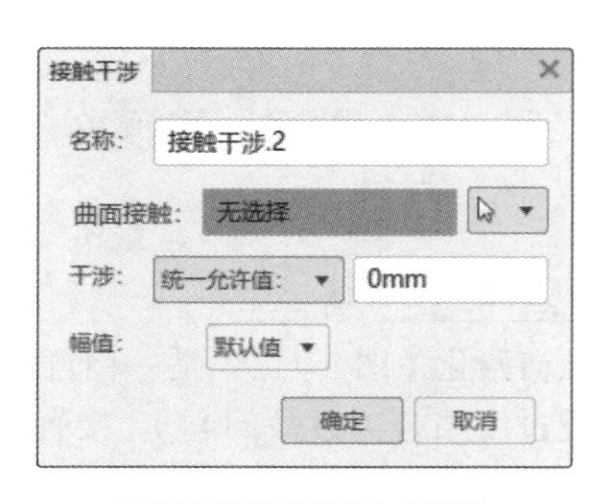

图 2-116　统一允许值

2.6.10 接触控件

通过接触控制，在仿真过程中，软件会自动应用黏性阻尼以稳定运动。可以控制以下三个方面：稳定系数、切线分数、分析步末端的阻尼的分数，如图 2-117 所示。

1）“稳定系数”又称阻尼系数，可以应用到构件的刚度和步进时间。

2）“切线分数”可以输入切线分数以改变切线方向上的阻尼量。默认情况下，切线方向上的阻尼与法线方向上的阻尼相同，而且应用于所有接触对。

3）“分析步末端的阻尼的分数”可以保留完整的阻尼值到下一分析步。在默认情况下，阻尼会在分析步中线性消除影响，并在分析步最后阶段下降为零。这种情况可能会导致刚体模式在最后的增量步中不受约束。因此，可以在“分析步末端的阻尼的分数”中设置阻尼，保持完整的阻尼参数。

2.6.11 切线行为覆盖

切线行为覆盖允许在不同分析步中修改给定接触特性的切线行为，适用于一般静态、准静态和隐式动态分析步骤，一般用来更改不同分析步中摩擦定义。切线行为覆盖选项如图 2-118 所示。

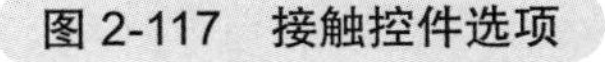
图 2-117 接触控件选项

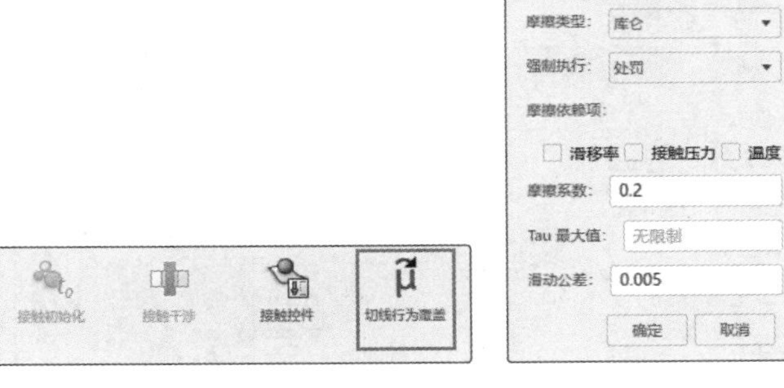

图 2-118 切线行为覆盖选项

2.7 负载

3DEXPERIENCE 中的载荷包含集中力、转矩、压力、重力、位移、转角等，还包含一些特殊类型的载荷，下面将进行说明。

2.7.1 螺栓载荷

螺栓预紧载荷（螺栓力或螺栓转矩）可以施加在实体螺栓上，也可以施加在虚拟螺栓连接上，如图 2-119 所示。当施加在实体螺栓上时，需要先创建网格化螺栓截面；当施加到虚拟螺栓连接上时，需要先创建虚拟螺栓连接关系。

与位移相关的螺栓限制和螺栓位移也可以施加到实体螺栓或虚拟螺栓连接上，如图 2-120 所示。

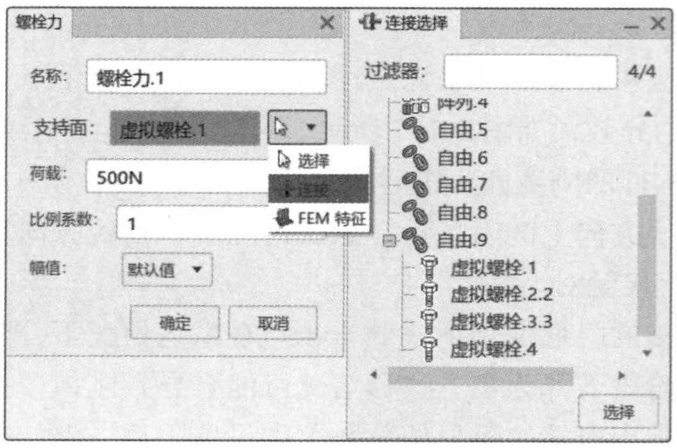

图 2-119　螺栓力

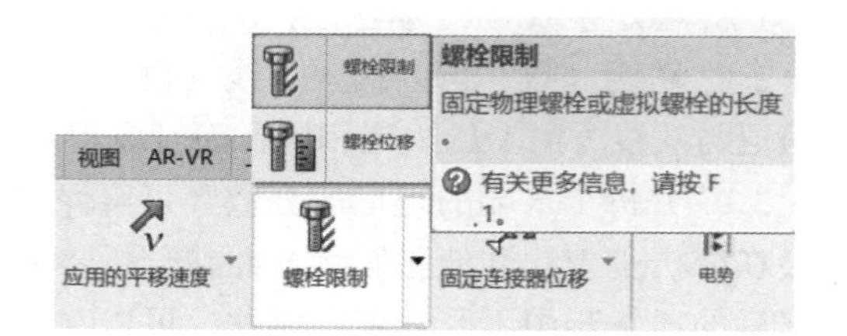

图 2-120　螺栓限制

2.7.2　连接器载荷

在连接器（Connector）允许的自由度上，用户可以针对连接器连接关系施加连接器力和连接器力矩，如图 2-121 所示。也可以针对连接器连接关系施加固定连接器位移、连接器平移、连接器旋转、连接器平移速度、连接器旋转速度，如图 2-122 所示。

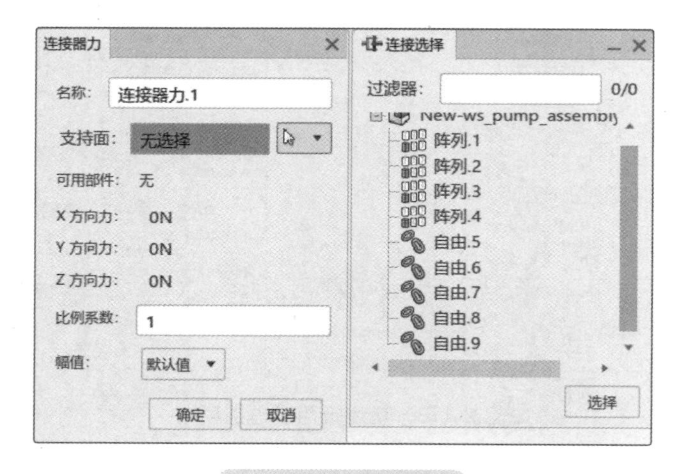

图 2-121　连接器力

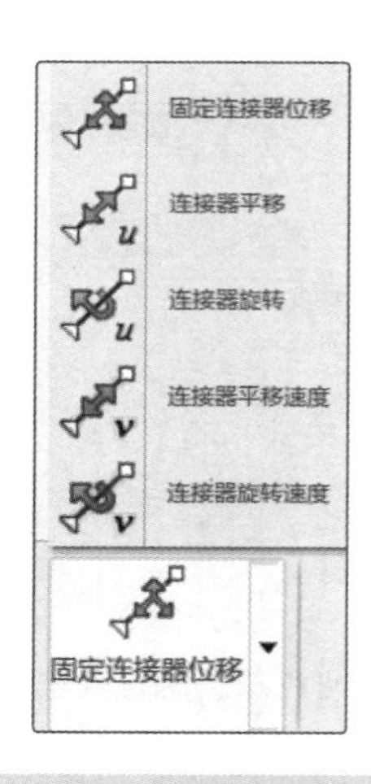

图 2-122　固定连接器位移

2.8　输出

输出（Output）是仿真模型中设置的输出结果，输出分为字段输出（Field Output）和历史记录输出（History Output）。字段输出是仿真模型云图形式的结果输出，如局部部件、组或整体模型的应力、应变、位移、速度等变量的彩色云图、等值线图等，如图 2-123 所示。历史记录输出是仿真模型某些变量（如应变能、位移、应力）对于时间的变化曲线，如图 2-124 所示。

当用户在仿真模型中创建完分析步（Step）以后，系统会自动生成一个默认的字段输出和历史记录输出，这两个输出包含常见的输出参数选择，用户可以通过特征管理器进行查看和修改这些输出参数和输出的结果频次等。

当计算结果完成后，用户如果需要对字段输出进行二次计算或其他函数操作等，可以通过“结果”/“计算”/“字段表达式”进行操作。如果用户需要对历史记录输出进行二次计算或其他函数操作，可以通过“结果”/“绘图”/“表达式中的 X-Y 绘图”进行操作，如组合（Combine）应力 - 时间曲线和应变 - 时间曲线以得到应力 - 应变曲线等。具体操作过程可以参考 13.4.4 节内容。

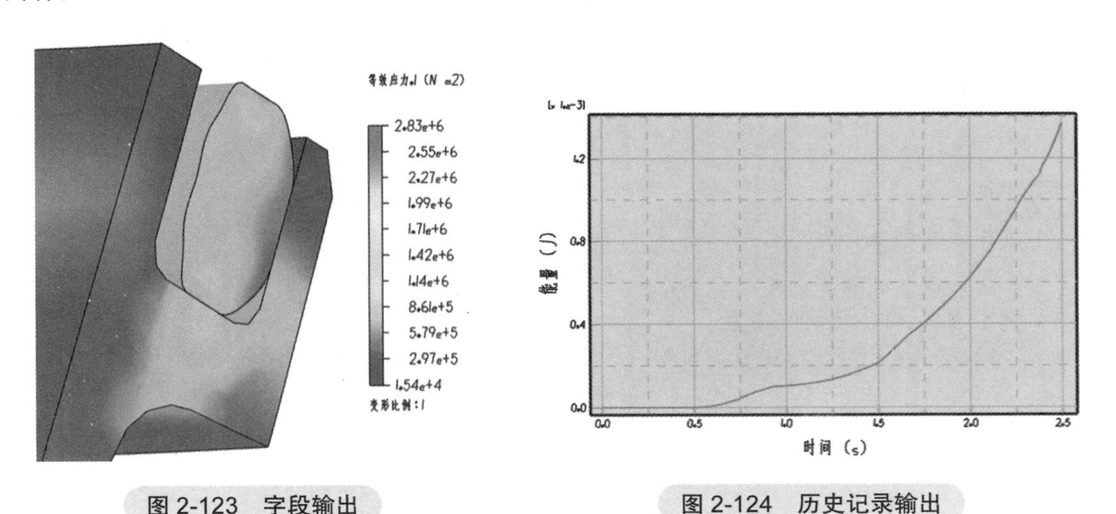

图 2-123　字段输出　　图 2-124　历史记录输出

> 注意：系统自动生成的字段输出和历史记录输出的输出频率是“每一个增量”，即每计算一个增量步输出一次结果，当模型计算过程中出现很多增量步（如几百个）时，有可能计算结果规模会非常大。这种情况下建议用户修改结果的输出频率，比如修改输出频率为“间隔相等的时间间隔”，再设置具体的间隔数量（如 20）。

2.9　小结

本章介绍了 3DEXPERIENCE 中的材料模型、截面属性、网格划分方式、单元类型与用法、分析步用法与类型、接触属性与接触类型、负载、输出等。在后续章节的学习中可能会涉及本章基础内容，本章可以作为知识点或“工具”，进行资料的查询和学习参考。

第3章 刚体、连接关系、模型准备、特殊分析流程

学习目标

1）刚体与变形体。

2）连接关系与连接器。

3）模型准备 APP 功能与设置。

4）子模型、重启动与预加载的设置。

3.1 刚体

刚体（Rigid Body）是指在计算过程中不变形的部件，即刚度无穷大的部件。显然，这种刚度无穷大的部件在自然界中是不存在的，是为了简化计算量而设置的一种约束类型。在3DEXPERIENCE 结构仿真中，刚体又分为刚性几何体和分析刚性曲面，如图 3-1 所示。

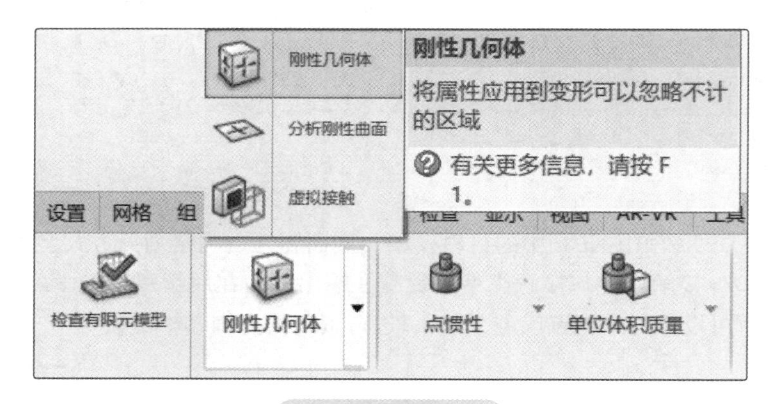

图 3-1 刚体设置

刚体具有以下特点：

1）刚体通过参考点（Reference Point）来控制整个部件的运动，刚体具有 6 个运动自由度。

2）对刚体的约束和加载等，通常都是加载到参考点上。

3）对于同一个模型，如果设置包含刚体约束，模型计算量会少很多，因为不需要计算刚体单元的应变。

4）任何一个部件都可以通过刚体约束成为刚体。

3.1.1　离散刚体

离散刚体（Discrete Rigid）可以用于任意形状的部件或划分过网格的部件，在 Mechanical Scenario Creation APP 中单击右侧助手工具栏中的“连接”，单击命令工具栏“抽象”/“刚性几何体”即可进行离散刚体设置，如图 3-2 所示。

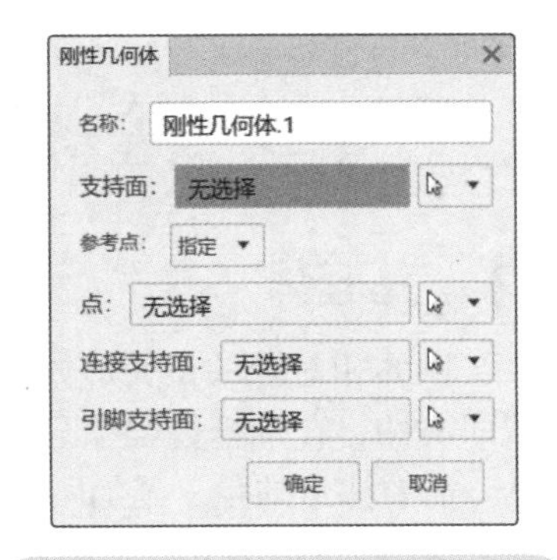

图 3-2　刚性几何体设置（一）

在 3DEXPERIENCE 中进行离散刚体设置时，“支持面”可以单击选择，也可以使用预先定义好的组，还可以使用网格零件；“参考点”可以手动设置和选择，也可以使用默认的刚体部件的质心作为参考点，如图 3-3 所示。“连接（Tie）支持面”意为选中的支持面与此刚体的连接传递平动和转动自由度（图 3-4），“引脚（Pin）支持面”意为选中的支持面与此刚体的连接仅仅传递转动自由度（图 3-5）。显然，当刚体出现转动时，这两种类型的连接效果是不一样的。

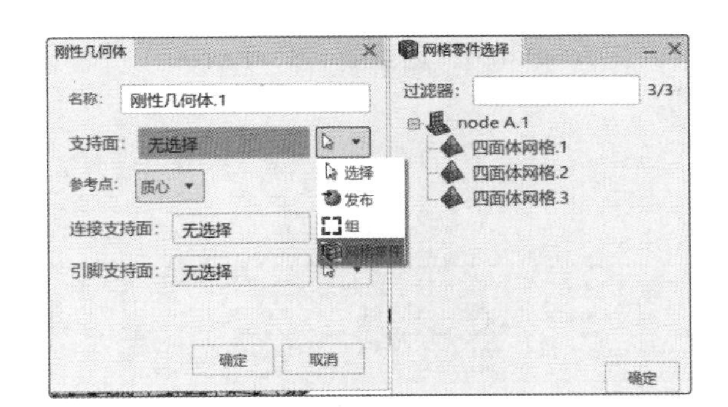

图 3-3　刚体几何体设置（二）

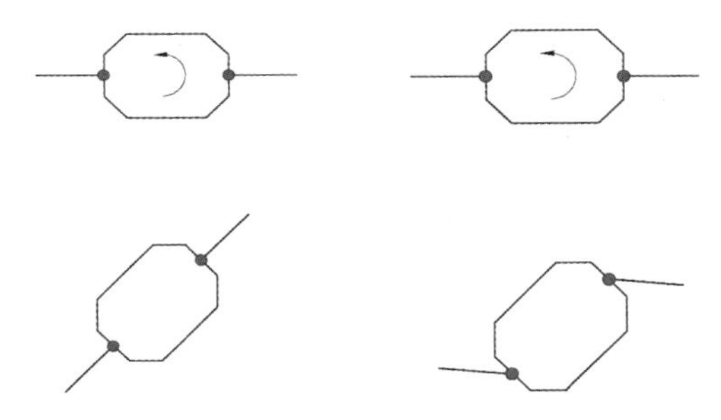

图 3-4　连接支持面　　图 3-5　引脚支持面

3.1.2　分析刚体

分析刚体（Analytical Rigid）也称为解析刚体，只能用来设置形状非常简单的拉伸或旋转的曲面，即使从实体中提取的曲面也无法用于分析刚体，因此解析刚体的使用有很大的限制。绝大多数情况下，都使用离散刚体来进行刚体约束。由于使用曲面来定义分析刚体，而曲面有上表面和下表面，因此在进行分析刚体设置时，可以通过“翻转方向”复选按钮来选择曲面的方向，如图 3-6 所示。

知识点：

当结构模型中某部件相对其他部件刚度大很多，以至于相对变形可以忽略不计时，可以将相对刚度大的部件简化为刚体。几种常用的刚体简化约束应用场景如下：

1）橡胶变形仿真中，当橡胶部件变形较大而与橡胶接触的部件是钢材等金属材料时，通常可以将钢材简化为刚体。

2）跌落测试中，通常将地面简化为刚体。

3）碰撞仿真中，通常将被撞的硬面简化为刚体。

4）钢材轧制成型仿真中，通常将轧辊简化刚体。

5）冲压成型仿真中，通常也可以将模具简化为刚体。

3.2 变形体

与刚体相对应的是变形体或柔性体，变形体是软件中默认的部件类型，它需要被赋予材料和截面属性，在计算过程中只要受力就会产生变形。任何变形体都可以通过刚体约束操作成为刚体，需要注意的是，施加刚体约束后的部件也需要划分网格。

3.3 连接关系

当用于结构仿真的3D模型中包含多个零件（Part）或单个零件包含多个实体（Body）时，需要设定零件与零件、实体与实体之间的连接关系。3DEXPERIENCE中的连接关系类型分为虚拟螺栓（Bolt）、虚拟引脚（Pin）、接点（Tie）、点紧固件（焊点）、线紧固件（焊缝）、曲面紧固件（曲面焊接）、刚性连接、弹簧连接、耦合（Coupling）、连接器（Connector）等，如图3-7所示。下面将逐一对各种连接类型进行说明。

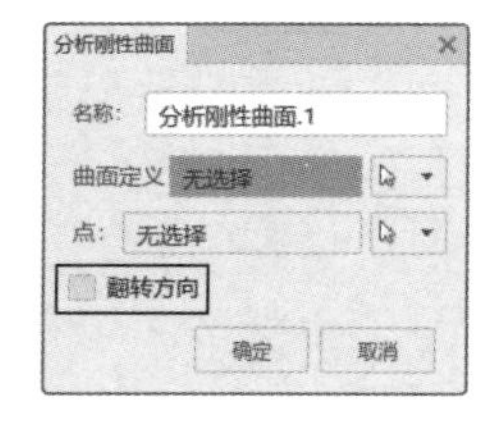

图3-6 翻转方向

图3-7 连接关系类型

3.3.1 虚拟螺栓、螺栓复制与虚拟螺栓检测

1. 虚拟螺栓

当装配体中存在多个螺栓连接，为了减少计算量或者不关注螺栓局部应力时，可以使用虚拟螺栓（Virtual Bolt）连接。在3DEXPERIENCE虚拟螺栓连接设置中，“工程连接”可以选择“默认值”或“选择现有”。当选择“默认值”时，会生成一个新的螺栓连接；当选择“选择现有”时，可以从装配体中已经存在的连接关系中进行选择，如图3-8所示。一旦螺栓设置完成，模型上会显示三维半透明的虚拟螺栓标识，如图3-9所示。

虚拟螺栓的“力学行为”分为“可变形”“刚性”“梁”三种类型：

1）可变形。螺栓是可变形体，需要设置螺栓的各方向刚度，如图3-8所示。同时可以使用“启用高级行为”，设置螺栓的弹性、塑性、损伤、阻尼等。

2）刚性。螺栓是刚性不变形的，不需要设置各方向刚度，但可以设置预紧力。

3）梁。将螺栓定义为梁单元，可以对该梁单元设置材料属性和截面半径。

“允许预加载”表示该螺栓是否可以施加螺栓预紧力。“耦合类型”是指螺栓连接的两端节点与其约束面的连接形式，分为“运动学”“连续分布”“结构分布”三种类型：

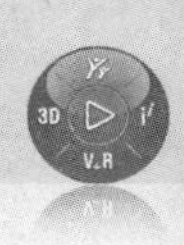

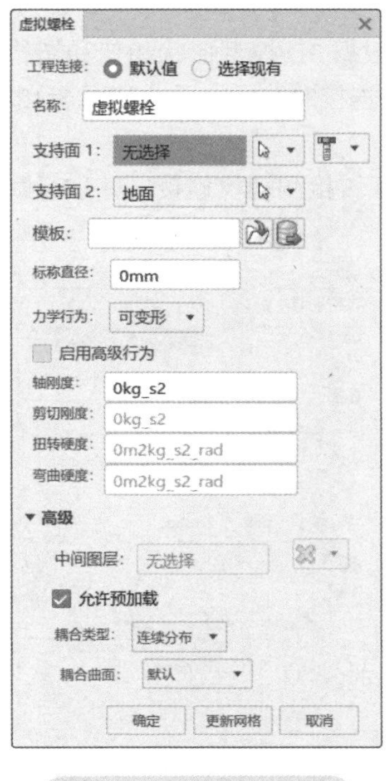

图 3-8　虚拟螺栓设置

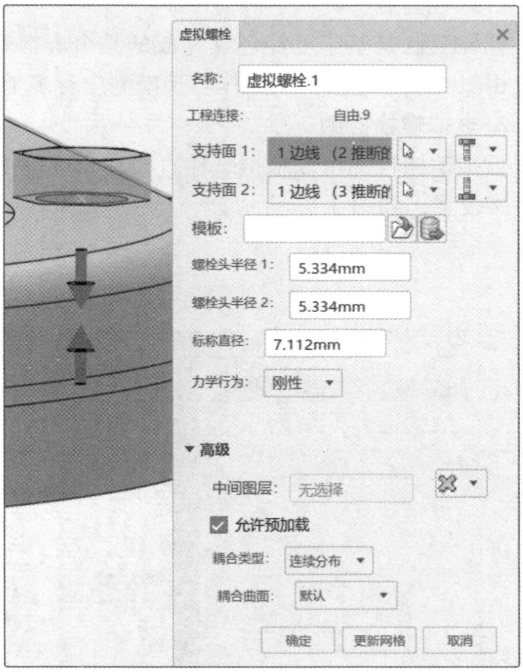

图 3-9　虚拟螺栓标识

1）运动学。将边或面等支持面直接耦合到参考点的运动。

2）连续分布。将螺栓紧固点的位移和旋转与支持面节点的平均位移耦合，连续分布是螺栓设置中默认的耦合类型。

3）结构分布。将螺栓紧固点的位移和旋转与支持面节点的平均位移和旋转耦合。

“耦合曲面”表示螺栓连接的两端节点与它耦合的约束面的大小，这个大小是用围绕螺栓孔向外的几圈节点来衡量的，它有“默认”“两个节点环”“三个节点环”三种类型，如图 3-10 所示。“默认”表示软件将根据螺栓头半径或垫圈直径来确定耦合的节点圈数；“两个节点环”表示耦合螺栓孔向外的两圈节点作为耦合区域，如图 3-11 所示；“三个节点环”表示耦合螺栓孔向外的三圈节点作为耦合区域。

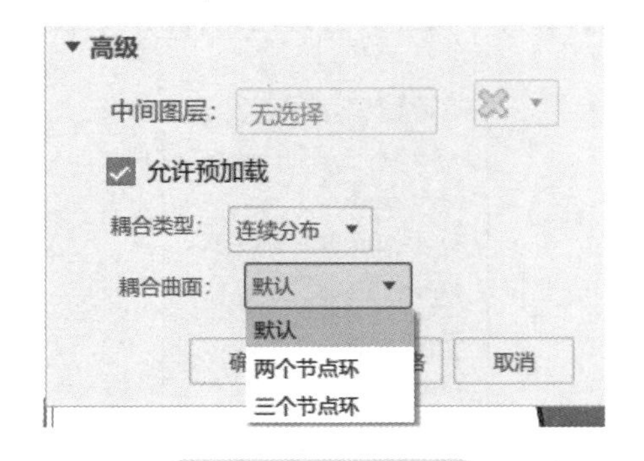

图 3-10　耦合曲面

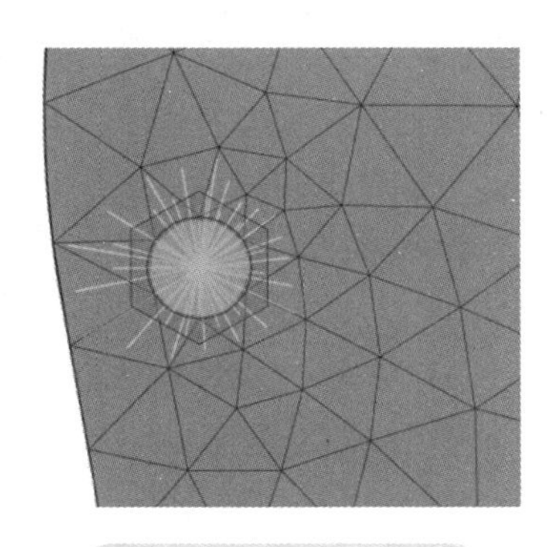

图 3-11　两个节点环

2. 螺栓复制

螺栓复制是基于已经创建完成的某个虚拟螺栓连接，根据3D模型形状相似和结构布局来生成相似的螺栓连接，该操作对于模型中有多个相同的螺栓连接时非常高效，如图3-12所示。

3. 虚拟螺栓检测

虚拟螺栓检测可以根据螺栓直径和长度范围在一定的区域检测螺栓连接，并进行默认的螺栓连接设置，如图3-13所示。

图 3-12　螺栓复制

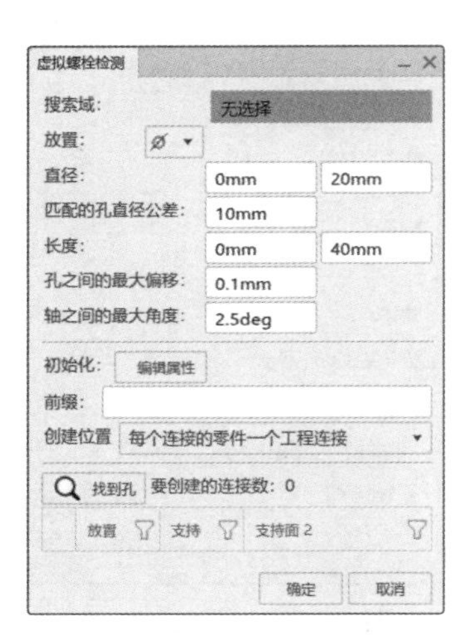

图 3-13　虚拟螺栓检测

3.3.2　虚拟引脚

虚拟引脚（Virtual Pin）是销钉（Pin）连接形式，其作用是通过两端耦合连接两个或多个同轴线的圆柱面，允许它们之间做相对转动，如图3-14所示。“虚拟引脚”可以设置“扭转硬度”，即扭转产生时出现的阻力。两端的“耦合类型”与虚拟螺栓一样，也分为“运动学”“连续分布”“结构分布”三种类型，如图3-15所示。虚拟引脚设置完成后，在3D模型中会出现圆柱体标识。

注意：虚拟引脚的支持面必须是同轴心的圆柱面，否则无法选中。

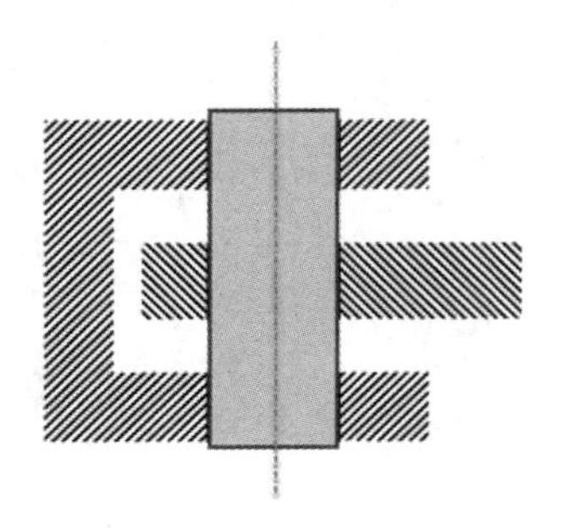

图 3-14　虚拟引脚连接形式

图 3-15　虚拟引脚设置

3.3.3　接点

接点（Tie）是将两个部分接合（Bond）起来以保证它们之间的变形和运动形式是一样的。接点的设置方式与接触对的设置非常相似，分为“主”“次要”表面，离散方法分为“曲面到曲面”和“节点到曲面”，如图 3-16 所示。

选中“连接旋转自由度（若适用）”复选按钮表示会将主面节点与从面节点的平动和旋转自由度都约束起来。

如果主面与从面之间有局部过盈或间隙，选中“调整次要曲面初始位置”复选按钮可以在计算开始前将从面节点的位置调整到主面上以消除过盈或间隙，这个调整不会引起应力或应变。

> 注意：“调整次要曲面初始位置”可以避免出现不真实的过盈或间隙，但由于移动的是从面节点的位置，有时候会出现网格扭曲的问题，使用时应特别注意。

“指定位置公差”是指定截断距离，该截断距离用于确定从面上的哪些节点接到主面上，不满足位置公差的次节点不会绑定到主面。例如，主面和从面不是平行的平面，它们之间的间隙是 0.3 ~ 0.7mm，当设置“指定位置公差”为 0.5mm 时，表示从面节点与主面节点距离小于 0.5mm 的节点都会接合到主面，而大于 0.5mm 的节点则不会接合到主面。

接点检测用于根据设置的搜索公差自动探测模型中的接点对，如图 3-17 所示，当 3D 模型中面与面之间的间距小于设置的 0.001mm 时，软件会搜索到这些接点组，并显示在下方列表中。如果需要修改“接点旋转自由度（若适用）”和“调整次要曲面初始位置”，可以在该接点列表处右击，然后选择“编辑”即可进行相关操作。

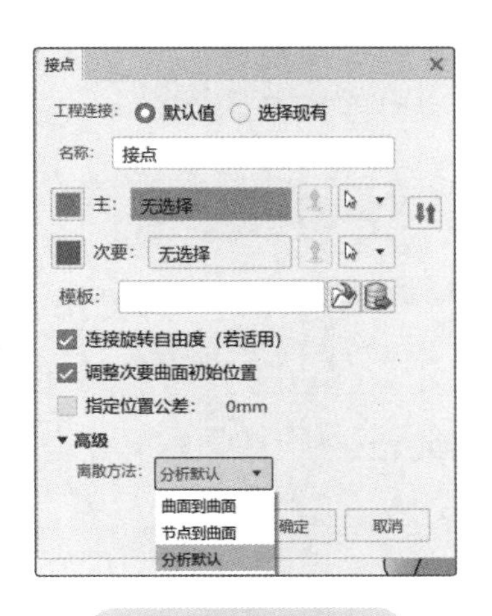

图 3-16　接点设置

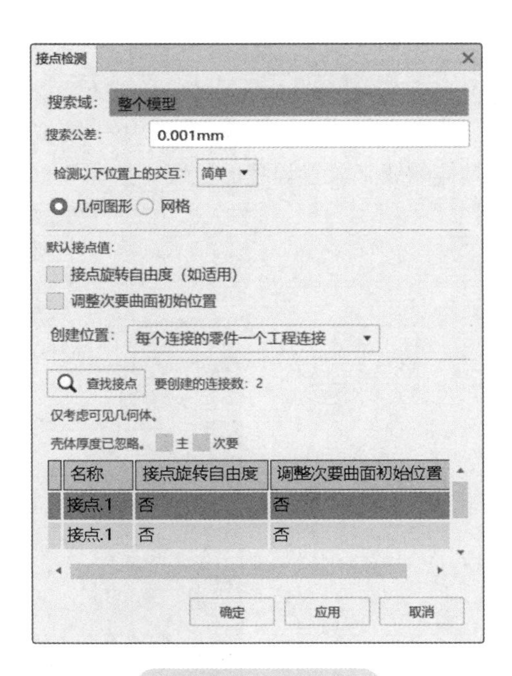

图 3-17　接点检测

3.3.4　点紧固件

点紧固件（Point Fastener）用于模拟点焊连接。默认情况下，点紧固件是刚性的，用户可以根据点焊的具体形式选择其他类型并设置相应的材料，如图 3-18 所示。“紧固件放置”表示可以将点焊按照具体点、线或指定坐标位置的方式进行放置，如图 3-19 所示。

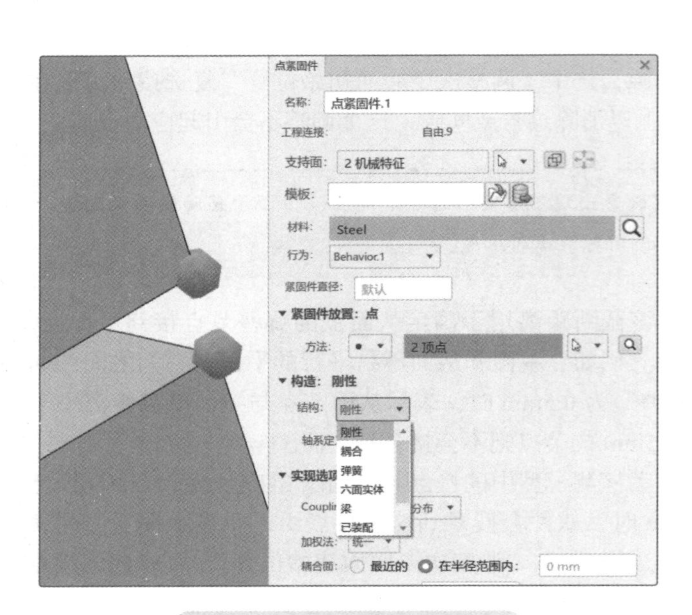

图 3-18　点紧固件设置（一）

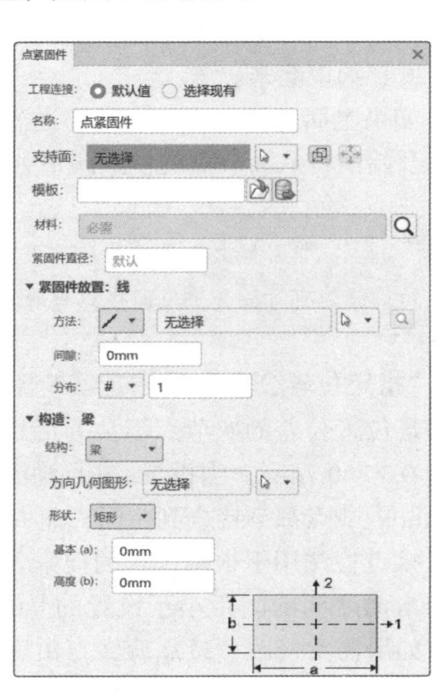

图 3-19　点紧固件设置（二）

3.3.5　线紧固件

线紧固件（Line Fastener）用于模拟焊缝。用户可以选择焊缝施加在哪些支持面上，并根据具体的线来放置焊缝的位置，如图 3-20 所示。

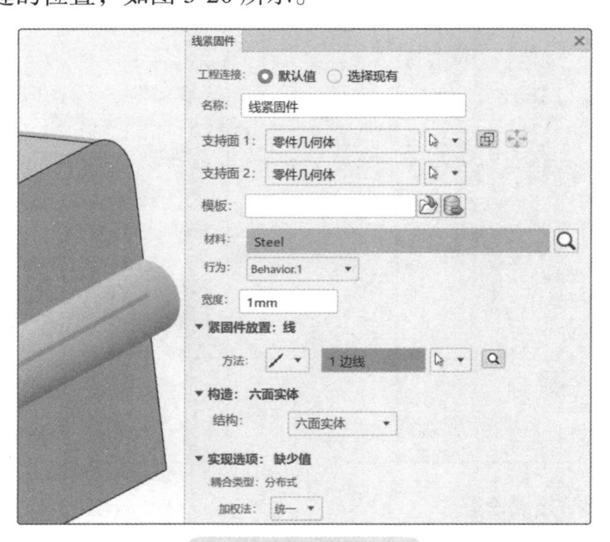

图 3-20　线紧固件

3.3.6　曲面紧固件

曲面紧固件（Surface Fastener）用于模拟两个面之间的黏接或绑定。用曲面紧固件连接的面以壳单元进行网格划分，而焊接部分则以六面体单元进行网格划分，如图 3-21 所示。曲面紧固件设置时需要选择焊接连接的壳体面“支持面 1”和“支持面 2”，同时需要设置焊接连接的“材料”，“紧固件放置”设置焊接连接所在的面，如图 3-22 所示。

用户也可以使用“曲面紧固件探测”对整体模型进行焊接连接的探测。

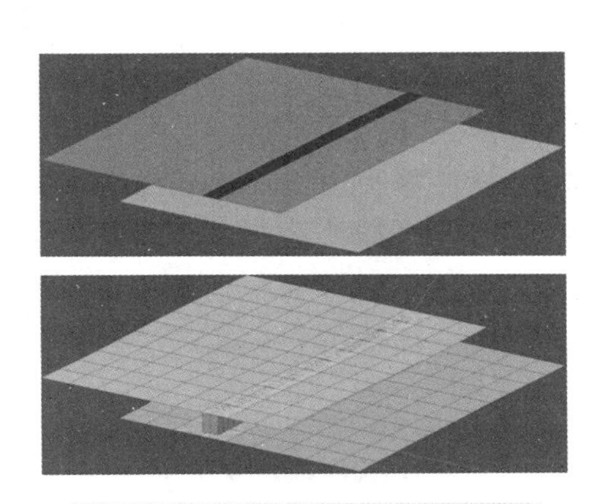

图 3-21　曲面紧固件几何体与网格

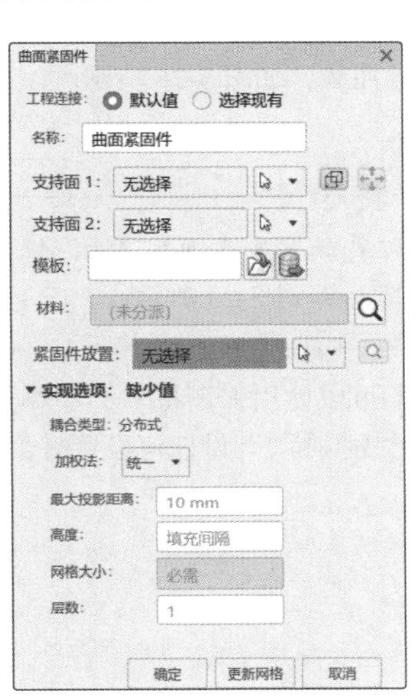

图 3-22　曲面紧固件设置

3.3.7　刚性连接

刚性连接是用虚拟的刚性梁将两个面连接起来，以保证两个面具有相同的运动形式，如图 3-23 所示。显然还需要定义虚拟的刚性梁的端点与面之间的连接形式，即设置“耦合类型”，如图 3-24 所示。耦合类型包含“动态”“连续分布”“结构分布”三种类型。刚性连接的另一个支持面还可以是虚拟的地面。

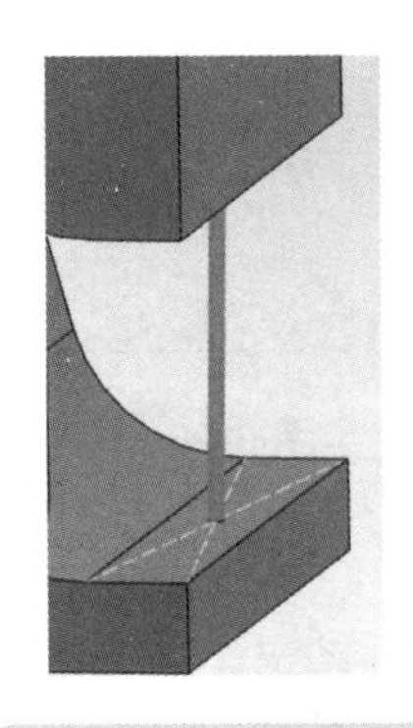

图 3-23　刚性连接

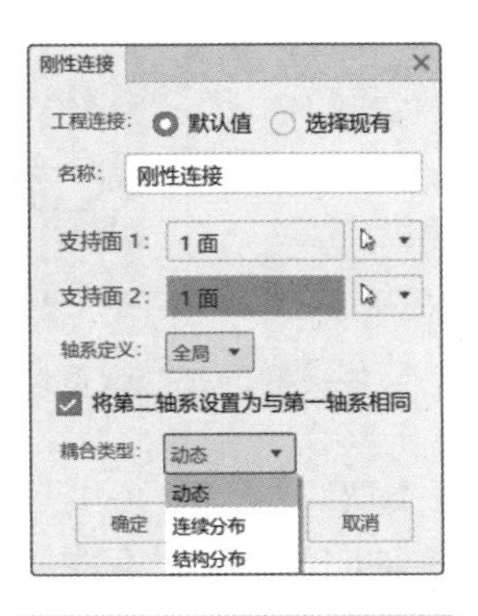

图 3-24　刚性连接设置

3.3.8 弹簧连接

弹簧连接是用具有一定刚度的虚拟弹簧将两个部件连接起来，用于模拟实际的物理弹簧以及其他轴向组件或更复杂连接的理想化，如图 3-25 所示。弹簧是一种储存机械能的弹性物体，常见的材料是弹簧钢。

当传统弹簧从其静止位置被压缩或拉伸时，它会施加与其长度变化大致成比例的反作用力。线性弹簧具有恒定（线性）刚度值，这个值称为弹簧常数，它定义为施加在弹簧上的力与弹簧位移的比值（单位：N/m）。非线性弹簧具有非线性的刚度值，可以将力或力矩定义为位移或转角的曲线，如图 3-26 所示。

提 示

弹簧轴向刚度单位 N/m 通过换算可以得到 kg/s²，3DEXPERIENCE 中弹簧刚度单位为 kg/s²，如图 3-25 所示。

我们可以使用弹簧将一个零件上的面、边线或点与另一零件上的面、边线或点连接。当用户不对“支持面 2”做任何设置时，还可以使用弹簧将单个部件接地，这称为接地弹簧。

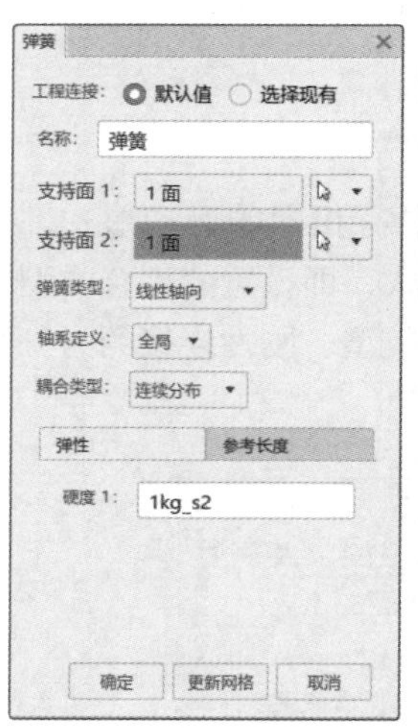

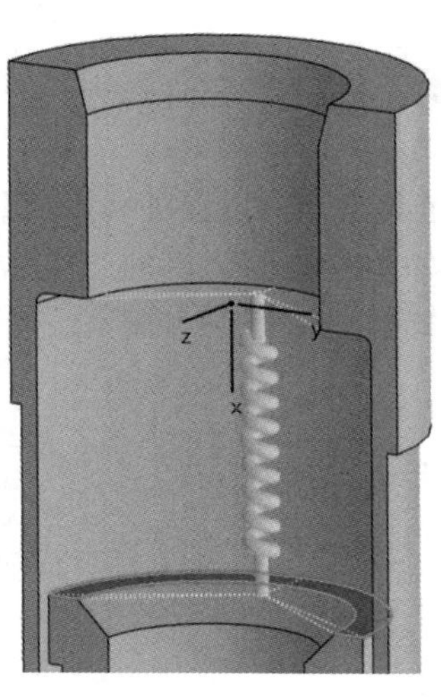

图 3-25 弹簧设置

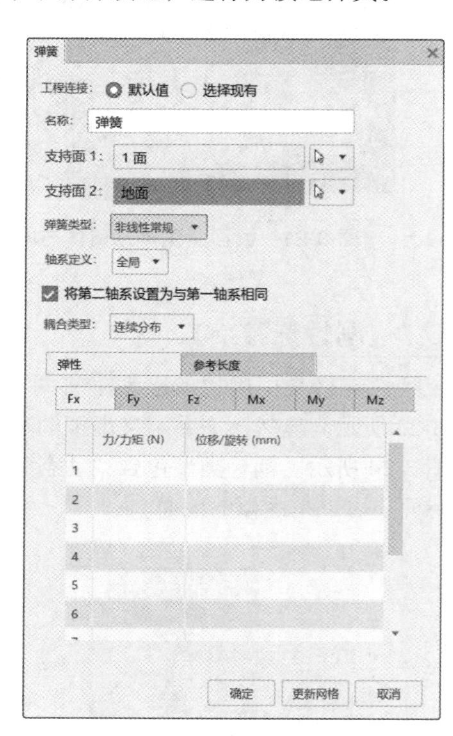

图 3-26 非线性弹簧

1. 弹簧类型

1）线性轴向弹簧。具有线性轴向刚度的弹簧，可以按照轴系定义弹簧轴向方向的刚度。

2）线性常规弹簧。具有线性轴向刚度的弹簧，可以按照轴系定义弹簧 6 个自由度的刚度。

3）非线性轴向弹簧。具有非线性轴向刚度的弹簧，可以按照轴系定义弹簧轴向方向的力 - 位移曲线数据点。

4）非线性常规弹簧。具有非线性轴向刚度的弹簧，可以按照轴系定义弹簧 6 个自由度方向的力 - 位移曲线数据点。

2. 耦合类型

1）运动学。将边或面等支持面直接耦合到参考点的运动。

2）连续分布。将弹簧紧固点的位移和旋转与支持面节点的平均位移耦合，连续分布是弹簧设置中默认的耦合类型。

3）结构分布。将弹簧紧固点的位移和旋转与支持面节点的平均位移和旋转耦合。

3. 参考长度

参考长度是指弹簧力或力矩为零时弹簧两个支持面之间的相对距离或相对转角，默认情况下，3DEXPERIENCE SSU 以初始的几何形状来计算弹簧参考长度。当我们需要考虑弹簧的预载效应时，可以自定义参考长度以考虑初始的预压缩或预拉伸，如图 3-27 所示。

3.3.9　耦合

耦合连接使用刚性杆或弹簧来连接两个部件，如图 3-28 所示。当“支持面 2”不做任何设置而采用默认时，表示将“支持面 1”耦合到一个点，“支持面 1”的运动由默认的控制点来控制。默认控制点的位置位于所选支持面 1 的形状中心。用户也可以创建参考点（Reference Point）作为控制点。

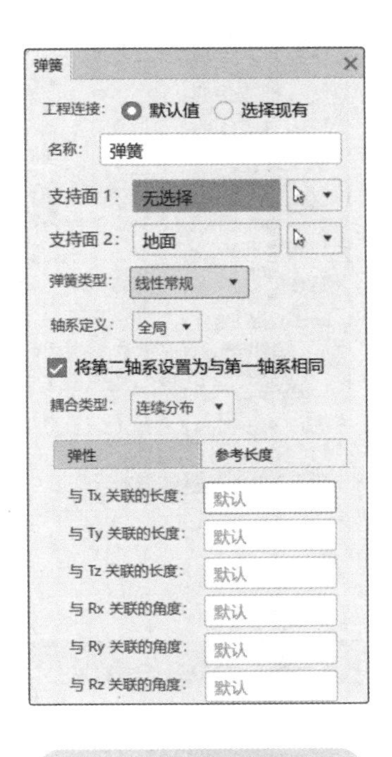

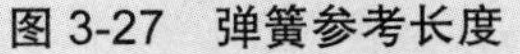
图 3-27　弹簧参考长度

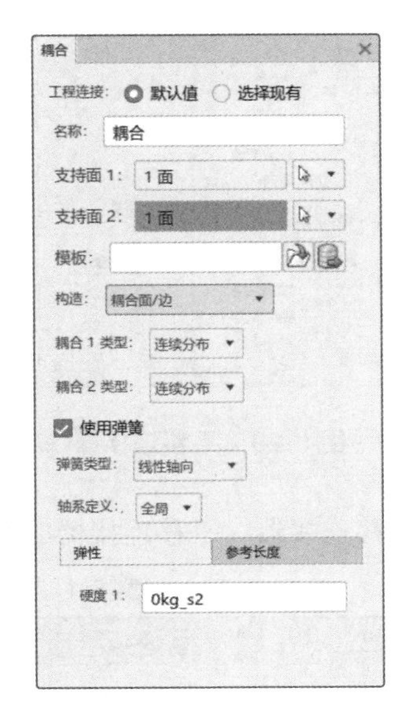

图 3-28　耦合

用户也可以选择“使用弹簧”选项，这时耦合连接的效果与弹簧连接基本相同。

提示

耦合连接最常见的使用情况是通过控制点来将集中力、力矩、位移、转角加载到一个或多个面上，在结果输出时可以提取控制点的反力 - 位移曲线等结果。对于实体单元，节点没有旋转自由度，可以通过耦合连接来施加力矩或旋转运动。

3.3.10 连接器

连接器（Connector）用来模拟两个支持面组的相对运动，相对运动又分为平动和转动。简单地讲，连接器是平动自由度和转动自由度的组合。当在模型中创建连接器后，软件会为连接器生成连接单元。连接器可分为简单连接器和指定连接器两类。

1. 简单连接器

简单连接器通过在“连接器”对话框的“类型”中设置“指定”来进行组合选择，如图 3-29 和图 3-30 所示。

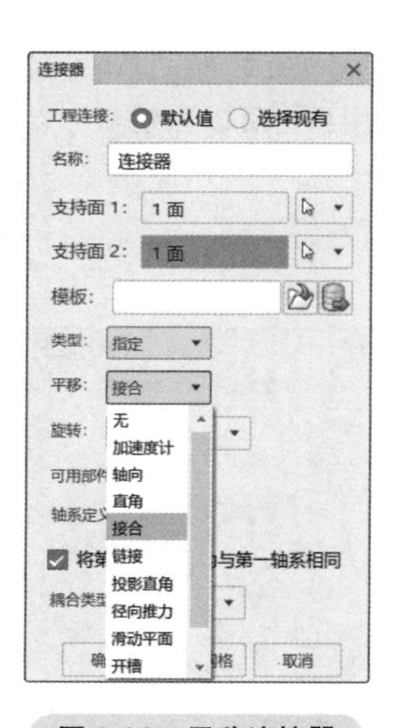

图 3-29 平移连接器

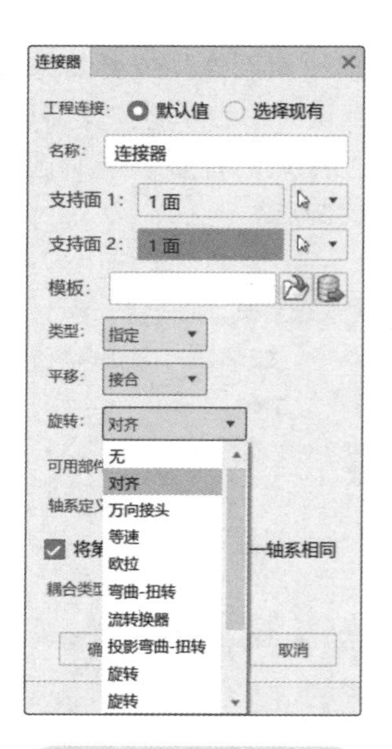

图 3-30 旋转连接器

（1）平移连接器 平移连接器的类型、定义及示意图见表 3-1。

表 3-1 平移连接器的类型、定义及示意图

类型	定义	示意图
加速度计（Accelerometer）	提供支撑之间的连接，以测量物体在局部坐标系中的相对加速度、速度和位置。仅在 Explicit 模型中可用，如果它在 Standard 模型中定义，则求解器会将其转换为万向接头连接器类型	3 2 1
轴向（Axial）	提供沿支撑之间轴线方向的连接	

（续）

类型	定义	示意图
直角（Cartesian）	提供支撑之间的连接，其中第二个支撑的位置变化是沿第一个支撑处定义的三个局部连接方向测量的	
接合（Join）	连接支撑的位置	
链接（Link）	保持支撑之间的恒定位置	
投影直角（Projection Cartesian）	提供支撑之间的连接，测量三个局部连接方向的响应	
径向推力（Radial Thrust）	提供支撑之间的连接，允许径向和推力位移的不同行为	
滑动平面（Slide Plane）	提供滑动平面连接，使第二个支撑的位置保持在由第一个支撑的方向和第二个支撑的初始位置定义的平面上	
开槽（Slot）	提供开槽连接，将第二个支撑的位置约束到由第一个支撑的方向和第二个支撑的初始位置定义的线上	

（2）旋转连接器　旋转连接器的类型、定义及示意图见表 3-2。

表 3-2　旋转连接器的类型、定义及示意图

类型	定义	示意图
对齐（Align）	提供支撑之间的连接，对齐它们的局部方向	
万向接头（Cardan）	提供支撑之间的旋转连接，其中它们之间的相对旋转由 Cardan（或 Bryant）角参数化	
等速（Constant Velocity）	提供两个支撑之间的恒定速度连接	
欧拉（Euler）	提供支撑之间的旋转连接，由欧拉角参数化	
弯曲 - 扭转（Flexion-Torsion）	提供支撑之间的连接，通过三个角度定义有限旋转：弯曲、扭转和扫掠	

（续）

类型	定义	示意图
流转换器（Flow-Converter）	提供一种将连接器支撑处的材料流动（10号自由度）转换为旋转的方法	
投影弯曲 - 扭转（Projection Flexion-Torsion）	提供支撑之间的连接，定义三个角度的有限旋转：弯曲的两个分量和扭转	
旋转（Revolute）	提供支撑之间的旋转连接	
转动*（Rotation）	提供支撑之间的转动连接，由旋转矢量参数化的	
旋转加速度计（Rotation Accelerometer）	提供支撑之间的连接，以测量局部坐标系中物体的相对角加速度、速度和位置。此连接类型仅在 Explicit 模型中可用。如果在 Standard 模型中定义，则求解器会将其转换为万向接头连接器类型	
通用（Universal）	提供支撑之间的通用连接	

2. 指定连接器

指定连接器是平移连接器和旋转连接器的组合，它的类型、定义及示意图见表 3-3。常见的指定连接器类型和设置如图 3-31 所示。

表 3-3　指定连接器类型、定义及示意图

类型	定义	示意图
梁（Beam）	在支撑之间提供刚性梁连接（Join+Align）	
套管（Bushing）	提供两个节点之间的连接，允许在两个端点处遵循系统的三个局部笛卡儿方向上的独立行为，并允许在两个弯曲旋转和一个扭转旋转中的不同行为（Projection Cartesian+Projection Flexion-Torsion）	
CV 接合（CV Joint）	连接两个节点的位置，并在它们的旋转自由度之间提供等速连接（Join+Constant Velocity）	
圆柱（Cylindrical）	在支撑和旋转约束之间提供槽连接，其中自由旋转围绕槽线（Slot+Revolute）	

（续）

类型	定义	示意图
铰链（Hinge）	连接支撑的位置，并在它们的旋转自由度之间提供旋转连接（Join+Revolute）	
平面（Planar）	在两个节点之间提供滑动平面连接，并围绕平面的法线方向旋转连接。此连接器在三维模拟中创建局部二维系统（Slide Plane+Revolute）	
退刀器（Retractor）	连接两个节点的位置，将材料流动转化为旋转（Join+Flow-Converter）	车轴或卷筒 皮带或电缆 缠绕的皮带或电缆
平移器（Translator）	在支撑之间提供槽约束，并对齐它们的局部方向（Slot+Align）	
U 型接点（U Joint）	连接两个节点的位置，并在节点处的旋转自由度之间提供通用连接（Join+Universal）	
焊接（Weld）	连接两个节点的位置，并对齐它们的三个局部轴方向。在支撑之间提供完全黏合的连接（Join+Align）	

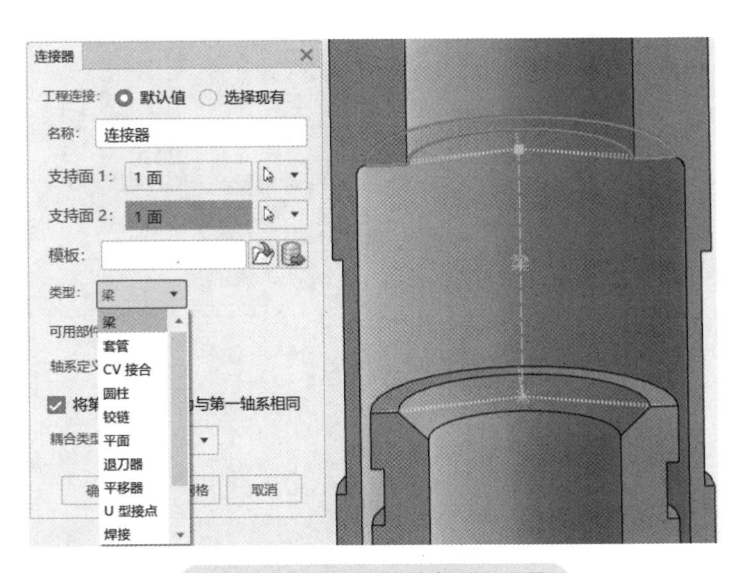

图 3-31　指定连接器类型和设置

连接器设置中的“轴系定义”用于指定连接器相对运动的坐标系，默认为“全局”，此时将按全局坐标投影来确定轴系方向。当选择“本地”时，需要选择用户创建的坐标系。

“将第二轴系设置为与第一轴系相同”是将连接器两端点的坐标系设为相同。如图 3-32 所示的套管连接器，在“轴系定义”设为“本地”时，可以看到连接器的两端会有两个局部坐标系。如果不选中“将第二轴系设置为与第一轴系相同”复选按钮，则可以单独指定两个端点的坐标系。

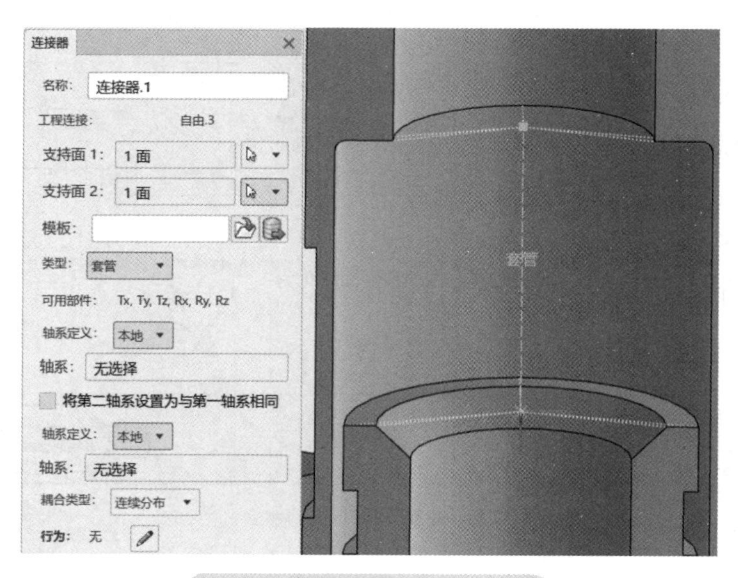

图 3-32　套管连接器轴系设置

连接器中允许的自由度中可以设置行为（Behavior），行为中包含弹性、塑性、损伤、阻尼、参考长度、锁定和停止，如图 3-33 所示。同弹簧类似，参考长度可以用于连接器的预载设置。

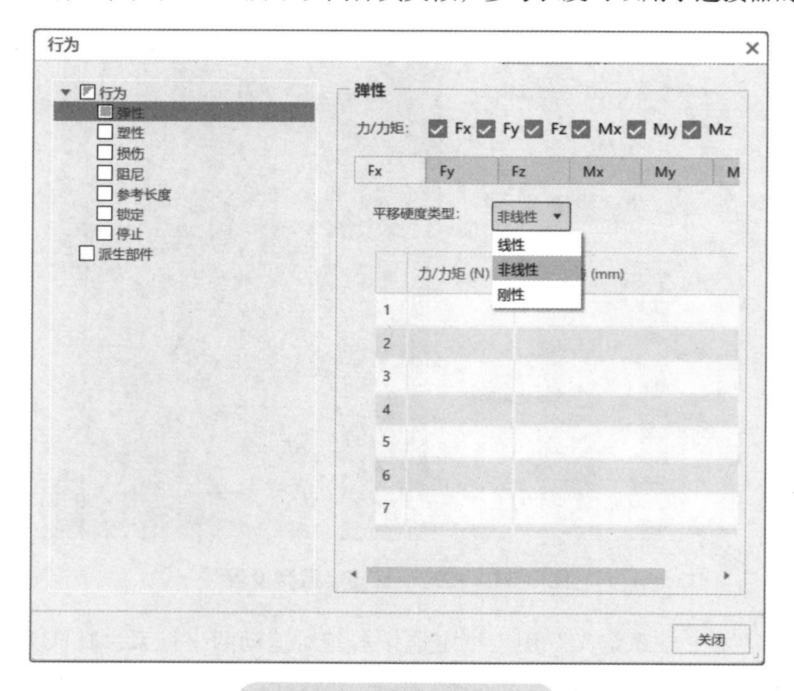

图 3-33　连接器行为设置

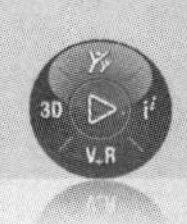

提示

用户可以将连接器（Connector）理解为一种超级连接关系，基本上任何一种连接关系都可以用连接器来代替。例如弹簧连接，实际上完全可以用连接器来代替。

3.4 模型准备概述

3DEXPERIENCE SSU中的仿真模型准备（Simulation Model Preparation）APP可以对几何模型进行检查并修复、特征简化、理想化、创建辅助等，这些操作有助于后续的网格划分和边界条件施加等步骤。

1）检查并修复。用于对几何模型或曲面进行检查，或对曲面进行修复和接合等操作，如图3-34所示。

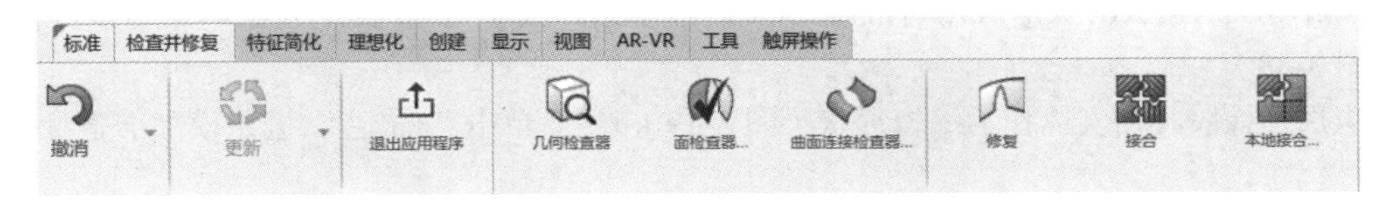

图3-34 检查并修复

2）特征简化。用于对几何模型进行局部特征简化，如消除小孔、倒角、凸台等小特征，如图3-35所示。

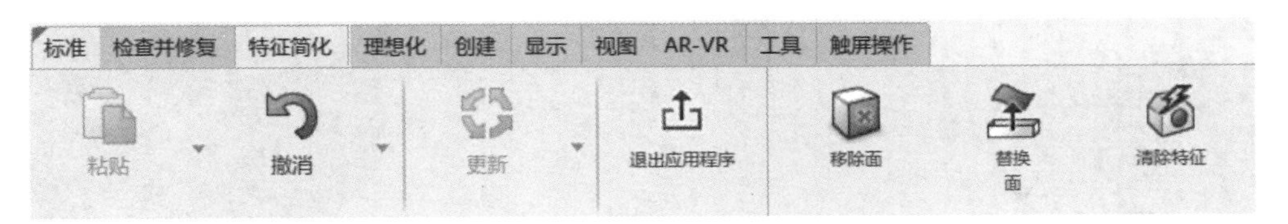

图3-35 特征简化

3）理想化。用于从实体模型中抽取中面、分割曲面、分区实体（Partition，用于后续实体网格划分）、从实体中提取曲面、剪裁曲面等操作，如图3-36所示。

图3-36 理想化

4）创建。用于在几何模型中创建定位草图、点、线、平面、坐标系、曲面拉伸、曲面填充、曲面桥接等操作，如图3-37所示。此操作中创建的辅助坐标系可用于后续边界条件中的局部坐标系。

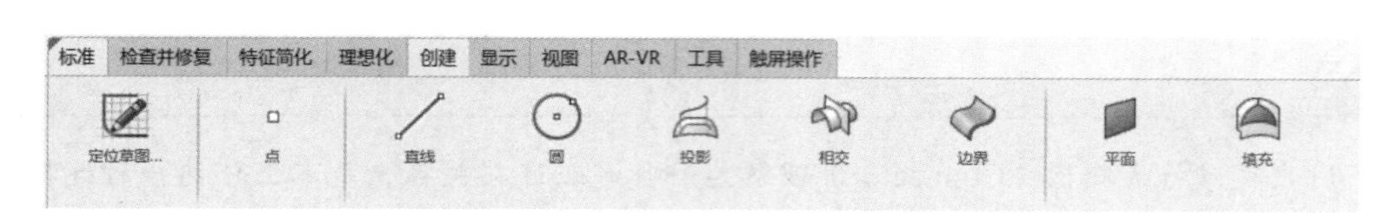

图 3-37 创建

3.5 模型准备操作

下面以一个典型橡胶压缩的模型介绍一些典型的模型准备操作。为了完整设置该橡胶模型，需要创建用于施加边界条件的上面两个辅助面。

3.5.1 创建平面

1. 进入模型准备状态

1）在 3DEXPERIENCE SSU 中的命令工具栏单击“模型”，在其下拉菜单中单击“模型准备”（图 3-38）。

2）选择橡胶几何实体作为编辑形状（图 3-39），然后单击“确定”，进入模型准备状态。

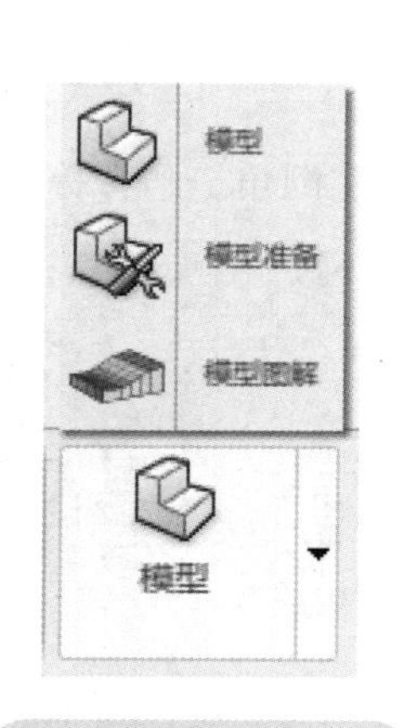

图 3-38 模型准备

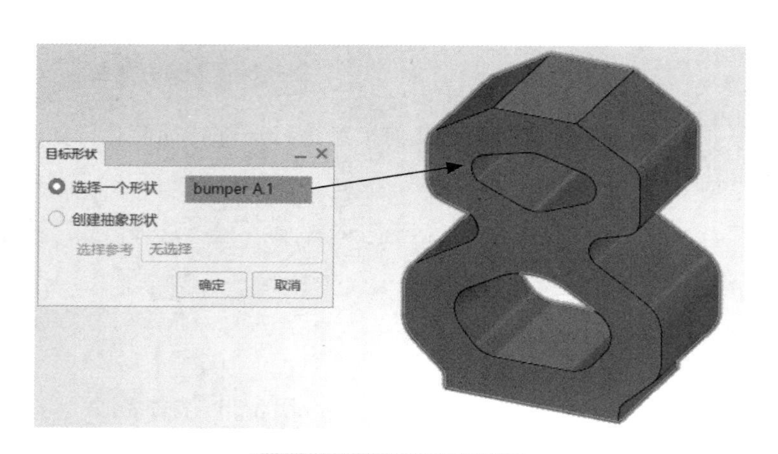

图 3-39 选择编辑形状

> 注意：在“模型准备”的界面下，可以完成复杂模型的前处理。可以对复杂模型进行特征简化，模型修复，点、线、面创建，模型的分区等操作。

2. 创建绘图平面

1）单击“创建”/“平面”（图 3-40），可以创建绘图平面。

2）单击“平面”，选择橡胶几何模型的顶面。

3）选择“偏移平面”，在“偏移”文本框中

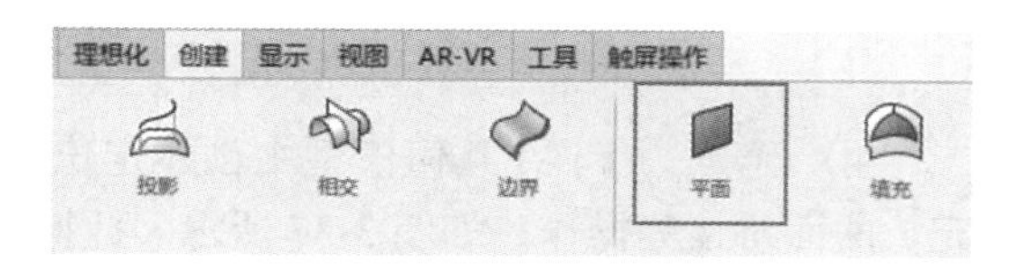

图 3-40 平面

输入“0mm”（图 3-41），单击“确定”，效果如图 3-42 所示。

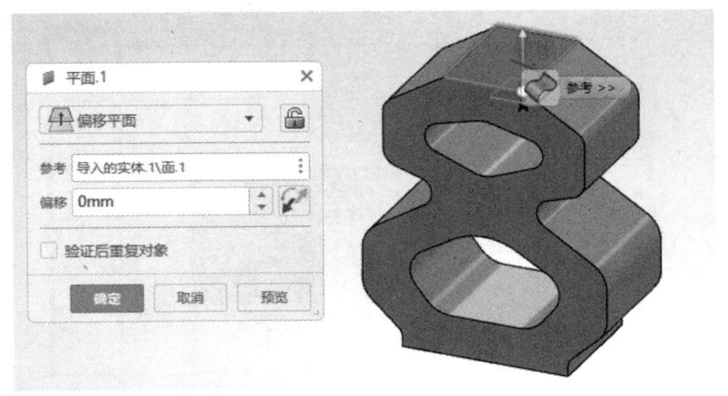

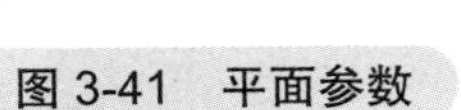

图 3-41　平面参数

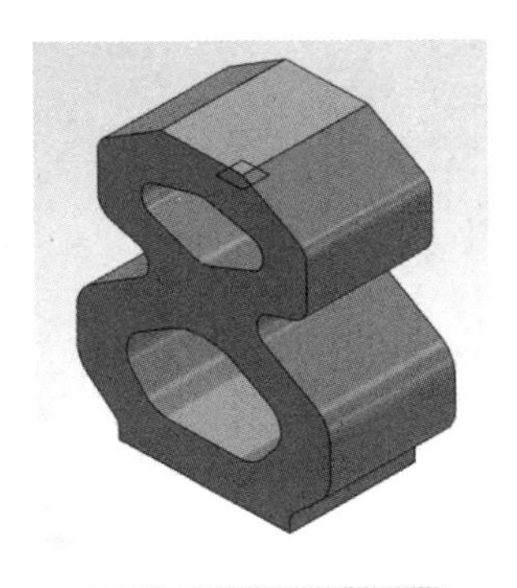

图 3-42　平面效果

3. 绘制草图

1）单击“创建”/“定位草图”（图 3-43），在弹出的“草图定位”对话框中单击选择刚才创建的平面（图 3-44），进入草图绘制状态。

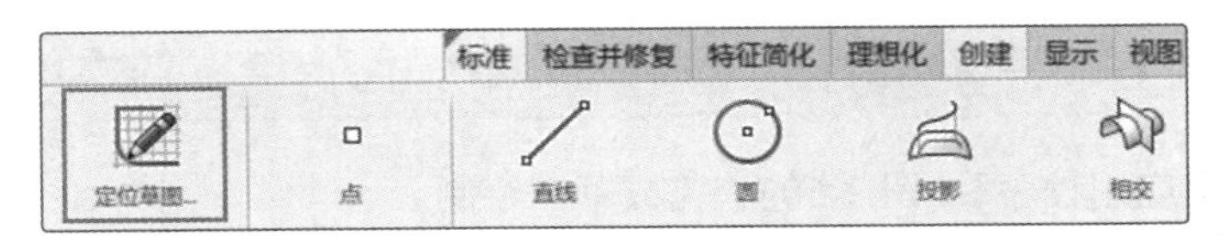

图 3-43　定位草图

2）单击“草图”/“矩形”，在其下拉菜单中单击“居中矩形”（图 3-45），单击绘图区的坐标原点，移动鼠标绘制矩形（图 3-46）。

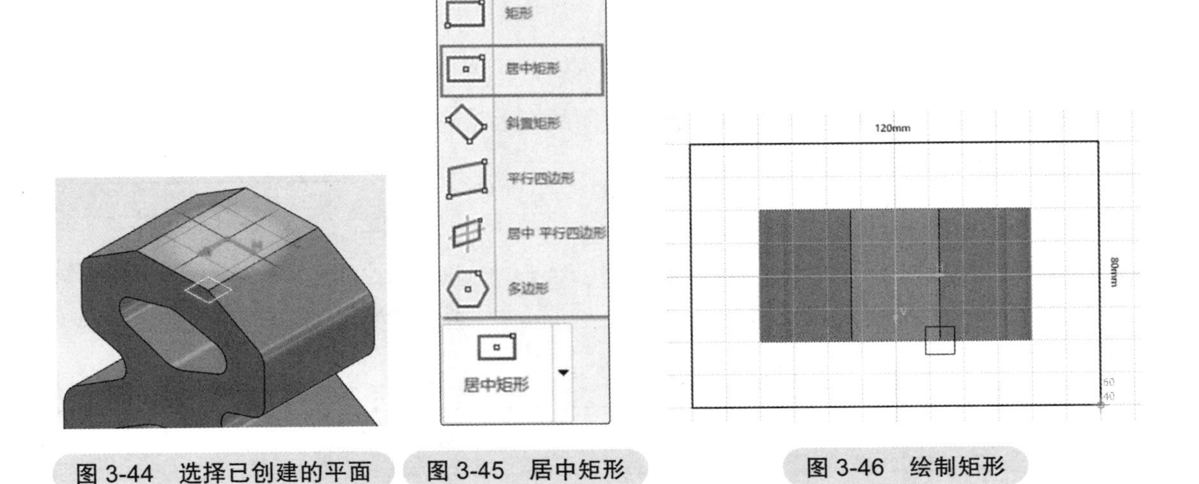

图 3-44　选择已创建的平面　图 3-45　居中矩形　图 3-46　绘制矩形

3）单击“草图”/“约束”（图 3-47），单击矩形的长或宽对草图进行尺寸标注（图 3-48）。

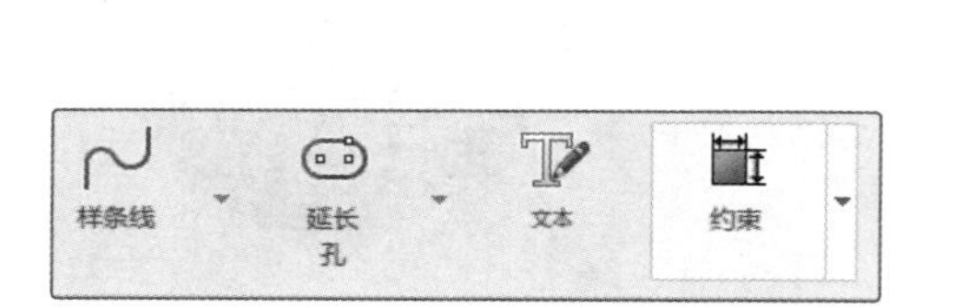

图 3-47 约束

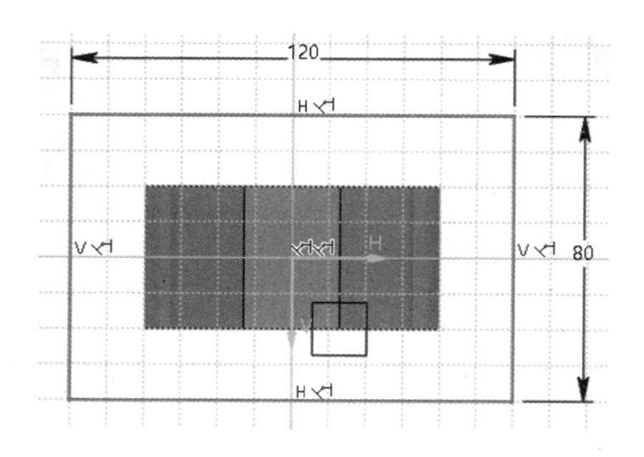

图 3-48 尺寸标注

注意：1）“约束”功能不仅可以定义尺寸约束，也可以定义几何约束，如水平、重合、平行、垂直、相切等关系（图 3-49）。

2）草图的颜色代表草图的约束状态：黑色为欠定义，绿色为完全定义，红色为过定义。

4）单击“退出应用程序”（图 3-50），完成草图绘制。

图 3-49 几何约束

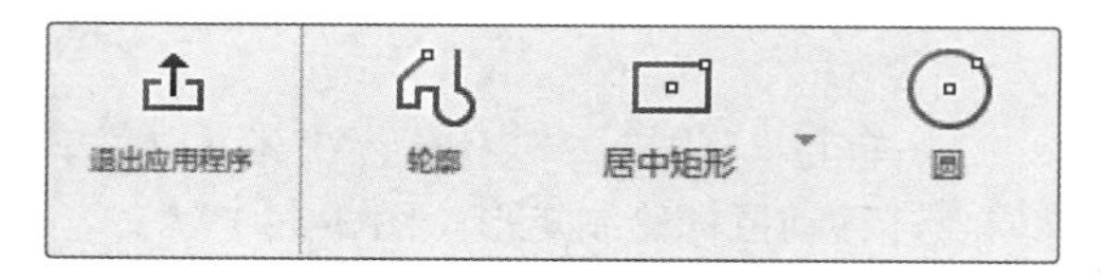

图 3-50 退出应用程序

3.5.2 创建曲面

单击“创建”/“填充”（图 3-51）。选择封闭的矩形轮廓，单击“确定”，如图 3-52 所示。

图 3-51 填充

3.5.3 创建参考点

单击“点”（图 3-53），进入“点”对话框，选择类型为“在平面上”，选择“平面”创建好的曲面，在 H 和 V 右侧文本框中均输入“0mm”，单击“确定”。创建完成的模型如图 3-54 所示。

注意：参考点对于仿真来说非常重要，后面课程所介绍到的耦合、场输出等都需要用到参考点。

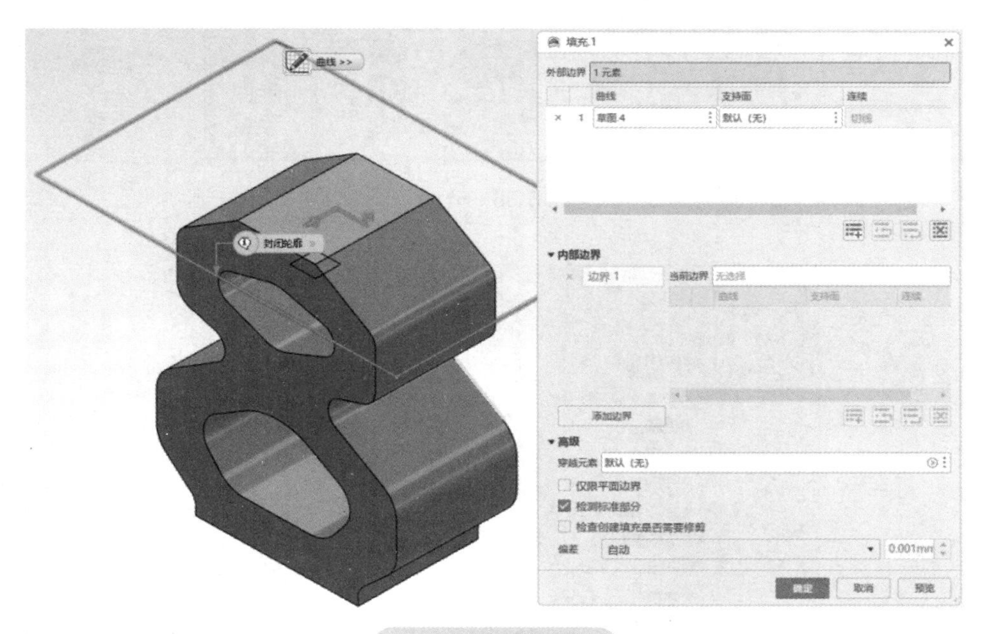

图 3-52　选择轮廓

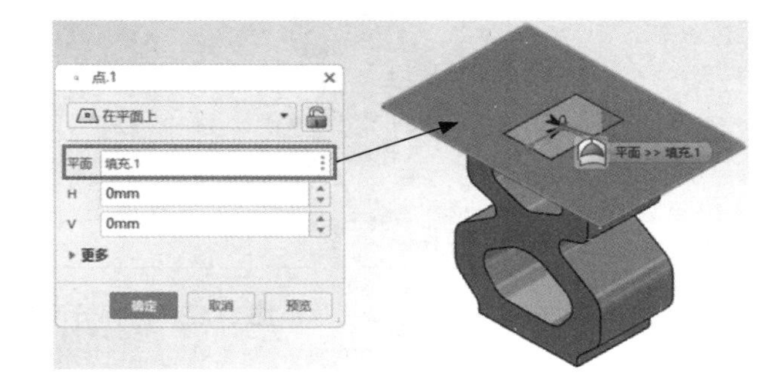

图 3-53　点

图 3-54　创建参考点

3.5.4　创建底面曲面与参考点

重复 3.5.1~3.5.3 所示步骤，为模型底面创建曲面与参考点（图 3-55）。

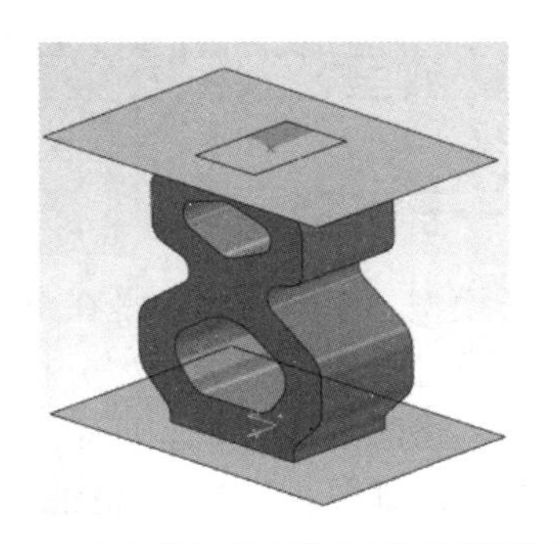

图 3-55　创建底面曲面与参考点

3.5.5　创建分区

1）单击“理想化”/“分区”，如图 3-56 所示。“要分割的包络体”选择橡胶几何实体，“切除元素”选择“yz 平面”（图 3-57）。最后单击“确定”，完成分区。

2）单击“理想化”/“退出应用程序”，完成模型创建。

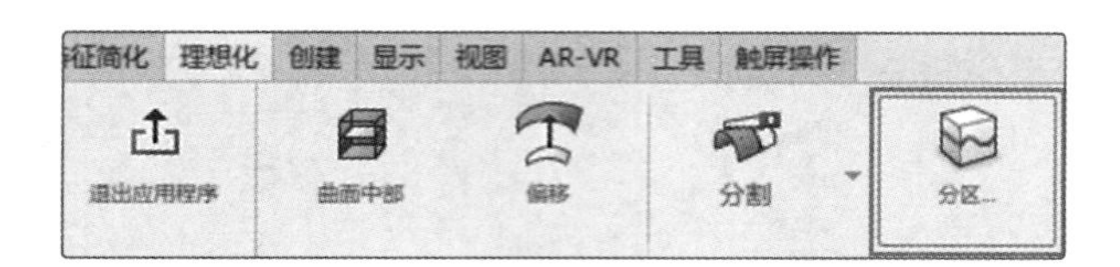

图 3-56　分区

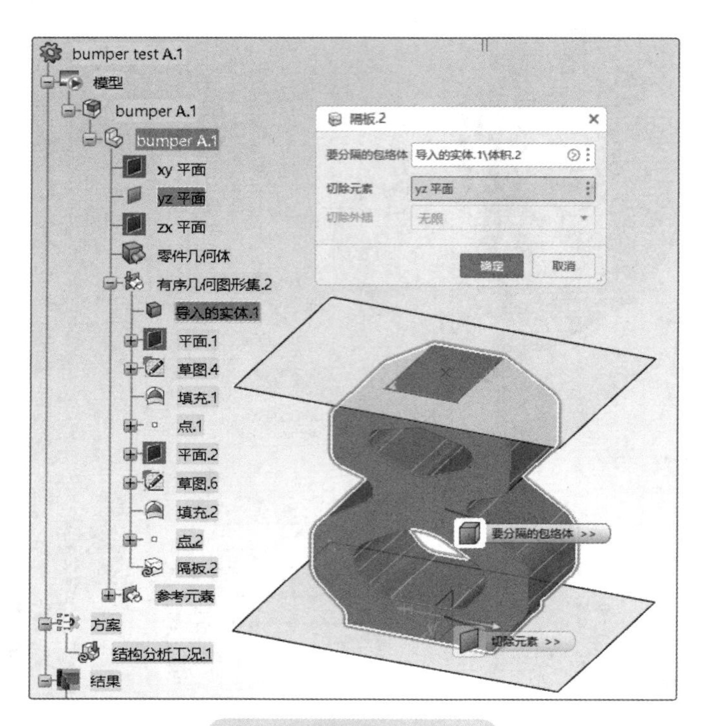

图 3-57　选择分区条件

注意：1）分区将零件细分为不同的区域用于：设计材料和截面特性、创建几何图形集、网格控制、施加荷载、边界条件、接触等。

2）分区是“虚拟”分区（部件数量保持不变）。

3）分区不仅可以在实体上创建，而且也可以在线、面上创建。

3.6　子模型

子模型（submodel）是在全局模型分析结果的基础上研究局部精细模型的方法。如图 3-58 所示，通过初始的全局模型分析计算来确定结构的响应区域分布，根据重点关注的响应区域进行精细网格的二次计算。即采用粗网格模型得到局部关注区域周围的结果，采用局部区域网格细化得到局部分析结果，如图 3-59 所示。该技术可用于结构 / 机械模拟（结构分析中的分析案例或热结构分析的结构分析案例）。在 3DEXPERIENCE 中，只有基于节点的实体到实体或壳体到壳体子模型可以使用。

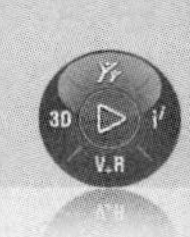

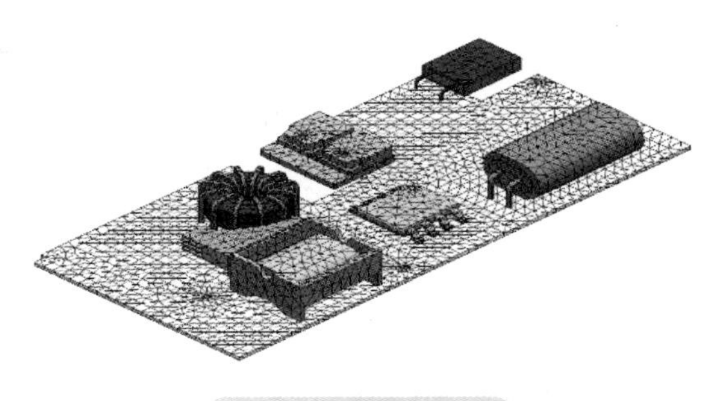

图 3-58　全局模型

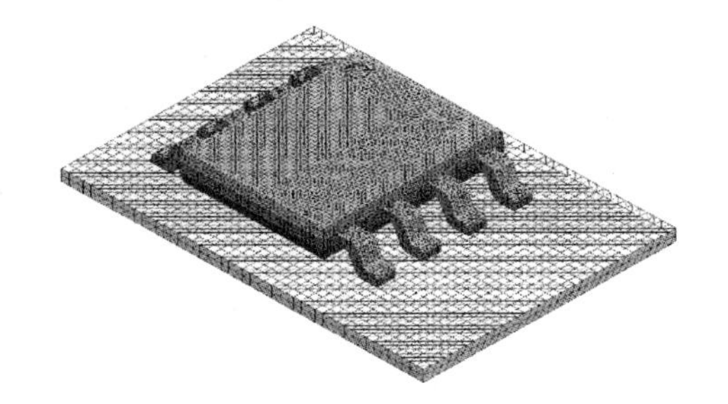

图 3-59　子模型

子模型工作流程如下：

1）创建全局模型和子模型。全局模型可以由多个部分组成，而子模型由这些部分的子集组成。

2）为全局模型定义一个网格，为子模型定义一个单独的网格。

3）创建一个分析案例，并使用全局模型网格作为其有限元模型。该分析案例称为全局分析案例。

4）运行一个成功的、完整的全局分析案例模拟，并查看结果。

5）切换回 Mechanical Scenario Creation APP。

6）单击“设置”/“子模型分析案例”创建一个连接到全局分析案例的新分析案例，如图 3-60 所示。使用子模型网格作为新分析案例的有限元模型。这个新的分析案例被称为子模型分析案例。

7）在子模型分析案例中创建分析步。

8）在子模型分析案例中，重新创建应用于子模型的模拟特征。

9）连接到全局模型的子模型边界上创建子模型位移，如图 3-61 所示。

10）运行子模型分析案例的仿真。

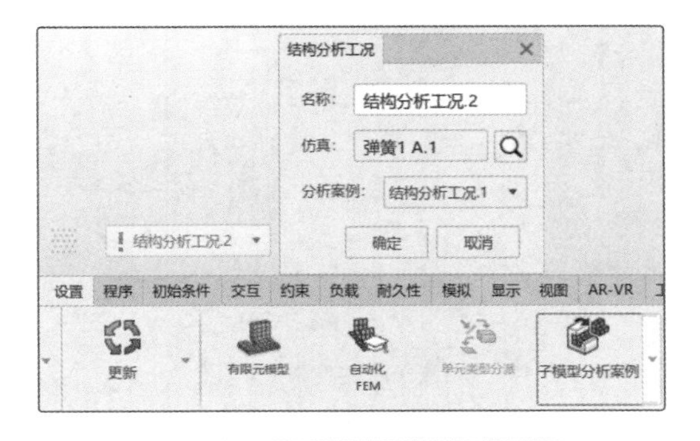

图 3-60　创建子模型分析案例

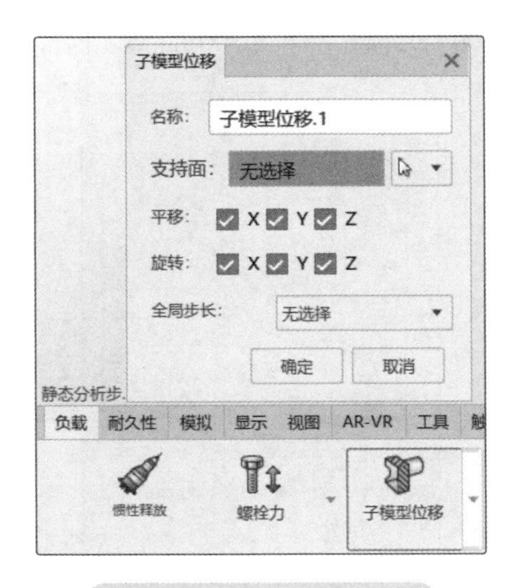

图 3-61　创建子模型位移

注意：创建子模型分析案例时，其全局分析案例中的分析步或模拟特征不会复制到新的分析案例中。在子模型分析案例中，必须创建子模型分析所需的所有分析步和仿真特征。如果返回并在全局分析案例中进行模拟特征更改，则这些更改不会传递，用户必须相应地在子模型分析案例中进行更改。

3.7　重启动

重启动分析可在多个阶段创建复杂的模拟，仅适用于结构 / 机械模拟，不适用于热或热结构模拟。用户只能从静态分析步、频率分析步或显式动态分析步进行重启动分析。

在包含许多分析步的大型模拟中，用户可能希望将整个模拟划分为单独的顺序分析案例。重启动分析允许执行以下操作：

1）检查基线（上游）模型结果并确认初始分析案例按预期执行，然后再继续下一个分析案例。

2）向模拟添加额外的分析步。

3）修改场景特征并重新运行完整的模拟。

4）保存执行初始分析步的结果数据，然后从任何已完成的分析步开始创建新的分析。

5）从同一个已完成的分析案例开始创建多个新仿真。

创建重启动分析的流程如下：

1）创建初始基线（上游）分析案例。

2）在初始分析案例中创建一个或多个静态、频率或显式动态分析步，定义如何在这些分析步中生成连续数据以允许后续重新启动模拟。如图 3-62 所示，在“连续数据”栏中设置连续数据存储方式。

3）运行初始分析案例并查看结果。

4）切换回 Mechanical Scenario Creation APP。

5）单击“设置”/“重启分析案例”，创建一个新的重启动分析案例，并指明要从哪个初始分析案例、步骤（分析步）和间隔（时间点）重新启动，如图 3-63 所示。

图 3-62　重启动连续数据设置

图 3-63　重启分析案例设置

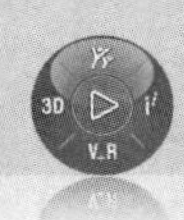

6）继续在重启动（下游）分析案例中工作，以添加分析步、约束、交互、负载和输出请求。

7）运行完整的模拟。新的下游分析步在重启动分析步之后运行。

注意：创建下游分析案例后，重启动分析步之前的所有分析步和特征都将克隆到新分析案例中。在管理器中克隆的分析步和功能是只读的，用户无法编辑、停用或删除它们。如果在上游分析案例中更改模拟特征，必须完成以下操作之一以将更改传播到下游分析中：

1）右击特征树中的下游（重启动）分析案例，然后从弹出的菜单中选择同步。

2）运行完整的模拟（包括所有分析案例）。

重启动分析的一些限制如下：

1）重启动分析中使用的有限元模型必须与初始（上游）分析中使用的模型相同。

2）在重启分析中不能修改或添加任何几何体、网格、材料、截面等。

3）不能在重启动分析步中或之前修改任何分析步或依赖于分析步的操作（约束、交互、加载或输出请求）。

4）不能在 Standard 隐式求解器和 Explicit 显式求解器之间传递重启动数据。

3.8 预加载

预加载（preload）用于结构在考虑初始模型中预加载荷、应力场、温度场的情况下进行下游二次模型的仿真，如冲压成型中的回弹仿真，或考虑初始过盈或螺栓预紧力的跌落和冲击仿真等。预加载仿真与重启动仿真相似，都是涉及初始模型和下游二次模型的仿真，不同的是预加载仿真可以在 Standard 隐式求解器和 Explicit 显式求解器之间传递或导入初始数据，这与 SIMULIA Abaqus 中的导入（Import）功能类似。

注意：在大多数情况下，可以使用预加载的模型作为任何新模拟的基础。但是，以下两种情况下游分析必须使用显式动态分析步。

1）包含多个预加载有限元模型的装配体。

2）包含一个或多个预加载有限元模型的装配体，其源组件使用连接器连接。

创建预加载模型的步骤如下：

1）创建初始（上游）分析案例。

2）在初始分析案例中创建一个或多个分析步，定义如何在这些分析步中生成连续数据以允许后续重新启动模拟。如图 3-62 所示，在“连续数据”栏中设置连续数据存储方式。

3）运行初始分析案例并查看结果。

4）切换到 Model Assembly Design APP。

5）单击“自动化 FEM”，进入“自动化 FEM”对话框，单击“预加载”，如图 3-64 所示。

6）在“预加载 FEM”对话框的“仿真”栏使用“搜索”选择原始模型，选择原始模型中包含的“分析案例”和“步骤”。从增量选项中，选择“最后增量”或“指定增量”，如

图 3-65 所示。“最后增量”是指分析步骤最后一次增量保存的连续数据结果，如果在初始模型的连续数据设置中保存了多个增量步的数据，则可以设置指定增量。

7）单击“确定”，并切换到 Mechanical Scenario Creation APP 进行后续其他设置。

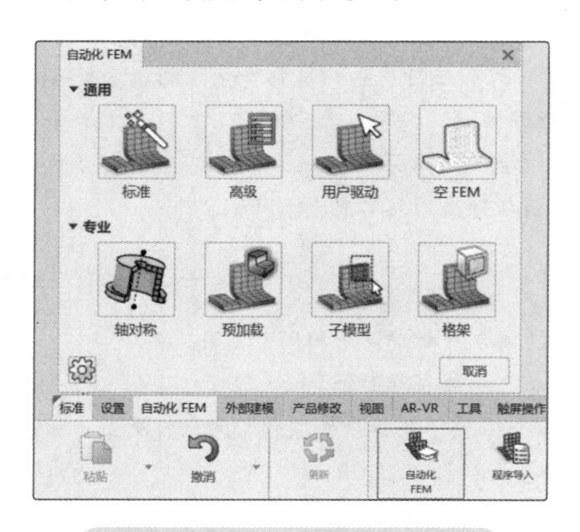

图 3-64 “自动化 FEM”对话框

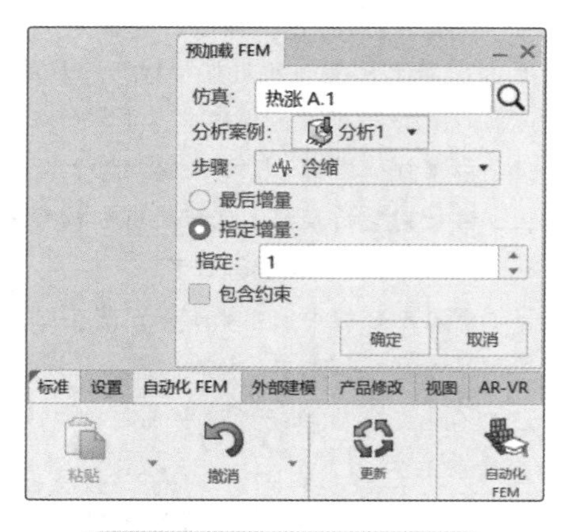

图 3-65 预加载 FEM 设置

注意：预加载的设置注意事项如下：

1）开始创建预加载模型之前，必须创建初始（上游）分析案例，并且初始分析案例必须包含连续数据。

2）不能使用云端计算得到的上游分析模型和结果来生成预加载的下游模型。同样，预加载仿真的下游模型也无法在云端计算。

3）用于创建预加载 FEM 的初始（上游）分析案例可以包括显式动态或静态分析步。使用预加载 FEM 的新（下游）模拟可以包括显式动态过程或任何隐式分析步类型。

3.9 小结

本章讨论了仿真模型中的刚体和变形体，这通常需要在设置仿真模型之前就需要考虑清楚，使用刚体来近似模拟某些部件可以大大减少计算量。在装配体模型中，除了有部件之间的接触关系，还可能有部件之间的连接关系，正确的连接关系设置与计算结果紧密相关。在刚柔耦合的多体动力学仿真中，通常都会设置连接关系或连接器。

在网格划分或施加边界条件之前，通常需要做模型简化、分割、创建辅助坐标系等操作，本章介绍了模型准备 APP 的功能和常规操作流程。

针对一些特殊的涉及二次分析的仿真流程，如子模型、重启动和预加载，本章介绍了它们的基本操作流程和使用注意事项。

第4章 零件静力学仿真

4

学习目标

1）零件静力学仿真的基本流程。
2）分隔六面体网格的划分方法。
3）创建新材料。
4）查看分析结果。

4.1　技术背景

如第2章所述，静力学仿真过程不考虑惯性的影响，常用于稳态问题。它可以包括线性或者非线性响应，并且忽略与时间相关的材料行为（蠕变、黏弹性），但是考虑相关的塑性和超弹性材料行为。

线性静力学仿真包括指定的载荷工况和合适的边界条件，必须符合以下假设：线性材料、小变形、静态载荷。应注意的是，变形大小并不是判断“小”变形或“大”变形的依据，真正的决定因素是变形能否显著改变结构的刚度。

在实际情况下，所有的载荷都是随时间变化的，但对于仿真模型而言，大多数可以看成是静态载荷。

非线性静力学仿真包括大位移效应、材料非线性或者接触和摩擦这样的边界非线性。

4.2　模型描述

某零件是一个管路和一个压力容器的连接区域，完整几何模型如图4-1所示。其工作温度为540K，内部承受14MPa的压力。另外，根据手动计算的结果，在管路和压力容器的端盖处分别承受7.682MPa和8.281MPa的等效拉力载荷。

模型和边界条件均符合对称原则，因此在仿真之前对几何模型进行处理，使用其1/4的对称结构，以减少网格数量和计算时间，如图4-2所示。

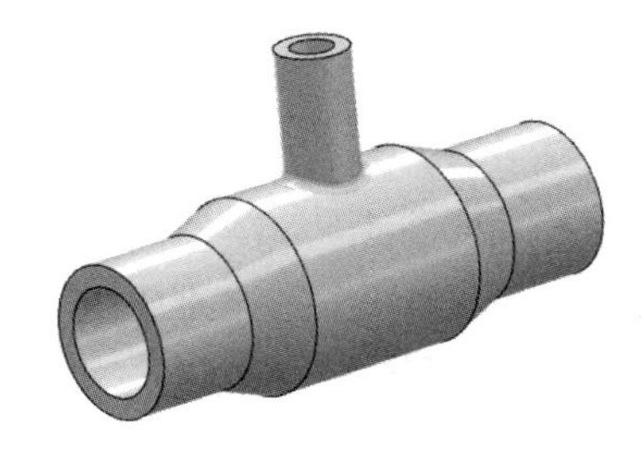

图4-1　完整几何模型

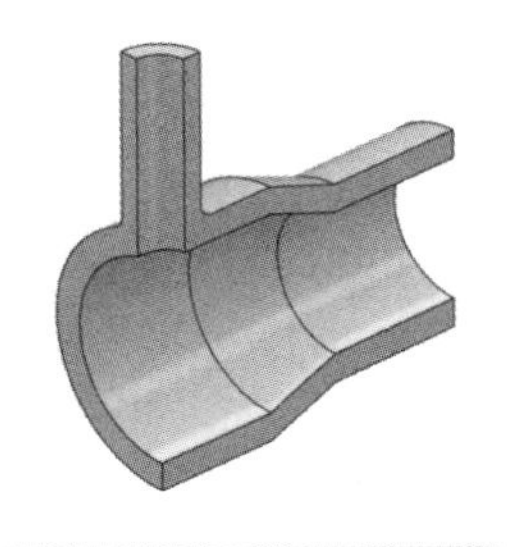

图4-2　1/4几何模型

提示

当使用对称模型简化时，必须要保证所有结构、条件和结果都符合对称原则，且对于一部分载荷需按照比例进行缩减。在仿真条件设定时，还需要对所有的对称截面都施加特定的约束，以保证其计算结果和完整模型一致。

4.3 模型设置

4.3.1 模型导入

在 3DEXPERIENCE SSU 中模型导入有两种方法，一是通过插件将 SOLIDWORKS 中的几何数据传递到 3DEXPERIENCE 平台；二是启动 3DEXPERIENCE 平台，直接将模型数据导入，支持 sldprt、sldasm、step、igs 等多种格式。

1. SOLIDWORKS 数据传递

在 SOLIDWORKS 软件中打开零件模型“Pipe_Intersection_part”。

在 SOLIDWORKS 界面最上方找到“选项” ，单击其右侧的下三角按钮，弹出插件选择对话框，选中“3DEXPERIENCE”插件的复选按钮，如图 4-3 所示。

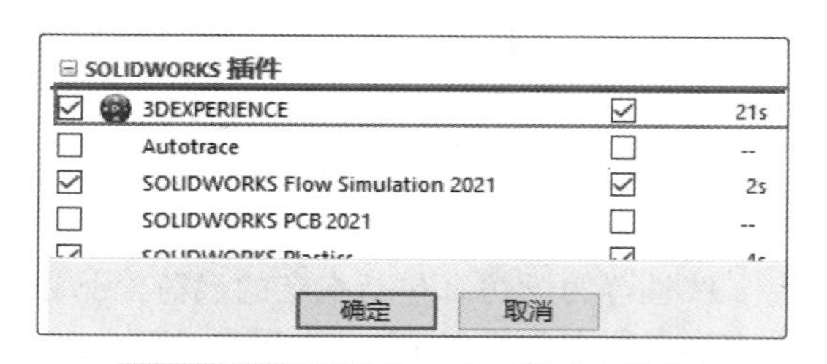

图 4-3　激活 3DEXPERIENCE 插件

插件激活后，界面右侧会出现登录界面，在其中输入 3DEXPERIENCE ID 用户名和密码，如图 4-4 所示。

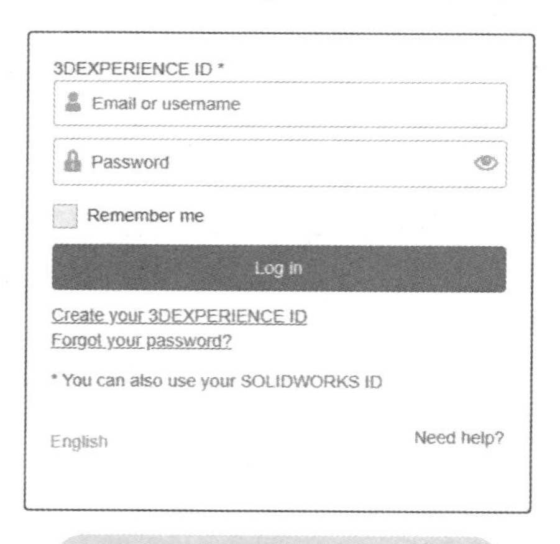

图 4-4　3DEXPERIENCE ID

右击“Pipe_Intersection_part”，选择“Save with Options”，如图 4-5 所示。

在弹出的“Save to 3DEXPERIENCE”对话框中，选中“Save”和“Convert”左侧的复选按钮，最后单击“Save”，如图 4-6 所示。完成此步骤后，“Pipe_Intersection_part”的状态发生了改变，“Status”“Maturity State”等区域皆有所变更，具体内容如图 4-7 所示。

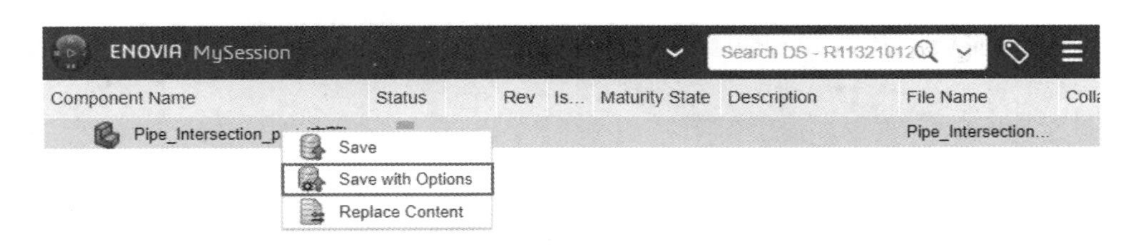

图 4-5　Save with Options

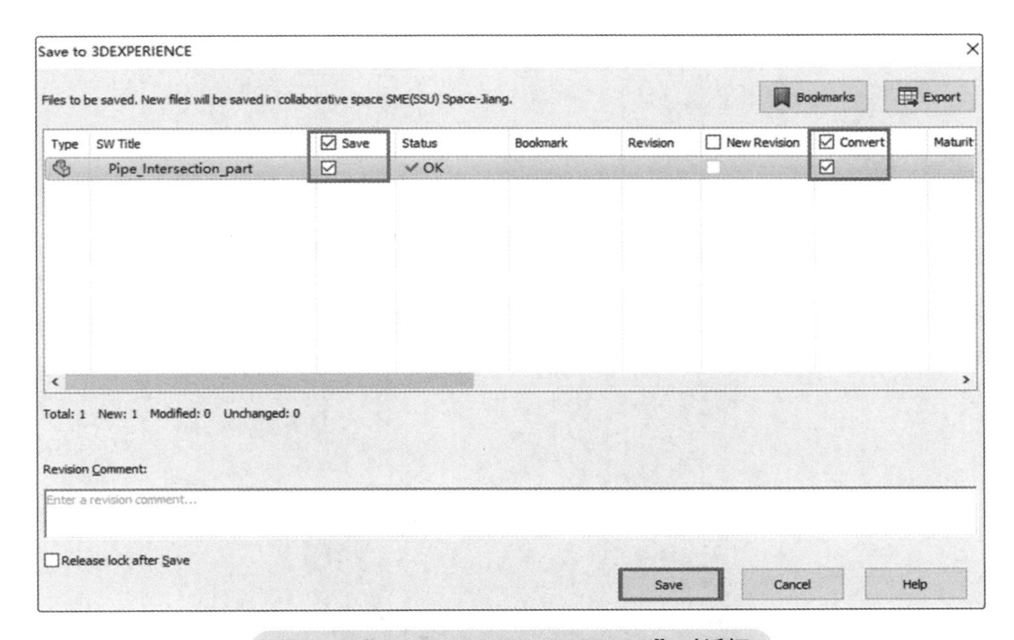

图 4-6　“Save to 3DEXPERIENCE”对话框

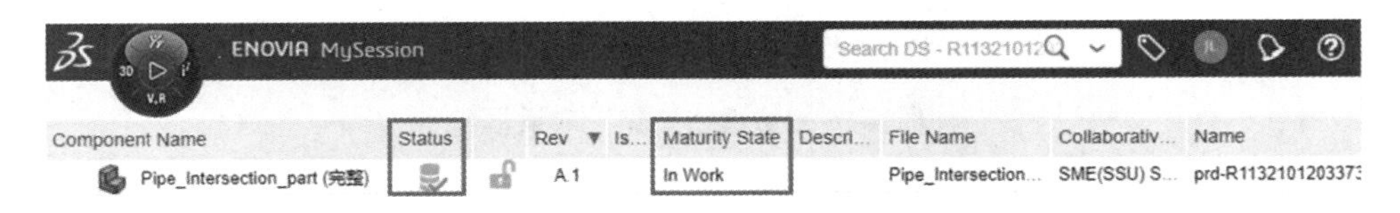

图 4-7　状态变更

单击 3DEXPERIENCE 界面左上角的罗盘，在弹出的角色和程序菜单中，选择所需要的产品 APP（在本节中，选择“Mechanical Scenario Creation”），如图 4-8 所示。

打开“仿真初始化”对话框，在该对话框中将“仿真标题”改为“零件静力学”，“分析类型”默认为“结构”，随后单击“确定”，如图 4-9 所示。

2. 直接导入

单击 3DEXPERIENCE 界面右上角➕图标，选择“导入”，如图 4-10 所示。

在“导入”对话框中，设置“格式”为“SolidWorks（*.sldprt）”，“源”为“磁盘上的文件”，在本地硬盘中选择零件文件“Pipe_Intersection_part”，在“选项”/“常规”中选择正确的配置，随后单击“确定”，如图 4-11 所示。

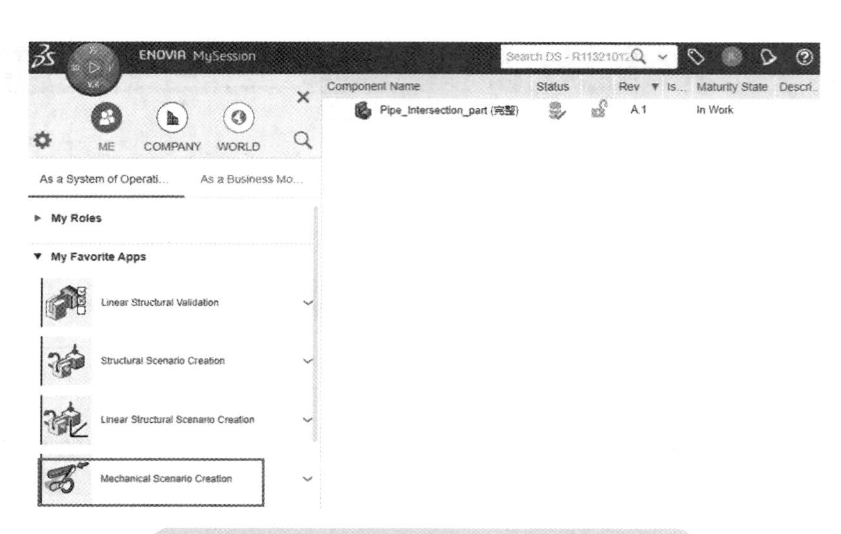

图 4-8　选择“Mechanical Scenario Creation”

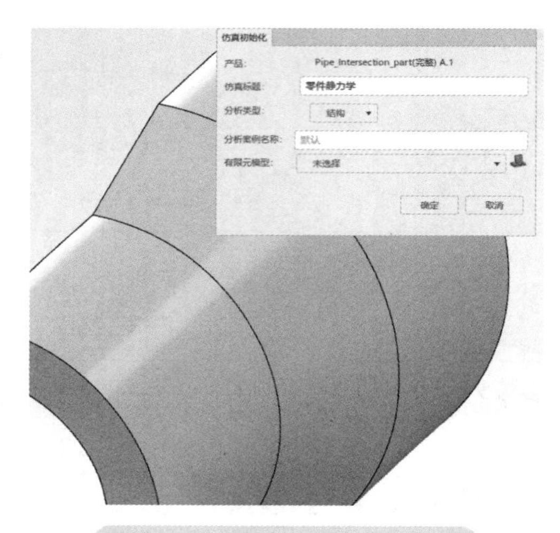

图 4-9　“仿真初始化”对话框

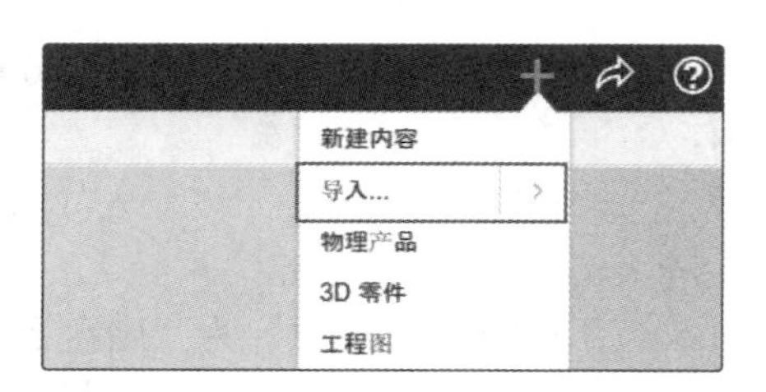

图 4-10　导入

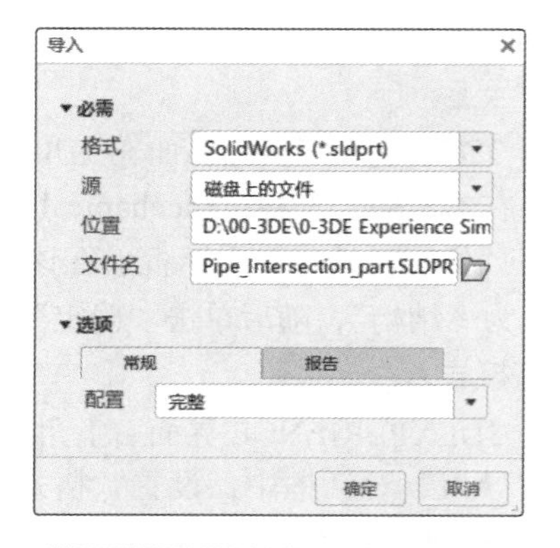

图 4-11　“导入”对话框的设置

以同样的方式，单击界面左上角的罗盘，在弹出的对话框中选择“Mechanical Scenario Creation”，更改仿真标题、分析类型等信息，具体步骤见“1.SOLIDWORKS 数据传递”。

4.3.2　有限元网格划分

3DEXPERIENCE SSU 支持多种类型网格的划分，包括六面体单元、四面体单元、壳单元、梁单元、膜单元等。在本节中将为大家介绍在 3DEXPERIENCE SSU 中划分四面体单元和六面体单元的方法。

1. 四面体单元

创建完仿真项目后，将在软件操作界面中看到仿真条件设定的相关菜单，如图 4-12 所示。接下来主要的操作命令集中在界面右侧的助手工具栏。若看不到此菜单，可以在命令工具栏找到“特征管理器”选项，单击右侧的下三角按钮，选择“助手”，或在绘图区空白处右击选择“助手”。

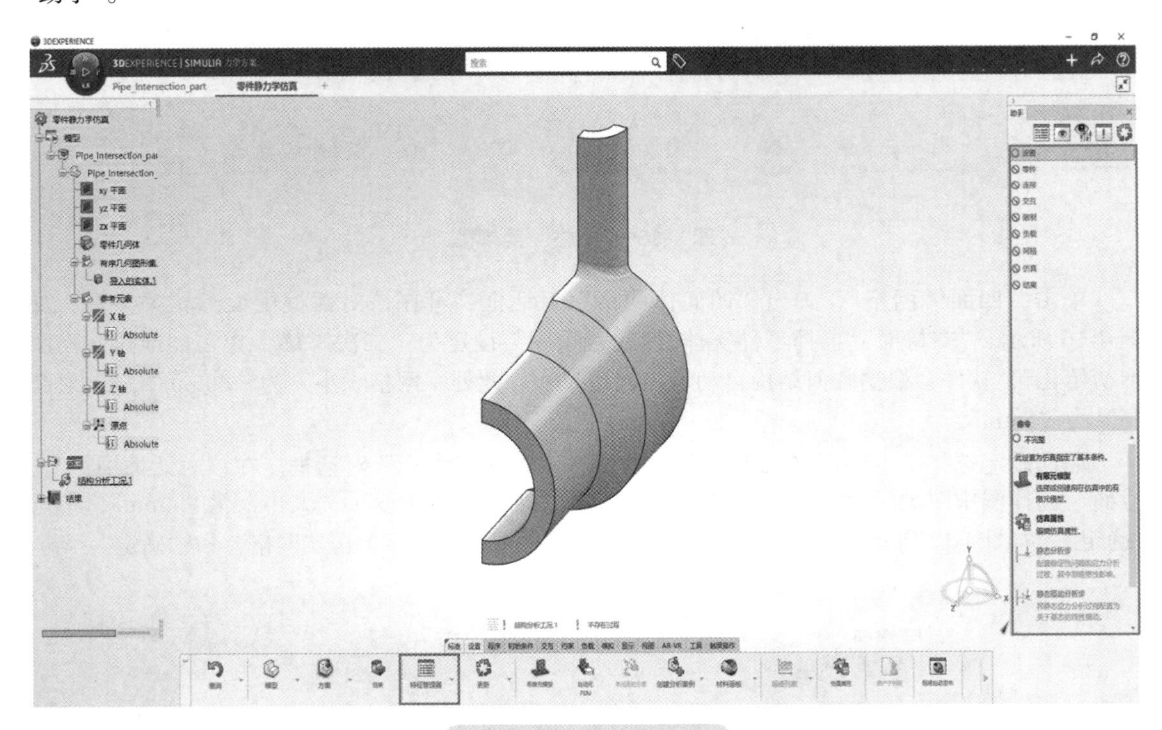

图 4-12　软件操作界面

在助手工具栏中单击“设置”选项，在下方的命令工具栏中单击“有限元模型”。在打开的“有限元模型”对话框中，可以选择已存在的有限元模型，或者设置新的初始化选项，此处保持默认设置，如图 4-13 所示。

在助手工具栏中单击“零件”选项，在命令工具栏中单击“起作用的形状管理器”。在打开的“起作用的形状管理器”对话框中可以选择以哪些零部件作为仿真的对象，若不需参与计算，取消选中零部件左侧的复选按钮即可，如图 4-14 所示。

在助手工具栏中单击“网格”选项，命令工具栏中会出现划分网格的常见选项，如需应用完整的功能命令，单击命令工具栏中的“网格”，如图 4-15 所示。

有限元模型
模型： 选择 创建
名称 默认
初始化支持面
主要几何体
所有几何图形
选定几何图形： 无选择
初始化方法
无
自动
手动
基于规则
基于程序
选择特定质量条件
确定 取消

图 4-13 “有限元模型”对话框

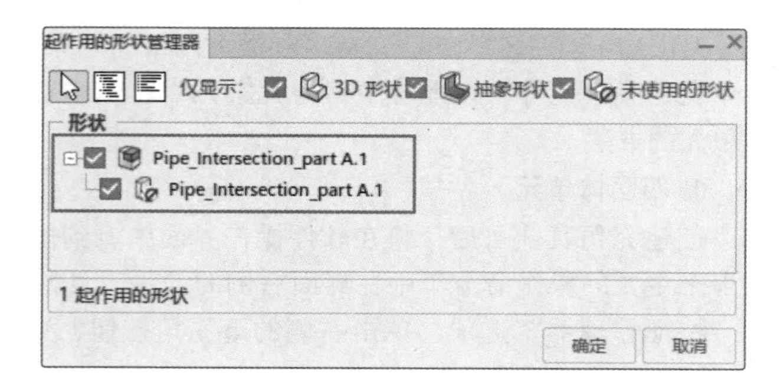

图 4-14 “起作用的形状管理器”对话框

图 4-15 “网格”菜单栏

单击“四面体网格”，弹出“四面体网格”对话框，可在该对话框中设置相关参数，如图 4-16 所示。“支持面”选择零件实体，“元素顺序”设定为“二次”，单击“通过几何图形初始化”，软件会根据几何结构自动设定网格尺寸，此处“网格大小”为“20mm”，“绝对弦高”为“5mm”。

局部设定选择“本地网格大小”，打开“本地网格大小”对话框。在该对话框中，“支持面”选择图中对象（此处为一个圆角面和三条过渡区域的边线），“大小”为“4mm”，单击“确定”，如图 4-17 所示。最后在“四面体网格”对话框中按顺序单击“网格”和“确定”。

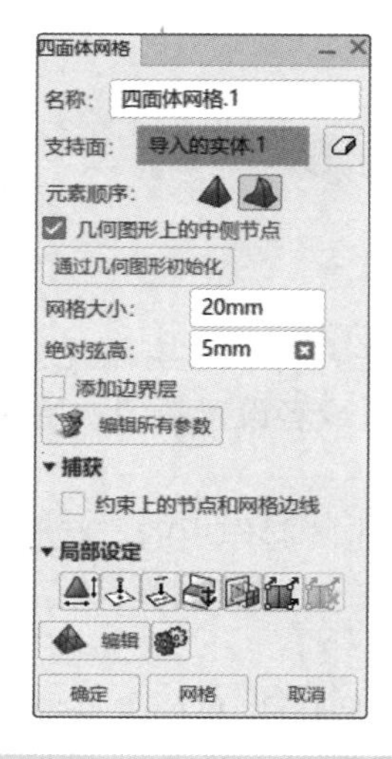

图 4-16 “四面体网格”对话框

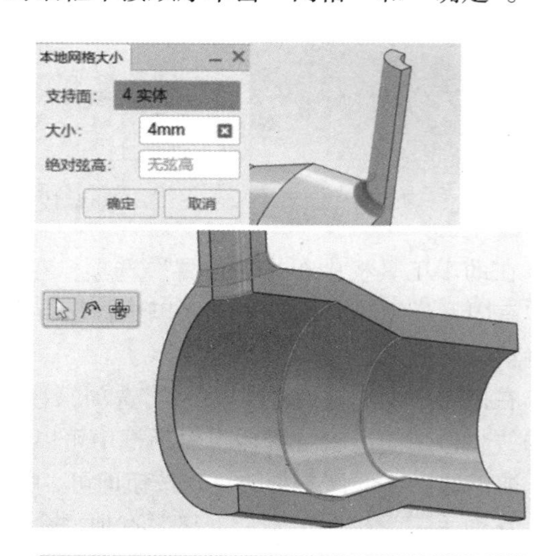

图 4-17 本地网格大小设定和支持面选择

网格划分完成后，可以通过“检查”/“质量分析”工具查看网格质量信息，如图 4-18 所示。

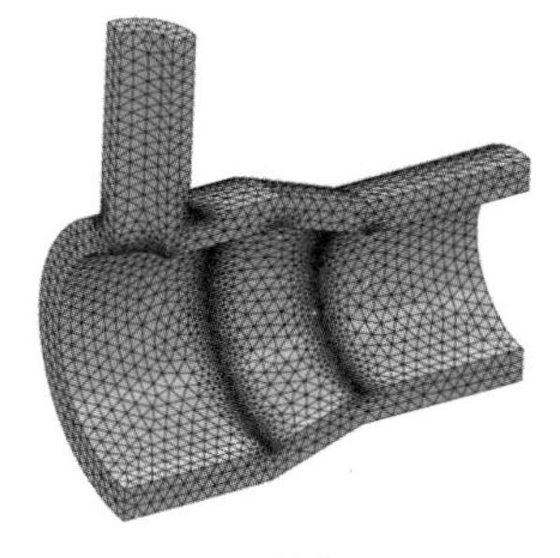

质量报告　统计曲线　质量条件

质量　连接　失败条件

条件	良好	差	较差	最差	平均
宽高比	22617 (100.00%)	0 (0.00%)	0 (0.00%)	3.86	1.814
最大角度	22617 (100.00%)	0 (0.00%)	0 (0.00%)	147.587deg	102.996deg
最小角度	22617 (100.00%)	0 (0.00%)	0 (0.00%)	16.477deg	44.584deg
偏斜度	22617 (100.00%)	0 (0.00%)	0 (0.00%)	0.035	0.557
拉伸	22616 (100.00%)	1 (0.00%)	0 (0.00%)	0.297	0.634
-- 全局 (22617) --	22616 (100.00%)	1 (0.00%)	0 (0.00%)		

a) 网格　　　b) 网格质量报告

图 4-18　网格质量信息

2. 六面体单元

相比于四面体单元，六面体单元对于模型几何结构有更高的要求，所以在生成网格之前必须对结构进行合适的分区。单击命令工具栏“模型”右侧的下三角按钮，在弹出的菜单中单击“模型准备”，在“目标形状”对话框中选择“Pipe_Intersection_part”，单击“确定”进入模型处理界面，如图 4-19 所示。

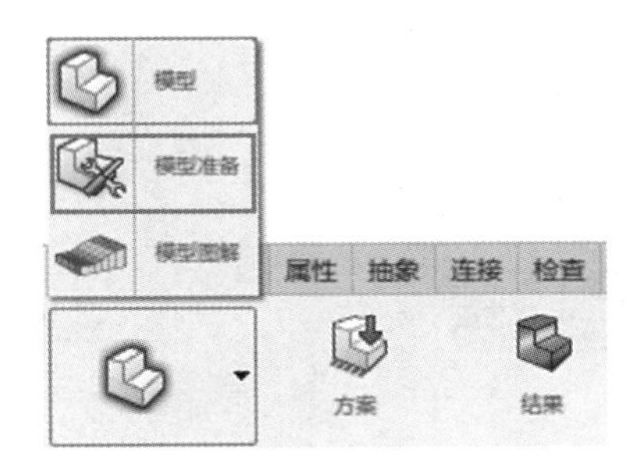

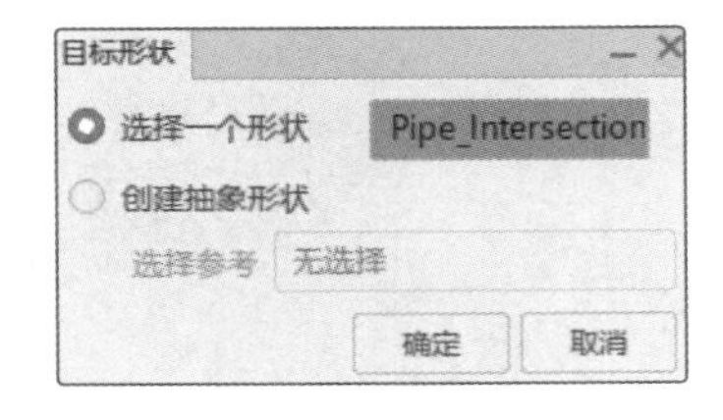

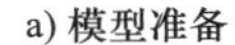

a) 模型准备　　　b)“目标形状”对话框

图 4-19　模型准备与“目标形状”对话框

单击“理想化”/“提取”，在打开的“提取定义”对话框中，“拓展类型”选择“无拓展”，“要提取的元素”选择如图 4-20a 所示的边线，单击“确定”。重复上述操作，“拓展类型”选择“点连续”，然后单击模型中的任意位置，提取模型的外表面，如图 4-20b 所示。

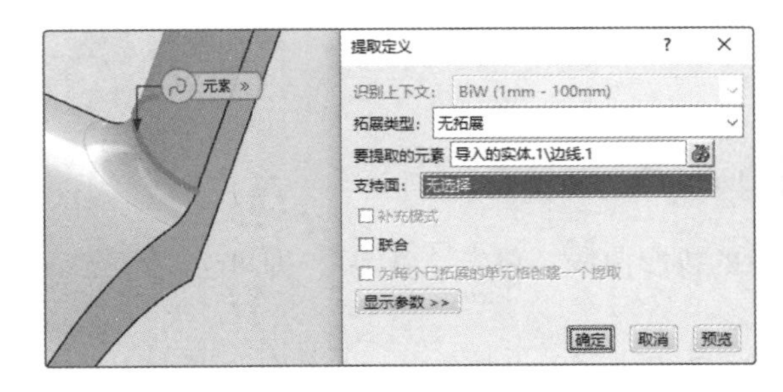

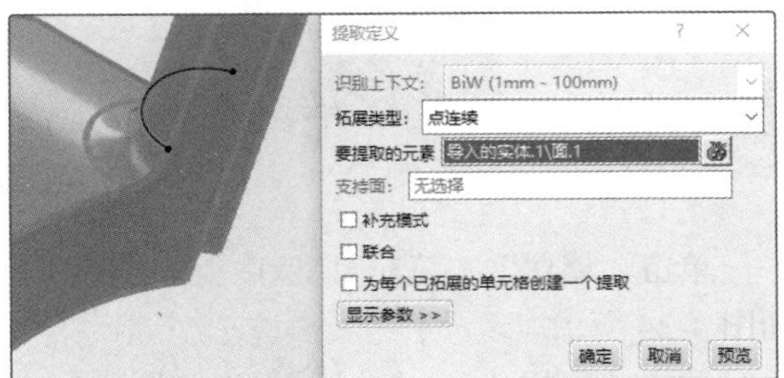

a)　　　b)

图 4-20　“提取定义”对话框

单击“创建”/“投影”，在打开的“项目”对话框中，选择“沿某一方向投影”，“已投影”选择提取的边线，“支持面”选择提取的外表面，单击“方向”右侧的“显示上下文菜单”/“插入线框”/“创建直线”，如图 4-21 所示。

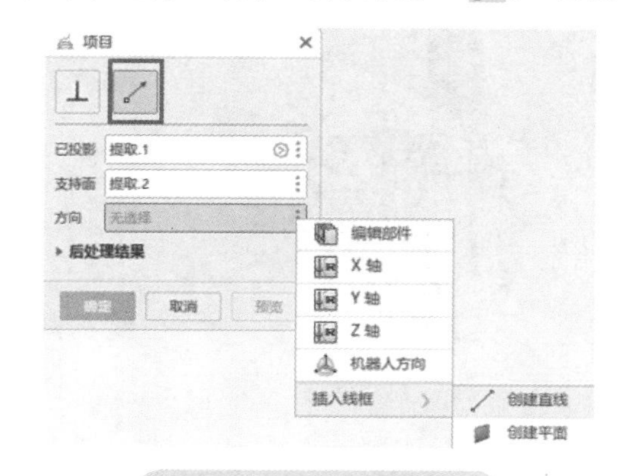

图 4-21 “项目”对话框

单击“点 1”右侧的“显示上下文菜单”/“插入线框”/“创建点”，如图 4-22a 所示。依次选择“在曲线上”/“曲线长度比率”，设置“比率”为“0.5”，单击“确定”，如图 4-22b 所示。

同上一步骤，单击“点 2”右侧的“显示上下文菜单”/“插入线框”/“创建点”，选择“圆/球面/椭圆中心”，选中如图 4-23 所示的边线，随后一直单击“确定”，即可生成投影曲线。

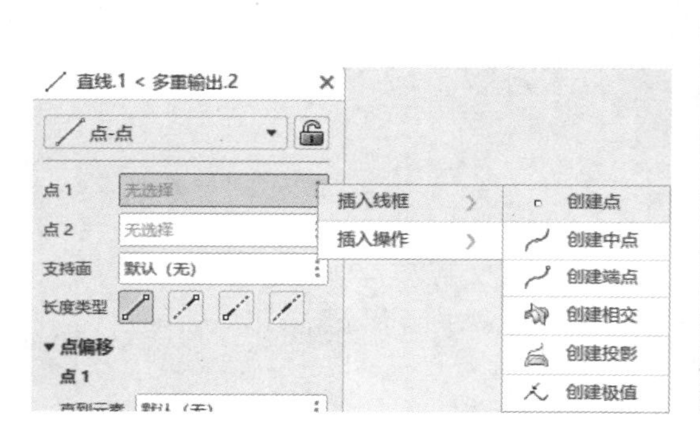

a)

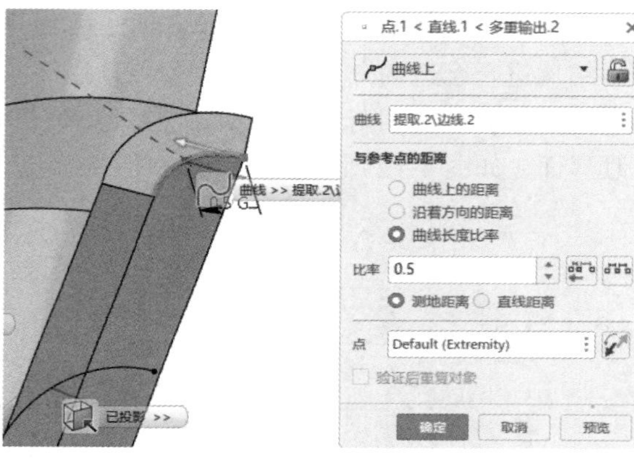

b)

图 4-22 创建点 1

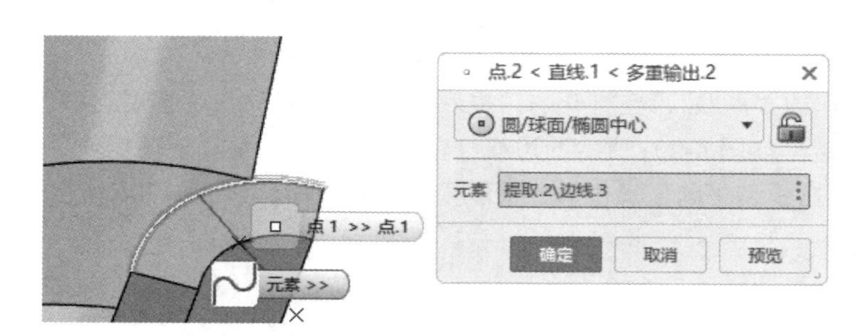

图 4-23 创建点 2

单击“创建”/“填充”，选中上一步骤所生成的投影曲线，单击“确定”，即可生成填充面，如图 4-24 所示。

单击“理想化”/“分区”，在如图 4-25 所示的对话框中，“要分隔的包络体”选择整个零件实体，“切除元素”选择上一步骤生成的填充面，单击“确定”。

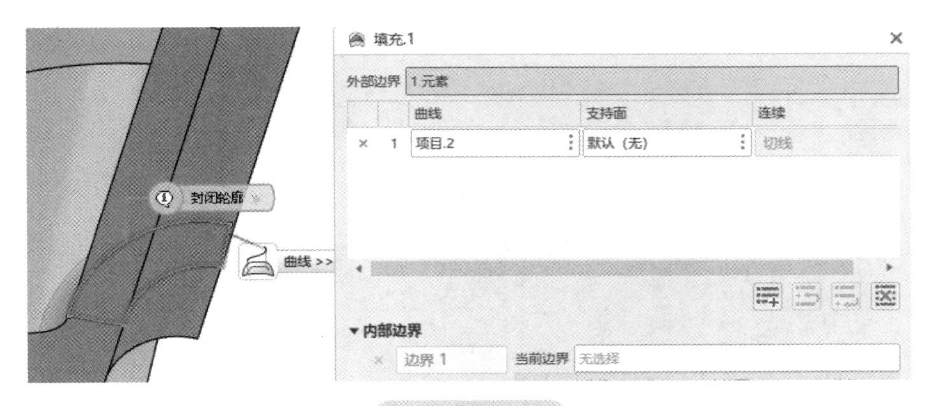

图 4-24　填充

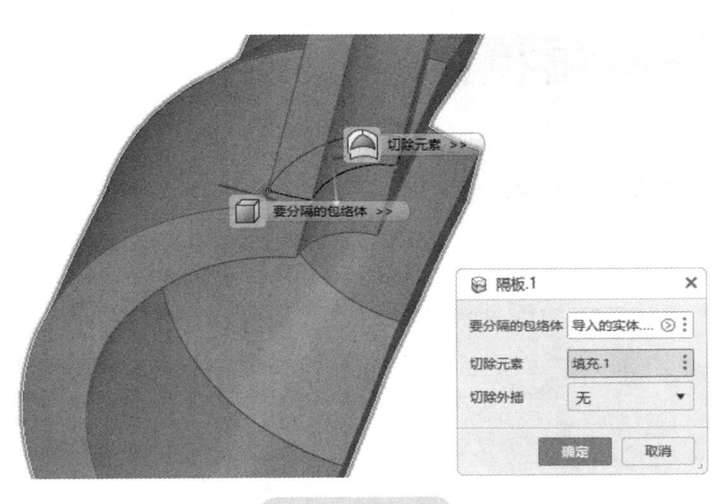

图 4-25　分区

再次单击“理想化”/“提取”，然后依次选择边线（图 4-26a）和表面（图 4-26b），其余选项保持默认，单击“确定”。

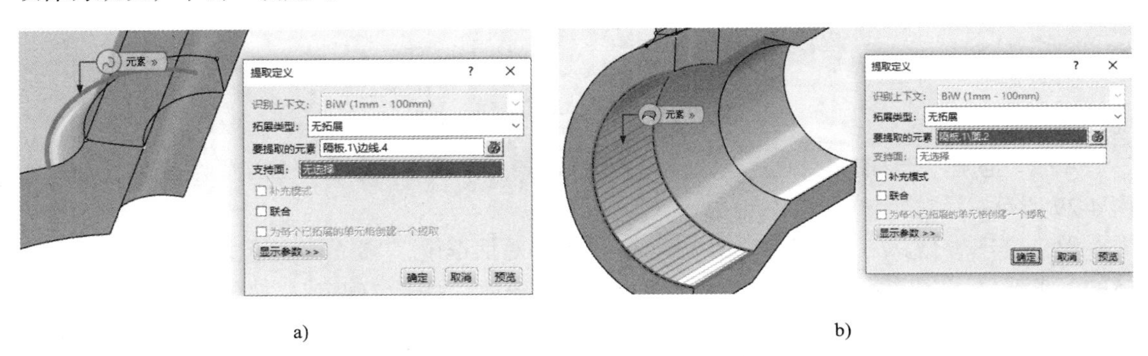

a)　　　　b)

图 4-26　提取边线和表面

单击“创建”/“投影”，在打开的“项目”对话框中，选择“沿某一方向投影”，“已投影”选择上一步骤提取的边线，“支持面”选择上一步骤提取的表面，“方向”选择如图 4-27 所示的边线，最后单击“确定”。

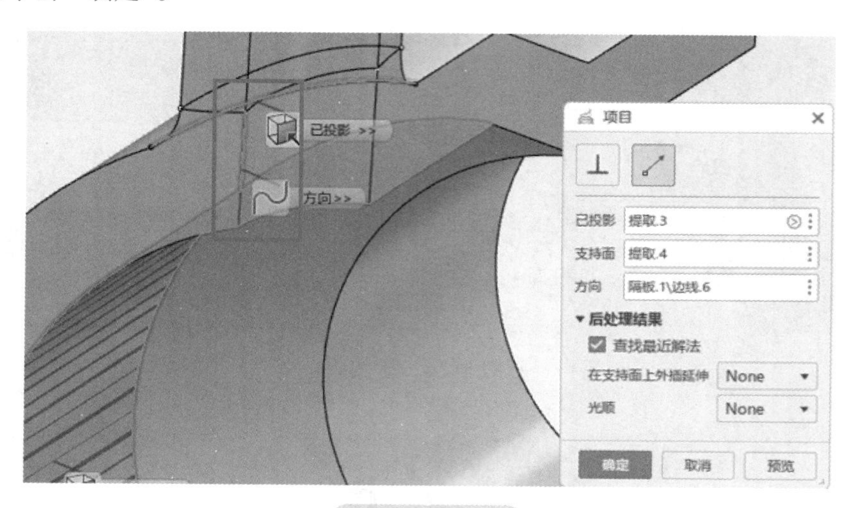

图 4-27 投影

单击“创建”/“直线”，依次选择如图 4-28 中所示的点，其余选项保持默认，单击“确定”生成直线。

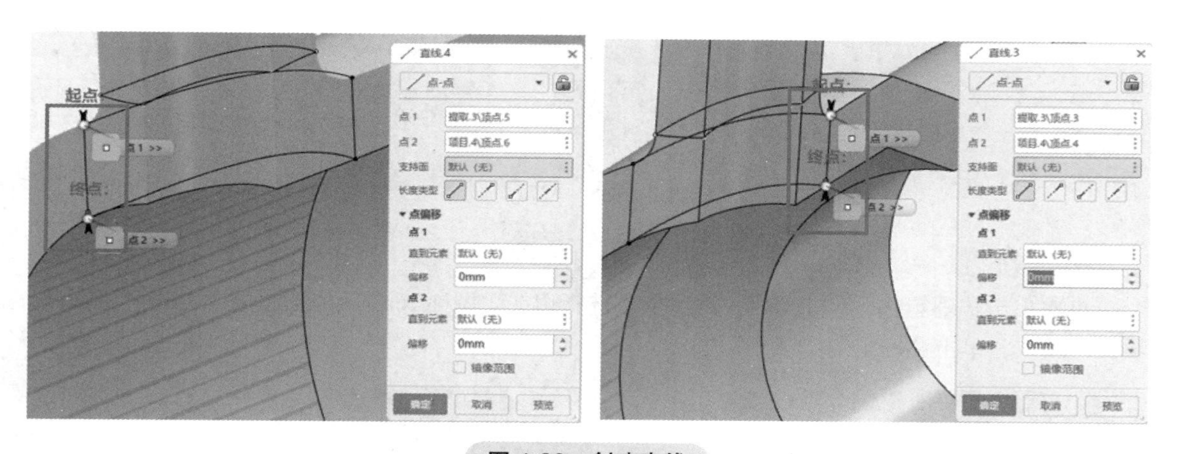

图 4-28 创建直线

单击“创建”/“填充”，选择以上步骤中的 4 条封闭曲线，单击“确定”生成填充面，如图 4-29 所示。

单击“理想化”/“分区”，在如图 4-30 所示的对话框中，“要分隔的包络体”选择零件实体的下半部分，“切除元素”选择上一步骤生成的填充面，单击“确定”，如图 4-30 所示。

单击“显示”/“可网格性”，整体模型颜色变为黄色，说明结构已经可以划分六面体网格，最后单击“退出应用程序”，进入网格划分操作。

单击“网格”/“分隔六面体网格”，弹出“分隔六面体网格”对话框。在该对话框中，“支持面”选择零件实体，“单元顺序”设定为二次，“网格大小”为“10mm”，单击“确定”，如图 4-31 所示。

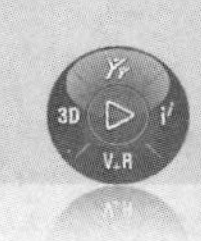

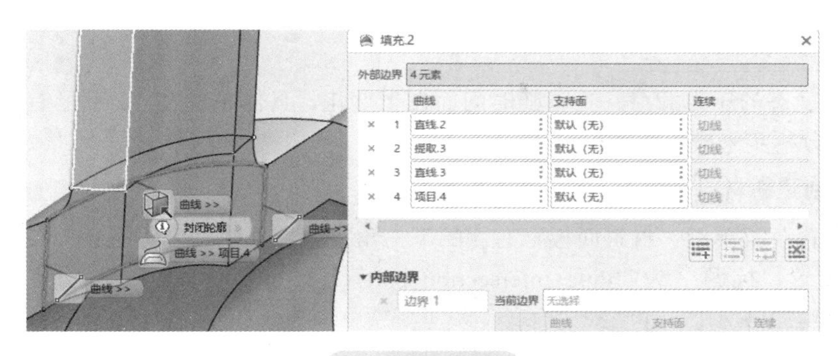

图 4-29　填充

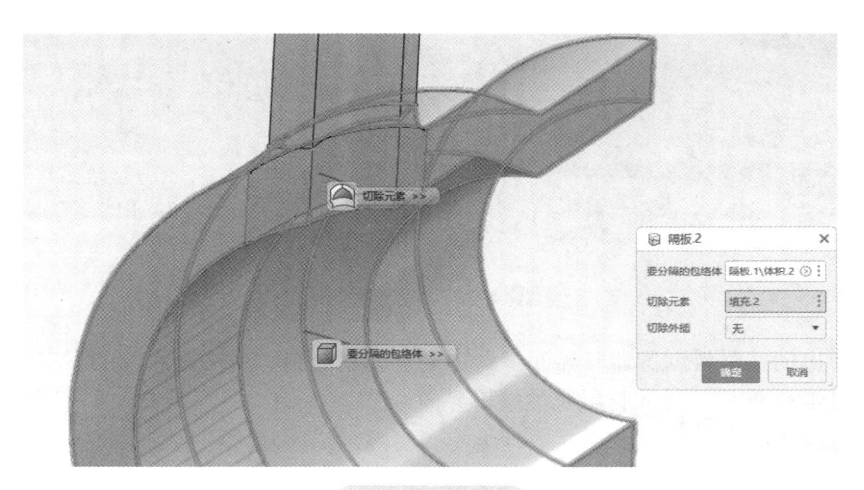

图 4-30　分区

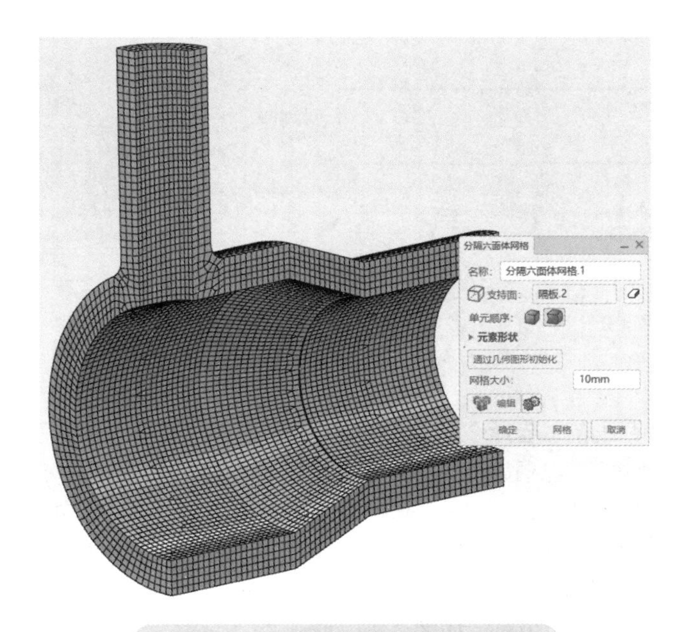

图 4-31　“分隔六面体网格”对话框

4.3.3 仿真条件设定

模型承受静态的压力载荷，且不随时间而发生变化，具体条件在 4.2 节已有描述，下面将定义一个静态分析步来模拟此过程。

步骤 1 创建新材料

单击“设置”菜单中“材料面板”右侧的下三角按钮，选中“创建材料”。在“创建材料”对话框中，设置“标题”为“Pipe_Intersection_part”，下方的“添加域”栏保持默认，单击“确定”，如图 4-32 所示。

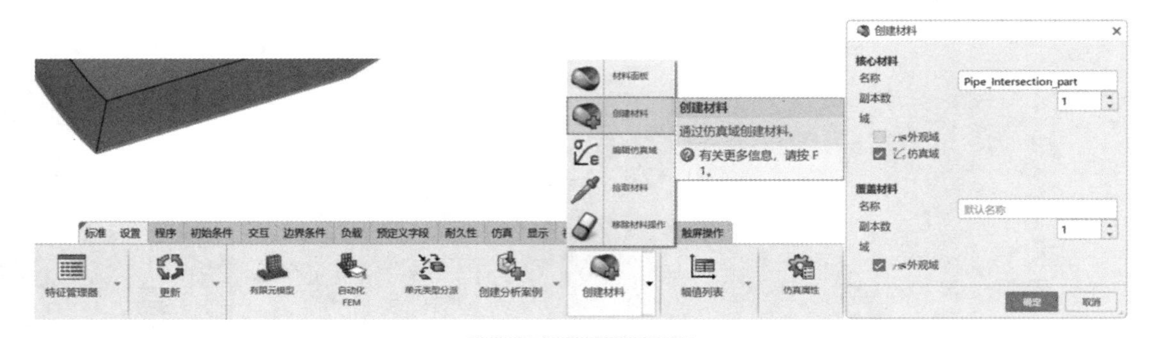

图 4-32 创建材料

在随后弹出的“材料浏览器”界面中选中创建的新材料，单击其右侧的下三角按钮，选中“仿真”，如图 4-33 所示，进入材料属性编辑界面。

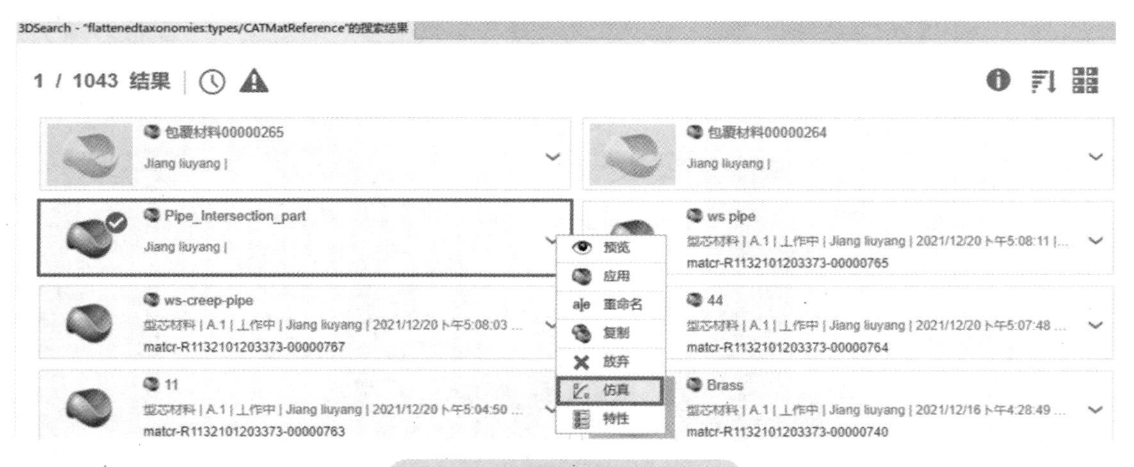

图 4-33 “材料浏览器”界面

在材料属性编辑界面依次选择“结构”/“Abaqus 多物理”/“机械”/“弹性”/“弹性”，选中“使用温度依赖数据”复选按钮，随后右击杨氏模量、泊松比的设定区域，选择导入，在模型文件夹下找到 txt 文件“w_int_pipes_elastic”，单击选中并打开，即可导入相关的材料参数，如图 4-34a 所示。以同样的方法，在“结构”/“多物理耦合”/“热机械”/“热膨胀”中，选中“使用温度依赖数据”复选按钮，右击热膨胀系数设定区域，选择导入文件“w_int_pipes_expansion”，“参考温度”设为 20℃，如图 4-34b 所示。

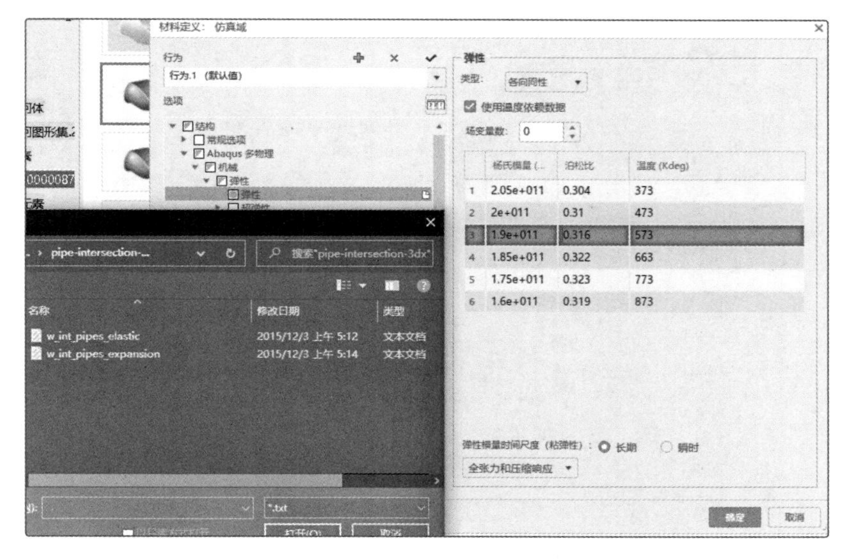

a）材料弹性参数

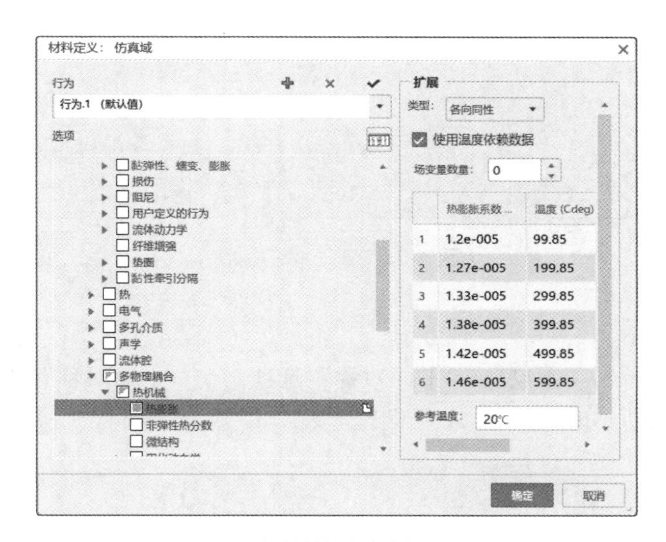

b）材料热膨胀参数

图 4-34　导入材料参数

步骤 2　创建截面

单击“属性”/“实体截面”，选择整个模型，在“实体截面”对话框中，单击“材料”右侧的搜索按钮，找到步骤 1 新建的材料，最后单击“确定”，将材料属性赋予整个模型，如图 4-35 所示。

步骤 3　创建分析步

在助手工具栏中单击“设置”选项，选择“静态分析步”，步长时间、增量等数值保持默认。此模型受力过程属于小变形，所以不用激活“高级”/“包括几何非线性”选项。

图 4-35　赋予材料属性

步骤 4　添加约束

在助手工具栏中单击“限制”/“平面对称”选项，在“平面对称”对话框中，“支持面”分两组选择如图 4-36 所示的平面。

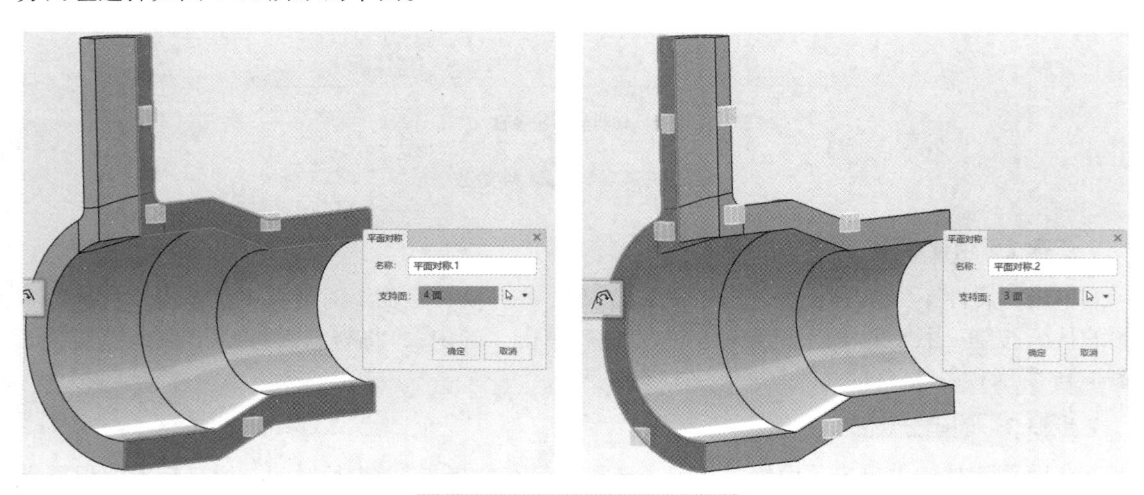

图 4-36　“平面对称”对话框

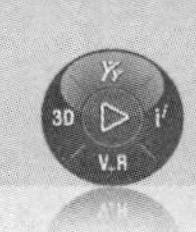

在助手工具栏中单击“限制”/“固定位移”选项，在“固定位移”对话框中，“支持面”选择如图 4-37 所示的平面，约束其 Y 方向平移自由度。

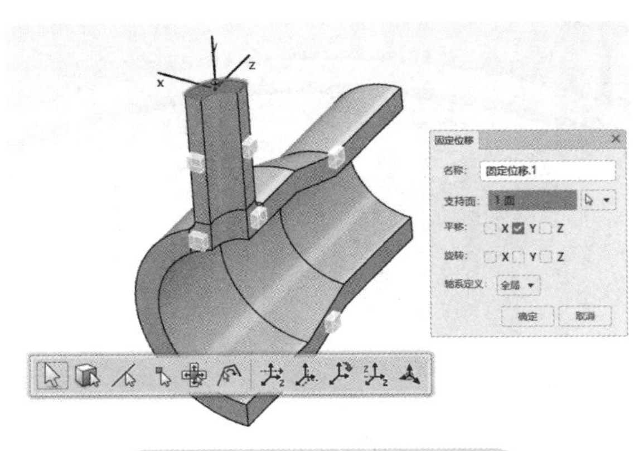

图 4-37 “固定位移”对话框

步骤 5　添加负载

在助手工具栏中单击“负载”/“压力”选项，在“压力”对话框中，“支持面”选择所有内表面，输入“压力”为 1.4×10^7Pa，“比例系数”为“1”，最后单击“确定”，如图 4-38 所示。

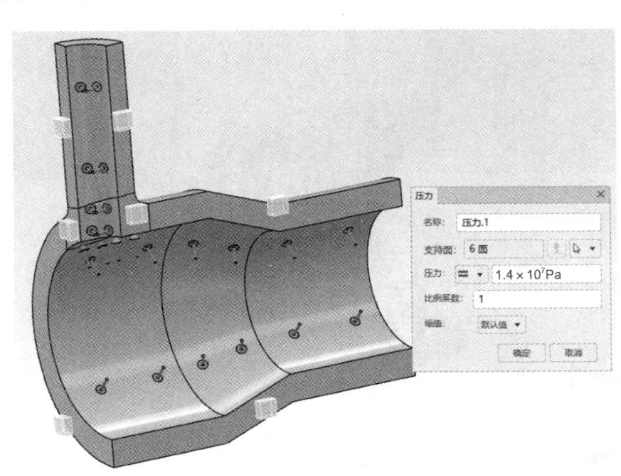

图 4-38 压力 1

在助手工具栏中单击“负载”/“压力”选项，在“压力”对话框中，“支持面”选择如图 4-39 所示的平面，输入“压力”为 8.281×10^6Pa，“比例系数”为“−1”，最后单击“确定”。

单击“初始条件”/“初始温度”选项，在“初始温度”对话框中，“支持面”选择整体模型（若无法选择，可以激活实体选择过滤器），输入“温度”为 540K，最后单击“确定”，如图 4-40 所示。

步骤 6　检查条件

在以上设定完成后，右击绘图区空白处，在弹出的菜单中选择“特征管理器”，打开“特征管理器”对话框。在该对话框中可以查看整体条件的设定，其中包括模型、方案和结果，如图 4-41 所示，确认无误后即将进入计算阶段。

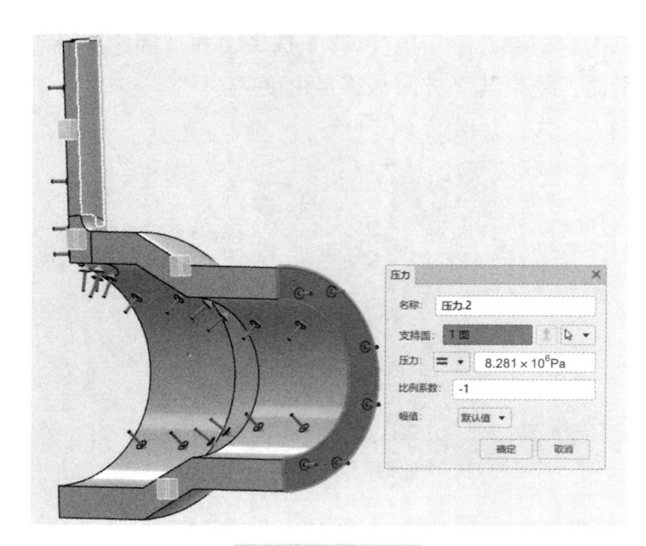

图 4-39　压力 2

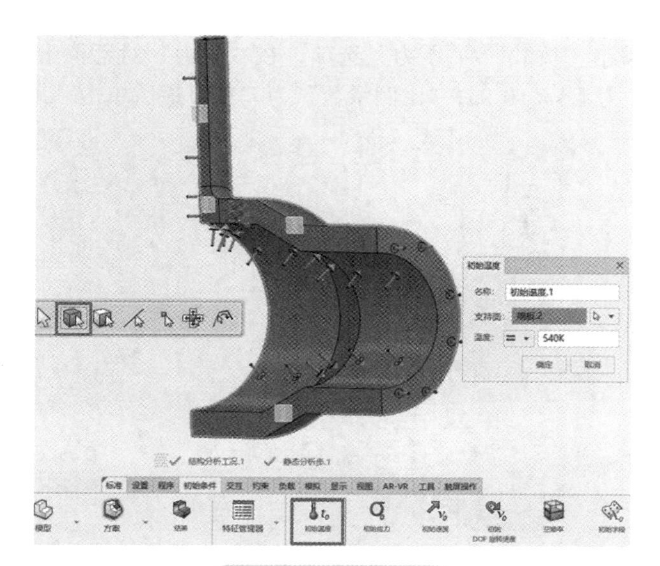

图 4-40　初始温度

特征管理器

正在查看所有 8

包	视	名称	类型	类别	定义	静态分析步.1
☑	👁	压力.1	压力	加载	1.4e+007 N_m2	
☑	👁	压力.2	压力	加载	8.281e+006 N_m2	
☑	👁	平面对称.1	平面对称	限制		
☑	👁	平面对称.2	平面对称	限制		
☑		输出.1	字段	输出请求	场	
☑		输出.2	历史记录	输出请求	历史记录	
		全局元素类型分派.1	全局	单元类型分派		
☑	👁	初始温度.1	初始温度	初始条件	540 Kdeg	

图 4-41　“特征管理器”对话框

4.3.4 运行仿真

3DEXPERIENCE SSU 允许用户在本地工作站计算和云服务器计算之间进行选择。通过信用点数或令牌，可以调用云端多核计算来释放本地资源。同时在浏览器中可以快速地分享计算结果，多个用户之间可进行数据共享和协同合作。

在助手工具栏中单击“仿真”/“模拟”进入计算选项，“位置”有“本地交互式”“本地非交互式”“云”三个选项可供选择。如果选用“云”选项，可以调用云端服务器上的多核计算资源，如图 4-42 所示。

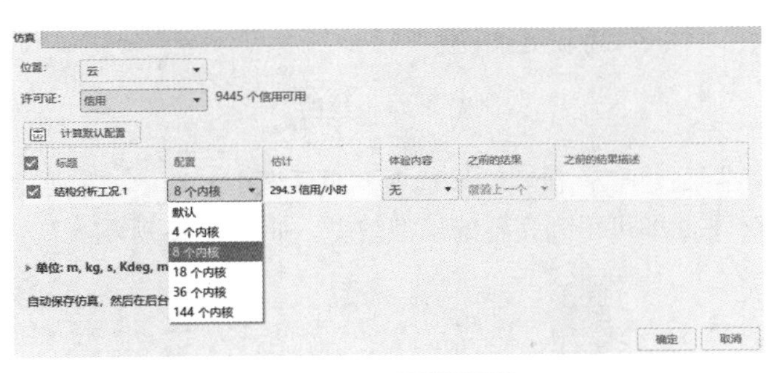

图 4-42 计算选项

选择“本地交互式”/“嵌入式”，核心数将根据实际计算机配置调整，最后单击“确定”按钮开始计算。

4.4 结果解读

计算完成后单击“诊断查看器”，在“诊断查看器”对话框中可以查看计算相关信息，包括网格元素节点、计算时间、计算警告消息等，如图 4-43 所示。

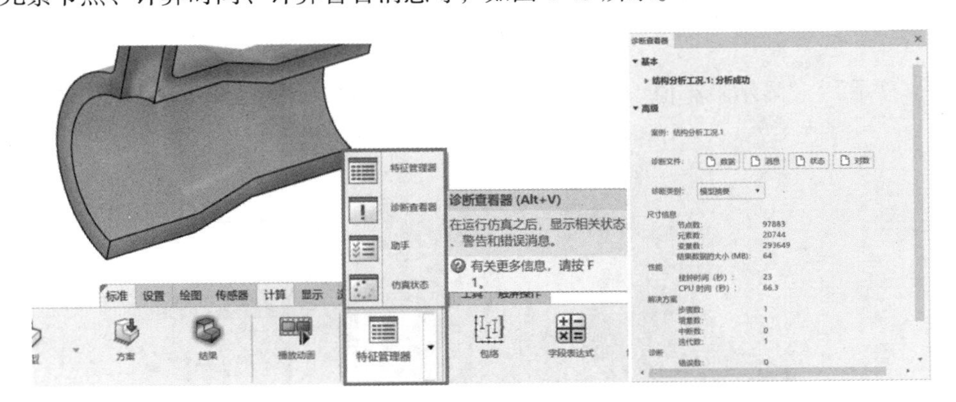

图 4-43 “诊断查看器”对话框

在“绘图”中，可以选择对应的“分析步”和“绘图”图解，单击“绘图”右侧的“更改绘图组合框”，然后选择“未变形的模型”，即可获得图解叠加的效果。双击未变形的模型，弹出“轮廓绘图”对话框，选中“应用透明度”复选框以获得更好的显示效果，如图 4-44a 所示。双击云图图解，在弹出的“轮廓绘图”对话框的“定义”“选项”“渲染”下方设定变量类型、变形比例、显示轮廓和网格等功能，如图 4-44b 所示。

a) 分析步绘图设置

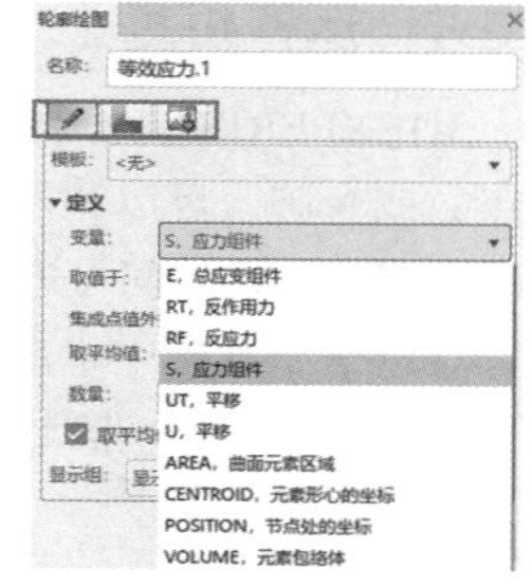

b) 轮廓绘图设置

图 4-44　绘图

单击“显示”/“结果选项”，在“结果选项”对话框中，选中“模型对称”复选按钮，“镜像平面”激活 *XY*、*YZ* 平面即可得到完整的模型结果，如图 4-45 所示。

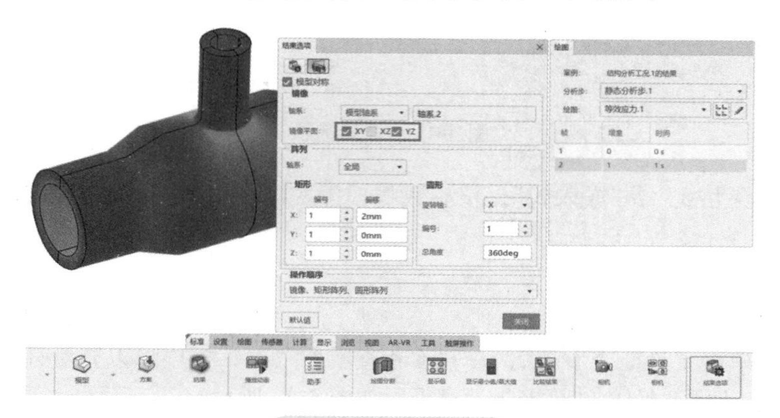

图 4-45　模型对称

单击“显示”/“显示最小值 / 最大值”，在模型上可直接显示云图极限值，如图 4-46 所示。

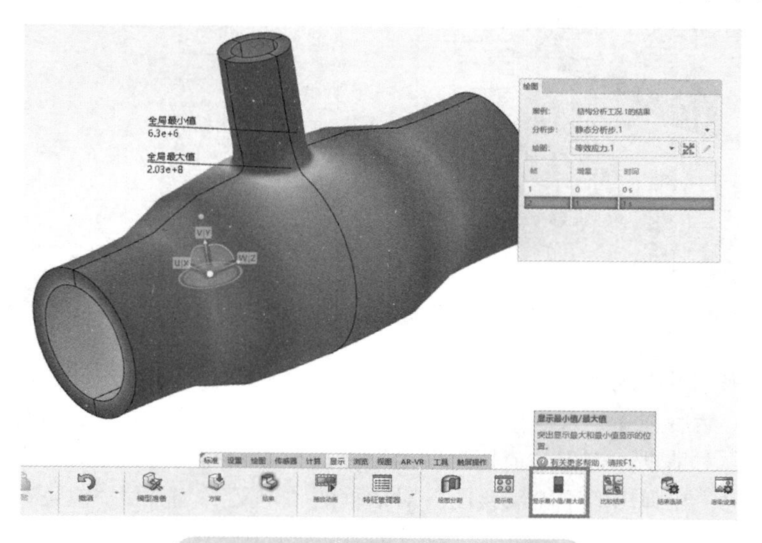

图 4-46　显示模型最大值 / 最小值

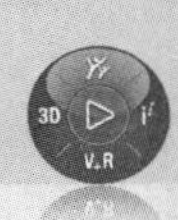

4.5　小结

本章介绍了 3DEXPERIENCE SSU 中静力学仿真的常规流程，包含模型导入、模型创建、新建材料、网格划分、边界条件定义、计算求解和结果查看等。3DEXPERIENCE SSU 在求解器、材料模型、接触算法、网格划分等方面都具备强大的功能，而且可以连接任何设计工具，甚至直接传递 SOLIDWORKS 模型数据。同时借助云平台的优势，让仿真的易用性、集成性和计算能力得到了很大的提升。

第5章 装配体静力学仿真

学习目标

1）装配体静力学仿真的基本流程。
2）接触条件设置。
3）橡胶超弹性材料模型设置。
4）仿真结果比较。

5.1 技术背景

在 3DEXPERIENCE SSU 中，常用的接触方法包括常规接触和基于曲面的接触，每种方法都有其优势和特点。二者的区别主要在于用户界面、默认数值设定和可用选项的不同，对于许多底层算法来说是相似的。对于不同接触类型的说明详见第 2 章内容。

5.2 实例描述

该模型是一个高性能人体下肢假肢的组件（图 5-1），我们将使用 3DEXPERIENCE SSU 角色来模拟假肢结构在工作时所产生的变形以及应力分布，同时比较不同设计方案的结果。

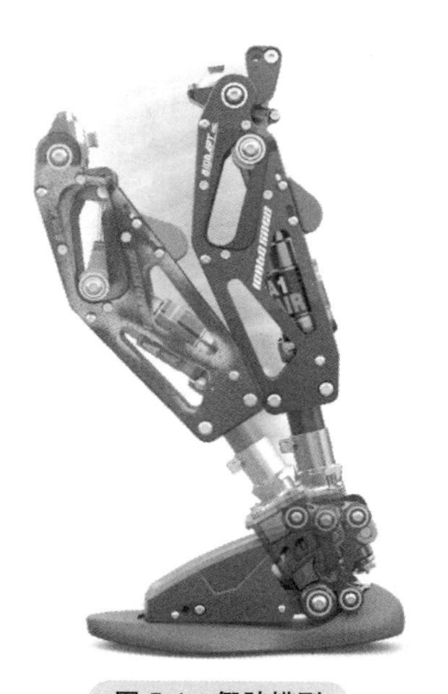

图 5-1 假肢模型

5.3　模型设置

5.3.1　模型简化

当所需仿真对象的几何结构中存在相对烦琐的次要特征，或者主要关注区域的细节特征太过复杂时，需要对结构进行简化操作。合理的简化并不会损失仿真精度，反而可以大幅度降低计算难度和时间。此次分析模型的完整结构和简化结构如图 5-2 所示。

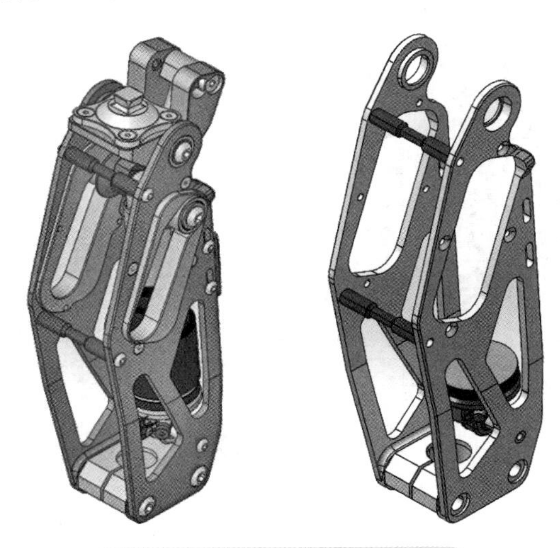

图 5-2　完整结构和简化结构

5.3.2　操作过程

步骤 1　导入模型

此次分析皆采用 3DEXPERIENCE SSU 平台直接导入 step 格式的方式加载模型。

打开 3DEXPERIENCE 界面，在右上角找到图标➕，单击后选择“导入”选项。

在“导入”对话框中，选择“格式”为“STEP (*.step)”，“源”选定为“磁盘上的文件”，在本地硬盘中选择 step 文件“MOTO KNEE Simplified A.1”，随后单击“确定”，如图 5-3 所示。

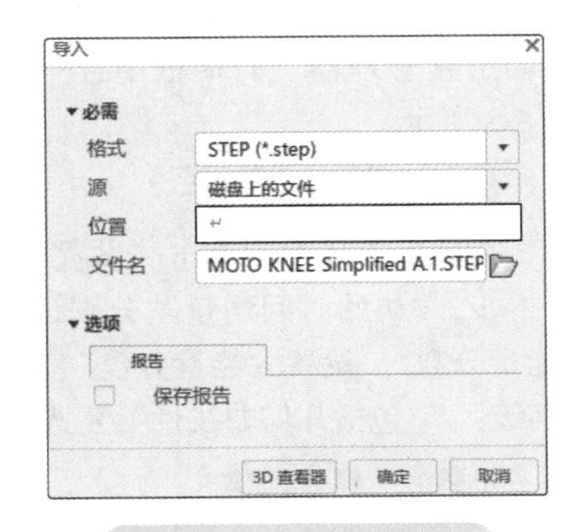

图 5-3　“导入”对话框

导入模型后检查无误，单击界面左上角的罗盘，选择“Mechanical Scenario Creation” APP，“仿真类型”选择“结构”分析，单击“确定”。

步骤 2　修改标题

单击助手工具栏中的“设置”，在命令工具栏中选择“仿真属性”，在弹出的“属性”对话框中将“标题”改为“MOTO KNEE A.1”，如图 5-4 所示。

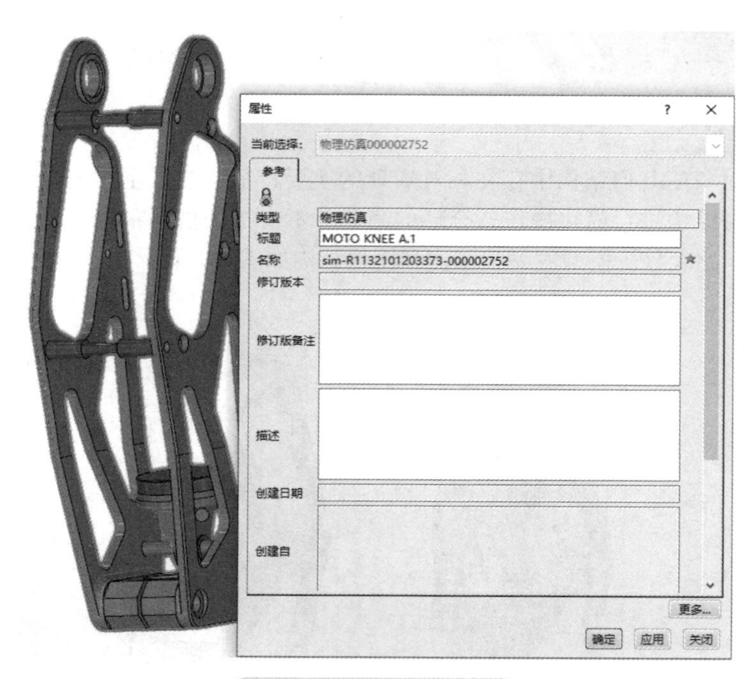

图 5-4 “属性”对话框

步骤 3　创建有限元模型

在助手工具栏中单击“设置”，在命令工具栏中选择“有限元模型”，初始化选项保持默认。

步骤 4　设定模型

在助手工具栏中单击“零件”，在命令工具栏中单击“起作用的形状管理器”，在打开的“起作用的形状管理器”对话框中选中所有的部件，如图 5-5 所示。

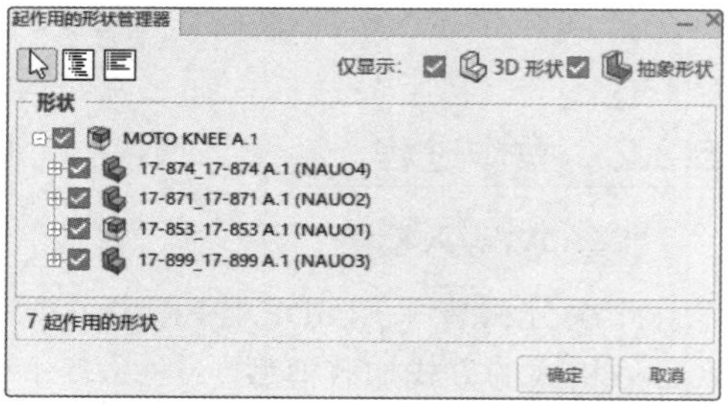

图 5-5 “起作用的形状管理器”对话框

步骤 5　创建分析步

在助手工具栏中单击“设置”，在命令工具栏中选择“静态分析步”并依次创建两个静态分析步，“初始时间增量”分别设定为“0.05s”和“0.1s”。在分析步 2 中，“稳定类型”选择“能量分数”，设置“能量分数”为“2e-4”，“能量比率公差”为“0.05”。两个分析步中都选中“高级”/“包括几何非线性”复选按钮，其余参数保持默认。

步骤 6　划分网格

在助手工具栏中单击“网格”，在命令工具栏中选择“四面体网格”。在“四面体网格”对话框中，“支持面”选择如图 5-6 所示的实体，“网格大小”为“4mm”，“绝对弦高”为“0.146mm”，依次单击“网格”和“确定”，每个部件皆重复此操作。

在助手工具栏中单击“网格”，在命令工具栏中选择“四面体网格”。在“四面体网格”对话框中，“支持面”选择如图 5-7 所示的实体，“网格大小”为“1mm”，“绝对弦高”为“0.139mm”，依次单击“网格”和“确定”。

a) 部件 1

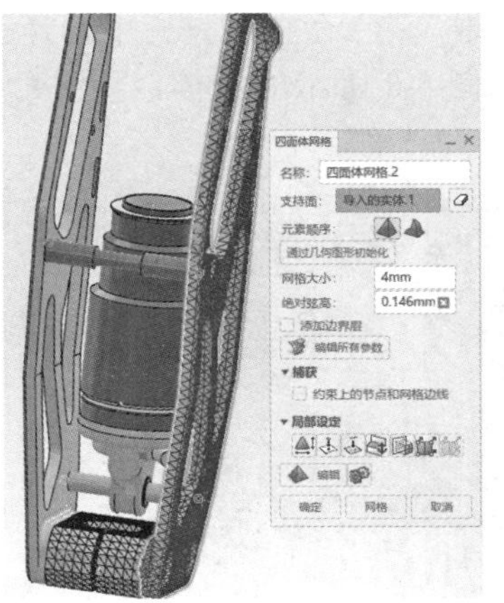

b) 部件 2

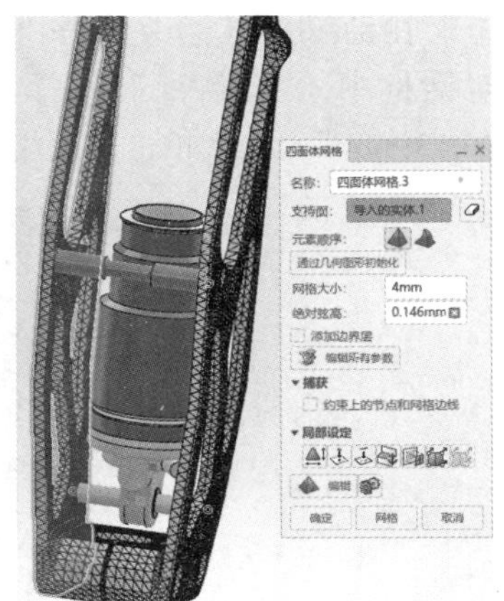

c) 部件 3

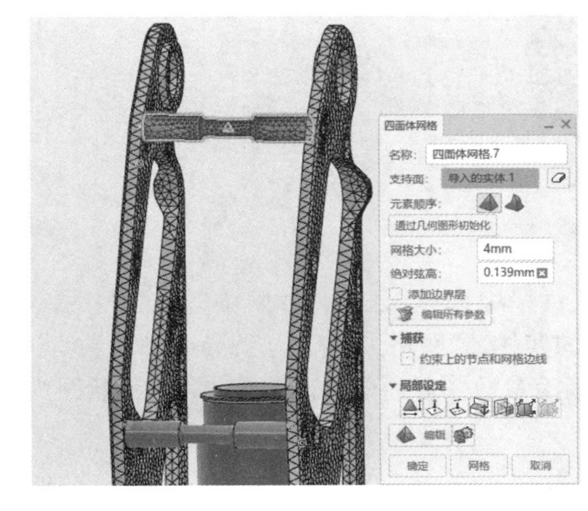

d) 部件 4

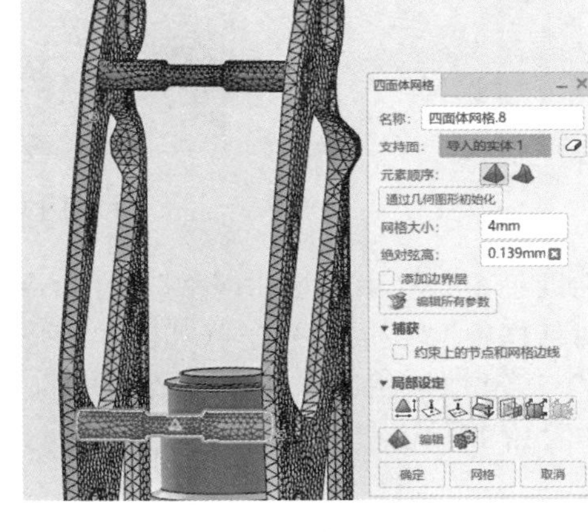

e) 部件 5

图 5-6　四面体网格（一）

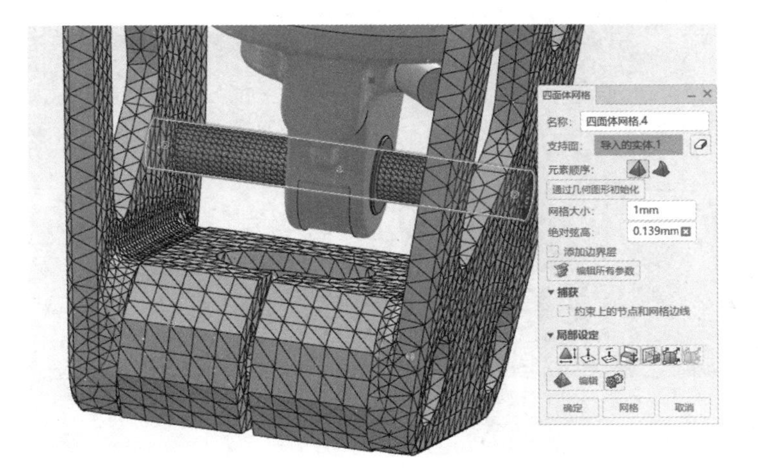

图 5-7　四面体网格（二）

在助手工具栏中单击“网格”，在命令工具栏中选择“四面体网格”。在“四面体网格”对话框中，“支持面”选择如图 5-8 所示的实体，“网格大小”为“6mm”，“绝对弦高”为“0.139mm”，依次单击“网格”和“确定”。

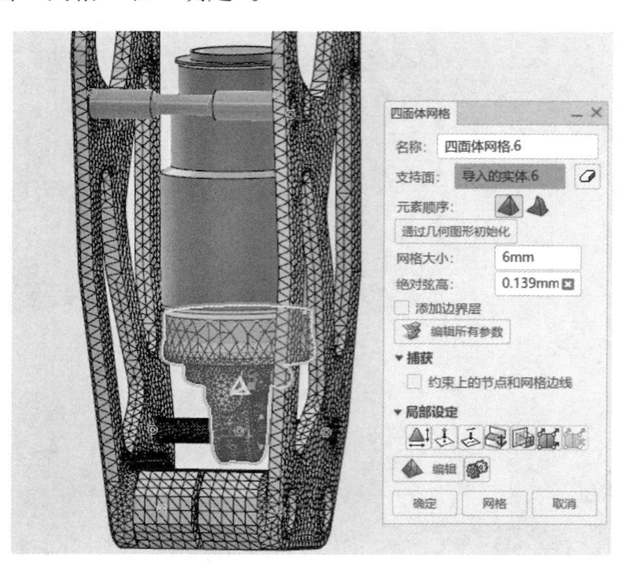

图 5-8　四面体网格（三）

在助手工具栏中单击“网格”，在命令工具栏中选择“扫掠 3D 网格”。在“扫掠 3D 网格”对话框中，“支持面”选择如图 5-9 所示的实体，“网格大小”为“1mm”，“层大小”为“1mm”，单击“编辑所有参数”，在弹出的“所有参数”对话框中，设置“元素形状”为“仅六面体”，依次单击“网格”和“确定”。

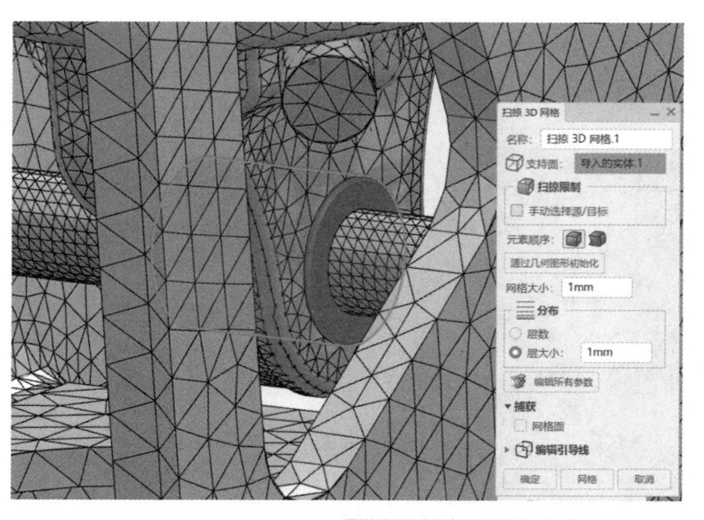

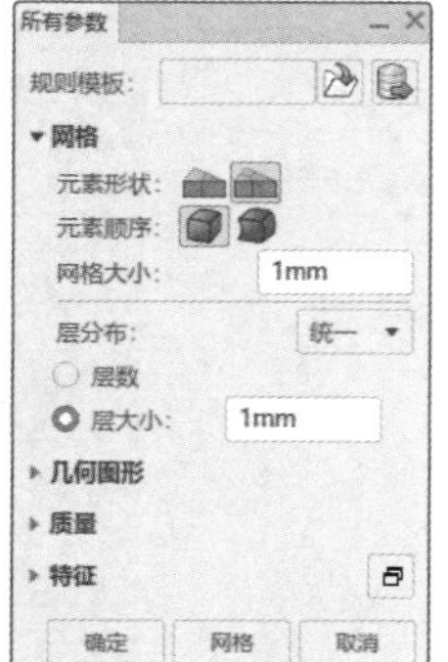

图 5-9　扫掠 3D 网格

网格划分完成后，可以通过“检查”/“质量分析”工具查看网格质量信息，如图 5-10 所示。

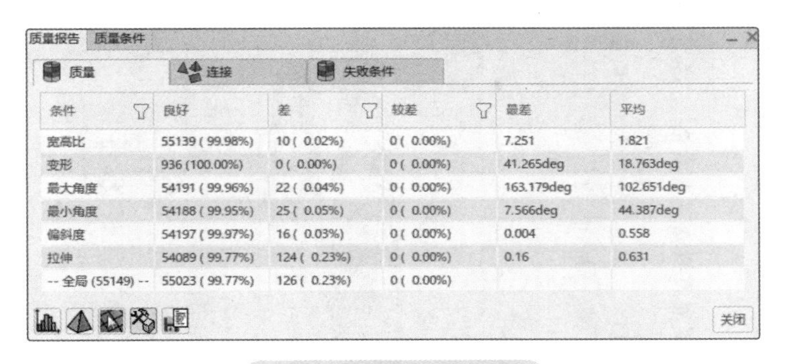

质量报告　质量条件

质量　连接　失败条件

条件	良好	差	较差	最差	平均
宽高比	55139 (99.98%)	10 (0.02%)	0 (0.00%)	7.251	1.821
变形	936 (100.00%)	0 (0.00%)	0 (0.00%)	41.265deg	18.763deg
最大角度	54191 (99.96%)	22 (0.04%)	0 (0.00%)	163.179deg	102.651deg
最小角度	54188 (99.95%)	25 (0.05%)	0 (0.00%)	7.566deg	44.387deg
偏斜度	54197 (99.97%)	16 (0.03%)	0 (0.00%)	0.004	0.558
拉伸	54089 (99.77%)	124 (0.23%)	0 (0.00%)	0.16	0.631
-- 全局 (55149) --	55023 (99.77%)	126 (0.23%)	0 (0.00%)		

关闭

图 5-10　网格质量信息

步骤 7　创建截面

右击绘图区空白处，在弹出的菜单中选择“可视化管理”，打开“可视化管理”对话框。在该对话框中，单击“FE 模型”右侧的下三角按钮，选择“隐藏”有限元网格模型，如图 5-11 所示。

单击“属性”/“实体截面”，在弹出的“实体截面”对话框中，“支持面”选择如图 5-12 所示的零件，“材料”选择“6061-T6 A”铝合金，“行为”选择“Without Plasticity”，单击“确定”。

单击“属性”/“实体截面”，在弹出的“实体截面”对话框中，“支持面”选择如图 5-13 所示的零件，“材料”选择“Alloy Steel A”，“行为”选择“With Plasticity”，单击“确定”。

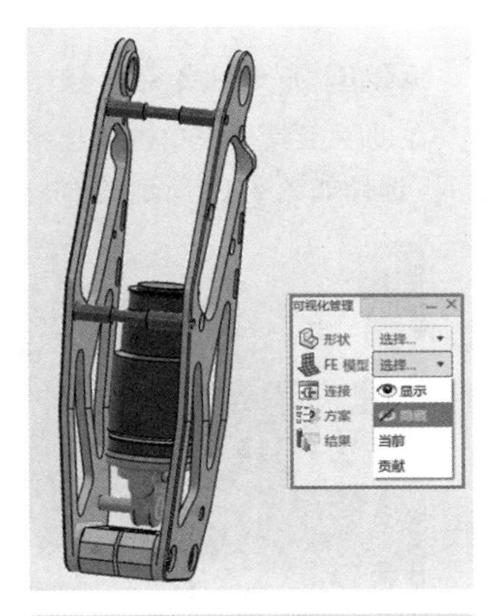

图 5-11　“可视化管理”对话框

图 5-12　实体截面（一）

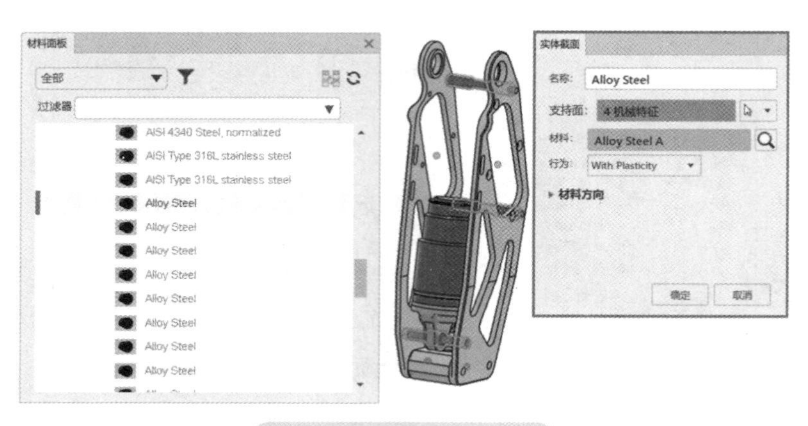

图 5-13　实体截面（二）

步骤 8　创建耦合

在助手工具栏中单击“连接”，在命令工具栏的“连接”中单击“耦合”，分两次在“支持面 1”选择如图 5-14 所示的面，最后单击“确定”。

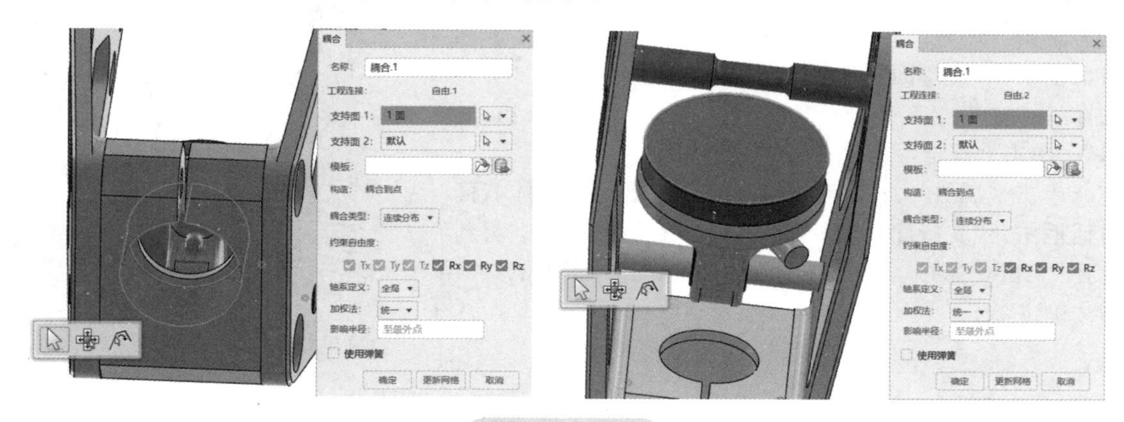

图 5-14　耦合

步骤 9　创建刚体

单击“抽象”/“刚性几何体”，在“刚性几何体”对话框中，“支持面”选择如图 5-15 所示的实体，“参考点”为“质心”，最后单击“确定”。

步骤 10　创建接触关系

在助手工具栏中单击“交互”/“接触检测”。在“接触检测”对话框中，“搜索公差”“检测以下位置上的交互”“接触属性”保持默认设置，选中“将曲面连接起来”复选按钮，随后单击“查找曲面对”可以自动识别模型中的接触面，在查看每个曲面接触对且确认无误后，依次单击“确定”/“应用”，如图 5-16 所示。

自动生成的曲面接触对识别到错误的曲面时，右击空白处在弹出的菜单中单击“特征管理器”，在弹出的“特征管理”对话框中，右击“基于曲面的接触 10”，选择“编辑”，打开“基于曲面的接触”对话框，如图 5-17 所示。在该对话框中右击【次要】选择框，选择“全部移除”，然后替换为图 5-17 中的 3 个面，最后单击“确定”。

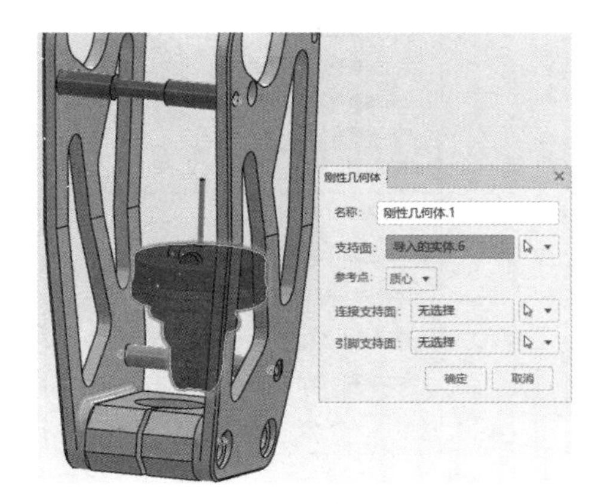

图 5-15 “刚性几何体”对话框

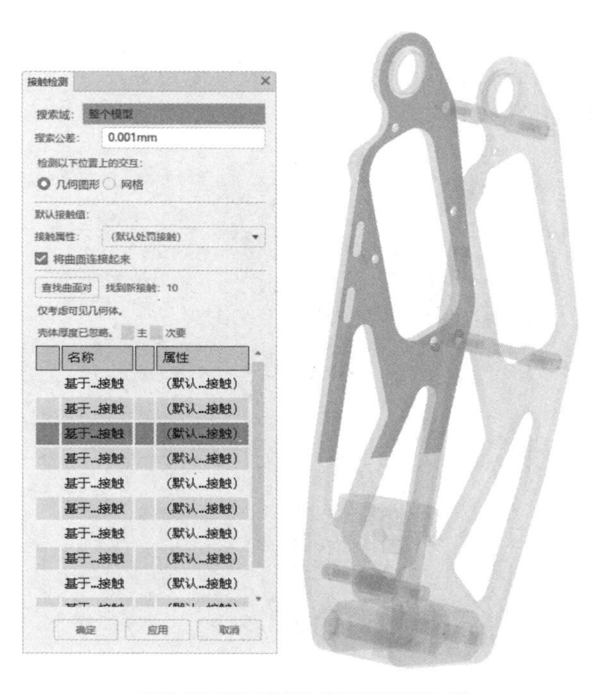

图 5-16 “接触检测”对话框

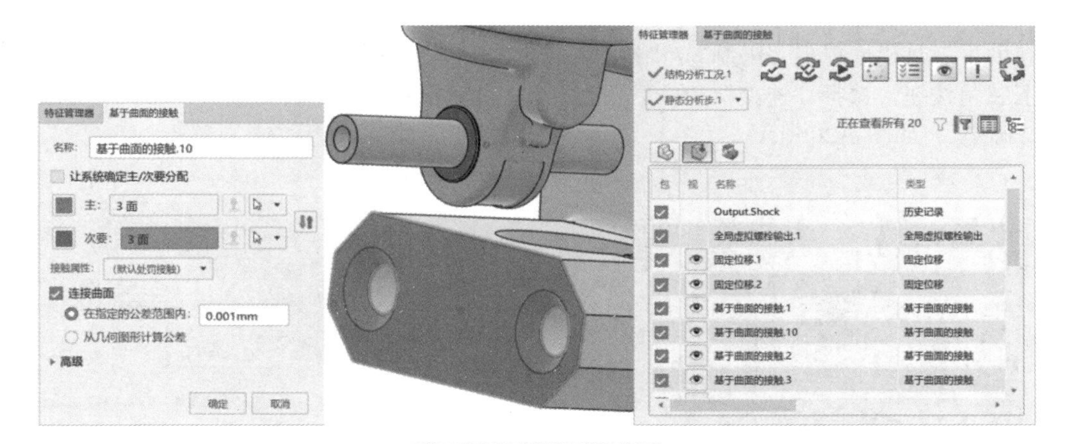

图 5-17 修改接触面

提示

当无法选择所需面时，可以使用 <F7> 快捷键隐藏光标所在的部件，<F8> 快捷键可重新显示。

在助手工具栏中单击“交互”/“接触特性”，在弹出的“接触特性”对话框中，选中“指定切线行为选项”复选按钮，设置“摩擦系数”为“0.2”，其余选项保持默认，如图 5-18 所示。

在助手工具栏中单击“交互”/“常规接触”，在弹出的“常规接触”对话框中，取消选中“应用基于几何图形的校正”复选按钮，“全局接触属性”为“接触特性.1”，最后单击“确定”，如图5-19所示。

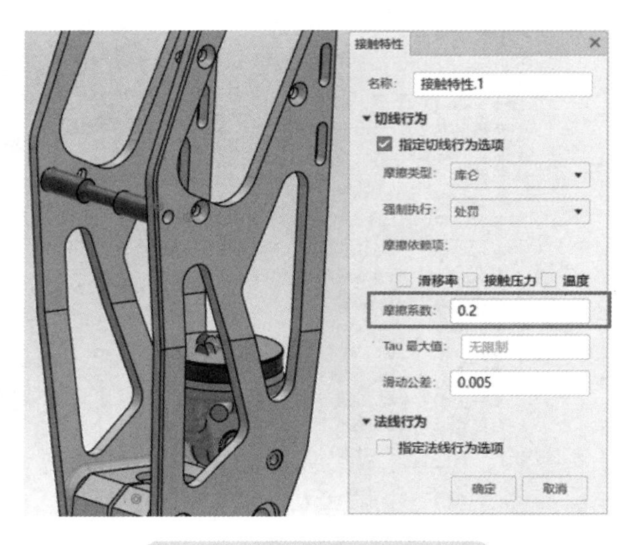

图 5-18 “接触特性”对话框

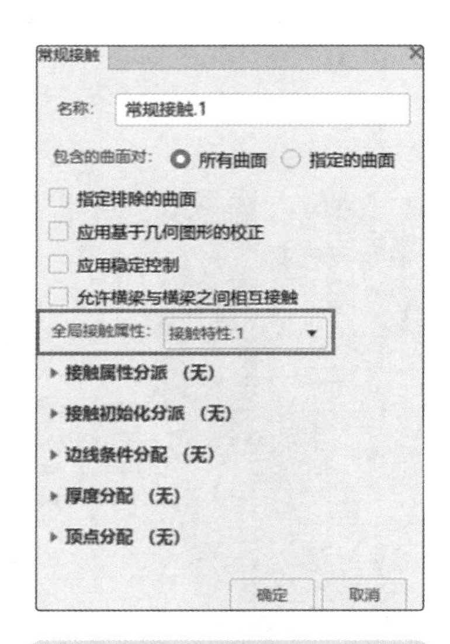

图 5-19 “常规接触”对话框

步骤 11 添加约束

在助手工具栏中单击“限制”/“紧固”，在弹出的“紧固”对话框中，单击“支持面”右侧的下三角按钮，选择“连接”，在“连接选择”对话框中单击“自由.1”下方的“耦合.1”，单击“确定”，如图5-20所示。

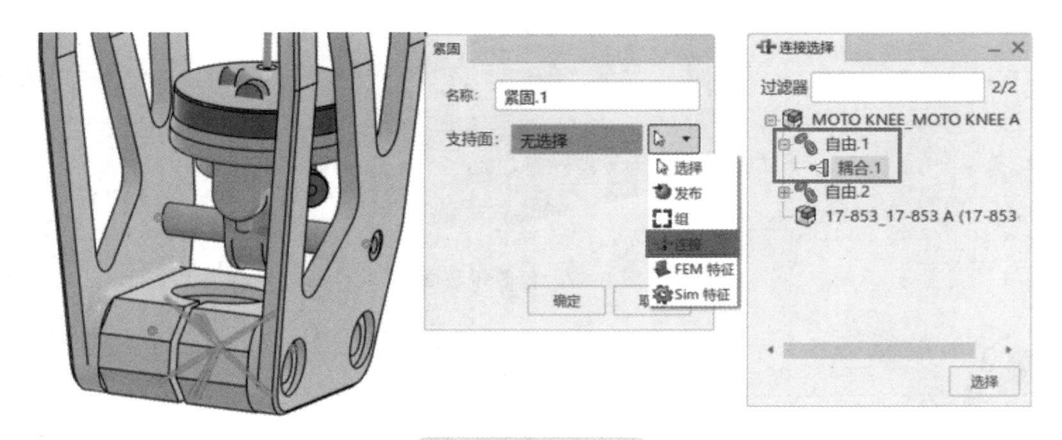

图 5-20 添加约束

在助手工具栏中单击“限制”/“固定位移”，在弹出的“固定位移”对话框中，使用相同的方法在“支持面”中选择“自由.2”下方的“耦合.1”，约束其X、Y方向平移自由度和X、Y、Z三个方向的旋转自由度，单击“确定”，如图5-21所示。

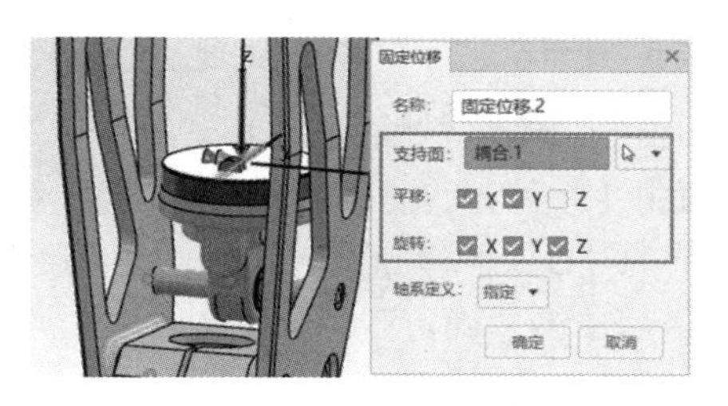

图 5-21 “固定位移”对话框

> 注意：指定位移的方向时，必须以选择的轴系为准。

步骤 12　添加负载

在助手工具栏中单击“负载”/“应用的平移”，在“应用的平移”对话框中，“支持面”选择“自由 .2”下方的“耦合 .1”，“平移”为“−2.5mm”，“自由度”为“平移 Z”，其余保持默认，单击“确定”，如图 5-22 所示。

在“特征管理器”对话框中，在“静态分析步 .2”列右击“应用的平移 .1”，单击“停用”，将“应用的平移 .1”在静态分析步 2 中停用，如图 5-23 所示。

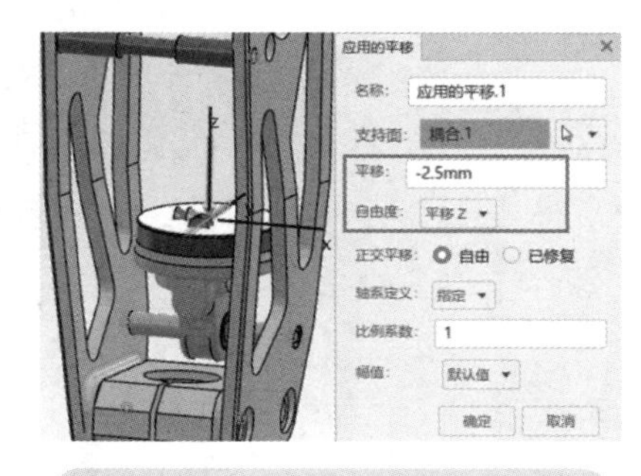

图 5-22 “应用的平移”对话框

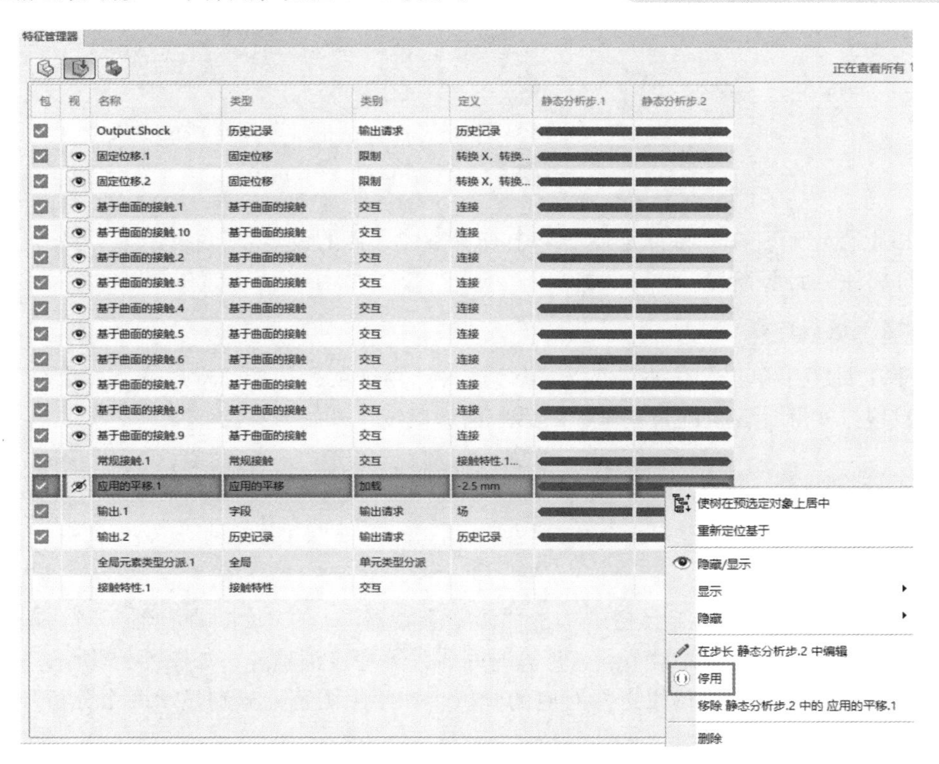

特征管理器

正在查看所有

包	视	名称	类型	类别	定义	静态分析步.1	静态分析步.2
		Output.Shock	历史记录	输出请求	历史记录		
		固定位移.1	固定位移	限制	转换 X，转换...		
		固定位移.2	固定位移	限制	转换 X，转换...		
		基于曲面的接触.1	基于曲面的接触	交互	连接		
		基于曲面的接触.10	基于曲面的接触	交互	连接		
		基于曲面的接触.2	基于曲面的接触	交互	连接		
		基于曲面的接触.3	基于曲面的接触	交互	连接		
		基于曲面的接触.4	基于曲面的接触	交互	连接		
		基于曲面的接触.5	基于曲面的接触	交互	连接		
		基于曲面的接触.6	基于曲面的接触	交互	连接		
		基于曲面的接触.7	基于曲面的接触	交互	连接		
		基于曲面的接触.8	基于曲面的接触	交互	连接		
		基于曲面的接触.9	基于曲面的接触	交互	连接		
		常规接触.1	常规接触	交互	接触特性.1...		
		应用的平移.1	应用的平移	加载	-2.5 mm		
		输出.1	字段	输出请求	场		
		输出.2	历史记录	输出请求	历史记录		
		全局元素类型分派.1	全局	单元类型分派			
		接触特性.1	接触特性	交互			

图 5-23　停用

步骤 13　创建输出

在“静态分析步 .1”下，单击“模拟”/“输出”，在“输出”对话框中，“支持面”选择“自由 .2”下方的“耦合 .1”，设置每 1 个增量保存 1 次结果，“输出组”选择“历史记录”，输出量选择“位移 / 速度 / 加速度”下的“U，平移和旋转”和“力 / 反应 / 负载”下的“RF，反作用力和力矩”，如图 5-24 所示，最后单击“确定”。

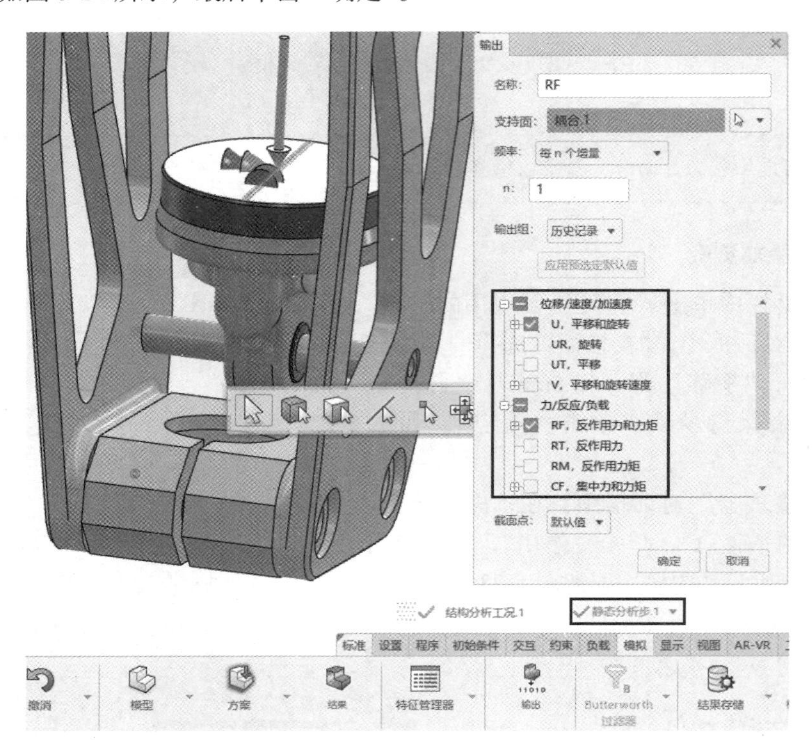

图 5-24　输出

完成以上设定后，在“特征管理器”中查看整体条件的设定，包括模型、方案和结果，确认无误后即将进入计算阶段。

步骤 14　运行仿真

在助手工具栏中单击“仿真”/“模拟”进入计算选项，选择“本地交互式”/“嵌入式”，计算核心数根据实际计算机配置调整，最后单击“确定”开始计算。

5.4　结果解读

5.4.1　查看结果

待计算完成后，在命令工具栏中单击“诊断查看器”，在“诊断查看器”对话框中可以查看计算相关信息，包括网格元素节点、计算时间、计算警告消息等，如图 5-25 所示。

在“绘图”对话框中，可以选择对应的分析步和绘图图解，分别显示两个分析步中施加位移和撤销位移的应力变化过程，如图 5-26 所示。

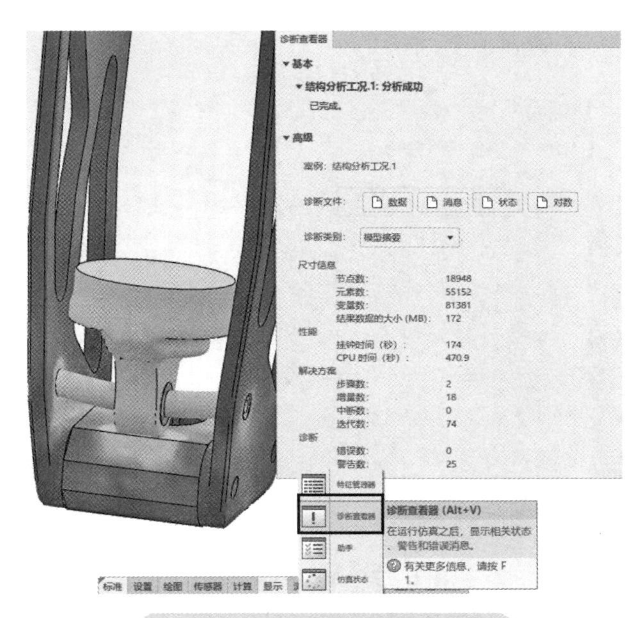

图 5-25　“诊断查看器”对话框

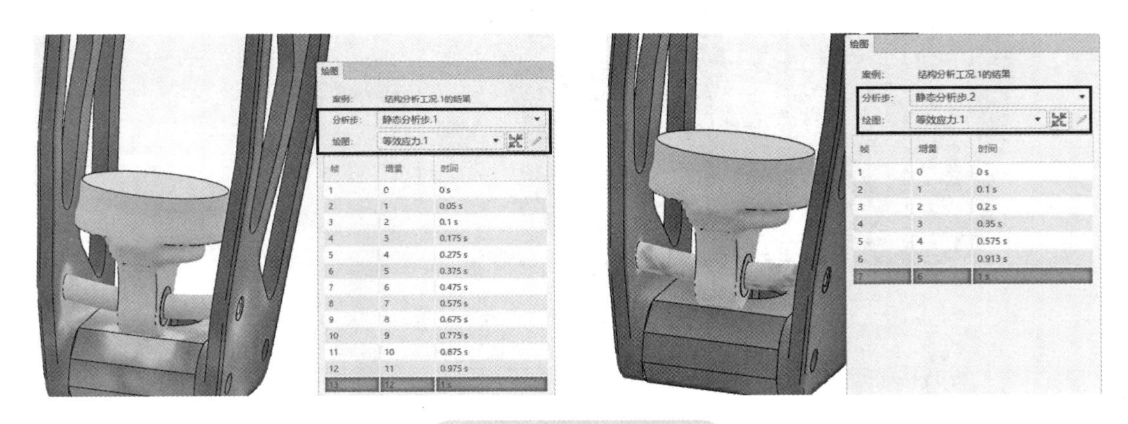

图 5-26　等效应力云图

在“绘图”中，还可以选择“塑性应变”图解，显示在施加位移载荷时，模型中包含塑性行为材料的塑性应变结果。同时，单击“显示” / “显示组”，在“项目” / “零件”中取消选中设定为刚体的零件前的复选按钮，单击“替换选定项”，以便更好地查看塑性结果，如图 5-27 所示。

在助手工具栏中单击“结果” / “历史记录中的 X-Y 绘图”，在“历史记录中的 X-Y 绘图”对话框中，“变量”选择“RF，反应力”，“数量”选择“向量组件 2”，“步骤”选择“(基于时间的所有分析步)”，“支持面”选择在前面步骤中设定好的输出“RF”，单击“应用”后即可得到反作用力曲线，如图 5-28 所示。

单击“显示” / “绘图分割”，可以显示出模型内部的计算结果，更直观地查看应力等参数变化。同时，屏幕上会出现轴系、剪切选项等设定，方便选择绘图分割，如图 5-29 所示。

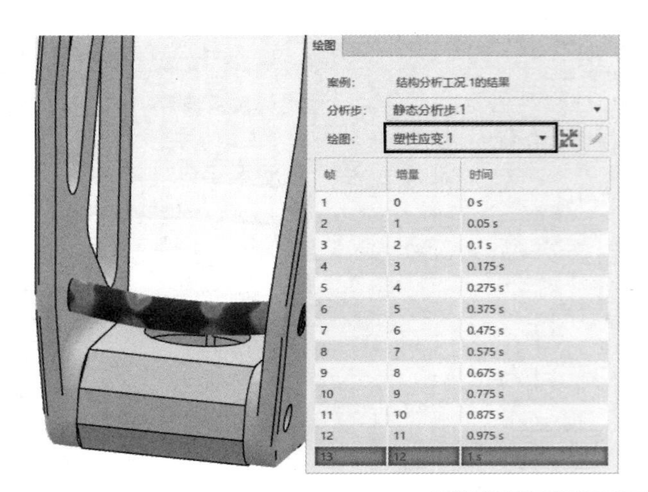
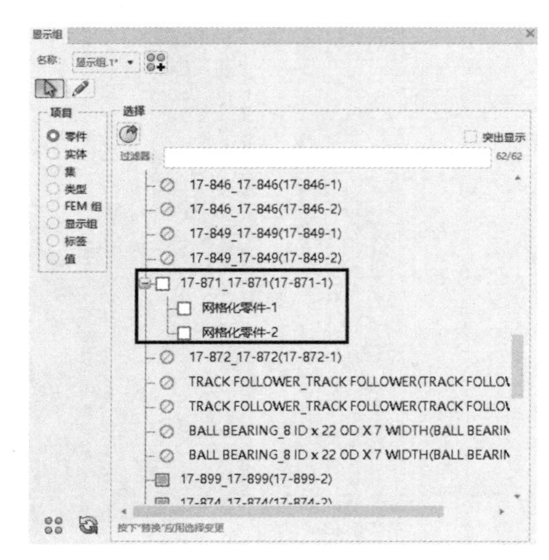

图 5-27　塑性应变云图

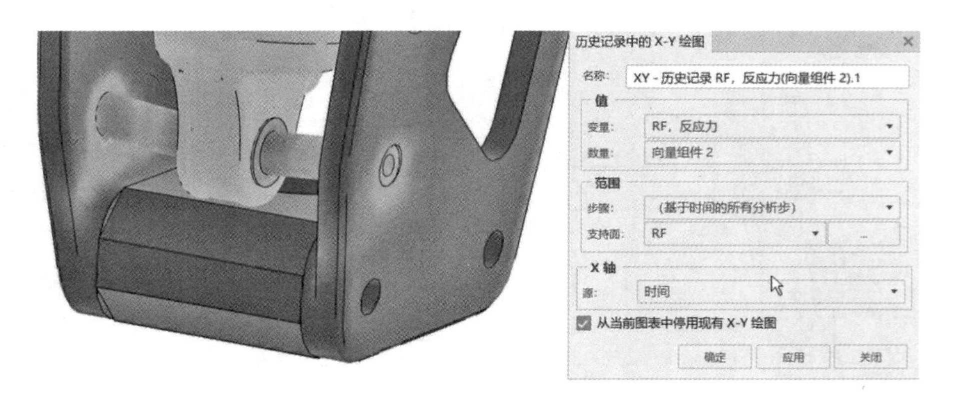
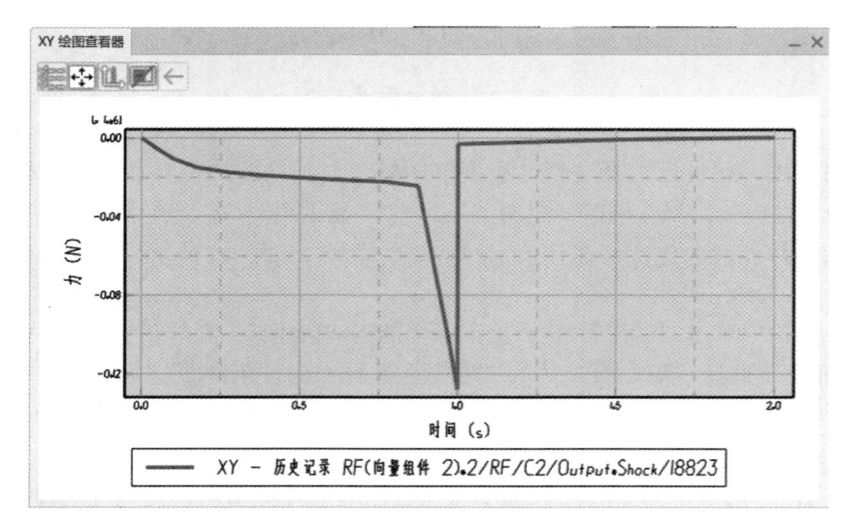

图 5-28　X-Y 绘图

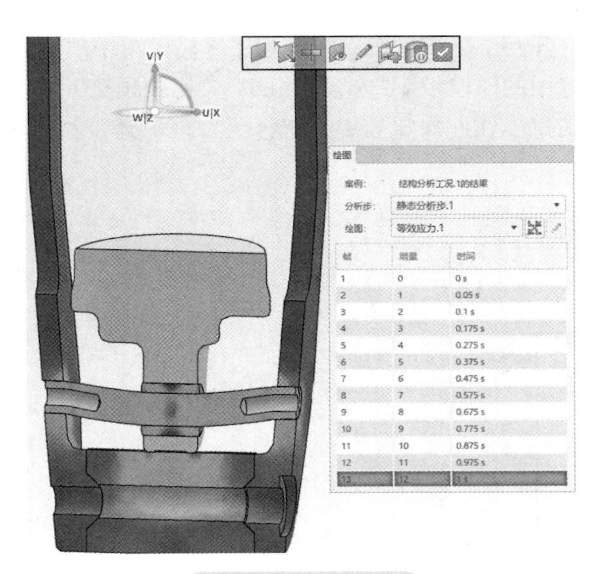

图 5-29　绘图分割

5.4.2　方案修改与结果比较

方案 1　修改模型结构

导入模型结构的新设计方案，选择“格式”为“STEP（*.step）”，“源”为“磁盘上的文件”，在本地硬盘中选择 step 文件“MOTO KNEE Simplified B.1”，随后单击“确定”，两方案的模型结构如图 5-30 所示。

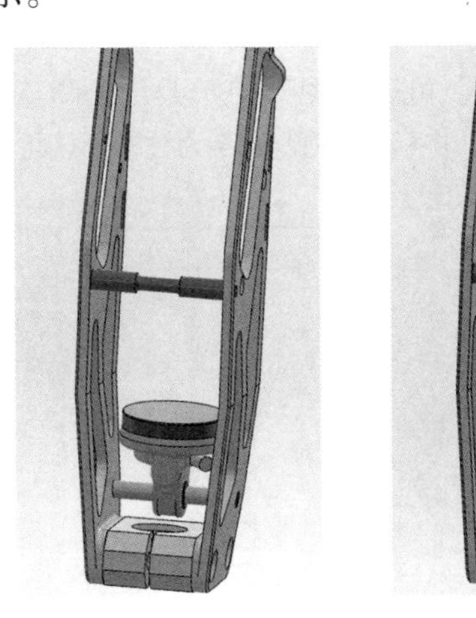

a) 修改前　　b) 修改后

图 5-30　模型结构

具体分析步骤和前述方案保持一致，最后计算得到结果。

注意：因模型结构有细微的更改，所以接触设定也会有所区别，请读者自行评估设定。

计算完成后，同时打开两个分析方案，在命令工具栏中单击“显示”/“比较结果”，可以通过“比较结果”对话框中的“模板”“内容和组织”“比较预览”选项设定比较内容的项目、形式以及对话框数量等信息。在此次比较中，选择了“跨仿真”和“等效应力.1”，单击“确定”，如图5-31所示。

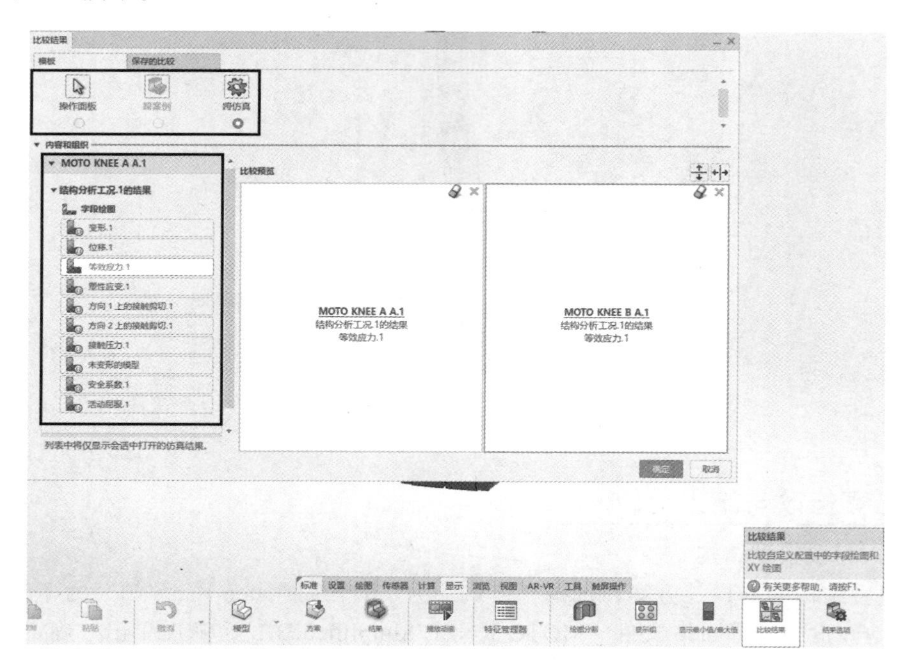

图5-31 “比较结果”对话框

图5-32所示为两种模型的比较结果，可以在图形的左上角处调整显示的方案、工况、分析步、绘图类型以及步长等信息，结束后可将所有信息保存为比较模板，方便后期查阅。

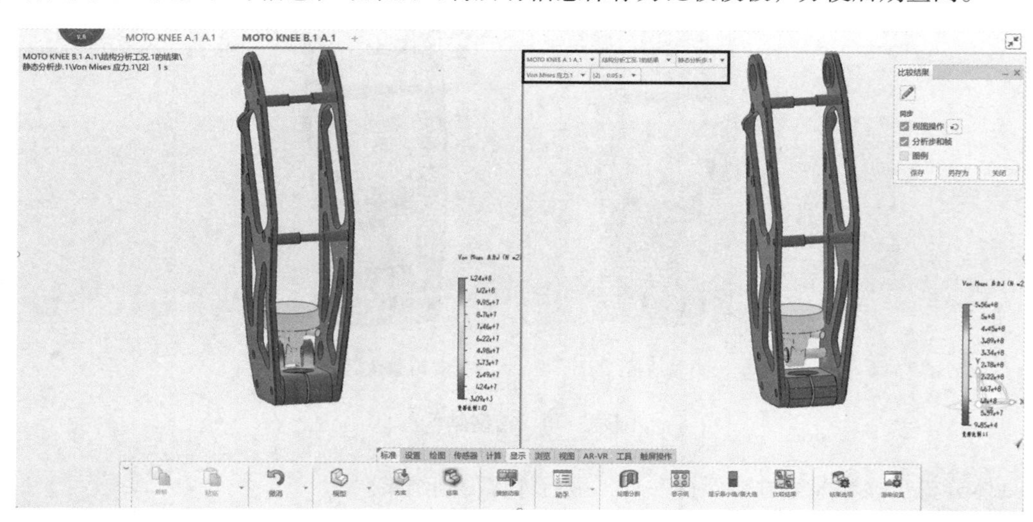

a) $t = 0.5$s 结果对比

图5-32 比较结果（一）

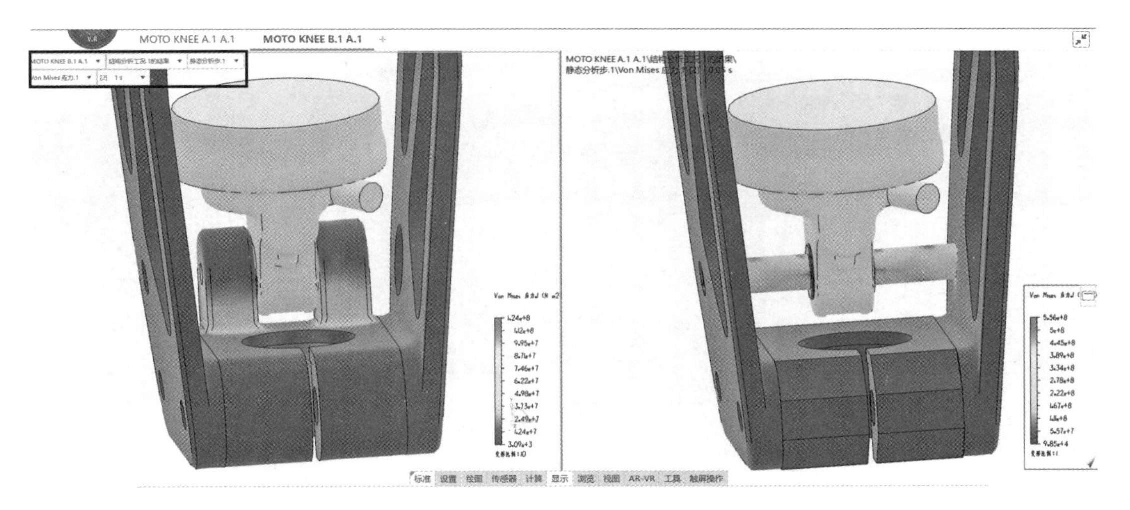

b) t = 1.0s 结果对比

图 5-32　比较结果（一）（续）

方案 2　替换橡胶材料

切换到第一个已完成仿真的方案，单击“设置”/“复制分析案例”，输入新工况的名称，单击“确定”便可将所有的条件都复制到工况 2 中，如图 5-33 所示。

单击“模型”，选择“设置”/“复制 FEM”，在“重复 FEM”对话框中，输入“重复前缀”为“rubber”以区别之前的 FEM 模型，单击“确定”，如图 5-34 所示。

在“结构分析工况 2”下切换到“方案”，单击“有限元模型”，在“有限元模型”中选择上一步骤复制的 FEM，单击“确定”，如图 5-35 所示。

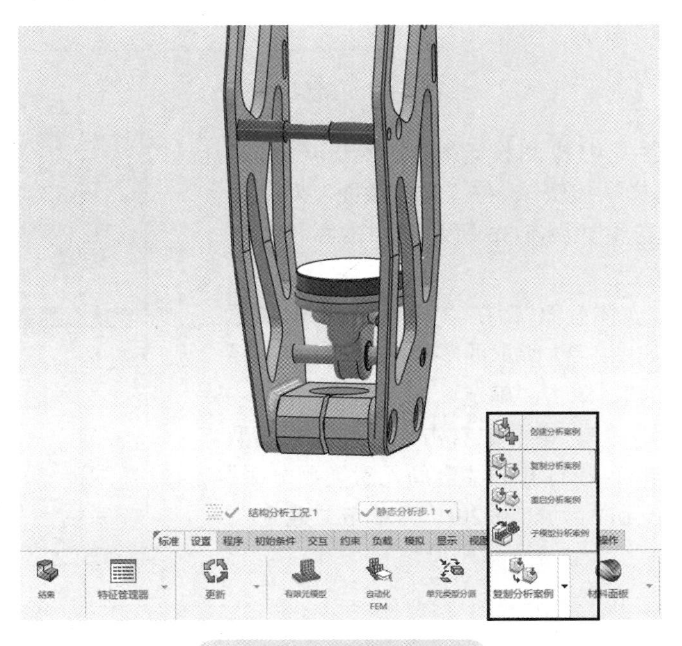

图 5-33　复制分析案例

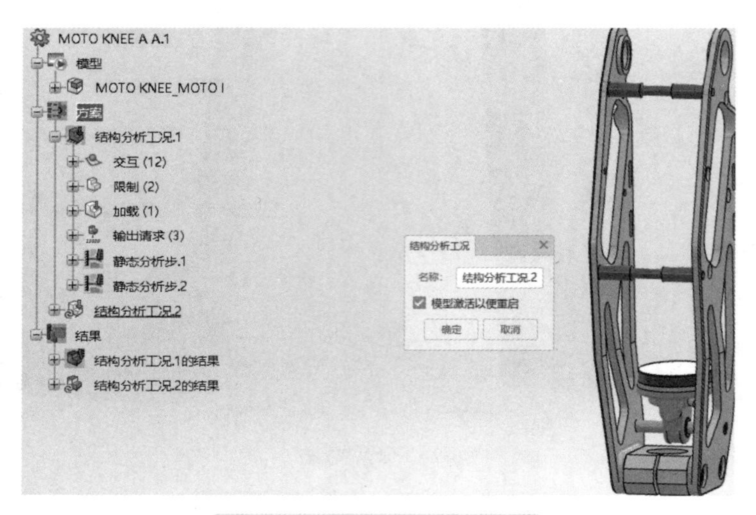

图 5-33　复制分析案例（续）

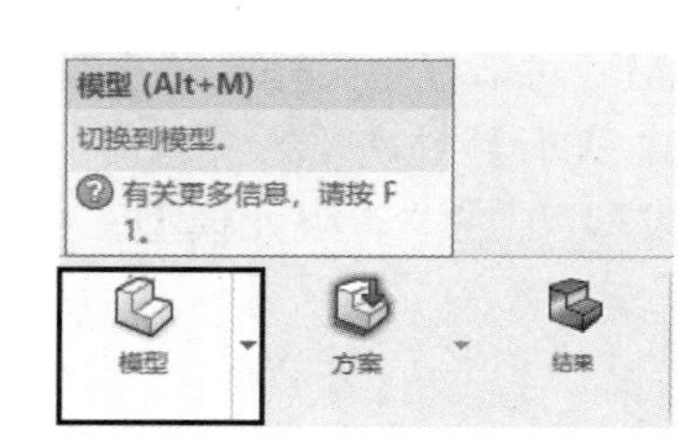

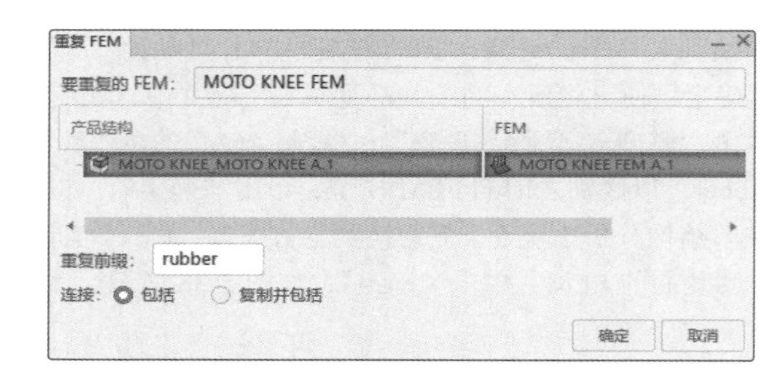

图 5-34　复制 FEM

在“特征管理器”中找到设定材料“Alloy Steel”的实体截面，右击选择“编辑”，在“实体截面”对话框中，“支持面”取消选中如图 5-36 所示圈中的零件，单击“确定”。

单击“属性”/“实体截面”，在“实体截面”对话框中，“支持面”选择如图 5-37 所示的零件，“材料”选择“橡胶压缩仿真 202104”，单击“确定”。

在“特征管理器”/“方案”中右击“全局元素类型分派.1”，选择“编辑”，在打开的“全局元素类型分派”对话框中，将网格单元改为“C3D20H”，单击“确定”，如图 5-38 所示。

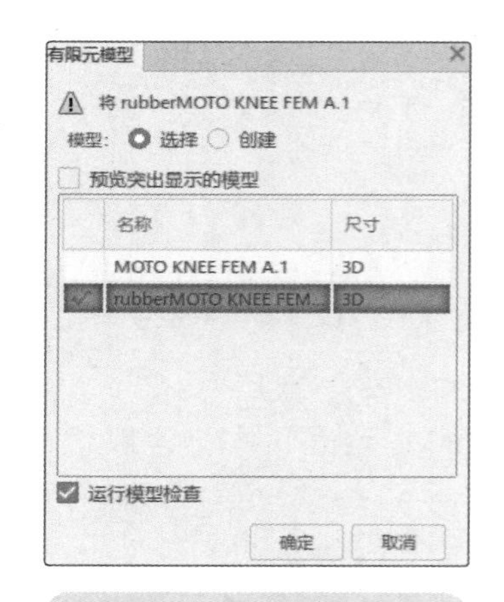

图 5-35　选择有限元模型

注意：如果模型中存在橡胶等不可压缩材料，需采用杂交单元。

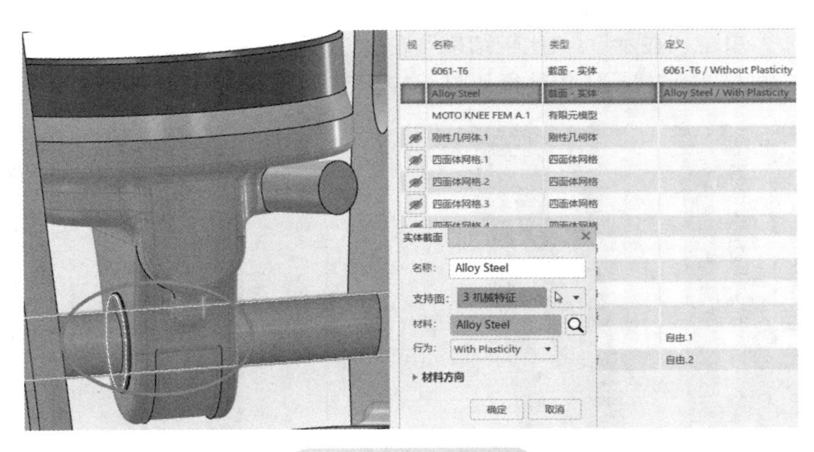

图 5-36　更换材料

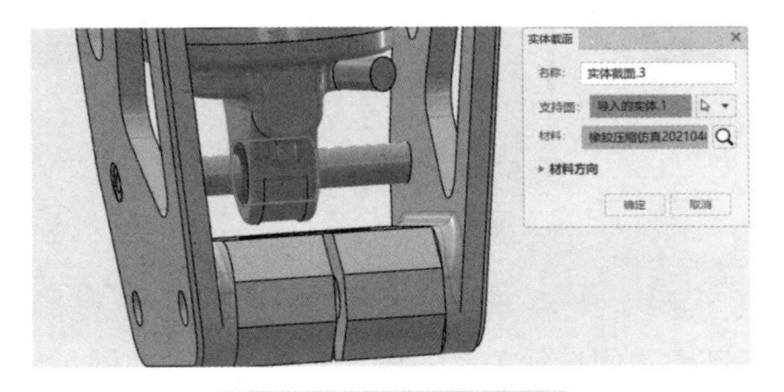

图 5-37　添加橡胶材料

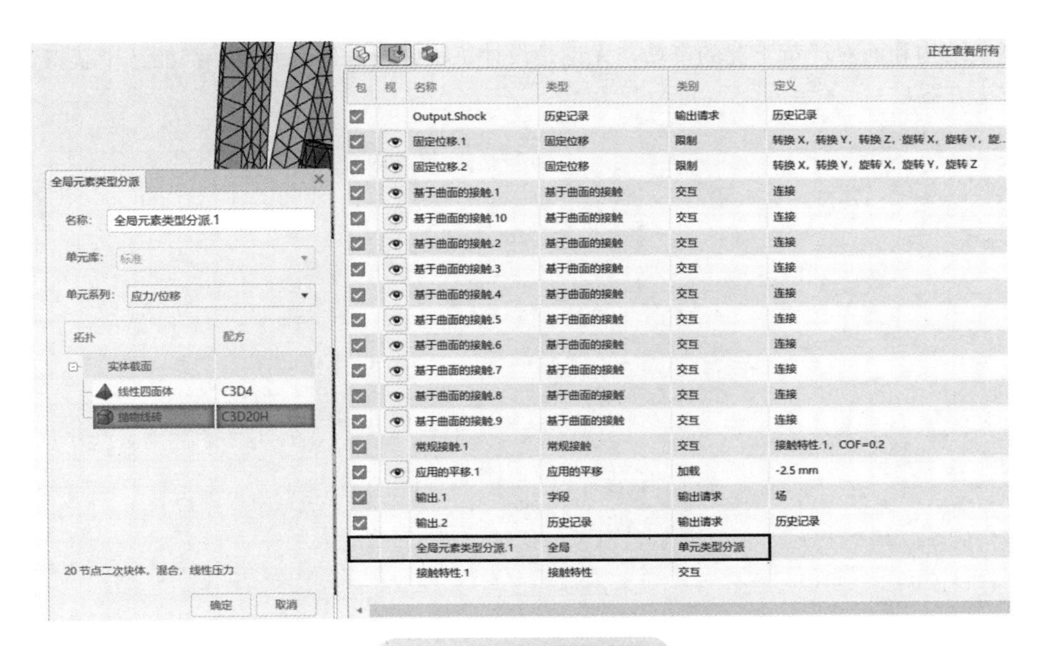

图 5-38　更改单元类型

其余步骤保持不变，提交计算得到结果。

计算完成后，单击“显示”/“比较结果”，在“比较结果”对话框中，选择“跨案例”和“等效应力.1”，单击“确定”，比较结果如图5-39所示。

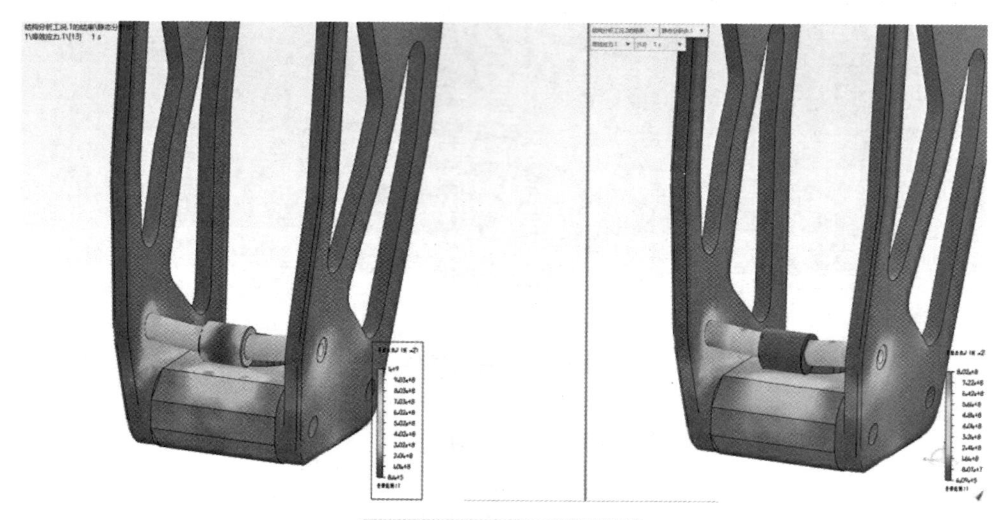

图5-39　比较结果（二）

5.5　小结

本章重点是装配体各部件之间接触关系的设定，以及如何在同一界面下快速比较产品不同仿真方案的结果。

3DEXPERIENCE SSU拥有丰富的单元、强大的接触算法以及人性化的操作界面，可以应用于复杂结构和面对严苛工况的产品，无论是设计工程师还是仿真专家，都能从中获得适合自己的解决方案。

第 6 章

热传导与热应力仿真

学习目标

1）传热学基本概念。

2）稳态热分析设置。

3）热应力分析设置。

4）瞬态热分析设置。

6.1 技术背景

在石油、化工、制冷、核能、动力、宇航等工业行业中，相关的部件在不同温度条件下，会存在相关的温度应力等情况。

通常在进行相应的温度应力分析时，首先需要考虑相关的稳态温度场或瞬态温度场的情况。热传递三大机理：热传导、热对流和热辐射。

1）热传导：在同一固体内存在一定的温度差，温度由高温向低温传递。有多个部件并且接触时，由温度高的部件传递到温度低的部件，这样的传递方式为热传递。

2）热对流：固体具有一定的温度，并放置在环境中（比环境温度高），固体表面同周边的流体（气体或液体）形成一定的能量交换，即为热对流。热对流分为自然对流和强制对流两种。自然对流是指部件放置环境中，因流体密度变化导致能量交换。强制对流是指部件放置环境中，采用风机或风扇来加强风速，并提高部件同流体发生能量交换。

3）热辐射：物体在一定温度下会以某种波（电磁波）的形式向外发生热能交换。任何物体都可以产生热辐射，并不依靠任何介质即可完成。

6.2 实例描述

图 6-1 所示为从完整的硅芯片结构中提取的一部分，该结构由一个基板和四个芯片组成。每个芯片产生最大为 0.2W 的热功耗。在 $t = 0$ 时热量从零值开始，并在 60s 后达到最大值 0.2W，热量通过对流从基板释放。硅芯片的热传导率系数随温度变化，对流系数（薄膜系数）为 25W/（$m^2 \cdot K$），总（环境）温度为 298.15K。由于双面对称特性，因此只分析模型的 1/4 部分。

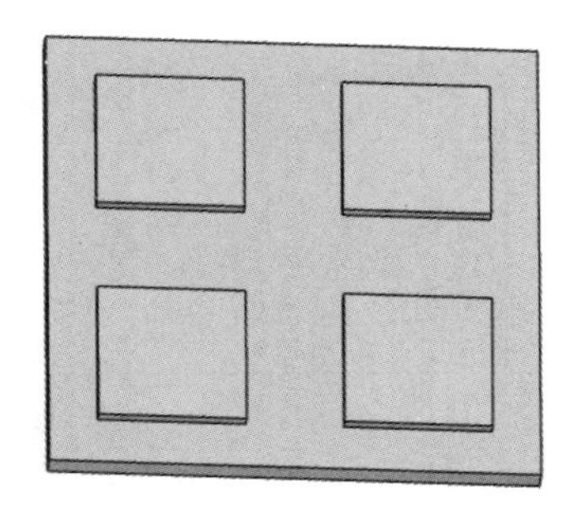

图 6-1　硅芯片结构

6.3 模型设置

接下来我们通过 3DEXPERIENCE SSU 云端仿真工具完成稳态和瞬态相关的热应力分析。

步骤 1 打开导入模型文件

从文件夹中导入“computer_chip.STEP”文件。单击“导入”，在弹出的“导入”对话框中选择 STEP 格式，选择相应的文件夹后单击“确定”，如图 6-2 所示。模型打开以后查看几何模型情况，如图 6-3 所示。

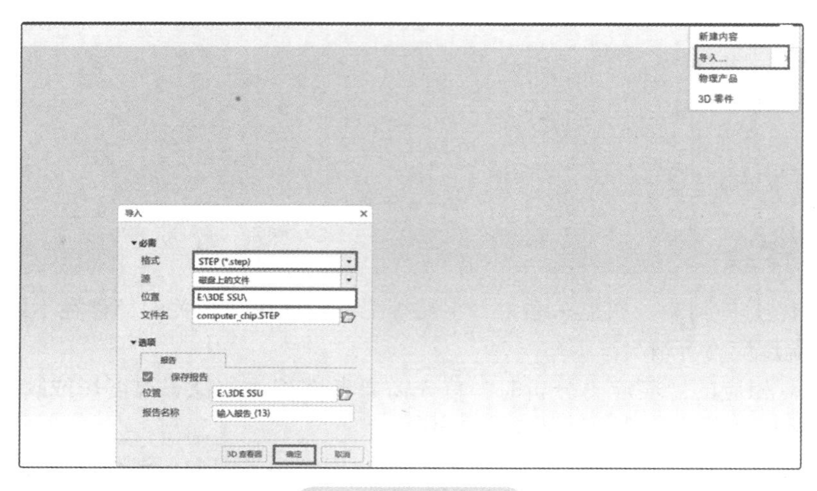

图 6-2 导入模型

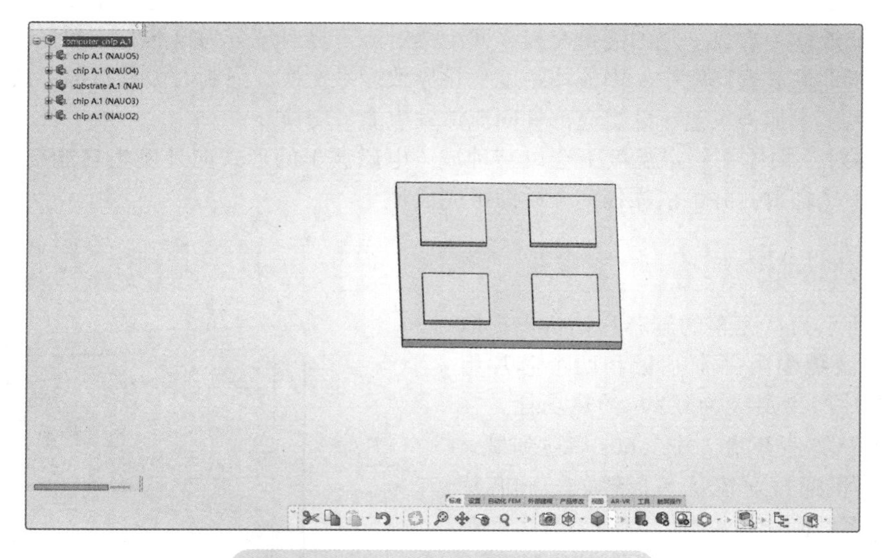

图 6-3 3DEXPERIENCE 模型打开

步骤 2 打开 SSU 分析模块

如图 6-4 所示，将结构模型进行热应力分析，打开 3DEXPERIENCE SSU 工具并选择相关的分析模块，弹出“仿真初始化”对话框，在该对话框中，“分析类型”选择“热 - 结构”模

块，进入热 - 结构分析界面，如图 6-5 所示。

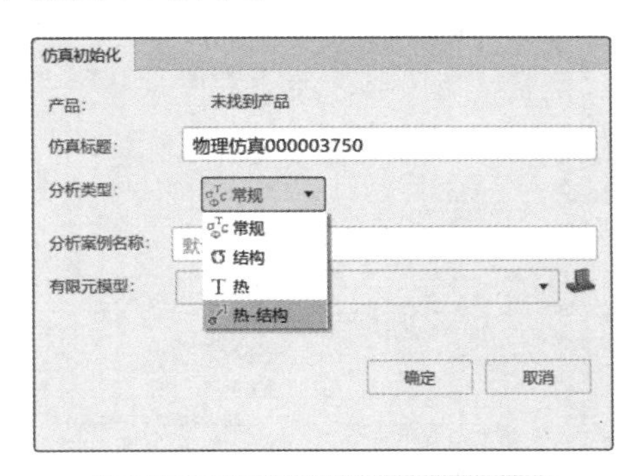

图 6-4　“热 - 结构”模块选择

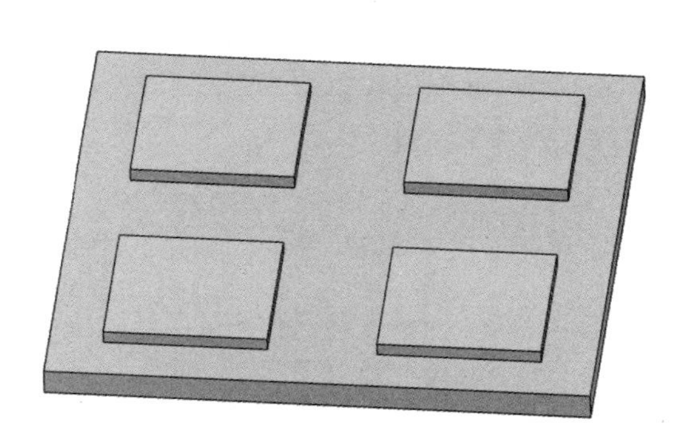

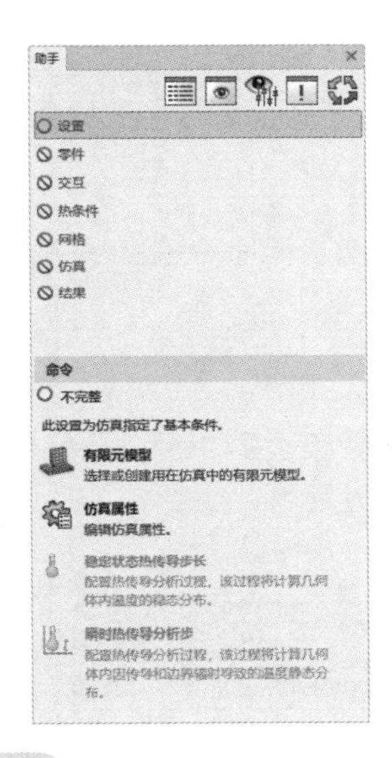

图 6-5　分析界面及助手工具栏

注意：如果仅仅需要分析温度场，选择“热”分析模块即可。

步骤 3　温度场分析设置

1）热分析求解分析设置。在热分析界面中，完成“设置”操作，即可通过先添加“有限元模型”再创建“稳态热传导分析步”。

单击“有限元模型”，在弹出的对话框中设置“名称”为“稳态热分析”，其余为默认设置，单击“确定”，如图 6-6 所示。

单击“稳态热传导分析步”，在弹出的对话框中保持默认操作，并单击“确定”，如图 6-7 所示。

如图 6-8 所示，在命令工具栏中单击“模型”，在“起作用的形状管理器”对话框中选中所有部件参与仿真，单击“确定”。

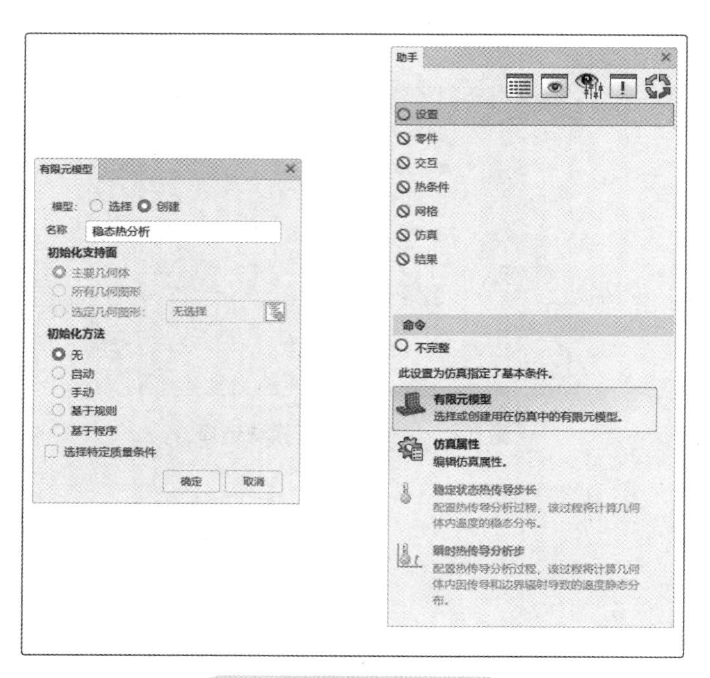

图 6-6　设置有限元模型

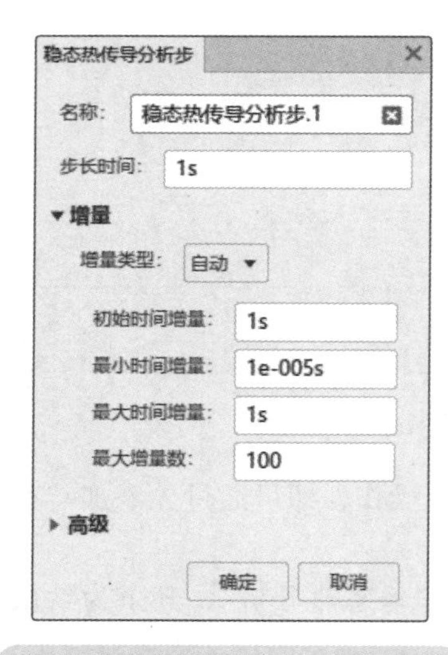

图 6-7　设置稳态热传导分析步

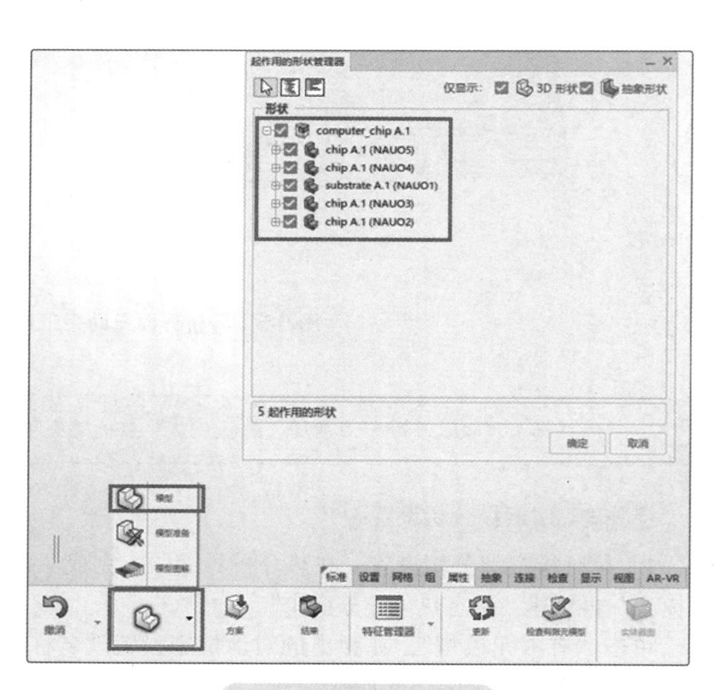

图 6-8　设置分析模型

2）零件设置。零件设置的主要作用是将几何模型添加不同的材料属性，用于分析中。将硅板和芯片材料赋予相应的几何模型中。

其中芯片的材料属性见表 6-1 和表 6-2。

表 6-1　芯片材料属性

属性	数值
弹性模量	$4.1e11N/m^3$
泊松比	0.3
质量密度	$1250kg/m^3$
热导率	见表 6-2
热膨胀系数	1e−6/K
比热容（c）	670J/（kg · K）

表 6-2　热导率温度相关性

温度 /K	热导率 /W·（m·K）$^{-1}$
100	390
150	260
200	195
250	156
300	130
350	110
400	98
450	87

硅板的材料属性：质量密度 $2300kg/m^3$，热膨胀系数 $1.08e^{-5}$/K，热导率 1.4949W/（m · K），比热容 877.96J/（kg · K）。

将材料属性添加到几何模型的步骤为，在“属性”菜单栏中单击“实体截面”，在弹出的对话框中选择相应的支持面及材料，如图 6-9 所示。

用同样的操作步骤，完成硅板结构的材料属性赋予。

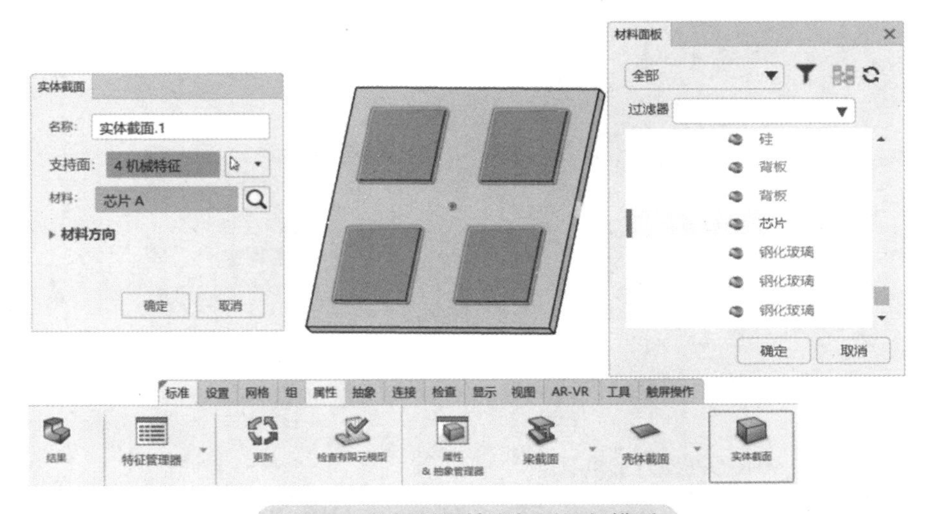

图 6-9　将材料属性添加到几何模型

3）交互设置。如图 6-10 所示，单击助手工具栏中的“交互”命令，将跳转到交互设置，单击“接触特性”，在弹出的对话框中选中“指定传导特性选项”复选框，其余默认并单击“确定”。

完成“接触特性”设置后，选择“基于曲面的接触”，在弹出的对话框中选取两对接触面，其中“主”面选取硅板上表面，“次要”面选取 4 个芯片底部面，其余默认并单击“确定”，如图 6-11 所示。

4）热边界条件设置。在“热条件”命令下，单击“初始温度”并在弹出的对话框中设置温度为 298.15K，单击“体积热源”，在弹出的对话框中选定 4 个芯片为支持面，“热量”选择“总数”，设定值为 0.8W，如图 6-12 所示。

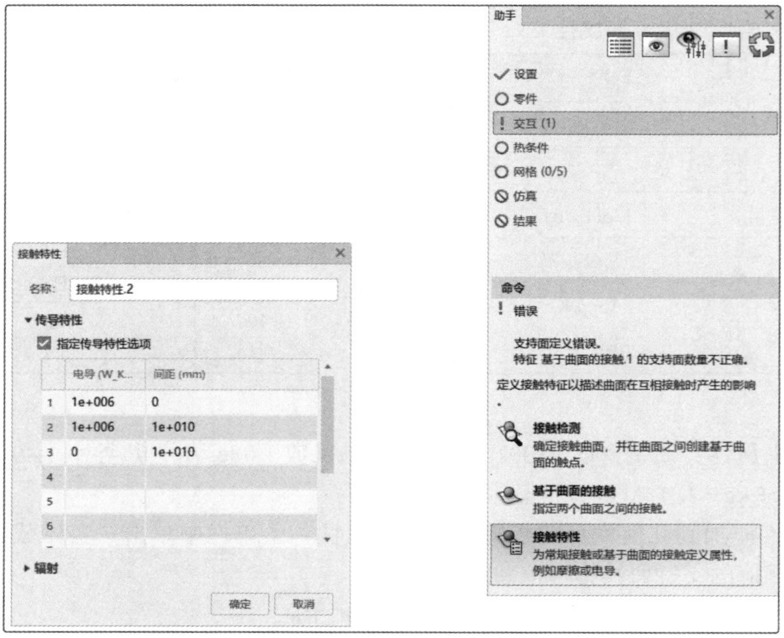

图 6-10　设置接触特性

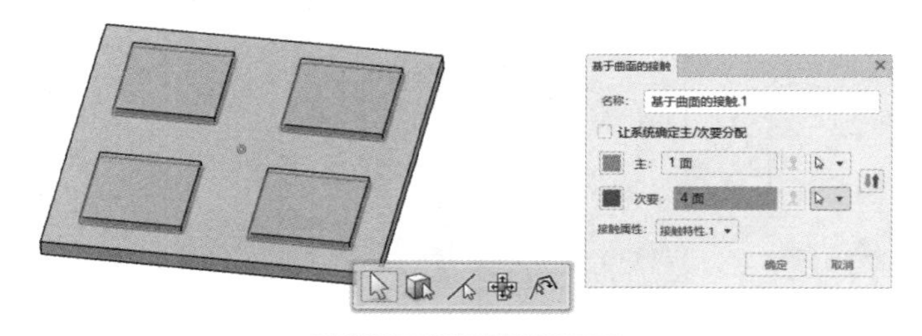

图 6-11　设置接触面

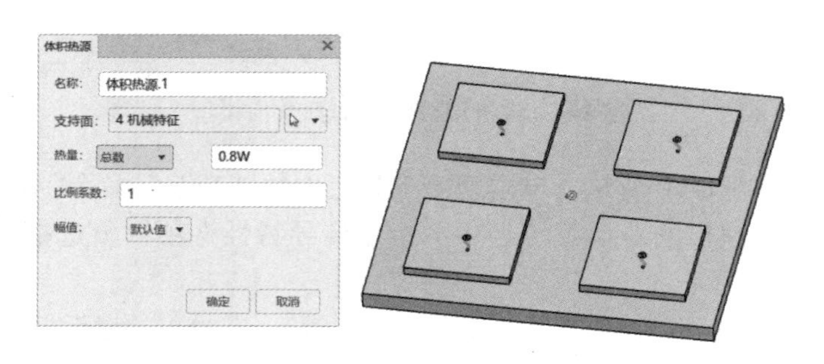

图 6-12　设置体积热源

设置对流换热系数。在助手工具栏中单击“热条件”/“镀膜条件”，如图 6-13 所示，在弹出的对话框中选择与空气接触的两个壁面（图 6-13 所示的两个边面）为支持面，并设置“镀膜系数”为“25W_Kdeg_m2”，“参考温度”为“298.15Kdeg”。

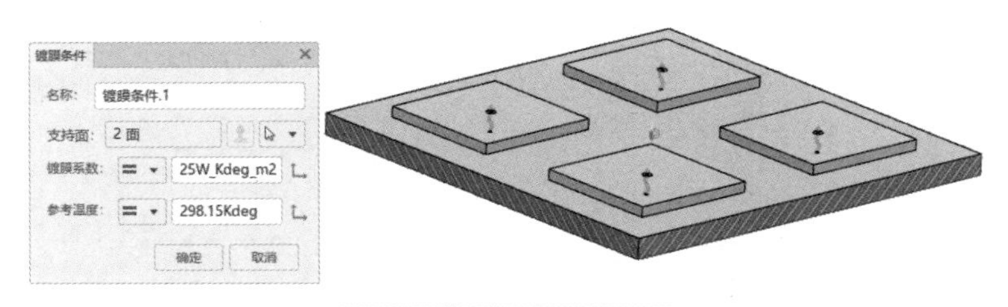

图 6-13　设置镀膜条件

5）网格划分。在“网格”命令栏中，单击“扫描 3D 网格”并在弹出的对话框中选取其中一个芯片上表面为支持面，“元素顺序”选择六面体，“网格大小”为“0.5mm”，“分布”栏中的“层数”为“4”，其余默认设定，单击“网格”，完成划分之后单击“确定”即可完成一个芯片的网格划分，如图 6-14 所示。

重复上面的操作及参数，依次完成剩余的 3 个芯片及硅板结构网格划分。

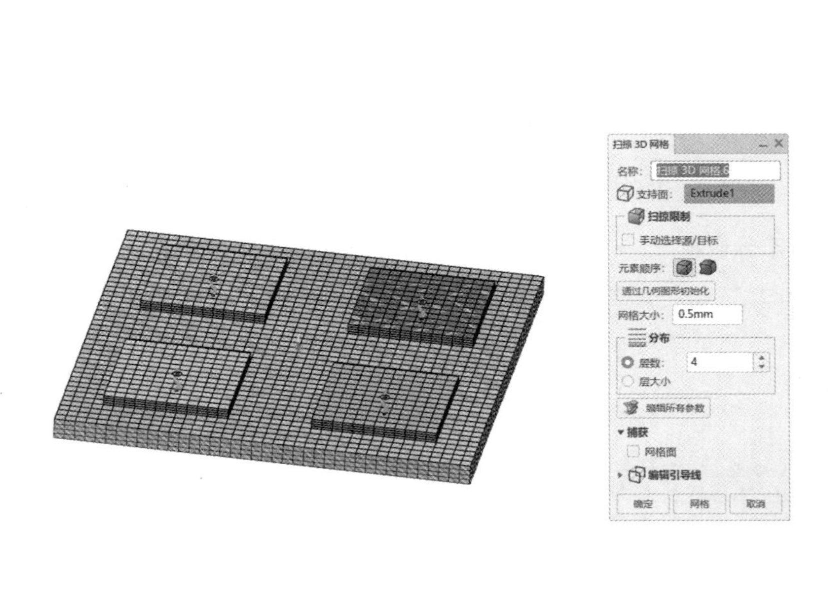

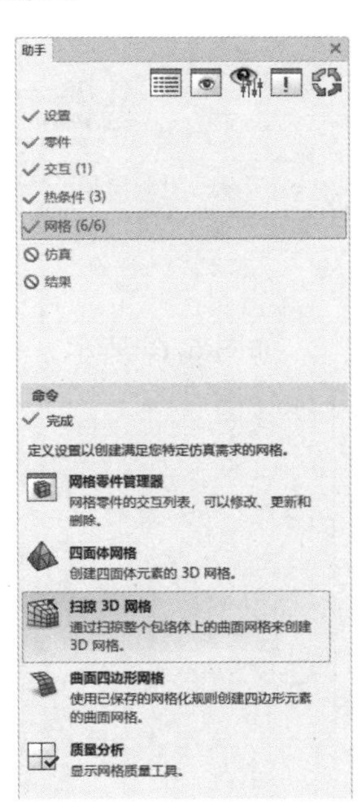

图 6-14　网格划分

步骤 4　结构分析设置

完成步骤 3 的温度场分析设置后，单击助手工具栏中的“设置”，并在图形框中将“热分析案例 .1”调整成“结构分析工况 .1”即可跳转到结构分析界面，如图 6-15 所示。

在结构分析界面中，会自动沿用温度场中的“材料”及“网格”，因此这两步设置直接跳过进行下一步分析设置。

1）结构分析设置。在结构分析界面中，完成“设置”操作。可通过添加“有限元模型”并在弹出的对话框选择步骤 3 中创建的有限元模型“稳态热分析”并单击“确定”。

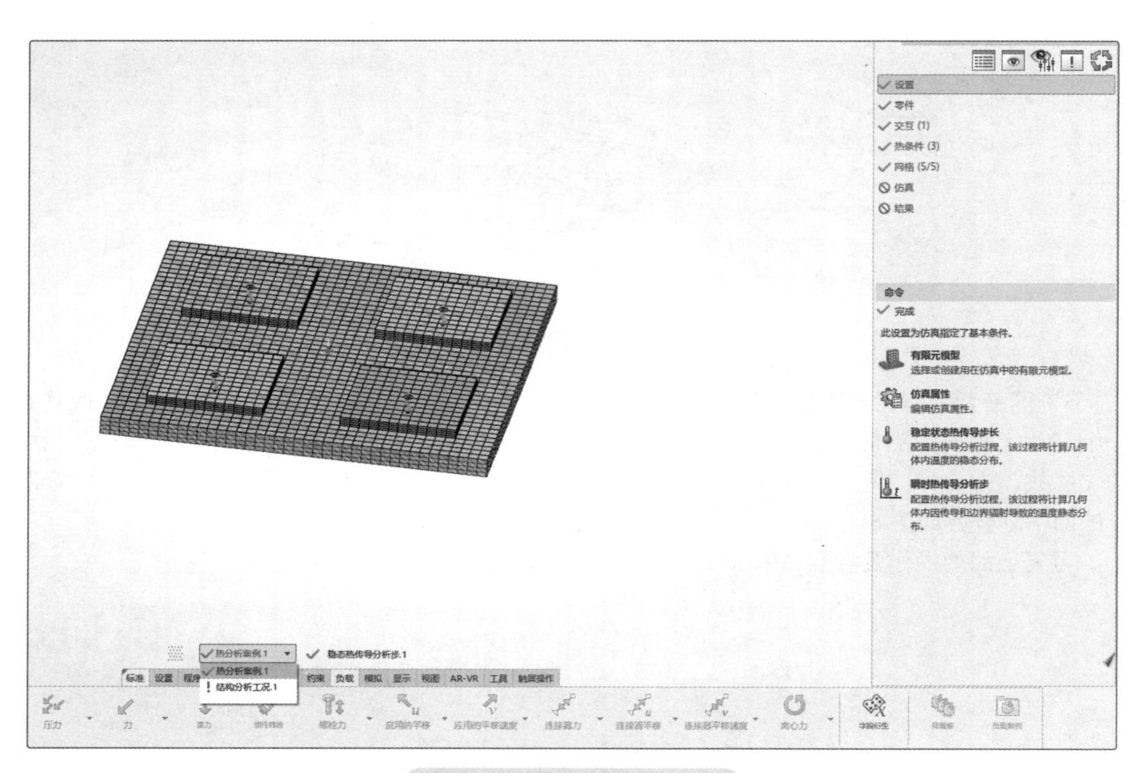

图 6-15　分析界面转换设置

如图 6-16 所示，单击“静态分析步”，在弹出的对话框中保持默认设置，并单击“确定”。

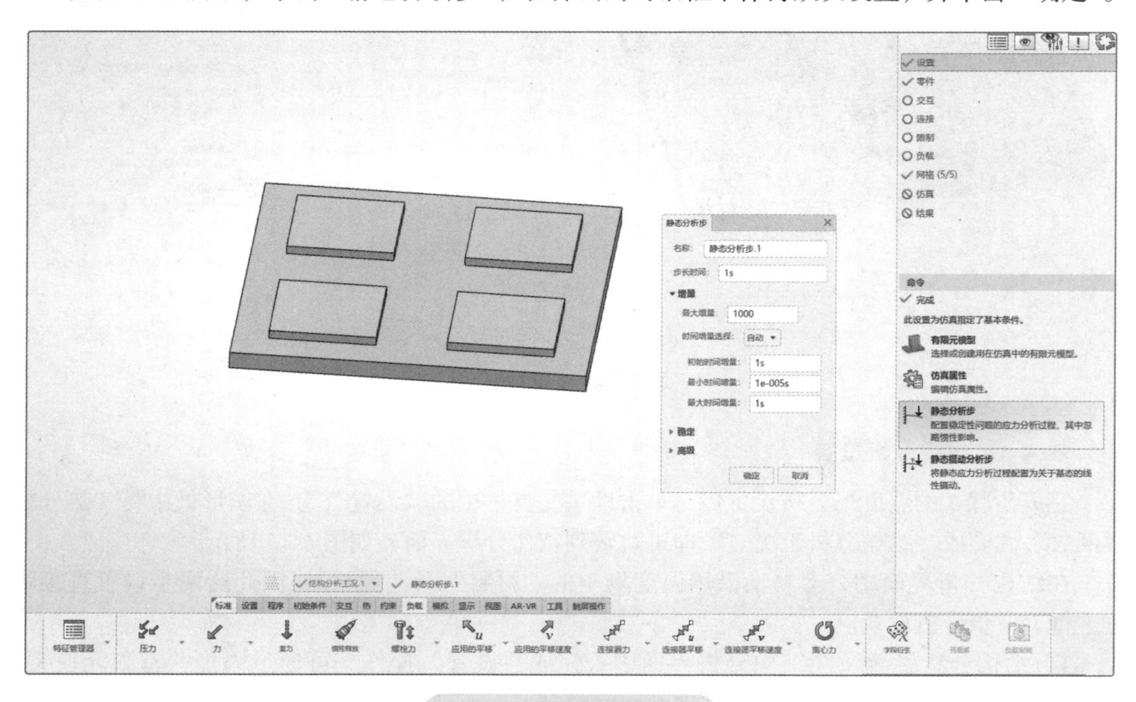

图 6-16　结构分析设置

2）连接设置。如图 6-17 所示完成芯片结构的绑定接触设置，在“连接”命令下选择“接点”，在弹出的对话框中选择“主”面为硅板上表面，“次要”面为芯片的四个底面，其余默认设置并单击“确定”。

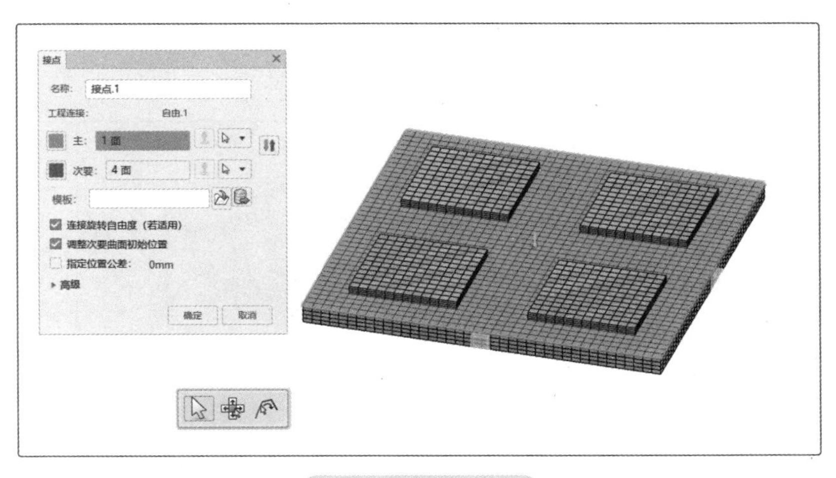

图 6-17 连接设置

3）约束设置。单击助手工具栏中的“平面对称”，依次选择两个侧面，将其设置为对称面，在弹出的对话框中默认设置即可。如图 6-18 所示，在对称面上出现白色透明立方体即完成设置。

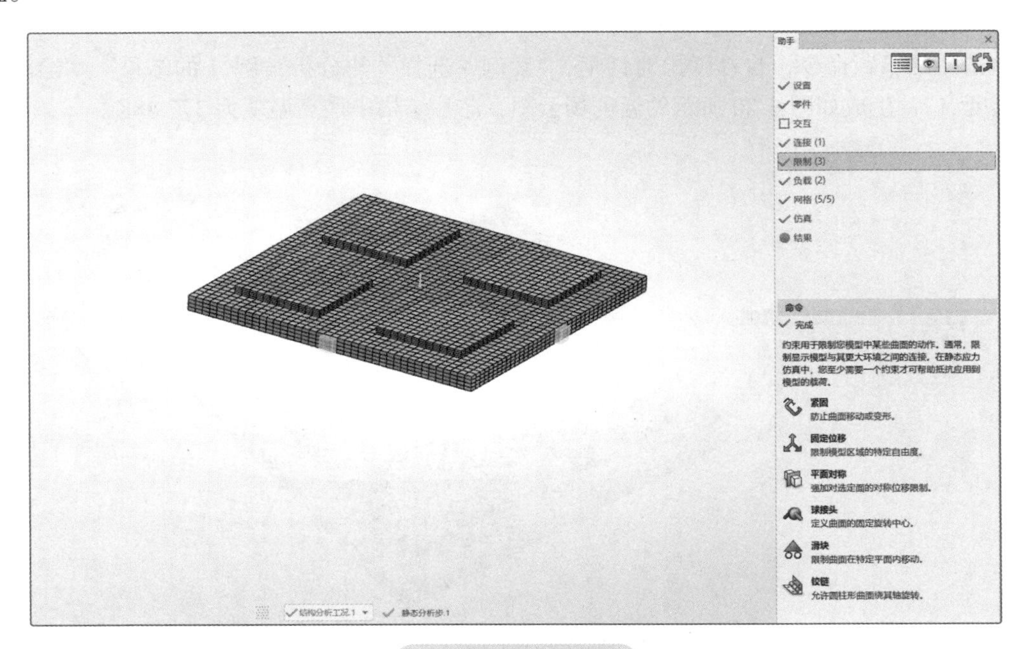

图 6-18 约束设置

完成对称设置之后，单击“固定位移”，并在弹出的对话框中选择硅板底部面为支持面，并在对话框中限制其在 Z 轴上的位移，即可完成约束设置。

4）负载设置。完成以上步骤后，继续单击“负载”命令，仅需设置“初始温度”和“规定温度”。在“初始温度”对话框中设置温度为 298.15K，在“规定温度”对话框中选择默认设置即可。

步骤 5　运行仿真

完成温度场分析设置和结构分析设置后即可单击“模拟”求解计算，可在如图 6-19 所示的“仿真状态”对话框中可查看相关的计算进度信息及报错信息。

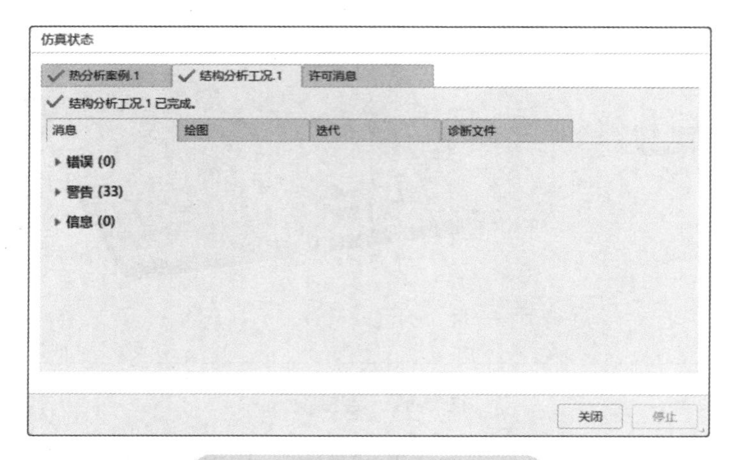

图 6-19　“仿真状态”对话框

6.4　结果解读

单击“结果”命令，自动弹出对话框，“案例”选择“热分析案例 .1 的结果”，“绘图”选择“温度 .1”，生成如图 6-20 所示的温度场云图，芯片结构中最高温度为 377.88K。

图 6-20　温度场云图

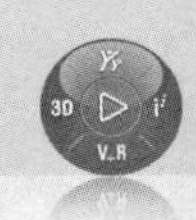

“案例”选择“结构分析工况 .1”，“绘图”分别选择“位移 .1”以及“等效应力 .1”，生成的位移云图如图 6-21 所示，生成的等效应力云图如图 6-22 所示。

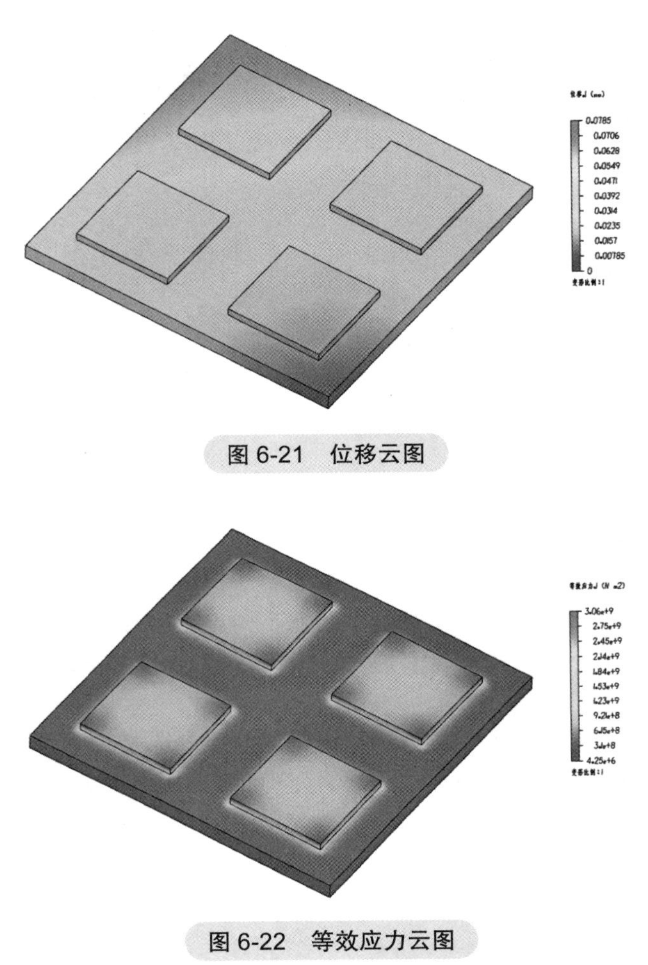

图 6-21　位移云图

图 6-22　等效应力云图

6.5　小结

本章主要介绍了在 3DEXPERIENCE SSU 中进行热传导和热应力分析的操作流程，展现了 3DEXPERIENCE SSU 中强大的热力耦合仿真能力。本章主要介绍了稳态分析，读者可以尝试使用瞬态方式进行热力耦合仿真。

第 7 章 模态仿真

学习目标

1）模态与特征值基本概念。
2）频率分析的流程。
3）组的设置与使用。
4）装配体的模态仿真设置。

7.1 技术背景

7.1.1 模态分析基础

模态分析是指求解多自由度系统的模态振型及振动频率的过程。一般来说零部件都有其振动频率，称为固有频率，这些频率有其相关联的振动。振型是指系统在系统的固有频率下振动，系统位移所具有的形状。每个固有频率对应一个振型，每个固有频率即一个特征值，而振型就是特征值对应的特征向量。

模态分析可以简单地分为无约束的模态分析（自由模态分析）以及有约束的模态分析。动力学分析中的模态分析是基于模态叠加法的频响分析、随机振动分析、响应谱分析等振动分析的基础。

注意：无约束模态分析前 6 阶频率的值是 0 或者几乎趋近于 0，因为前面 6 阶次对应刚体运动，可以认为弹性变形无穷小，因此变形能无穷小，频率接近于 0。

7.1.2 特征值

假如不考虑外部阻尼及材料阻尼，固有频率的特征值提取为

$$\boldsymbol{M}\ddot{u} + \boldsymbol{K}u = 0 \tag{7-1}$$

但是实际上无阻尼的情况很少，有时候只能忽略一些影响比较小的阻尼，加上阻尼的固有频率无阻尼的特征值提取为

$$\boldsymbol{M}\ddot{u} + \boldsymbol{C}\dot{u} + \boldsymbol{K}u = 0 \tag{7-2}$$

式中，$\boldsymbol{M}$ 为质量矩阵；$\boldsymbol{C}$ 为阻尼矩阵；$\boldsymbol{K}$ 为刚度矩阵；u 为节点位移。

7.2　实例描述

本实例的模型是汽车制动系统中的刹车盘组件，其由“旋转盘”“摩擦块”“隔热绝缘片”及“背板”组成，如图 7-1 所示。制动系统是汽车的主要部件，直接关系到汽车内人员的驾驶安全，汽车刹车时产生的共振或噪声也是需要避免的。

刹车时，制动卡钳对摩擦块施加 500000N/m^2 的压力，在制动过程中刹车盘的角速度为 5rad/s，摩擦块与刹车盘之间的摩擦系数为 0.3。下面将分析刹车盘组件在制动工况情况下的振动频率。

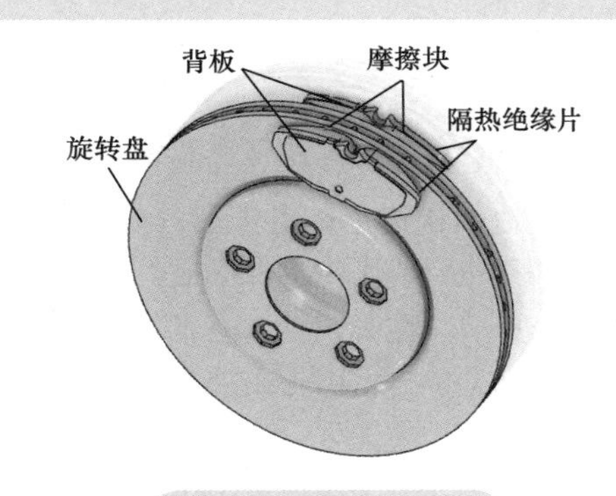

图 7-1　刹车盘组件

注意：本章实例用于介绍包含接触的装配体模态仿真的基本流程，若用户还需要考虑制动系统尖叫噪音问题，需要使用复合频率分析步（复模态分析步）进行后续的仿真分析。

7.3　模型设置

首先做一个刹车盘组件结构的应力分析，查看结构在工况情况下的应力分布情况，然后再做频率的分析。

步骤 1　导入 3DXML 文件

在 3DEXPERIENCE SSU 角色下，单击“Mechanical Model Creation”APP 启动模型导入界面。在界面上单击➕，单击“导入”，如图 7-2 所示。在“导入”对话框的“格式”中选择“带创作的 3DXML（*.3dxml）”，“文件名”选择第 7 章文件夹中的“ws_brake_squeal_assembly.3dxml”文件，在“选项”下面选中“作为参考”复选按钮，其他选项默认，最后单击“确定”导入文件，如图 7-3 所示。

图 7-2　导入 3DXML 文件

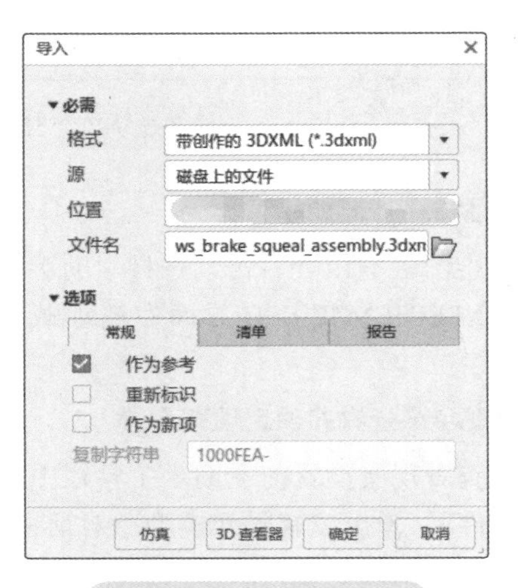

图 7-3　“导入”对话框

在文件导入后弹出“操作报告”对话框，并且可以看到提示导入成功，如图 7-4 所示。最后单击“确定”即可。这时模型已经导入成功。

图 7-4 “操作报告”对话框

步骤 2　启动仿真及保存算例

在左边结构树上单击模型后再单击罗盘，在 3DEXPERIENCE SSU 角色下面找到“Mechanical Scenario Creation”APP 并单击，如图 7-5 所示。在弹出的“仿真初始化”对话框中的“仿真标题”中输入“Brake squeal assembly”，“分析类型”选择“结构”，其他默认，单击“确定”进入仿真环境，如图 7-6 所示。按快捷键 <Ctrl+S> 或单击 3DEXPERIENCE SSU 右上角保存模型。

注意：此方法是启动仿真角色的简便方法，其他方法可以见第 1 章内容。

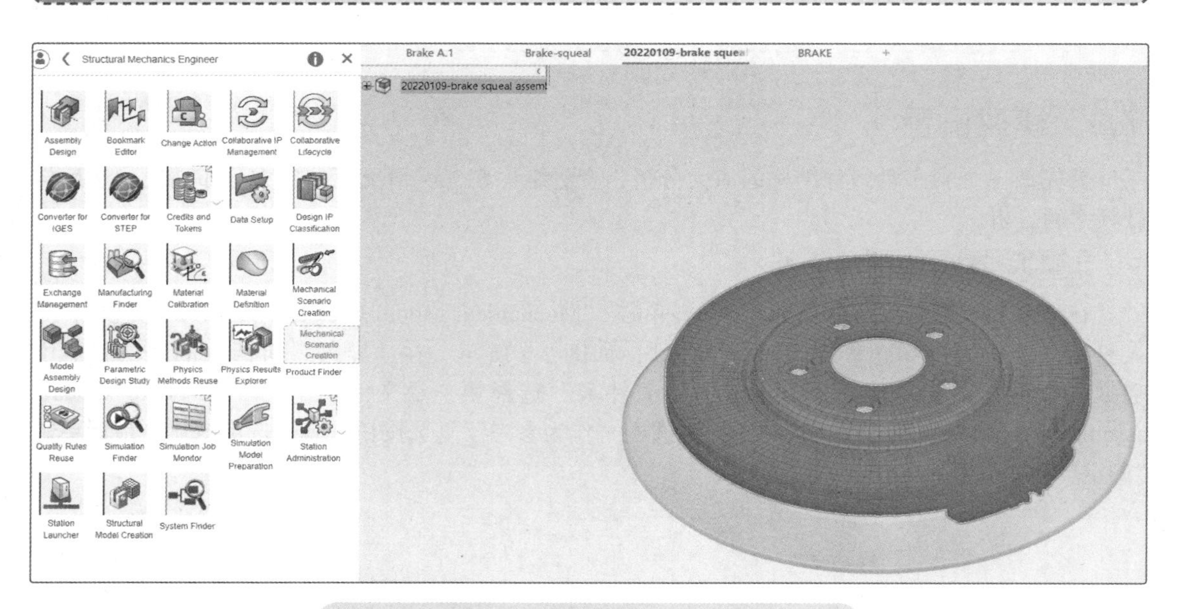

图 7-5 启动 3DEXPERIENCE SSU 仿真 APP

步骤 3　打开助手工具

在绘图区空白处右击，选择“助手”，在 3DEXPERIENCE SSU 界面右侧加载助手工具栏。

步骤 4　查看并确定现有设置

在查看现有设置前在助手工具栏中单击“零件”，弹出“有限元模型”对话框，单击选中有限元模型，最后单击“确定”，如图 7-7 所示。

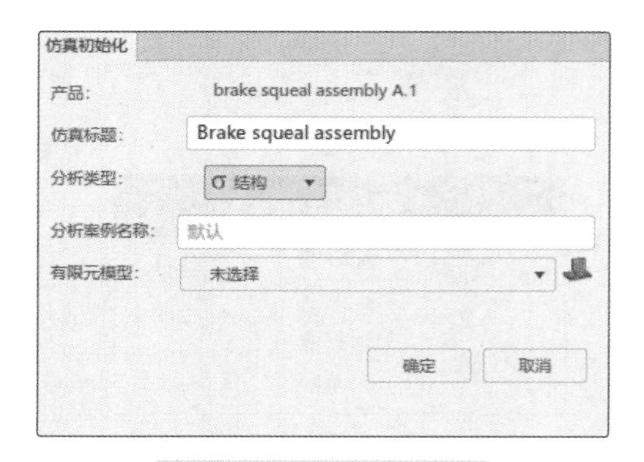

图 7-6 仿真初始化设置

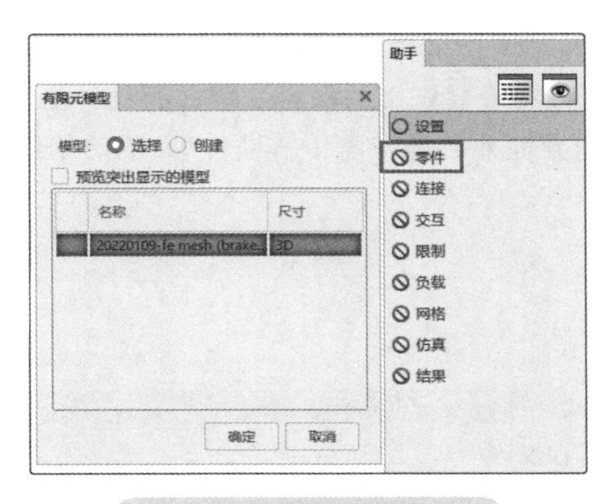

图 7-7　有限元模型的设置

1）查看组的设置。在命令工具栏“组”下单击“组管理器”，如图 7-8 所示，查看组的设置。

注意：组的设置主要是为后续模型相关设置选择带来方便，如接触面组的设置、结果输出集合的选择等。所以添加分析属性需要选择多个元素时，可以把需要选择的多个元素设置为组，为后续选取操作带来方便。

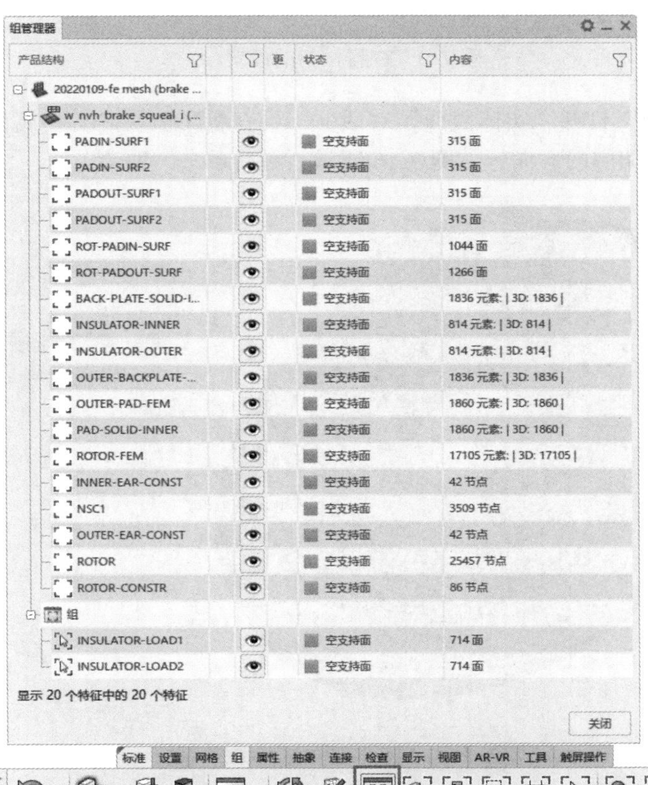

图 7-8　查看组的设置

2）查看材料的设置。在绘图区的空白区域右击，选择“特征管理器”，如图 7-9 所示，在模型下双击实体截面就可以查看其定义的材料。所有的材料都定义为线弹性，除摩擦块是摩擦材料，材料性能是各向异性外，旋转盘（铸铁件）、隔热绝缘片和背板都是各向同性的材料。

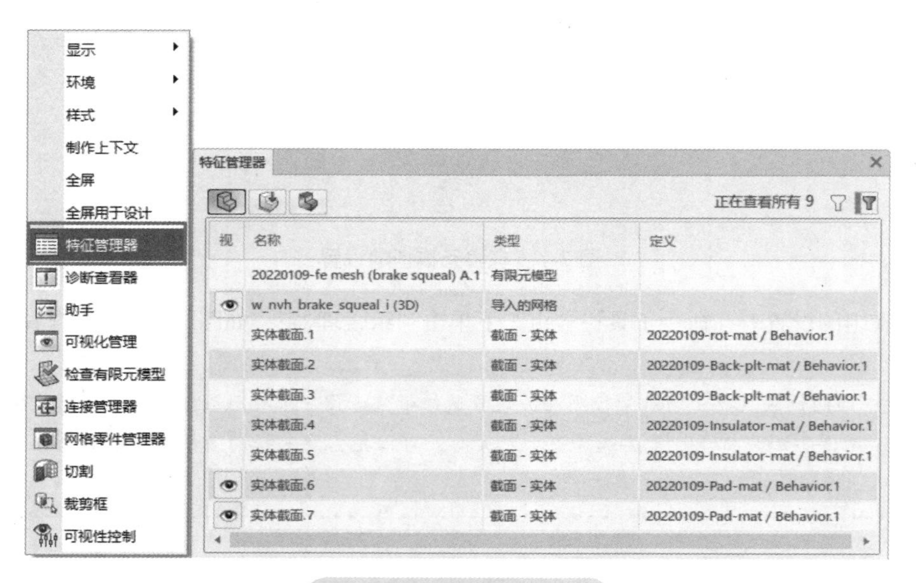

图 7-9　查看材料的设置

双击“实体截面 .7”打开“实体截面”对话框，可查看摩擦块的材料属性。因为其是各向异性材料，所以指定了相应的方向，如图 7-10 所示。最后单击“取消”。

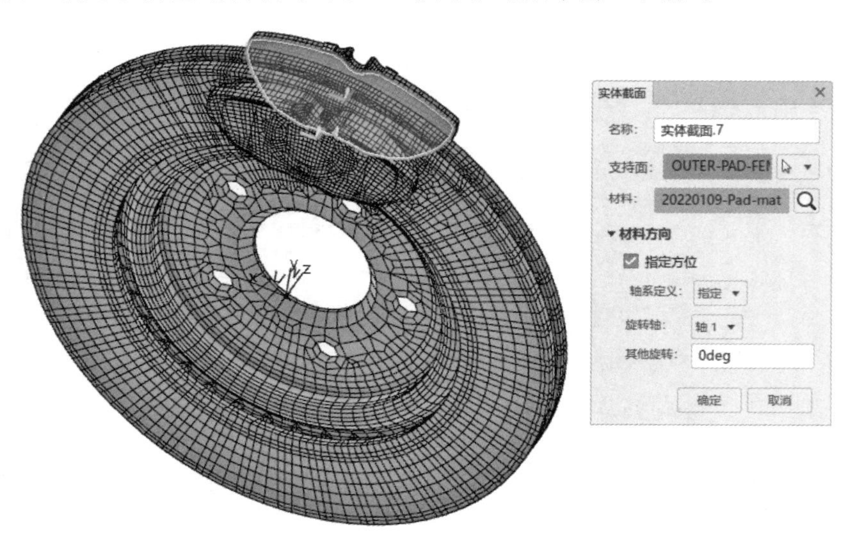

图 7-10　实体截面材料属性

3）查看网格的设置。通过命令工具栏“检查”下的“质量分析”可以查看网格零件的质量及连接，如图 7-11 所示。最后单击“关闭”。

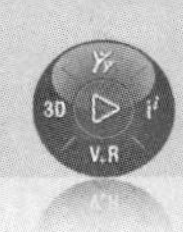

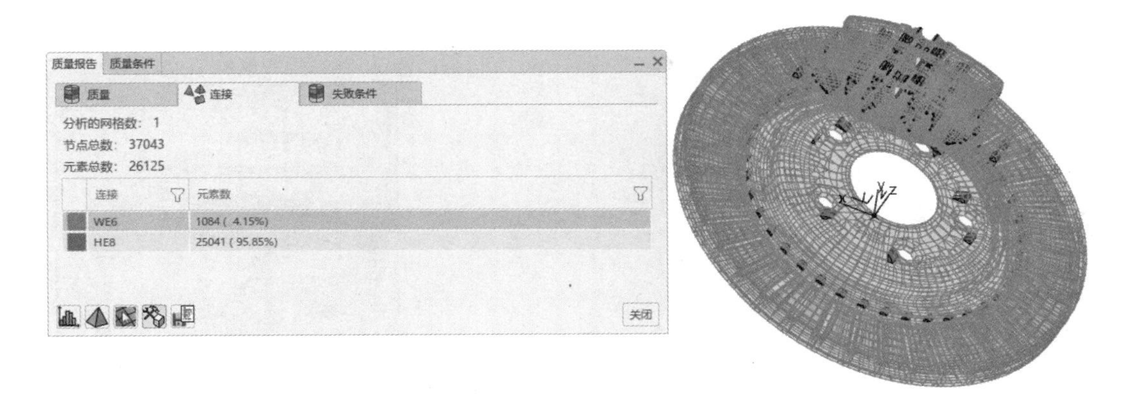

图 7-11　查看网格的设置

步骤 5　静态分析步的设置

在命令工具栏“程序”下面单击“静态分析步”，在“静态分析步”对话框中展开“高级”选项，确保选中“包括几何非线性”复选按钮，其他选项默认，如图 7-12 所示。最后单击“确定”完成静态分析步的设置。

注意：当“静态分析步”对话框中的“时间增量选择”为“自动”时，其“初始时间增量”可以默认设置为 1s，与定义的“步长时间”不冲突，算例会根据实际情况进行时间增量的分配；当“时间增量选择”为“手动”时，“初始时间增量”就最好不要设置为 1s，可以根据实际情况进行定义。

步骤 6　交互及接触的设置

先定义一个无摩擦接触特性（Interactions Property），作为后续定义接触的属性。在命令工具栏“交互”下单击“接触特性（Interactions Property）”，在打开的“接触特性”对话框中将“名称”重命名为“PAD-ROTOR”，其他采用默认设置，如图 7-13 所示。

接着定义摩擦块与旋转盘之间的接触，因为摩擦块有前后两块，并且中间有分割，所以应定义四个一样的接触。

在命令工具栏“交互”下单击“基于曲面的基础”，在打开的“基于曲面的接触”对话框中，“主”面选择“选择方法”后再单击“组”，选择旋转盘与摩擦块接触的旋转盘上区域“ROT-PADIN-SURF”。“次要”面选择“选择方法”后单击“组”，选择旋转盘与摩擦块接触的摩擦块上区域“PADIN-SURF1”，“接触属性”选择“PAD-ROTOR”。展开“高级”选项，“离散方法”选择“节点到曲面”，并且选中“使用小滑移近似值”复选按钮，其他选项默认设置。最后单击“确定”，如图 7-14 所示。

用同样的方式定义旋转盘与摩擦块其他三个面的接触，见表 7-1。

因为是模拟刹车盘工况的情况，所以除了上述非摩擦接触属性定义外，还要定义基于切线行为的摩擦属性。在命令工具栏“交互”下单击“切线行为覆盖”，在打开的“切线行为覆盖”对话框中，“接触属性”选择“PAD-ROTOR”，“摩擦系数”为 0.3，其他选项默认，最后单击“确定”，如图 7-15 所示。

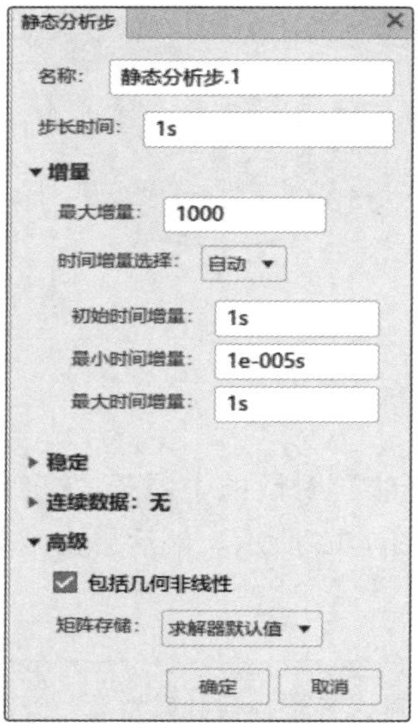

图 7-12　静态分析步的设置

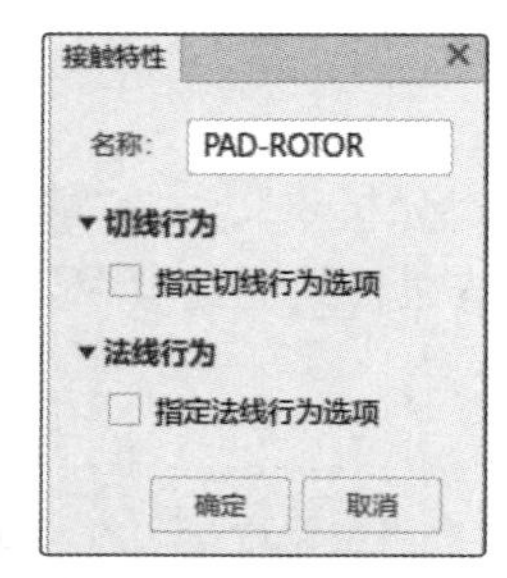

图 7-13　接触特性的设置

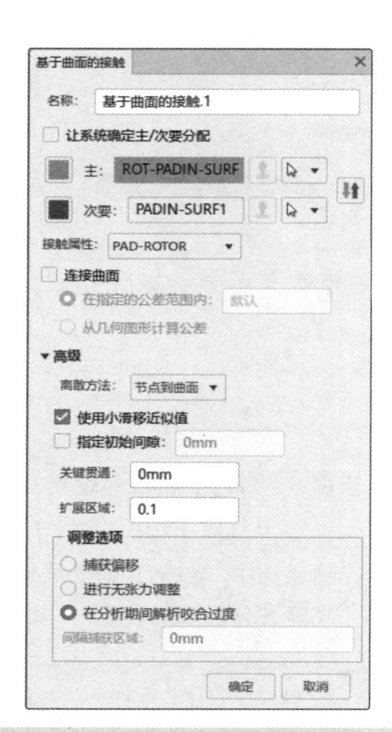

图 7-14　旋转盘与摩擦块接触的设置

表 7-1　旋转盘与摩擦块接触的主面及次要面

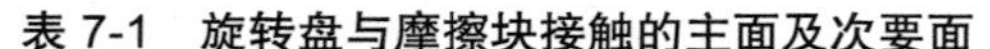

主面	次要面
ROT-PADIN-SURF	PADIN-SURF2
ROT-PADOUT-SURF	PADOUT-SURF1
ROT-PADOUT-SURF	PADOUT-SURF2

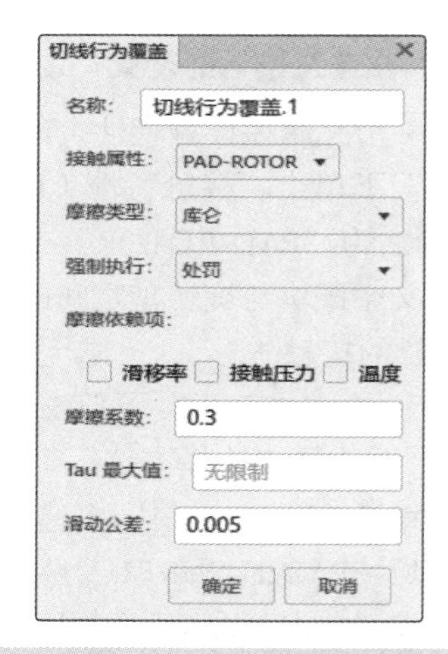

图 7-15　基于切线行为的摩擦设置

注意：切线行为覆盖因为只是添加一个旋转盘与摩擦块切线方向的摩擦系数，所以这个摩擦系数也可以在接触特性中进行定义，其计算结果值相同。

步骤 7　约束的设置

在工况情况下，旋转盘是通过螺栓连接在其他零件上，卡钳组件有垂直于旋转盘的运动进行刹车，在 *X* 及 *Y* 方向没有相应的位移。在命令工具栏“约束”下单击“固定位移”，在“固定位移”对话框中，“支持面”选择“组”，然后下拉单击选中“INNER-EAR-CONST”，“平移”选中“X”“Y”复选按钮，其他选项默认，最后单击“确定”，如图 7-16 所示。同样操作添加另外一个卡钳组件和旋转盘的约束，见表 7-2。

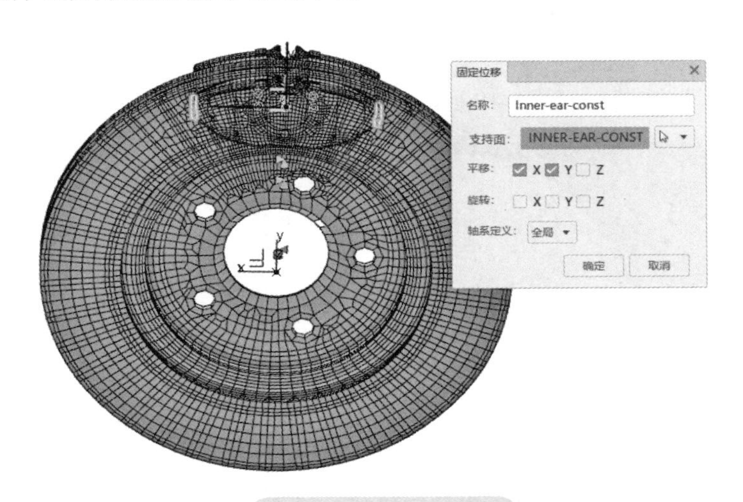

图 7-16　约束的设置

表 7-2　旋转盘与卡钳约束的定义

组（Group）	固定位移
OUTER-EAR-CONST	X，Y
ROTOR-CONSTR	X，Y，Z

步骤 8　负载的设置

根据工况，刹车时卡钳上有 500000Pa 的压力作用在卡钳上。在命令工具栏“负载”下单击“压力”，在“压力”对话框中，“支持面”选择“组”中的“INSULATOR-LOAD1”，“压力”为 500000Pa。其他为默认选项，最后单击“确定”，如图 7-17 所示。

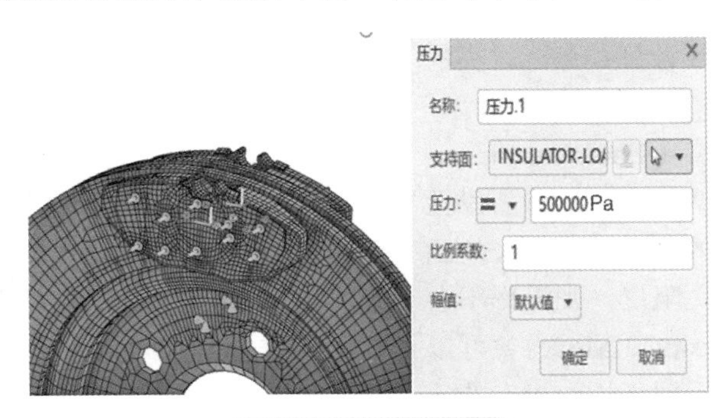

图 7-17　压力设置

使用同样的方法在卡钳的另外一边加载同样大小的压力，支持面的名称为“INSULATOR-LOAD2”。

注意：负载或载荷是有方向的，假如需要反方向，在数值前加“–”负号即可完成方向设定。

在此工况下制动盘有转动速度，所以需要再定义一个滑动速度，在命令工具栏“预定义字段”下单击“滑动速度”（Sliding Velocity），在“滑动速度”对话框中，“支持面”选择“组”中的“ROTOR”，“类型”选择“旋转”，“旋转轴”选择旋转盘中心显示的 Z 轴，“旋转速度”为 5rad/s，最后单击“确定”，如图 7-18 所示。

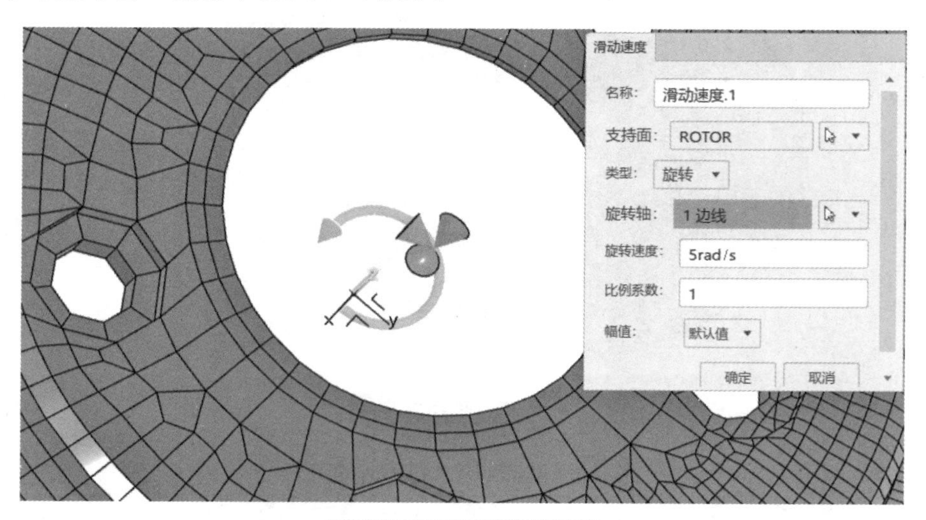

图 7-18　滑动速度设置

步骤 9　频率分析步的设置

在命令工具栏“程序”下单击“频率分析步”，在“频率分析步”对话框中，“求解器类型”选择“Lanczos”，“模式数”为“15”，其他为默认选项，最后单击“确定”，如图 7-19 所示。

我们也可以根据需求计算某范围之类的频率，可以在“最小频率”及“最大频率”中填入数值。阻尼投影（Damping Projection）可以在自然频率提取分析步中投影黏性和结构阻尼，用于后续的稳态动态步长的运算。如果未在模型中定义阻尼，则投影不会被执行。剩余模式（Residual Modes）可以根据前面的静态、线性摄动步长中指定的负载来计算和包括残差模式。

图 7-19　频率分析步设置

> 注意：频率分析步求解器类型中 Lanczos 及自动多级子结构化（AMS）两种求解器的解算结果精度相差在 1% 以内。区别在于，Lanczos 求解器是默认的特征值提取方法，具有最通用的功能，但是对于大规模模型，Lanczos 方法通常比 AMS 方法慢。当需要大量特征模式用于具有多个自由度的系统时，AMS 特征求解器解算速度比 Lanczos 提升的更明显。

步骤 10　运行仿真

在助手工具栏中单击“仿真”/“仿真”，提交运算，如图 7-20 所示。

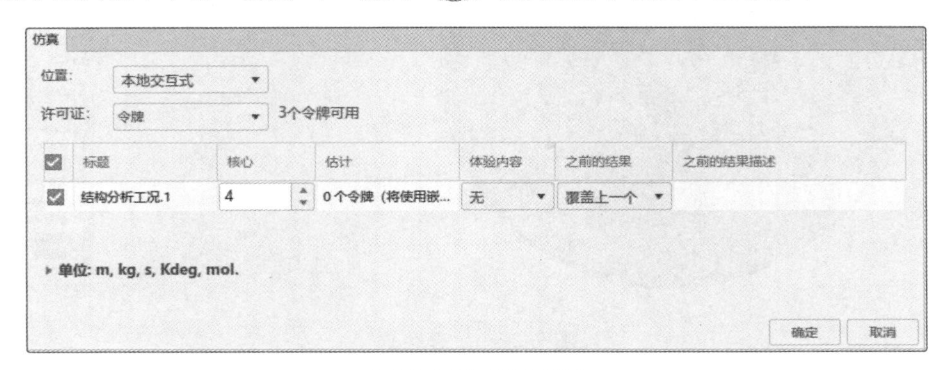

图 7-20　提交运算

7.4　结果解读

首先查看结构应力的结果，在“绘图”对话框中，“分析步”选择“静态分析步 .1”，通过等效应力值可以查看到工况下的最大应力为 21.9MPa，如图 7-21 所示。最大位移为 0.0115mm，如图 7-22 所示。

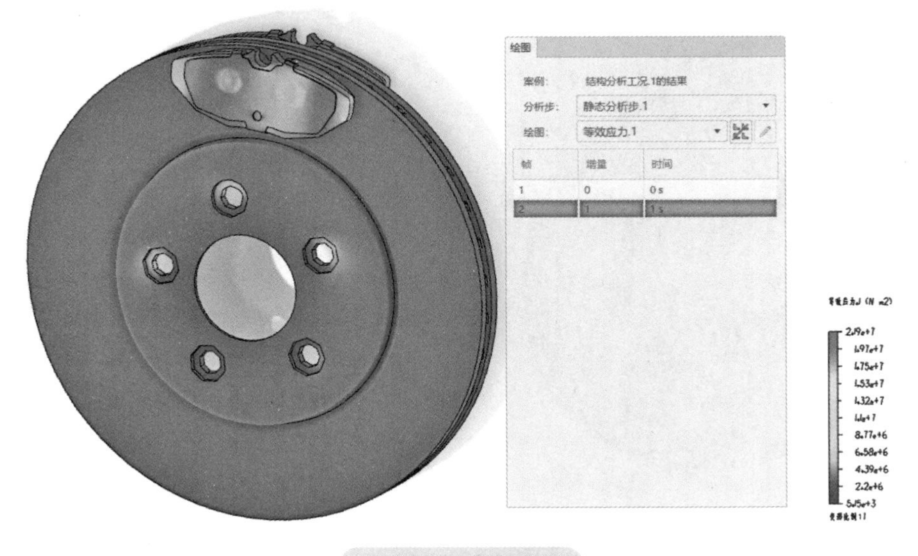

图 7-21　应力结果

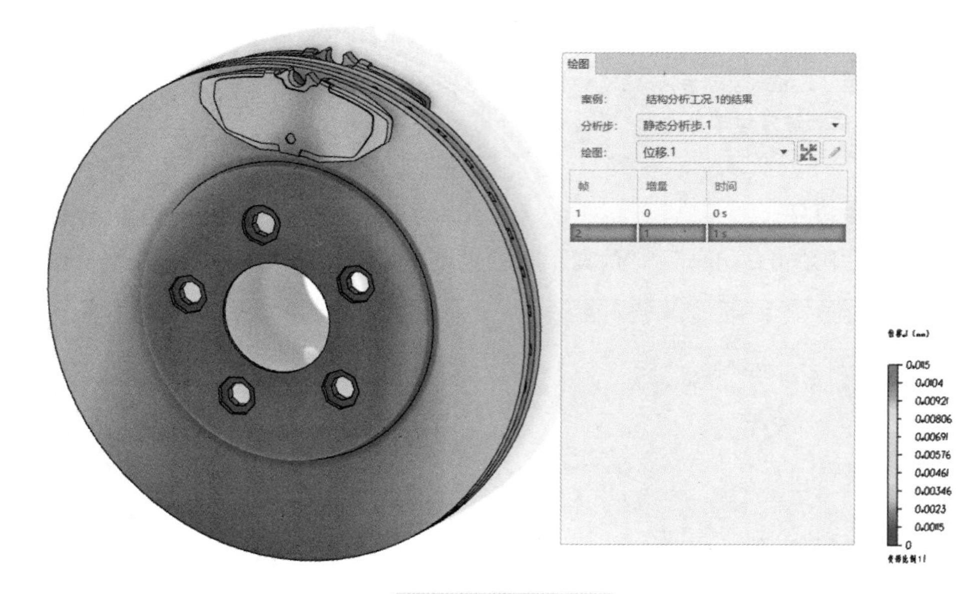

图 7-22 位移结果

模态结果的查看，在“绘图”对话框中，“分析步”选择“频率分析步 .1”，“绘图”选择“位移 .1”，进行频率结果查看，如图 7-23 所示。

> 注意：在频率分析中，模型上显示的变形状态并不是其真实变形位移情况，仅代表部件在该模态的表现形式。

帧	模式	频率
1	1	580.616 Hz
2	2	643.3 Hz
3	3	840.053 Hz
4	4	896.415 Hz
5	5	991.057 Hz
6	6	1945.605 Hz
7	7	1957.206 Hz
8	8	2373.316 Hz
9	9	2920.475 Hz
10	10	3026.108 Hz
11	11	3049.458 Hz
12	12	3071.092 Hz
13	13	3318.046 Hz
14	14	3571.016 Hz
15	15	3637.969 Hz

图 7-23 频率结果

整个刹车组件的 15 阶频率见表 7-3。

表 7-3　刹车组件的 15 阶频率

模式	频率 /Hz	模式	频率 /Hz
1	580.616	9	2920.475
2	643.300	10	3026.108
3	840.053	11	3049.458
4	896.415	12	3071.092
5	991.057	13	3318.046
6	1945.605	14	3571.016
7	1957.206	15	3637.969
8	2373.316		

7.5　小结

通过结构的静态分析可以查看刹车盘组件在工况情况下的受力及位移情况，从而发现其受力薄弱位置。通过模态分析可以很好地查看其模态形式，也可以根据需求进行多阶模态的分析。

第 8 章 线性动力学仿真

8

学习目标

1）线性动力学基础知识。

2）谐响应分析的操作流程。

3）耦合点的添加操作。

4）后处理创建 XY 图并评估产品。

8.1 技术背景

结构动力学是结构力学的一个分支，主要用来研究考虑惯量（质量或转动惯量）或阻尼的结构对于动载荷的响应（包括结构的位移、变形等的时间历程），以便确定结构的动力学特性，进行结构优化设计。在工程应用中，结构动力学分析主要包括模态分析、瞬态动力学分析、谐响应分析、频谱分析以及随机振动分析。本章主要介绍利用 3DEXPERIENCE SSU 进行结构的模态分析和谐响应分析。

结构动力学与结构静力学的主要区别在于需要考虑结构因振动而产生的惯性力和阻尼，与刚体动力学之间的主要区别在于要考虑结构因变形而产生的弹性力。

动力响应分析用于分析结构对随时间变化的载荷的响应。因此可以用来确定结构在稳态载荷、瞬态载荷和简谐载荷的任意组合作用下，随时间变化的位移、应变、应力和力。如果惯性力和阻尼作用不明显或可以忽略，那么就可以用静力学分析来代替瞬态动力学分析。

3DEXPERIENCE SSU 提供的瞬态动力学分析方法包括：隐式动力学分析、子空间显式动力学分析、显式动力学分析以及模态瞬态动力学分析。隐式动力学分析通过对时间进行隐式积分求解动力学问题，适用于非线性瞬态响应分析。子空间显式动力学分析，通过对子空间下的动力学方程直接积分来求解系统瞬态响应，子空间基向量由系统的特征向量构成，这种方法能够非常有效地求解具有弱非线性系统的瞬态响应。显式动力学分析对结构的运动方程直接进行显式积分，进而求解动力学问题，该方法能够有效处理载荷作用时间较短的大规模模型。模态瞬态动力学分析应用模态叠加法求解线性系统的瞬态响应问题。模态瞬态动力学分析是建立在线性系统的特征模态基础上，因此在应用该方法之前必须先提取系统的特征模态（见第 7 章）。

8.2 实例描述

汽车悬架控制臂也称摆臂，是汽车悬架系统的导向部件，它将作用在车轮上的各种力传递给车身，同时保证车轮按一定轨迹运动。控制臂通过球铰或者衬套把车轮和车身弹性地连接在一起。我们将对汽车悬架控制臂（图 8-1）进行谐响应分析，获取谐波载荷激励的结构响应。该谐响应分析的频率范围是 2200Hz 以内。

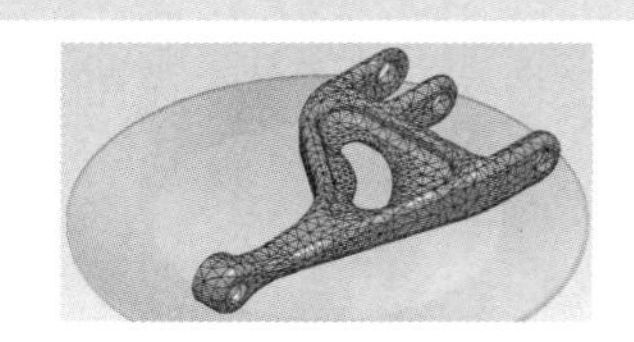

图 8-1 带网格的汽车悬架控制臂模型

8.3 模型设置

8.3.1 分析前的整体考虑

1）扫频范围应根据模型复杂程度以及固有频率的范围灵活设置。对于复杂结构，可将扫频区间进行分段，远离固有频率的扫频区间可以设置较少的扫频点数。

2）扫频范围应足够大以提取到更高阶次的固有频率所对应的响应。

3）结构阻尼需根据试验数据或工程经验进行设置，不可以为0，且阻尼的大小影响响应的幅值大小。

8.3.2 操作过程

步骤1 打开仿真平台

打开3DEXPERIENCE平台，选择并激活3DEXPERIENCE SSU角色“Structural Mechanics Engineer”（图8-2）。从角色中单击“Mechanical Scenario Creation”APP（图8-3）。

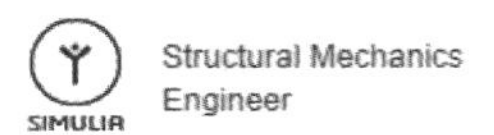

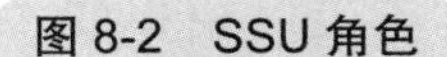

图8-2 SSU角色

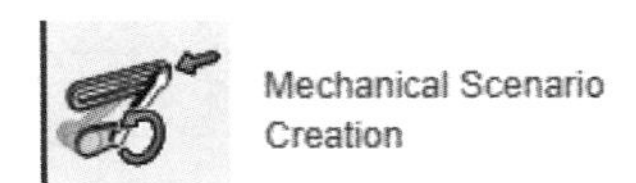

图8-3 模型创建APP

在右上角单击➕导入模型，如图8-4所示。

图8-4 导入模型

导入模型“ws_control_arm.3dxml”，“格式”选择“带创作的3DXML”，并删除“复制字符串”文本框中的内容，如图8-5所示。

单击“确定”进入“Enovia Product Finder”APP界面。在打开的模型上右击，选择“打开方式”/“在新应用程序中打开”，如图8-6所示，此时进入“模型准备”界面。

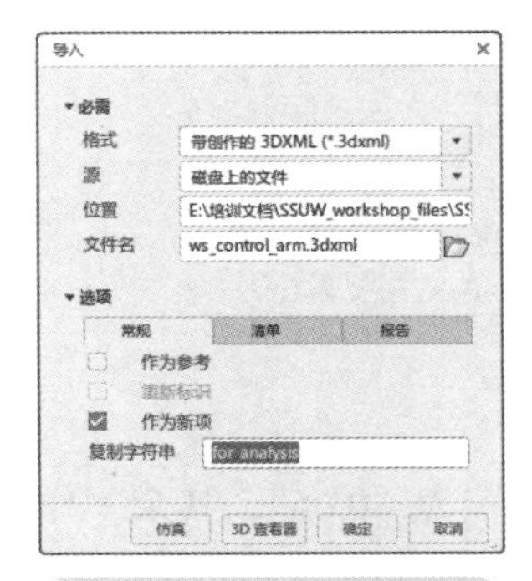

图8-5 导入模型设置

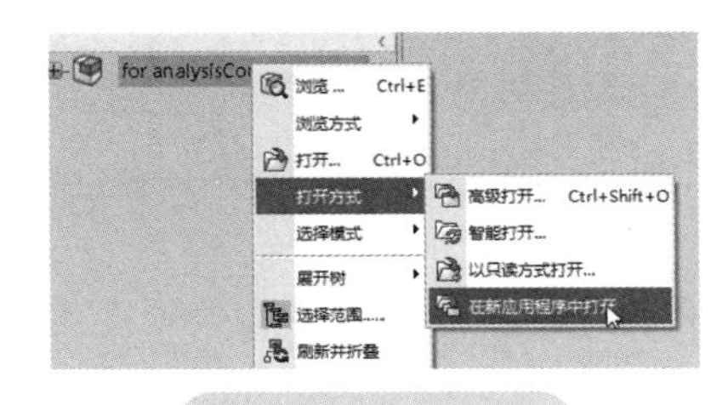

图8-6 打开方式

步骤 2　查看已定义的 FEM 模型

该模型已经包含了装配体三维模型和网格等，如图 8-7 所示。

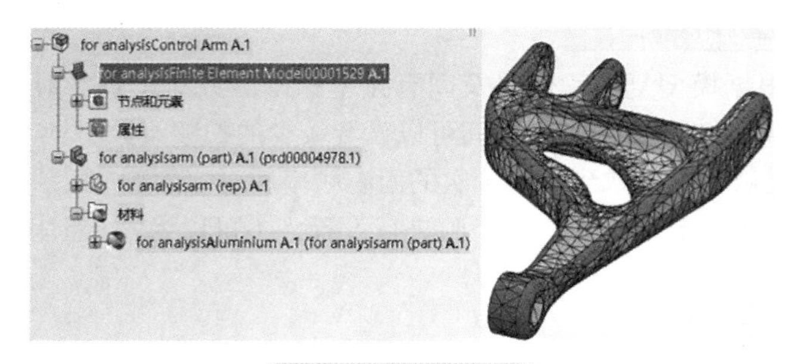

图 8-7　FEM 界面

注意：在 3DEXPERIENCE 平台中，模型被区分为 CAD 模型和 FEM 模型，如图 8-7 所示。单击不同的模型会切换到不同的应用程序 APP 中。

步骤 3　编辑材料属性

单击图 8-8 所示的有限元模型，在命令工具栏单击“设置”栏中的“编辑仿真域”（图 8-9），此时鼠标指针变成 ，如图 8-10 所示。单击“编辑仿真域” ，进入材料属性界面。

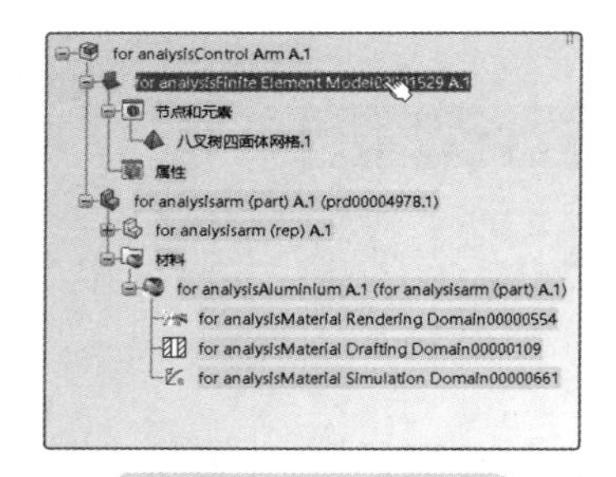

图 8-8　有限元模型

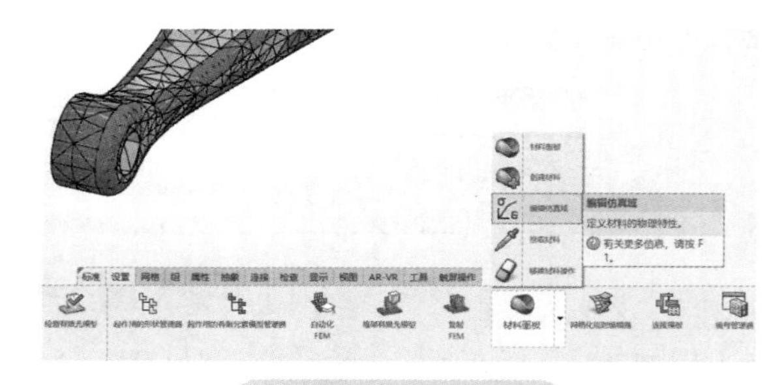

图 8-9　编辑仿真域

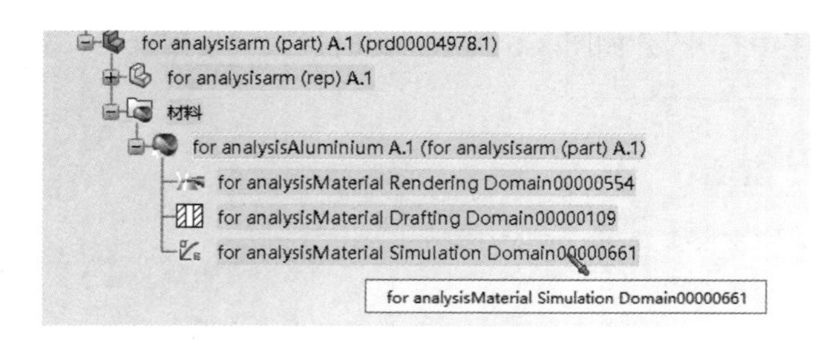

图 8-10　编辑材料属性

在材料属性界面设置“虚数硬度比例阻尼”的“结构”为“0.06”，其余不作修改。单击“确定”完成材料属性定义，如图 8-11 所示。

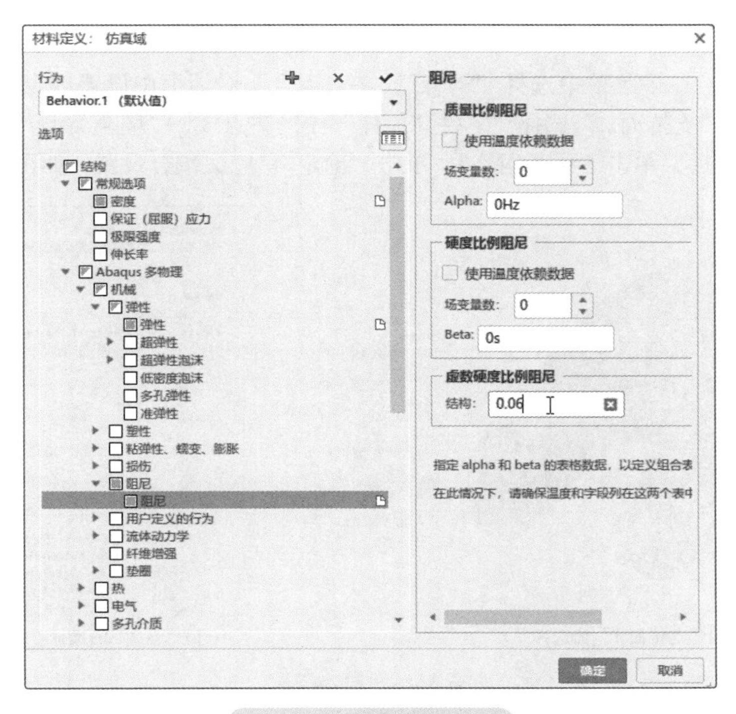

图 8-11　材料属性定义

单击“属性”中的“实体截面”/“支持面”，在“实体截面”对话框，“支持面”选择整个模型，“材料”选择上一步创建的材料，如图 8-12 所示。

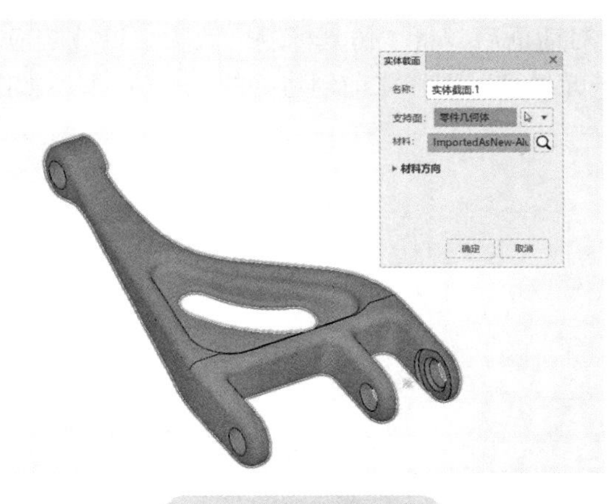

图 8-12　截面定义

知识点：

在需要切换模型或网格显示的时候，可以直接在软件图形区域空白处右击，选择“可视化管理”。在进行整体仿真操作及运行环境检查时，也可以右击“特征管理器”，对已经设置的内容进行查看。

步骤 4　耦合设置

单击“连接”，在子菜单中选择“耦合”，在“耦合”对话框中设置耦合内容，“支持面 1”选择两个内孔面，“支持面 2”选择“零件几何体”中的“点 3”，“耦合类型”为“运动学”。约束所有 6 个自由度后，单击“更新网格”，单击“确定”，完成耦合设置，如图 8-13 所示。

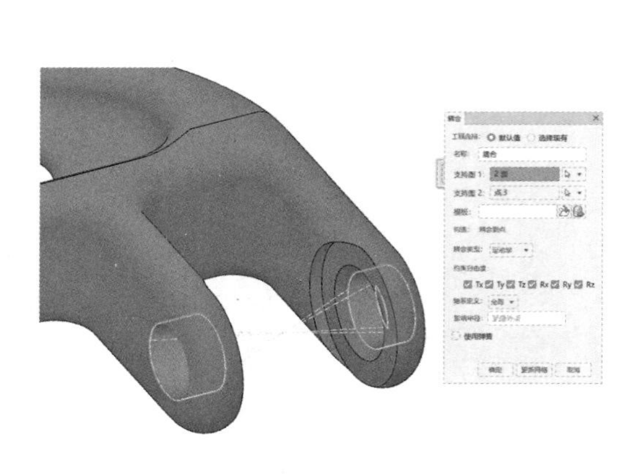

a)“支持面 1”的选择

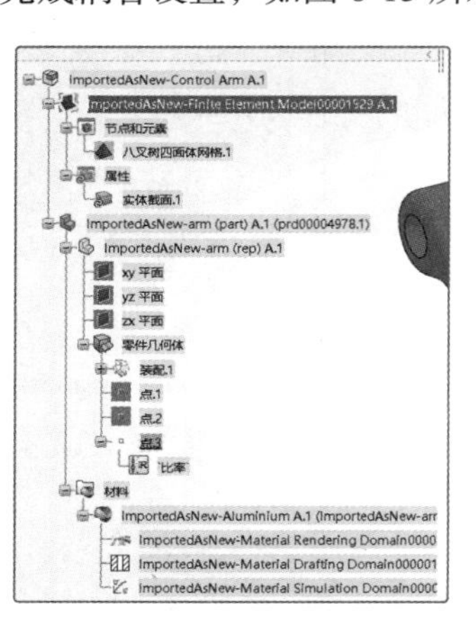

b)“点 3”的选择

图 8-13　耦合设置

步骤 5　创建分析场景

在之前的操作中已经创建了分析模型，再次单击打开“Mechanical Scenario Creation”APP，如图 8-14 所示。

进入“仿真初始化”对话框后，将“仿真标题”改为“谐波响应”，“分析案例名称”改为“控制臂的谐响应”，“有限元模型”选择之前创建好的 FEM 模型，如图 8-15 所示。

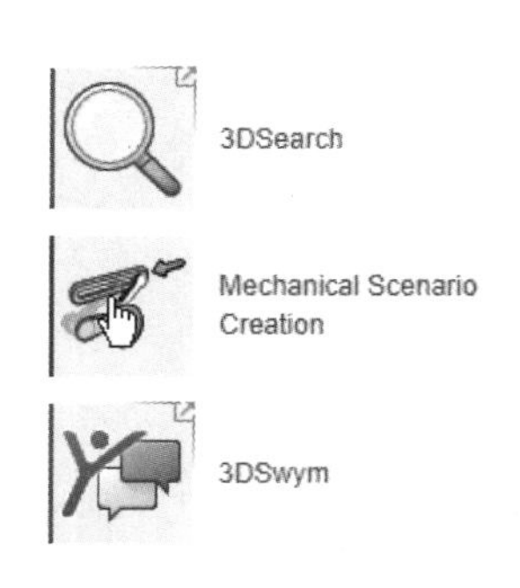

图 8-14　打开仿真 APP 界面

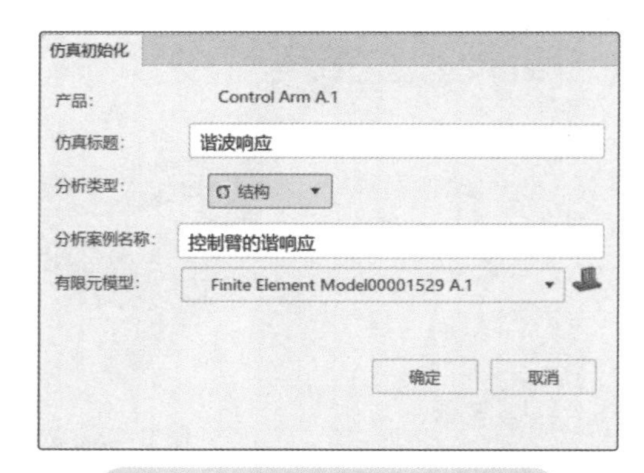

图 8-15　“仿真初始化”对话框

步骤 6　定义频率分析步

切换到“方案”模块，单击“程序”，选择“频率分析步”。在“频率分析步”对话框中，设置“求解器类型”为“Lanczos”，“最大频率”为“4000Hz”，其余选项默认，单击“确定”，如图 8-16 所示。

> 注意：最大频率应为谐波分析关注频率的 1.5 ～ 2 倍。谐波分析关注频率为 0 ～ 2200Hz，因此“最大频率”设置的是 4000Hz。

步骤 7　定义响应分析步

单击“谐响应分析步”，在“谐响应分析步”对话框中，设置“间隔类型”为“直接范围”，“比例”为“线性”，在“下部（Hz）”栏中输入“10”，在“上部（Hz）”栏中输入“2200”。其余选项默认，单击“确定”退出设置，如图 8-17 所示。

图 8-16　定义频率分析步

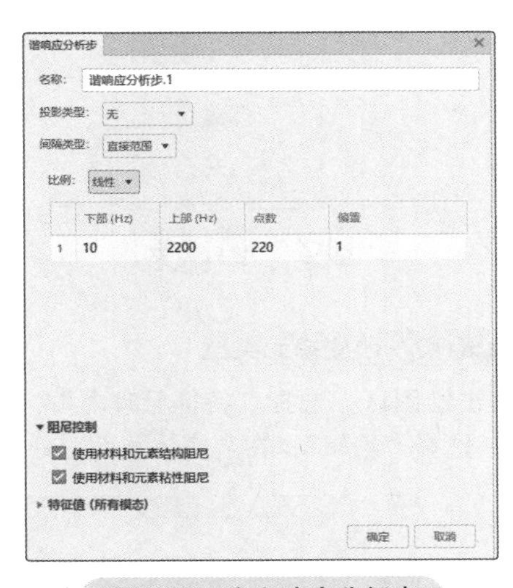

图 8-17　定义响应分析步

步骤 8　定义约束

切换分析步为“频率分析步 .1”（图 8-18），在命令工具栏中选择“边界条件”/“应用的平移”/“紧固”。在“紧固”对话框中，“支持面”选择左侧圆柱面，如图 8-19 所示。

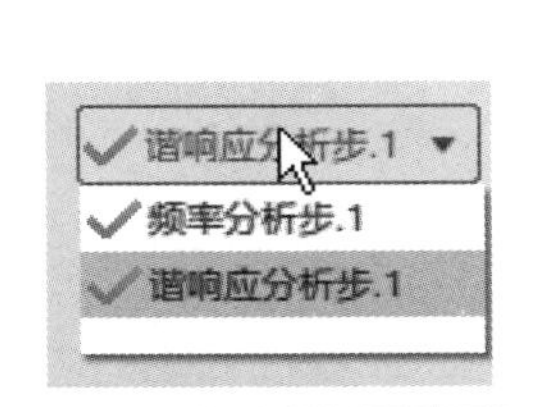

图 8-18　切换分析步

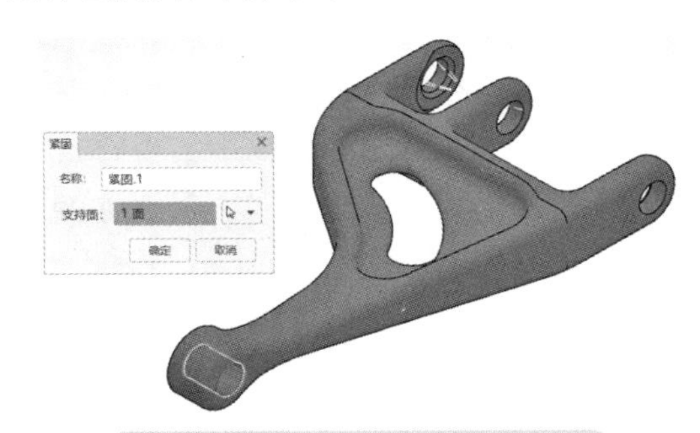

图 8-19　在新分析步中定义约束

步骤 9　定义载荷

如图 8-20 所示，切换分析步为“谐响应分析步”，单击“负载”/“力”。在“力”对话框中，“支持面”选择“连接”及之前设置的刚体“耦合 .1”，“X 方向力”为“1N”，“相角”为

“0deg”，单击“确定”。

按上述步骤创建沿 Z 方向的力，单击“负载”/“力”。在“力”对话框中，设置“Z 方向力”为“1N”，“相角”为“90deg”。设置完成后的效果如图 8-21 所示。

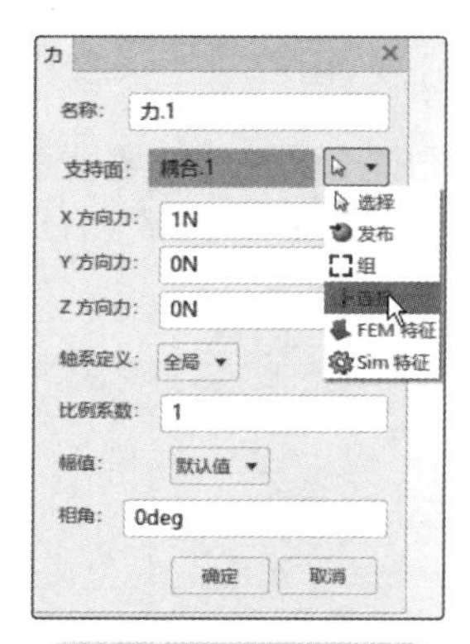

图 8-20 设置负载

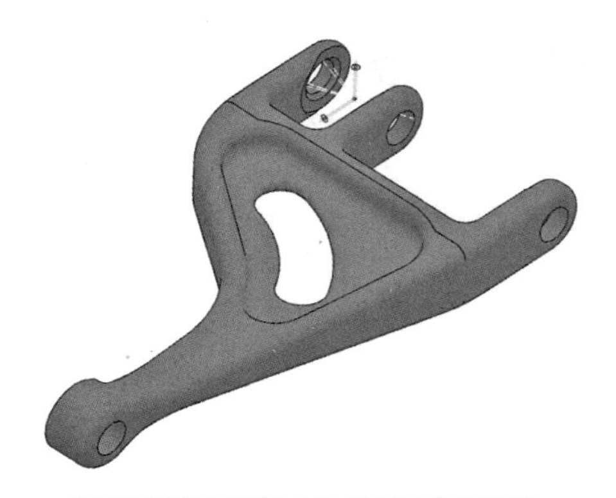

图 8-21 负载设置完成后的效果

步骤 10 改变单元类型

右击绘图区，选择“特征管理器”。在“特征管理器”对话框中，右击“全局元素类型分派 .1”，选择“编辑”，在“实体截面”处将单元类型变更为“C3D10”，如图 8-22 所示。

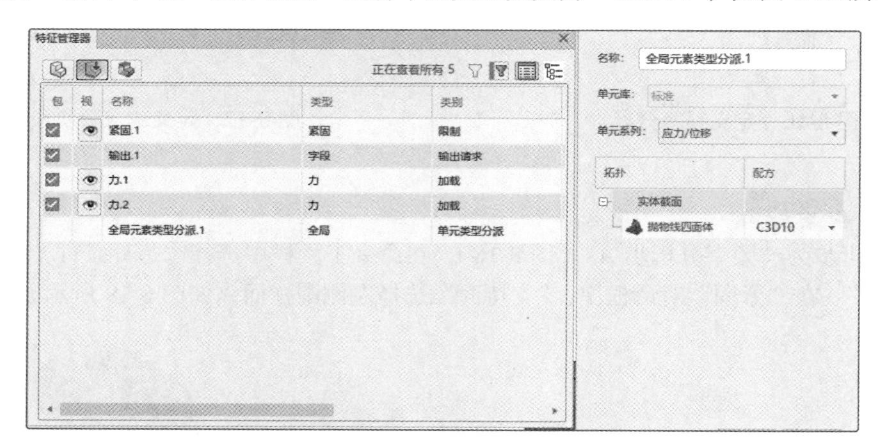

图 8-22 改变单元类型

> 注意：如果需要单独对某个部件或实体改变单元类型，可以在命令工具栏中单击“设置”下的“单元类型分派”进行修改。

步骤 11 设置输出变量

创建负载点的历史记录输出。单击“仿真”中的“输出”，在“输出”对话框中，设置“名称”为“负载点”，“支持面”选择“连接”及之前设置的“耦合 .1”，“输出组”选择“历史记录”，选择如图 8-23 所示的几个结果量“U，平移和旋转”“V，平移和旋转速度”“A，平移

和旋转加速度”，单击“确定”完成负载点设置。

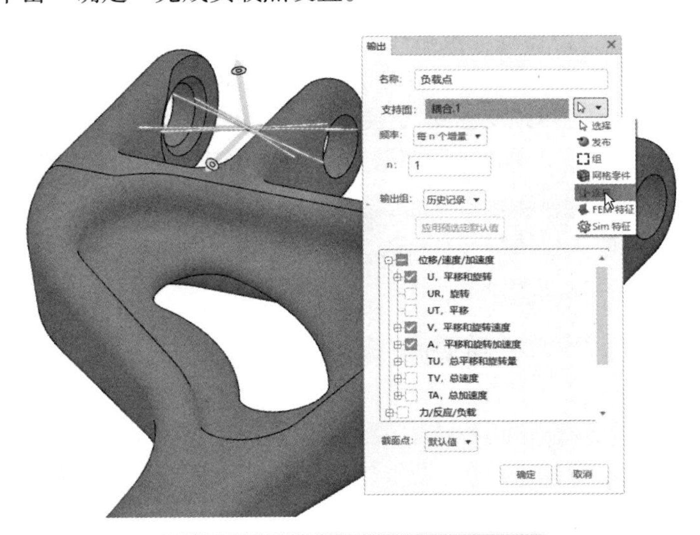

图 8-23　设置负载点历史记录输出

同样，创建模型中另一臂面交叉点的历史记录输出，如图 8-24 所示。

创建场变量输出。新建输出请求并定义“名称”为“整段输出”，“支持面”选择“整个模型”，“n”为“50”，“输出组”为“场”。在输出类型选择“S，应力组件”“U，平移和旋转”“V，平移和旋转速度”“A，平移和旋转加速度”，单击“确定”结束输出定义字段，如图 8-25 所示。

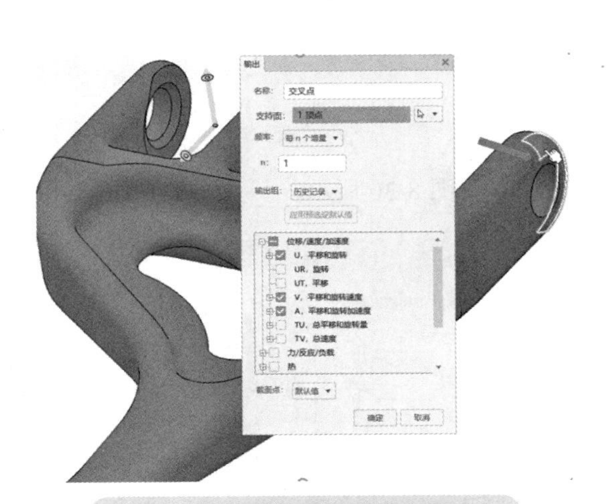

图 8-24　设置交叉点历史记录输出

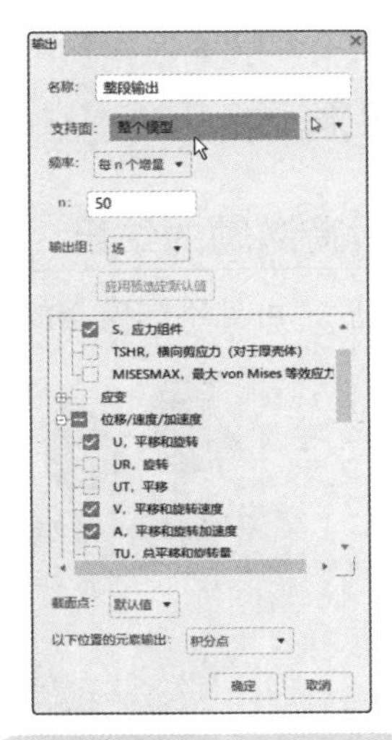

图 8-25　设置整段输出

注意：“频率”主要控制 ODB 结果文件的大小，用于节约硬盘空间和读取速度，间隔数用于定义均匀间隔。

步骤 12　运行仿真

首先保存之前的操作，待保存完成后单击命令工具栏下的“模拟”/“模型和场景检查”，进行仿真环境和模型的检查（图 8-26）。待确认无误后，单击“模拟”，选择自己需求的求解方式进行求解，本次分析采用“本地交互式”，使用的计算机核数为 6 个。

所有准备都完成的情况下，单击“确定”，等待求解完成，如图 8-27 所示。

图 8-26　模型和场景检查

图 8-27　仿真求解

8.4　结果解读

8.4.1　力载荷激励的结果

求解完成后，可见不同模态的频率振型，如图 8-28 ～ 图 8-30 所示。

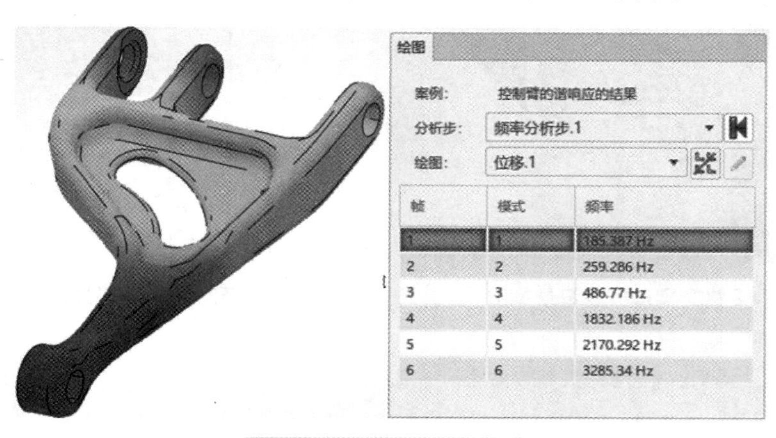

图 8-28　第一阶共振频率

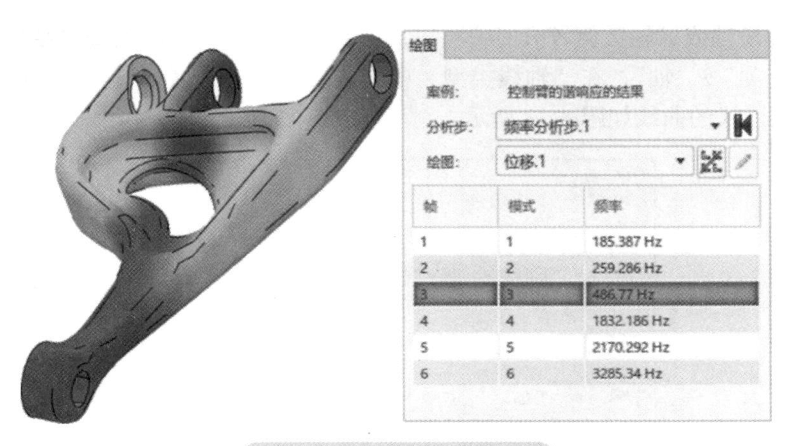

图 8-29　第三阶共振频率

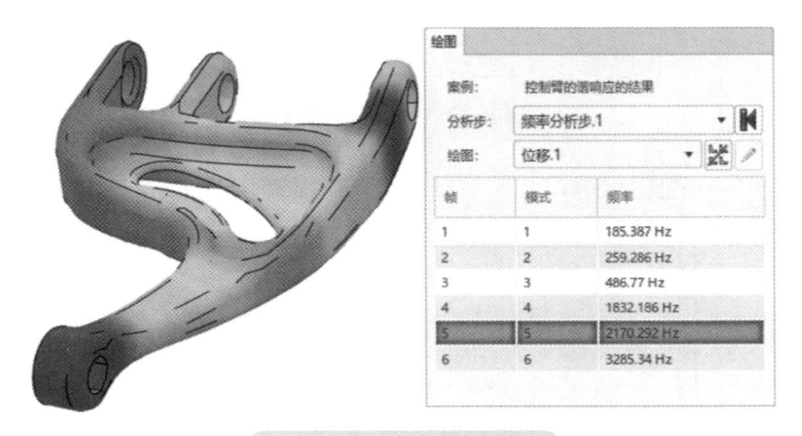

图 8-30　第五阶共振频率

单击“绘图”/“历史记录中的 X-Y 绘图”，分别设置“变量”为“A，平移加速度”，“数量”为“数值”，“复杂”为“最大绝对值”，“支持面”为“所有区域”。用户也可以“区域和子区域选择编辑器”来显示或选择更多的支持面信息。单击“确定”显示出交叉点和负载点 X-Y 曲线图，如图 8-31 所示。

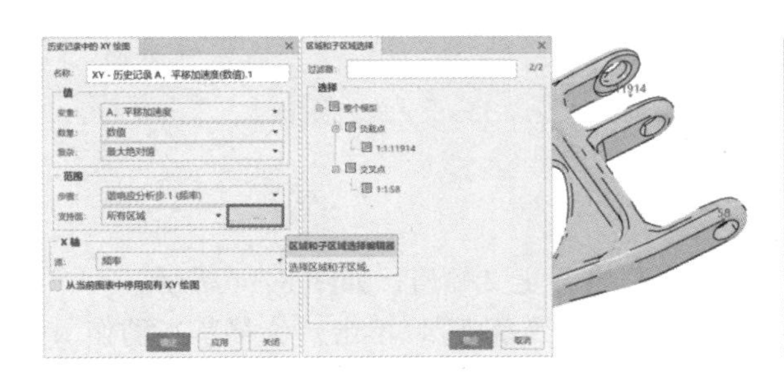

a) 曲线设置

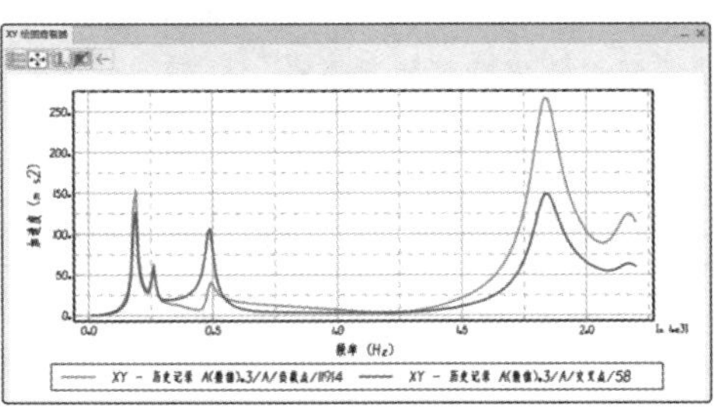

b) 曲线显示

图 8-31　交叉点和负载点 X-Y 曲线图

在曲线图的横轴或纵轴数值较大时，可以用对数显示来更加清晰的查看结果曲线。右击曲线图，选择“选项”/“轴”，在“轴线类型”中将“X”和“Y”都设置为“对数”（图 8-32），最后显示的对数形式的曲线如图 8-33 所示。

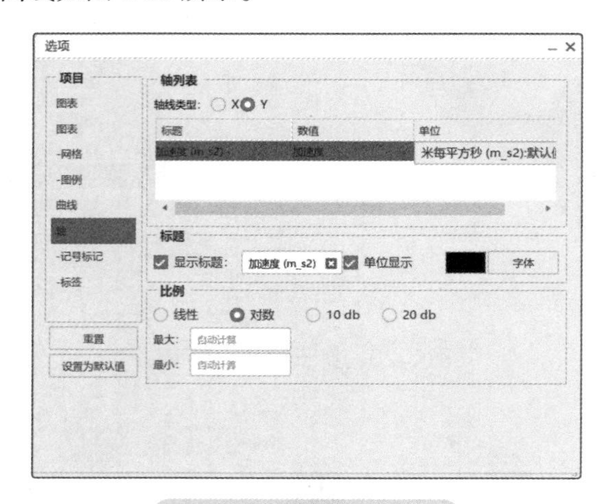

图 8-32　对数显示设置

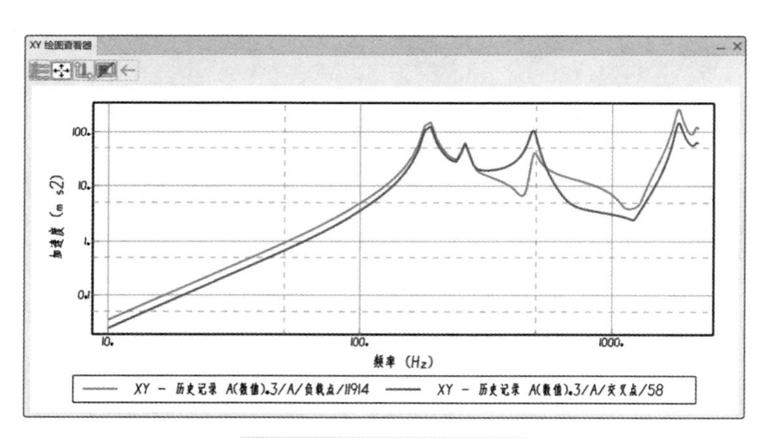

图 8-33　对数形式的曲线

注意：在线性范围内，频率较低的加速度峰值有可能被频率较高的峰值所覆盖，为了观测更清楚，建议使用对数标度观察。

8.4.2　位移基本运动激励的结果

单击命令工具栏中的“设置”，选择“幅值列表”并定义幅值，如图 8-34 所示。

使用基本运动重新设置和运行仿真模型。切换到“边界条件”，单击“位移基本动作”，如图 8-35 所示。分别设置两个平移的基本动作，用来表示在关注的频率区间内 1mm 的位移大小，如图 8-36 和图 8-37 所示。

重新运行仿真模型，结果如图 8-38 所示。

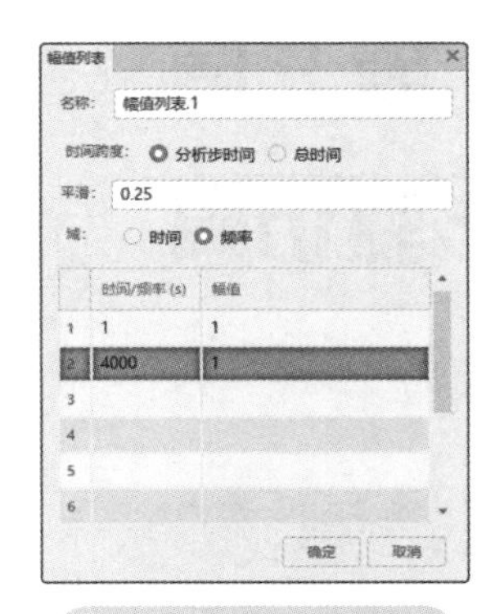

图 8-34　幅值定义

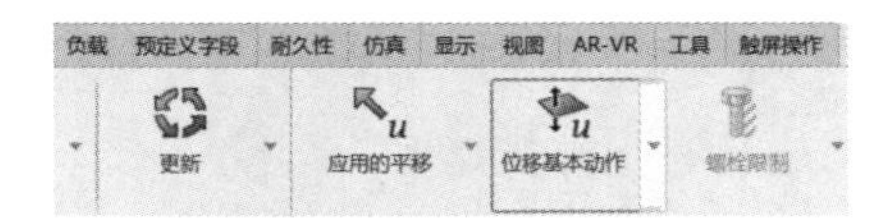

图 8-35　位移基本动作

图 8-36　位移基本动作 .1 设置

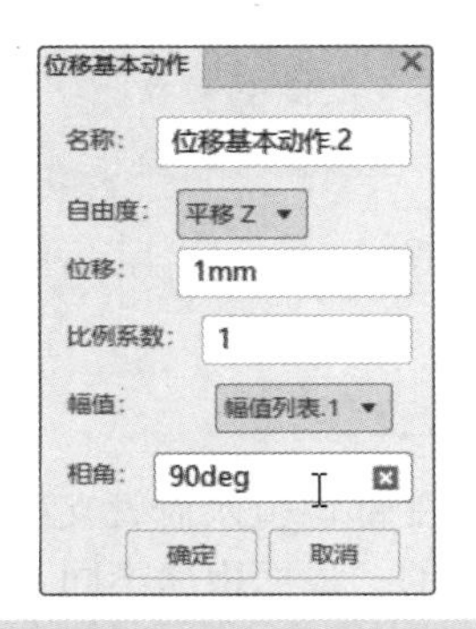

图 8-37　位移基本动作 .2 设置

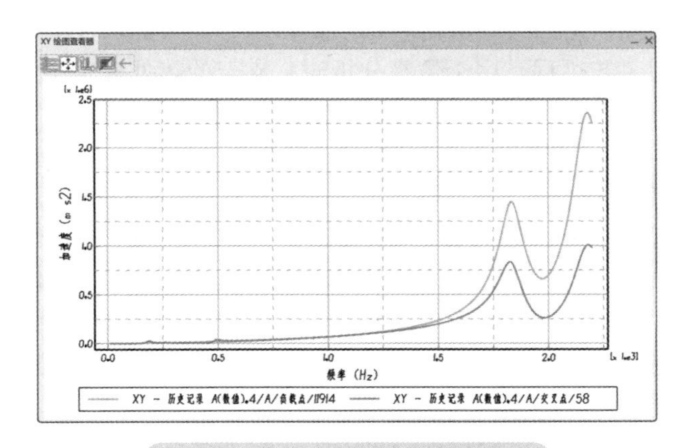

图 8-38　位移基本运动仿真结果

8.5　小结

本章介绍了 3DEXPERIENCE 平台线性动力学仿真的基本流程，说明了频率分析和谐响应分析的基本设置和操作过程，还详细讲解了后处理曲线图结果的设置与显示等。对于其他类型的基于模态的线性动力学仿真，其基本流程与本章内容相似。

第 9 章 多步骤仿真

学习目标

1）镍钛合金材料模型。
2）曲面单元的使用。
3）映射网格划分流程。
4）多步骤仿真的设置。
5）应力退火与模型更改。
6）特征管理器编辑与操作。

9.1 技术背景

9.1.1 血管支架

在人体病变部位植入血管支架可达到支撑狭窄闭塞段血管、减少血管弹性回缩、保持管腔血流通畅的目的。根据用途不同，血管支架可分为脑血管支架、心脏血管支架、外周血管支架以及主动脉血管支架等。

主动脉支架通常用于胸腹等部位，一般用镍钛合金、不锈钢或其他特殊合金制成。激光切割支架的制造工艺需要模拟是因为其最终形状不是已知的，而是来自激光切割模型工艺，通常涉及膨胀和热处理定型工艺过程。用于仿真分析时，支架的热处理定型用退火（Anneal）来处理，应力、应变和状态变量被重置为零，而支架变形的形状则被保留。

9.1.2 镍钛合金材料模型

相变超弹性（Superelasticity 或 Pseudoelasticity）材料通常用来模拟形状记忆合金材料，如用于制作血管支架的镍钛合金材料。这种金属材料的晶体结构存在马氏体和奥氏体两种相，并且在一定环境条件下可相互转化，表现出形状记忆效应，同时能承受超弹性大应变。然而，大多数医疗植入器械不使用这种材料的形状记忆效应，而是其超弹性大变形特性。此外，镍钛合金的材料特性对温度非常敏感。

当静止未加载时，镍钛合金材料呈现为奥氏体；当加载超过一定的应力时，奥氏体转变为马氏体，产生大的应变，而应力几乎没有增加；卸载后，材料在较低的应力下又转变为奥氏体。当进一步加载超出超弹性极限时，显示马氏体阶段具有塑性行为。典型镍钛合金材料应力 - 应变曲线如图 9-1 所示，显然这种材料用常规材料模型很难精确描述它的力学性能。

3DEXPERIENCE SFO 和 SSU 中的镍钛诺材料模型可用于模拟这种相变超弹性材料的超弹性和超弹性硬化特性。

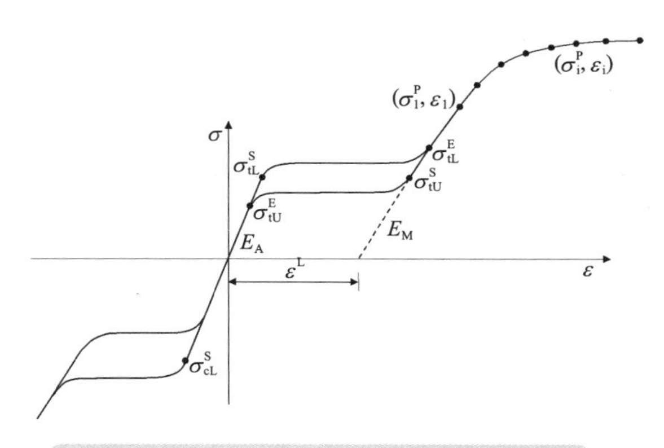

图 9-1　典型镍钛合金材料应力 - 应变曲线

我们可以在 3DEXPERIENCE 材料面板的“塑性”中定义镍钛诺材料马氏体阶段的材料属性、正向和反向转变的临界应力水平以及转变平台随温度的变化。可以在“弹性”中定义奥氏体阶段的弹性属性。镍钛诺超弹性材料支持关联（Associated）和非关联（Nonassociated）两种流动规则：

1）关联。当使用关联流动时，假设体积转变应变等于单轴转变应变。

2）非关联。当使用非关联流动时，体积转变应变必须独立于单轴转变应变来指定。

非关联镍钛诺相变超弹性材料的模型输入参数及描述见表 9-1。

表 9-1　非关联镍钛诺相变超弹性材料的模型输入参数及描述

输入参数	描述
弹性模量	奥氏体杨氏模量 E_A（在弹性材料选项中定义）
泊松比	奥氏体泊松比 ν_A（在弹性材料选项中定义）
E_m	马氏体杨氏模量 E_M
Nu_m	马氏体泊松比 ν_M
Epsilon_L	单轴转变应变ε^L
Epsilon_VL	体积转变应变ε_V^L
Stress_S_tL	在拉伸加载过程中开始转变时的应力σ_{tL}^S
Stress_E_tL	在拉伸加载过程中转变结束时的应力σ_{tL}^E
Stress_S_tU	在拉伸卸载期间开始反向转变时的应力σ_{tU}^S
Stress_E_tU	在拉伸卸载期间反向转变结束时的应力σ_{tU}^E
Stress_S_cL	在压缩加载过程中开始转变时的应力，作为正值σ_{cL}^S
T_0	参考温度 T_0
eltaS/DeltaT_L	加载时应力与温度曲线的斜率$\left(\frac{\delta\sigma}{\delta T}\right)_L$
DeltaS/DeltaT_U	卸载时应力与温度曲线的斜率$\left(\frac{\delta\sigma}{\delta T}\right)_U$

注意：相变超弹性与超弹性有明显的差别。在3DEXPERIENCE中，相变超弹性材料模型通常用来模拟镍钛合金材料，而超弹性材料模型则用来模拟橡胶或人体肌肉等。

9.2 实例描述

如图9-2所示，该实例是一个典型的镍钛合金血管支架。该支架内径为0.47mm，工艺过程中将向外扩张0.3mm，我们将通过多个分析步来实现。从结构形状上来看，该模型不是周期对称模型，因此必须使用整体模型来仿真。另外，为了施加向外扩张的边界条件，需要在支架内部创建用于扩张的内圈曲面。

9.3 模型设置

步骤1 导入模型

从3DEXPERIENCE SSU角色中打开Mechanical Scenario Creation APP，导入stent.stp文件，模型会显示在Collaborative IP Management APP中，如图9-2所示。在左侧特征树中单击最上方的"stent A.1"选中模型，单击上方罗盘外圈的"V+R"，单击Mechanics Scenario Creation APP打开该模型。

在弹出的"仿真初始化"对话框中，将"仿真标题"命名为"stent"，"分析类型"选择"结构"，其他采用默认设置，如图9-3所示。

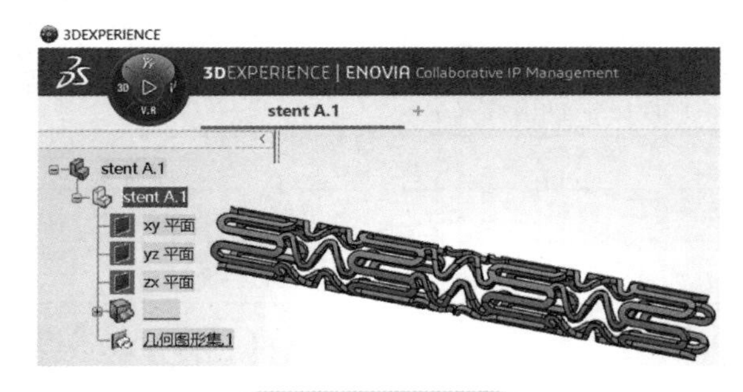

图9-2 打开模型

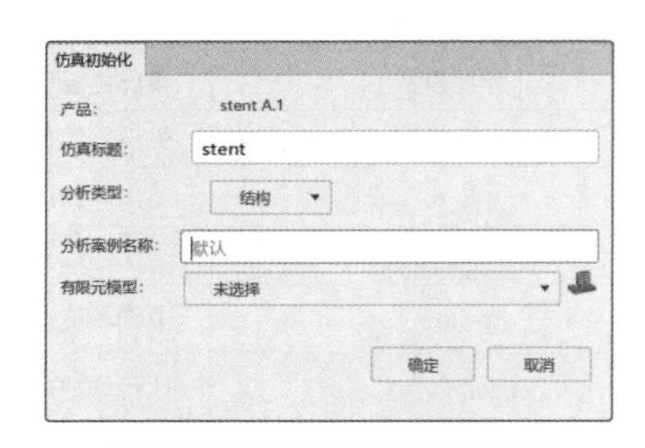

图9-3 "仿真初始化"对话框

步骤2 保存和重命名模型

按快捷键<Ctrl+S>或单击3DEXPERIENCE SSU右上角保存模型，在左侧特征树中右击 ____，单击"属性"，将支架实体命名为"stent"。

步骤3 打开助手工具

在绘图区空白处右击，选择"助手"，在3DEXPERIENCE SSU界面右侧加载助手工具栏。

步骤4 创建有限元模型

在助手工具栏中单击"设置"/"有限元模型"，在"有限元模型"对话框中，"初始化方法"选择"无"，其他采用默认设置，如图9-4所示。

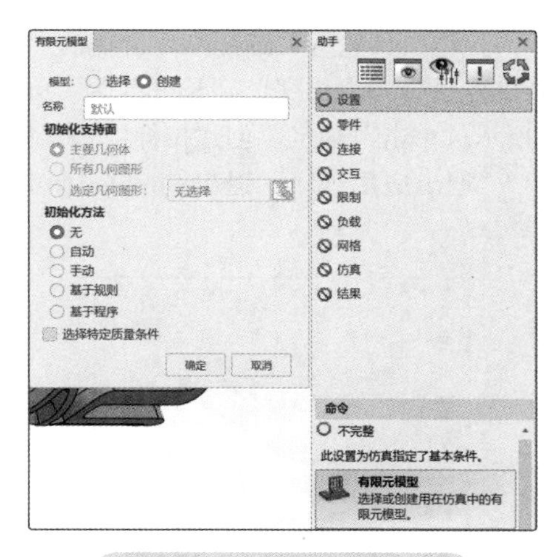

图 9-4　有限元模型初始化

步骤 5　进入模型准备 APP

在 3DEXPERIENCE SSU 的命令工具栏单击“模型”右侧下三角按钮并选择“模型准备”，如图 9-5 所示。在“目标形状”对话框的“选择一个形状”栏中单击绘图区中的实体模型，选中“stent A.1”，如图 9-6 所示。

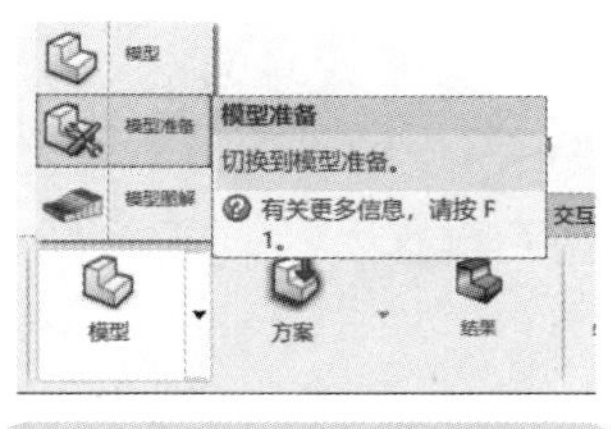

图 9-5　选择“模型准备”

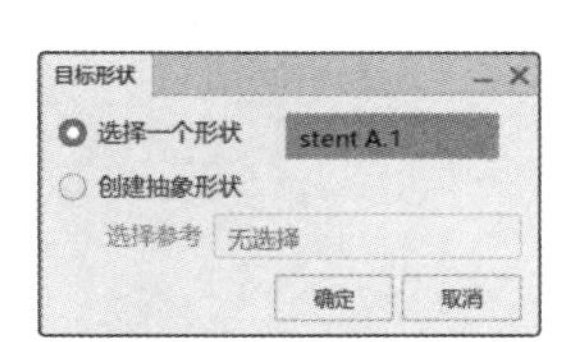

图 9-6　选择目标形状

步骤 6　创建支架内圈

单击命令工具栏“创建”/“点”，创建 *XYZ* 坐标为（0，0，0）的点，如图 9-7 所示。这时在左侧特征树上会显示这个点，如图 9-8 所示。单击命令工具栏“创建”/“圆”，选择“中心和半径”，“中心”选择刚才创建的“点 .1”，“半径”设置与支架的内径相等，为“0.47mm”，“支持面”选择“zx 平面”，“限制”选择“整圆”，如图 9-9 所示。单击“确定”退出。

图 9-7　点设置

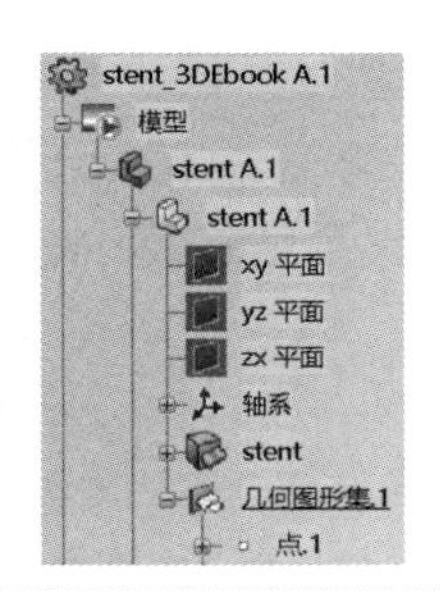

图 9-8　特征树中的点显示

单击命令工具栏“创建”/“拉伸”，“轮廓”选择刚才创建的“圆.1”，“方向”选择“Y 轴”（图 9-10），“第一限制”栏中“类型”为“长度”，“长度”为“9mm”，“第二限制”栏中“长度”为“2.5mm”，如图 9-11 所示。单击“确定”创建拉伸，得到如图 9-12 所示的内圈。

单击命令工具栏“创建”/“退出应用程序”退出 Simulation Model Preparation APP，返回到 SIMULIA 力学方案 APP。

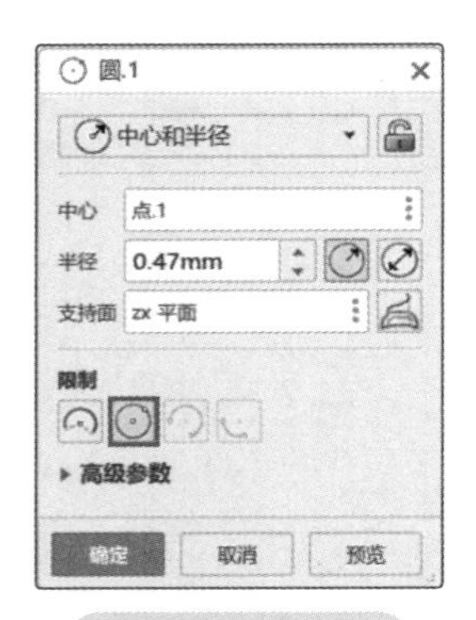

图 9-9　绘制圆

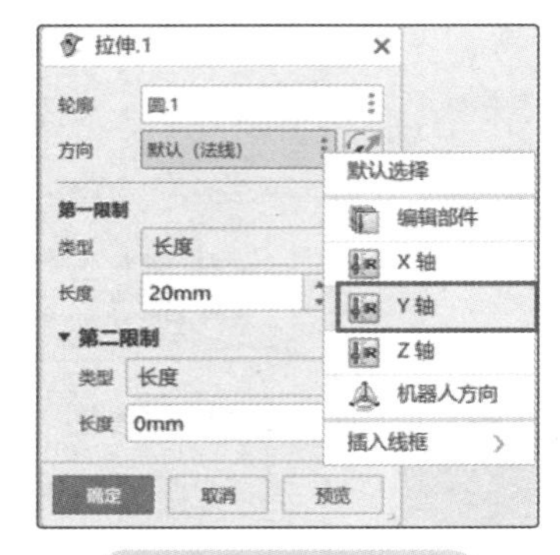

图 9-10　选择 Y 轴

图 9-11　绘制拉伸

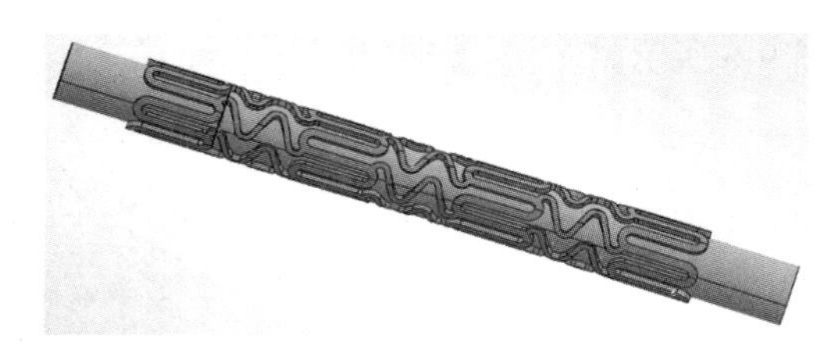

图 9-12　内圈

步骤 7　创建分析步

此模型中，支架将向外扩张 0.3mm，为了减少连续扩张造成的最大应力，将分为 5 个分析步来实现。每个扩张分析步之间间隔一个退火分析步，退火分析步的目的是将上个分析步中支架的应力和应变消除，但保持变形形状。我们将通过设置模型更改（Model Change）来实现。

如图 9-13 所示，在右侧助手工具栏中单击“设置”/“静态分析步”，打开“静态分析步”对话框。设置第一个静态分析步“名称”为“expand1”，“初始时间增量”为“0.05s”，在“稳定”栏设置“稳定类型”为“能量分数”，其他都采用默认设置，如图 9-14 所示。

按照上述方法继续创建第二个静态分析步，“名称”为“anneal1”，其他都采用默认设置，如图 9-15 所示。第三～五个分析步的名称和参数设置分别如图 9-16～图 9-18 所示。

5 个分析步设置完成后，将当前分析步设置为第一个分析步 expand1，如图 9-19 所示。

> 注意：设置当前分析步很重要，后续的交互、限制和负载都会施加在激活的当前分析步。如果当前分析步设置错误，可能在边界条件施加完以后还需要做很多额外的烦琐的调整。因此建议读者要特别注意当前分析步是哪个分析步。

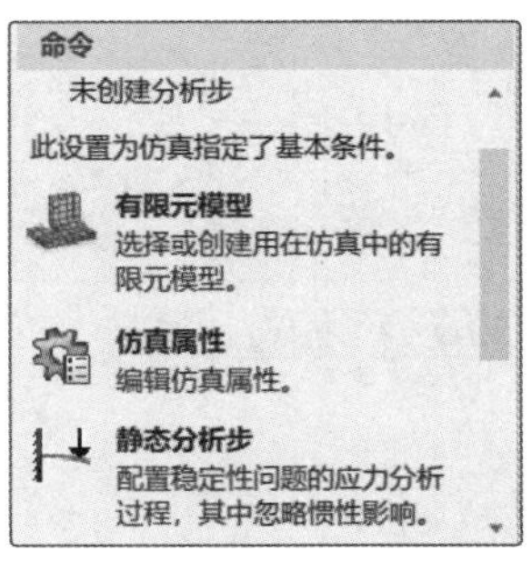

图 9-13　静态分析步

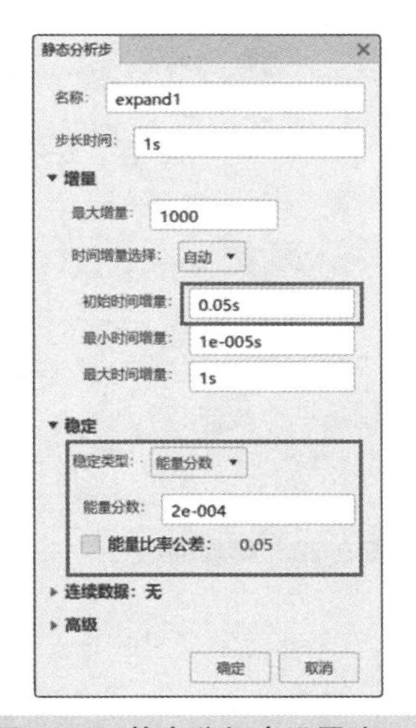

图 9-14　静态分析步设置（一）

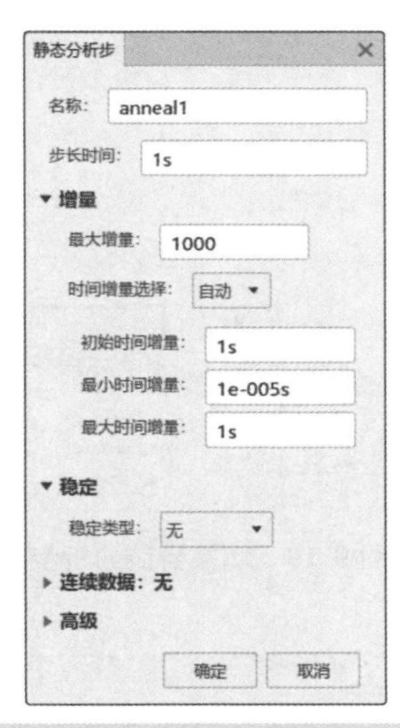

图 9-15　静态分析步设置（二）

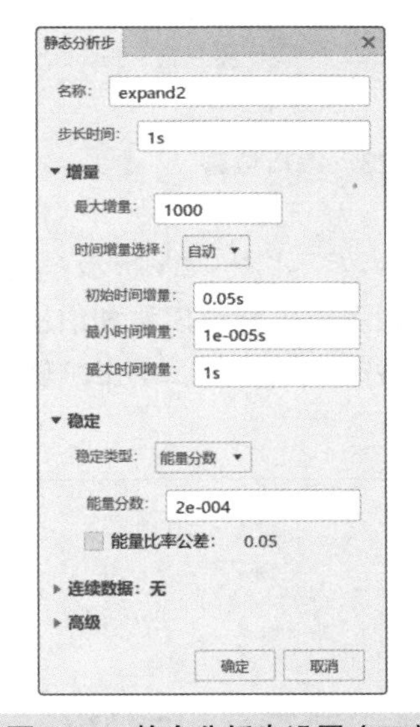

图 9-16　静态分析步设置（三）

图 9-17　静态分析步设置（四）

图 9-18　静态分析步设置（五）

步骤 8　创建材料

在助手工具栏中单击“零件”，在命令工具栏单击“设置”/“材料面板”/“创建材料”，如图 9-20 所示。在“创建材料”对话框中，将“核心材料”栏中的“标题”命名为“nitinol”，“材料数量”设为“1”，在“添加域”处选中“仿真域”复选按钮，如图 9-21 所示。单击“确定”，进入“3Dsearch——材料浏览器”界面，单击“关闭”✕可关闭界面。

在命令工具栏单击“设置”/“材料面板”，打开“材料面板”对话框。在左上角下拉列表框中选择“会话中”，这时刚才创建的材料会显示出来，如图 9-22 所示。右击“nitinol”，单击“仿真”，打开“材料定义：仿真域”对话框，如图 9-23 和图 9-24 所示。

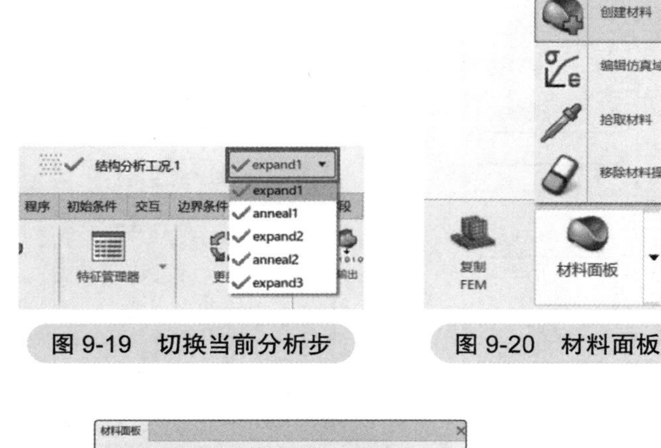

图 9-19　切换当前分析步

图 9-20　材料面板

图 9-21　创建材料

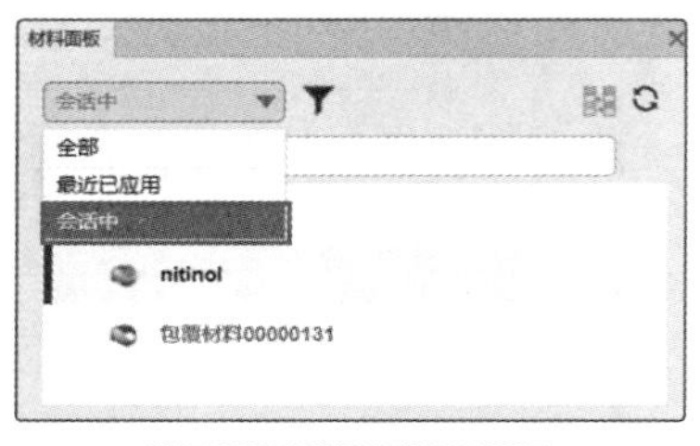

图 9-22　材料面板

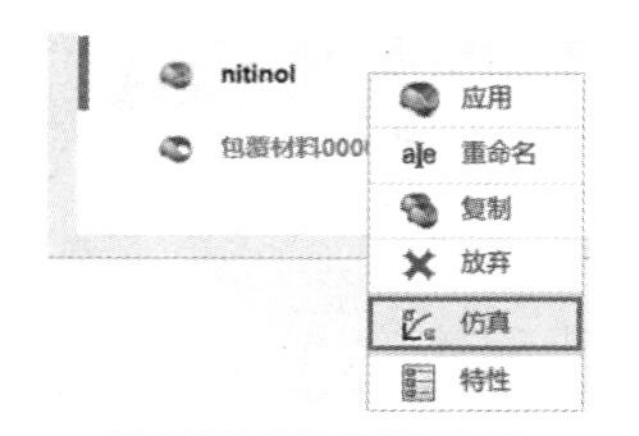

图 9-23　编辑仿真

在“材料定义：仿真域”对话框中设置镍钛合金材料的相关参数。如图 9-24 所示，展开“选项”/“结构”/“Abaqus 多物理”/“机械”/“弹性”/“弹性”，设置奥氏体弹性模量和泊松比。如图 9-25 所示，在“塑性”/“镍钛诺（超弹性）”下设置相变超弹性的相关参数。单击“确定”退出当前对话框。

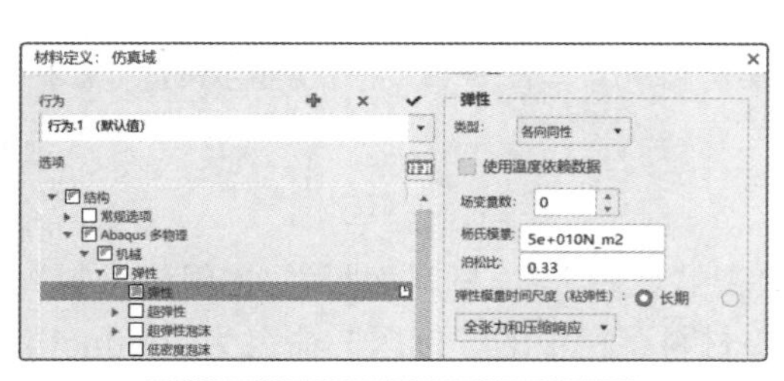

图 9-24　材料参数设置（一）

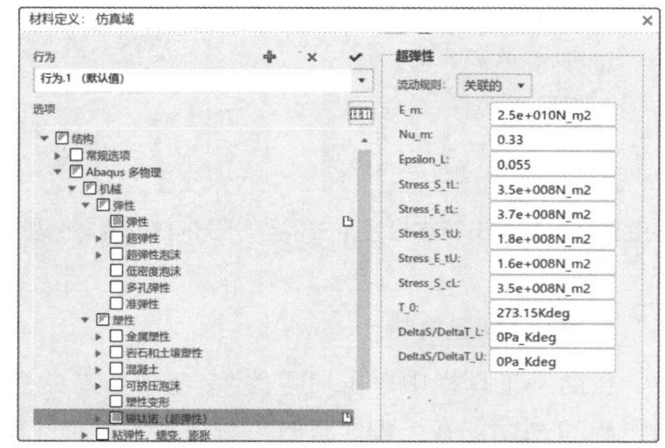

图 9-25　材料参数设置（二）

在“材料面板”对话框中单击“nitinol”，按住鼠标左键将其拖拽至支架模型的任何一个表面上，在弹出的对框中单击，如图 9-26 所示，关闭“材料面板”对话框。

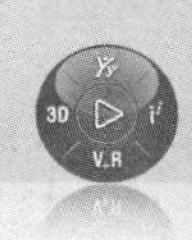

步骤 9　创建截面

1）创建支架的实体截面属性。在命令工具栏单击“属性”/“实体截面”，在“实体截面”对话框中的“支持面”栏单击支架的外表面，这时会选中所有支架实体，“材料”会自动选择“nitinol”，如图 9-27 所示。单击“确定”退出当前对话框。

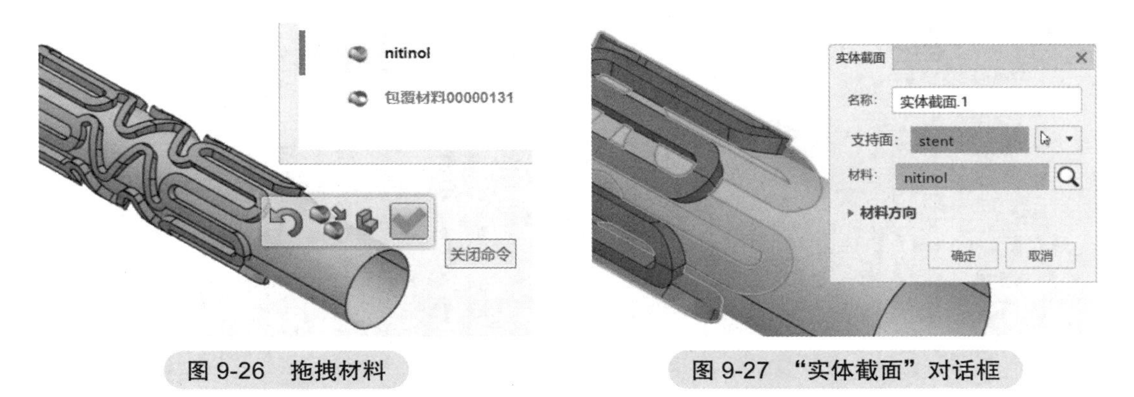

图 9-26　拖拽材料　　　　图 9-27　“实体截面”对话框

2）创建内圈的曲面截面属性。在命令工具栏单击“属性”/“壳体截面”/“曲面截面”，在“曲面截面”对话框中的“支持面”栏单击内圈曲面，代表内圈的曲面“拉伸 .1”会被选中，“密度”设置为 1，如图 9-28 所示。单击“确定”退出当前对话框。

> 注意：对于隐式静态仿真，此处曲面截面的密度可以设置任意数值或不设数值。对于显式动态仿真，可能需要计算质量和动能，设置真实的曲面材料的密度。

步骤 10　划分网格

对于该模型，我们将支架部分进行扫掠六面体网格划分，内圈曲面进行四边形映射网格划分。

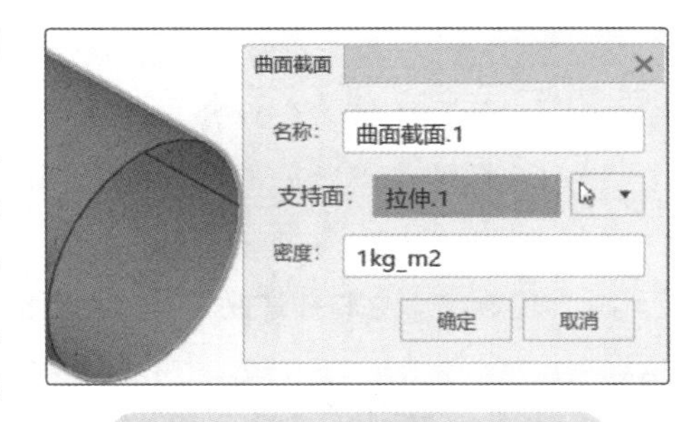

图 9-28　“曲面截面”对话框

在助手工具栏中单击“网格”，在命令工具栏单击“网格”/“分隔六面体网格”/“扫掠 3D 网格”，打开“扫掠 3D 网格”对话框。如图 9-29 所示，在“支持面”栏单击支架实体模型，“元素顺序”选择“线性一次单元”，“网格大小”为“0.04mm”，“分布”栏选择“层数”为“4”，单击“网格”来划分网格，单击“确定”退出当前对话框。

在绘图区右击选择“可见性管理器”，在打开的“可见性管理器”对话框中，单击“形状”栏的“隐藏”将几何部件隐藏（图 9-30），可以查看支架的实体网格形状和分布，如图 9-31 所示。单击“形状”栏的“显示”，将几何部件显示以便于内圈网格划分。

在绘图区右击选择“特征管理器”，在打开的“特征管理器”对话框中选择“模型”，单击“扫掠 3D 网格 .1”左侧的“可视化”来隐藏支架的网格，如图 9-32 所示。移动光标到支架的外表面高亮显示，右击屏幕选择“隐藏 / 显示”，将支架几何模型隐藏，如图 9-33 所示。

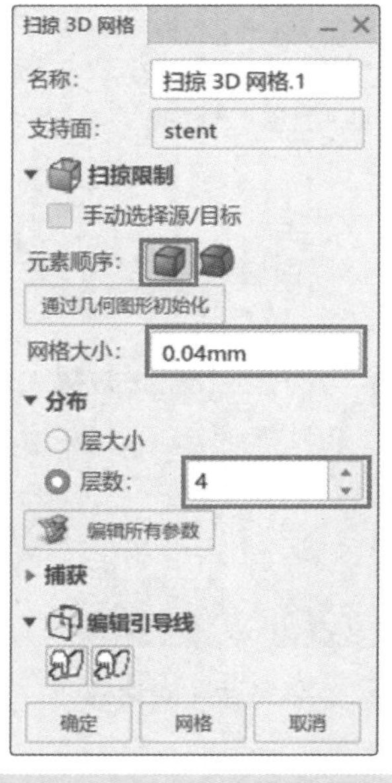

图 9-29 “扫掠 3D 网格”对话框

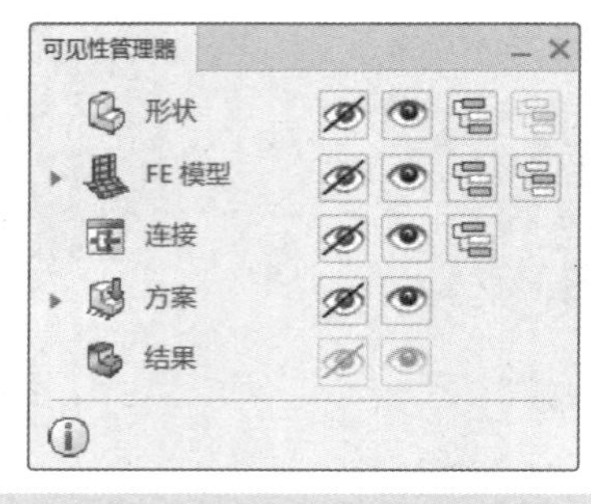

图 9-30 “可见性管理器”对话框

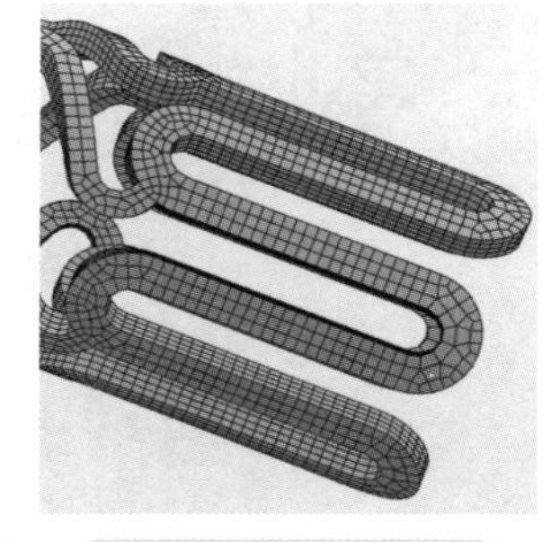

图 9-31 支架网格

注意：也可以在网格划分界面，右击绘图区选择“网格零件管理器”来隐藏或显示网格。

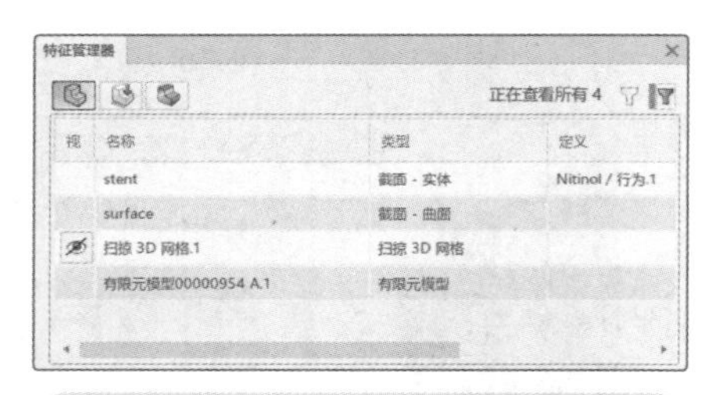

图 9-32 在特征管理器中隐藏网格

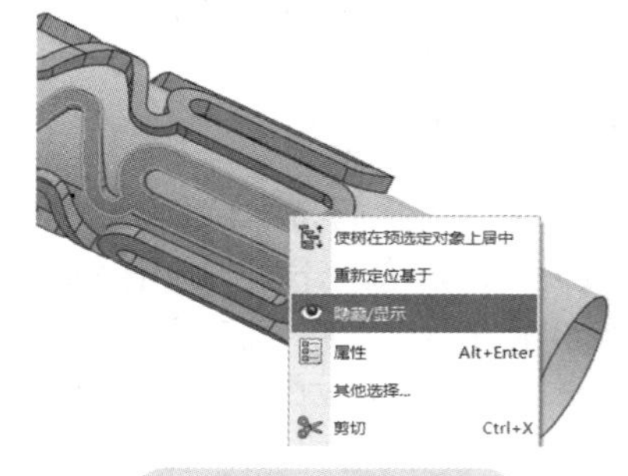

图 9-33 隐藏支架

接下来划分内圈网格，为了减少计算量，我们将内圈网格划分为长条形。在命令工具栏单击“网格”/“曲面四边形网格”，打开“曲面四边形网格”对话框。“支持面”选择内圈曲面几何体“拉伸 .1”，“元素顺序”选择“线性”，“网格大小”为“0.04mm”，其他采用默认设置，单击“局部设定”栏下的“编辑”进入局部设定工具栏，如图 9-34 所示。

如图 9-35 所示，单击“约束”/“约束网格到边线”，打开“约束网格到边线”对话框。如图 9-36 所示，“支持面”选择内圈圆柱侧面两根蓝色线条，单击“确定”退出当前对话框。单击“网格规格”/“边线分布”，如图 9-37 所示。在“边线分布”对话框中，“支持面”选择内圈圆柱侧面两根线条，“边线数”为“1”，如图 9-38 所示。单击“确定”退出当前对话框。

单击“网格规格”/“映射网格”。如图 9-39 所示，在“映射网格”对话框中，“支持面”

选择内圈圆柱面的上半部分，“大小”为“0.04mm”，单击“确定”退出当前对话框。重复操作对内圈圆柱面的下半部分做映射网格划分。如图 9-40 所示，单击“网格规格”/“退出应用程序”退出应用程序。

> 注意：内圈曲面这种长条形网格划分会导致单元出现很大的长宽比率，在计算过程中会出现警告信息。常规模型中不建议划分这种类型的网格，但在本例中，内圈单元的节点位移完全被边界负载所控制，不会出现变形，这种网格形式既能减少计算量，又不影响结果。

如图 9-41 所示，在左侧特征树处右击支架几何实体“stent”，单击“隐藏 / 显示”将支架几何实体显示出来。在绘图区空白处右击，选择“可见性管理器”，在“可见性管理器”对话框中，单击“FE 模型”栏的“隐藏”将所有网格都隐藏，以便于后续接触属性设置。

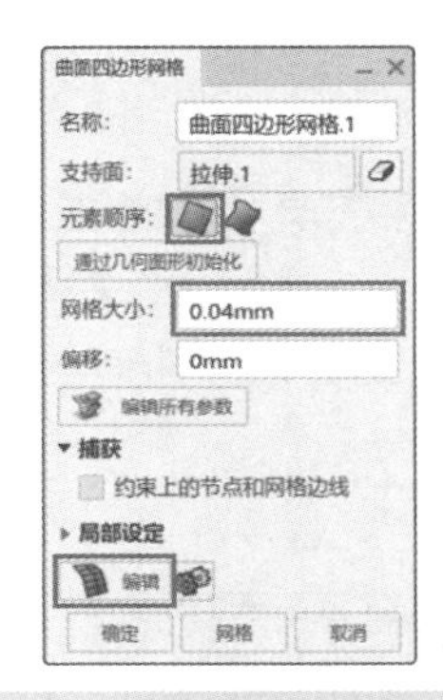

图 9-34　内圈网格划分

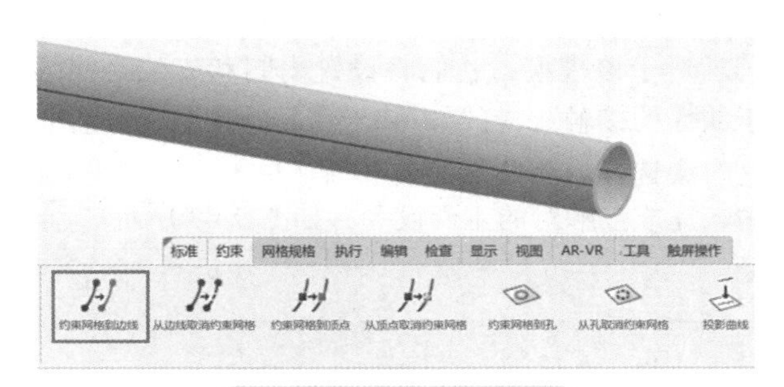

图 9-35　局部网格设定

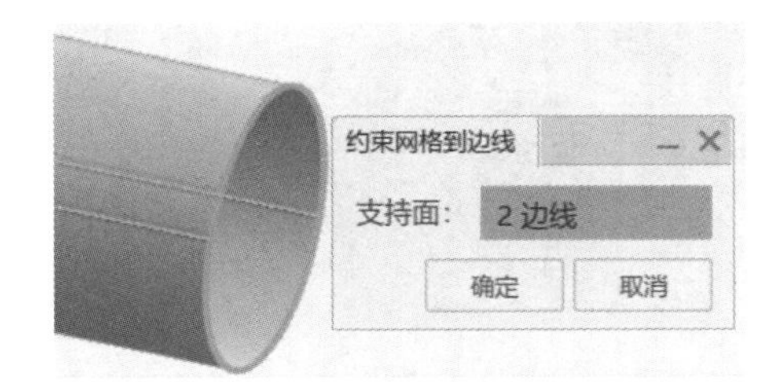

图 9-36　“约束网格到边线”对话框

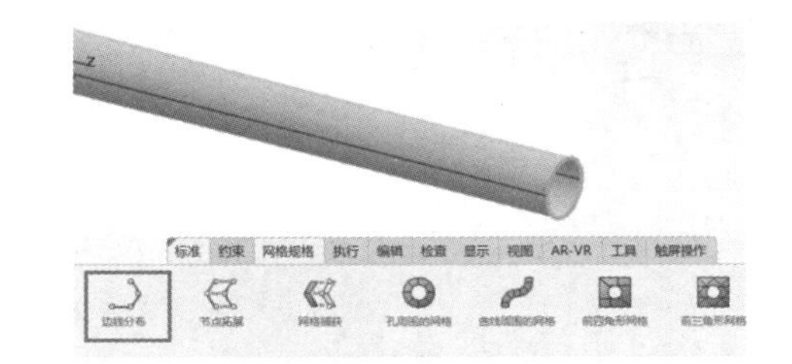

图 9-37　边线分布

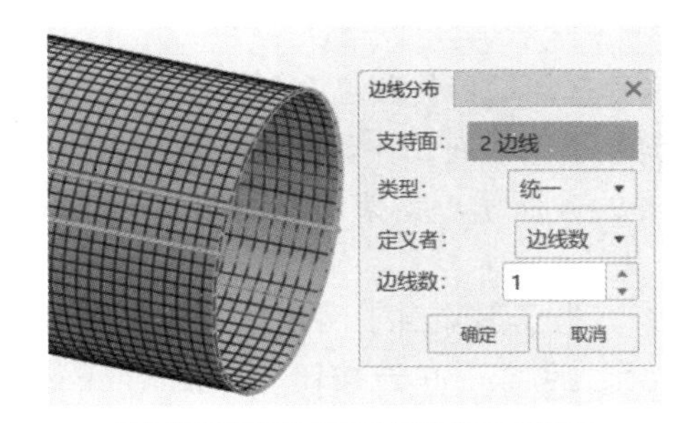

图 9-38　“边线分布”对话框

图 9-39　“映射网格”对话框

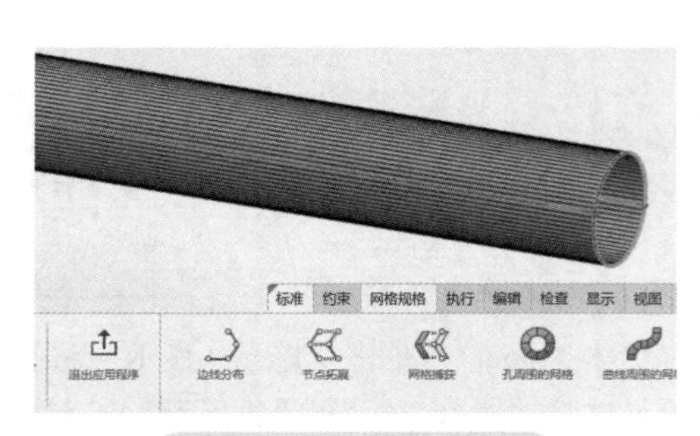
图 9-40　退出应用程序

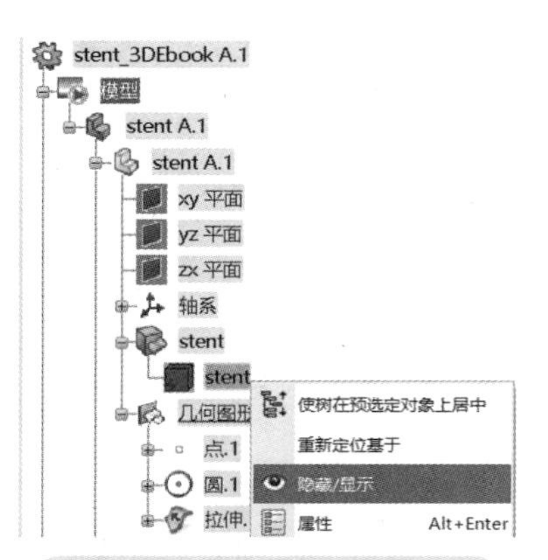

图 9-41　显示支架几何实体

步骤 11　接触属性设置

对于该模型，我们将设置内圈和支架之间的接触对。在助手工具栏中单击“交互”/“基于曲面的接触”，打开“基于曲面的接触”对话框。如图 9-42 所示，在“主”栏单击选择内圈，这时会选择内圈曲面的内表面，单击右侧“更改曲面侧面”，这时内圈曲面的外表面会被选中，完成接触对的主面设置，如图 9-43 所示。

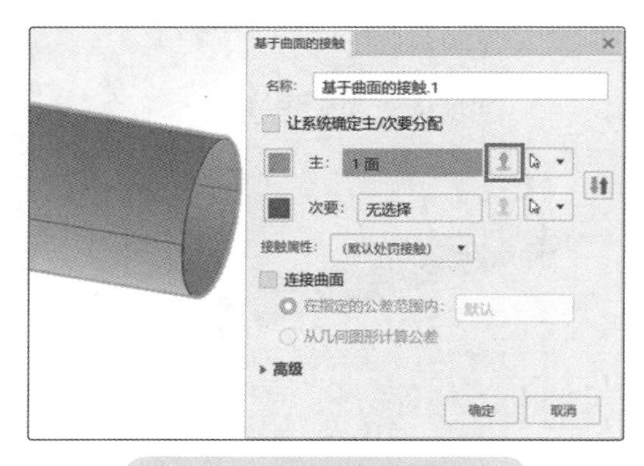

图 9-42　曲面接触设置（一）

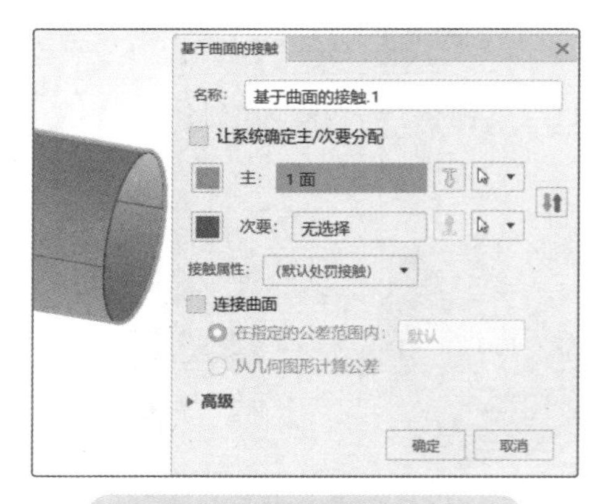

图 9-43　曲面接触设置（二）

右击内圈，将内圈几何曲面隐藏。单击“次要”栏的选择窗口使其高亮显示，在选择辅助工具栏菜单中单击“面拓展”，单击选择支架的任何一个内表面。在弹出的拓展工具栏中选择“按角度”，角度设为“40deg”，单击“拓展”，如图 9-44 所示。支架内表面的 66 个面将作为接触对的从面被选中。

展开“高级”，将“离散方法”设为“节点到曲面”。为了消除由于网格划分造成的过盈，需要进行无张力调整。选中“调整选项”下的“进行无张力调整”单选按钮，设置“间隔捕获区域”为“0.01mm”，如图 9-45 所示。单击“确定”退出当前对话框。

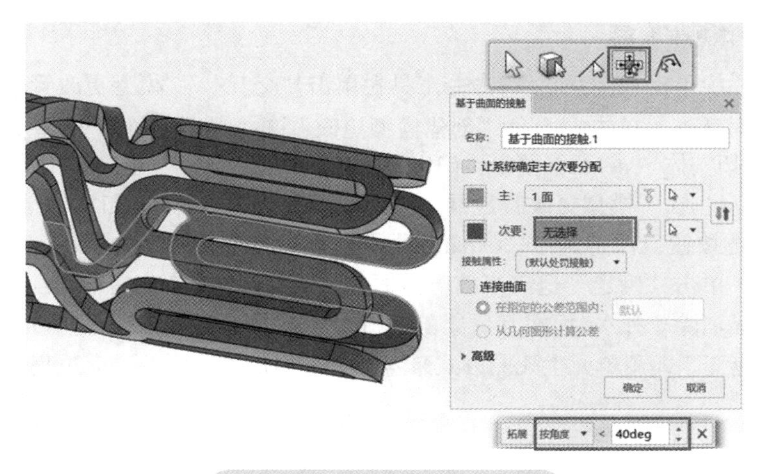

图 9-44　曲面接触设置（三）

右击特征树下的“拉伸 .1”，选择“隐藏 / 显示”，将内圈几何曲面显示出来，如图 9-46 所示。

图 9-45　曲面接触设置（四）

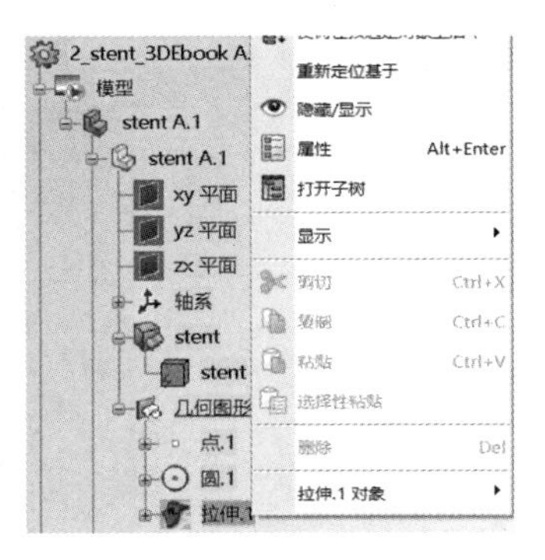

图 9-46　显示内圈几何曲面

注意：对于曲面或壳体，它们有两个表面（上、下表面或内、外表面），在 3DEXPERIENCE 中以不同的颜色来显示。在设置接触对时应特别注意，如果内、外表面选择不正确，可能导致接触计算不收敛。

步骤 12　模型更改设置

在助手工具栏中单击“交互”，在命令工具栏单击“交互”/“模型更改管理器”，打开“模型更改管理器”对话框，单击右上角“创建模型更改”，在弹出的“模型更改”对话框中，“支持面”选择支架实体“stent”，单击“确定”退出当前对话框，如图 9-47 所示。

如图 9-48 所示，在“模型更改管理器”对话框中取消选中“anneal1”分析步和“anneal2”分析步下方的复选按钮，保持选中“expand1”分析步、“expand2”分析步和“expand3”分析步下方复选按钮，单击“确定”退出当前对话框。该设置意味着第 2 个和第 4 个分析步通过模型更改将支架单元消除（死），而在其后续的分析步中引入（生），引入的单元在分析步初始阶段不包含应力和应变。即用单元生死的方式来考虑支架制造工艺中的退火过程。

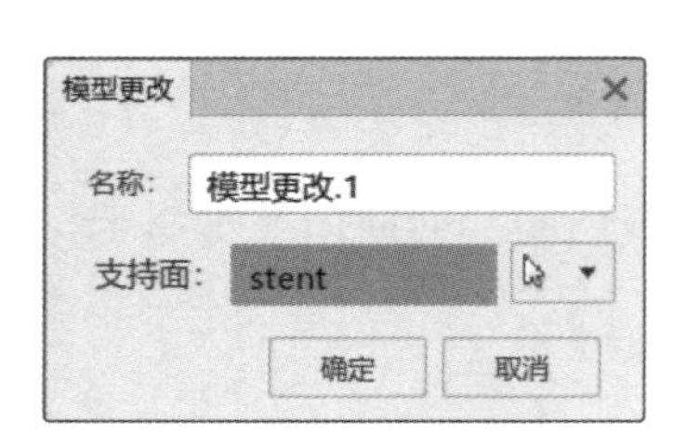

图 9-47　模型更改设置

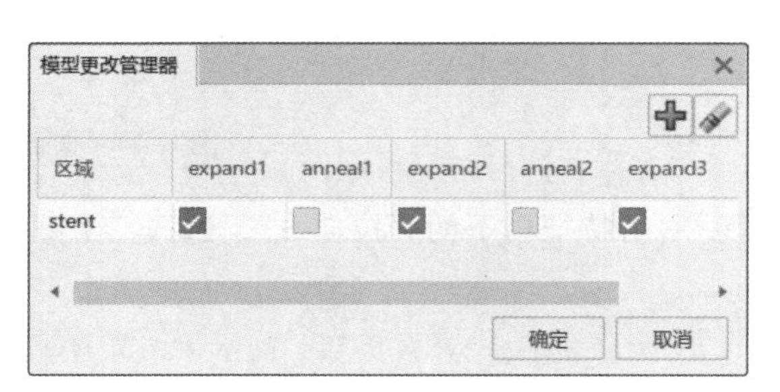

图 9-48　模型更改管理器设置

步骤 13　添加约束

为了消除刚体位移并保持计算的收敛，需要对支架施加额外的约束。在助手工具栏中单击“限制”/“固定位移”，打开“固定位移”对话框。如图 9-49 所示，“支持面”选择支架 +*Y* 方向一端外表面上的顶点，“平移”选择“Y”和“Z”，其他采用默认设置。单击“确定”退出当前对话框。

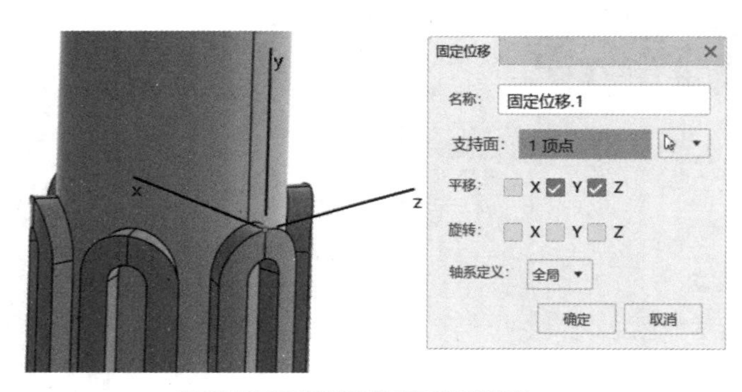

图 9-49　支架固定位移设置

接下来对内圈施加约束。为了在固定位移时能使用圆柱坐标，我们需要创建一个局部坐标系。在命令工具栏单击“模型”/“模型准备”，在“目标形状”对话框的“选择一个形状”栏中单击支架几何实体，单击“确定”，进入模型准备界面。在命令工具栏单击“创建”/“轴系”，打开“轴系定义”对话框。如图 9-50 所示，“原点”选择特征树上的“点 .1”，在“Z 轴”栏右击选择“坐标”，在打开的“Z 轴”对话框中输入 *Y* 轴的数值为“1”，其他保持默认的数值

"0"，单击"关闭"退出"Z 轴"对话框，单击"确定"退出"轴系定义"对话框。这时名称为"轴系 .1"的局部坐标系就已经创建完成。

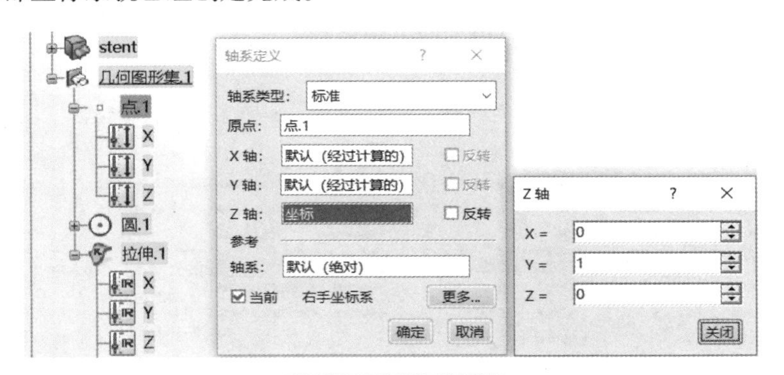

图 9-50　轴系定义

在命令工具栏单击"创建" / "退出应用程序"，退出模型准备 APP 界面。

在助手工具栏中单击"限制"/"固定位移"，打开"固定位移"对话框。如图 9-51 所示，"支持面"选择内圈，"平移"选择"Y"和"Z"，"旋转"选择"Z"，"轴系定义"选择"本地"，"轴系"通过特征树选择上一步创建的"轴系 .1"，"轴系类型"选择"圆柱"，单击"确定"退出当前对话框。

步骤 14　添加负载

在助手工具栏中单击"负载"/"应用的平移"，打开"应用的平移"对话框。如图 9-52 所示，"支持面"选择内圈几何体，"平移"为"0.1mm"，"自由度"选择"平移 X"，"轴系定义"选择"本地"，"轴系"选择"轴系 .1"，"轴线类型"选择"圆柱"，其他采用默认设置。单击"确定"退出当前对话框。

图 9-51　内圈固定位移设置

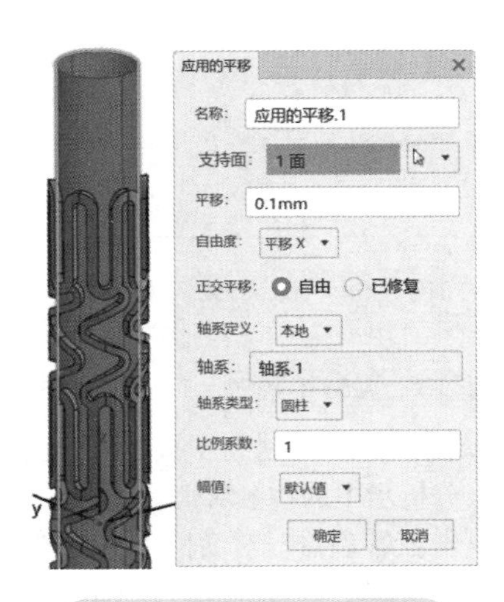

图 9-52　应用的平移设置

在绘图区空白处右击，选择"特征管理器"。如图 9-53 所示，单击"方案"，选中"应用的平移 .1"使其高亮显示，在"expand2"分析步处右击，选择"在步长 expand2 中编辑"，打开“应用的平移”对话框。如图 9-54 所示，将“比例系数”改为“2”，单击“确定”退出当前对话框。对“expand3”分析步中的“应用的平移.1”做同样操作，将“比例系数”改为“3”，如图 9-55 所示，单击“确定”退出当前对话框。

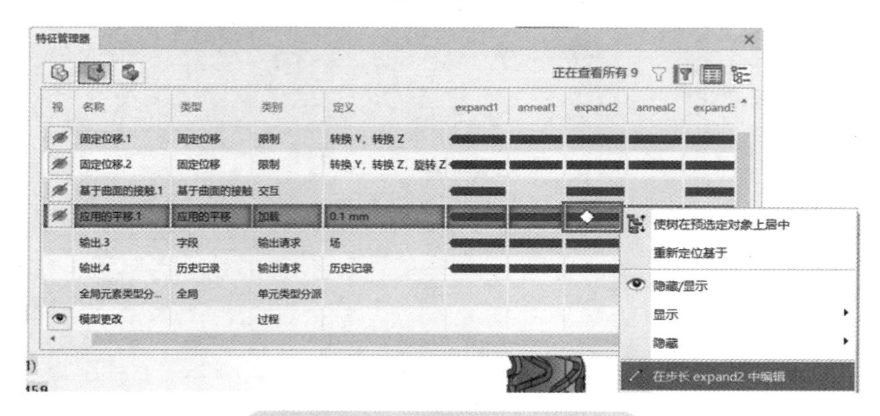

图 9-53 编辑 expand2 中的平移

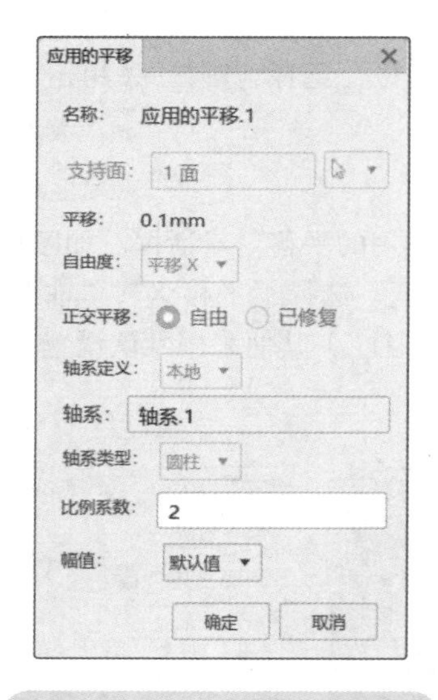

图 9-54 expand2 平移设置

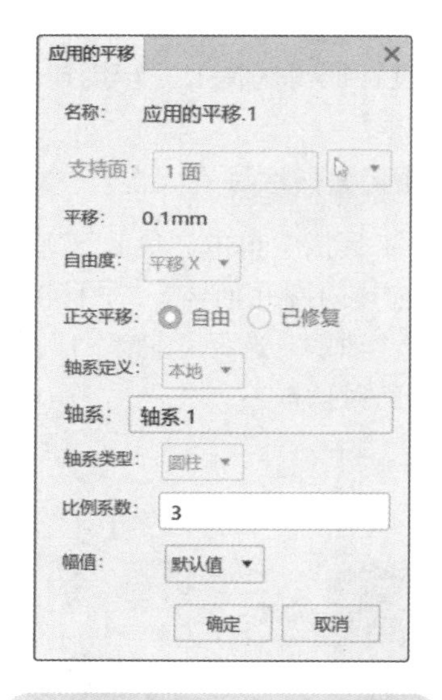

图 9-55 expand3 平移设置

步骤 15 编辑接触对

由于在步骤 12 中进行了模型更改设置，为了保证计算收敛，需要在“特征管理器”对话框中将退火分析步中的接触对消除，而在扩张分析步中将接触对引入。这与模型更改的原理类似。

在“特征管理器”对话框中单击“基于曲面的接触.1”使其高亮显示，在“anneal1”分析步处右击，选择“移除 anneal1 中的基于曲面的接触.1”，如图 9-56 所示。在“expand2”分析步处右击，选择“在 expand2 中应用基于曲面的接触.1”，如图 9-57 所示。

按照上述操作步骤对“anneal2”分析步移除基于曲面的接触.1，对“expand3”分析步应用基于曲面的接触.1。

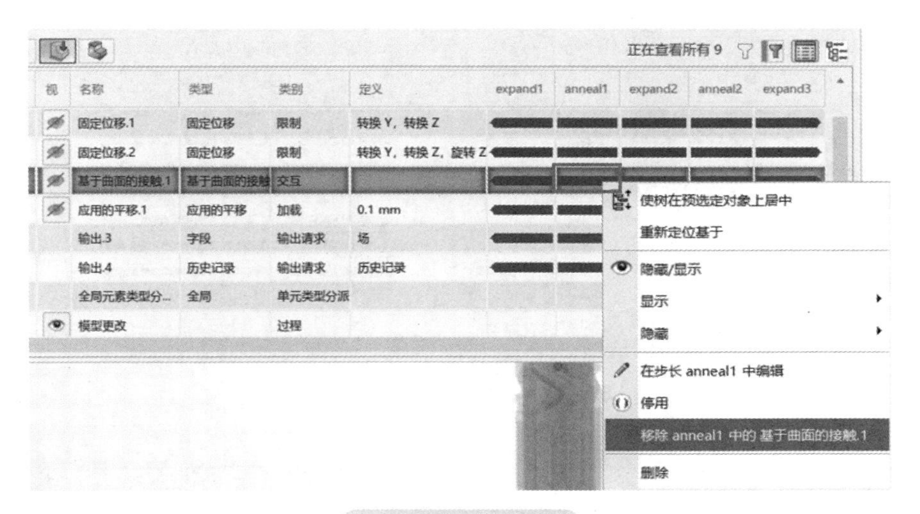

图 9-56　移除接触

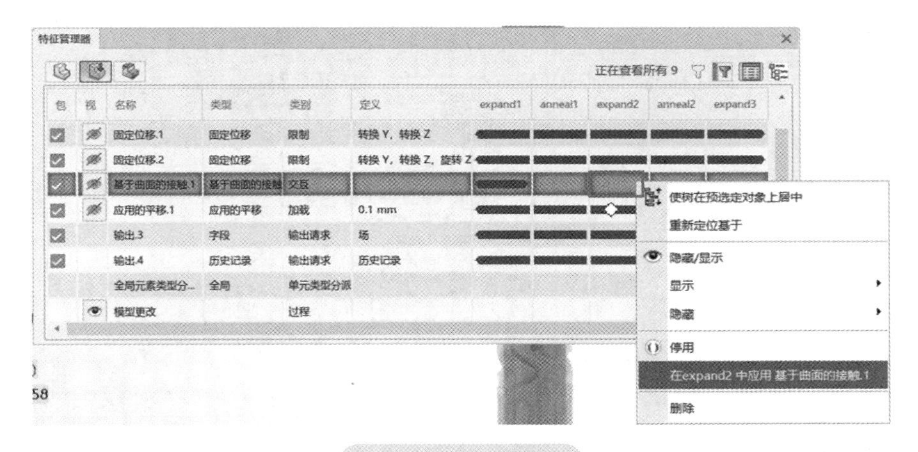

图 9-57　添加接触

步骤 16　编辑输出

为了减少结果数据文件的大小，可以在“特征编辑器”对话框中对字段和历史记录的结果输出频次进行设置。如图 9-58 所示，双击“输出 .3”下的“expand1”分析步，打开“输出”对话框。如图 9-59 所示，在“输出”对话框中，“频率”选择“间隔相等的时间间隔”，“间隔数”为“10”，取消选中“在精确时间输出”复选按钮。单击“确定”退出当前对话框。

在助手工具栏中单击“仿真”，在命令工具栏单击“仿真”/“输出”，打开“输出”对话框。如图 9-60 所示，“名称”为“contact”，单击“支持面”右侧的展开下拉菜单，选择“Sim 特征”，打开“Sim 特征选择”对话框。在“Sim 特征选择”对话框中单击选择“基于曲面的接触 .1”，单击“确定”退出当前对话框。在“输出”对话框中，“输出组”选择“历史记录”，展开“接触”，依次选中“CSTRESS，接触应力”/“CPRESS，接触压力”和“CFN，接触压力产生的总力”复选按钮。其他采用默认设置，单击“确定”退出当前对话框。

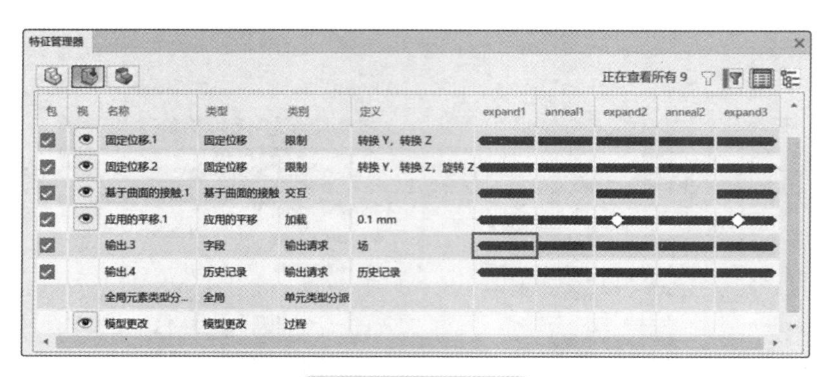

图 9-58　编辑输出

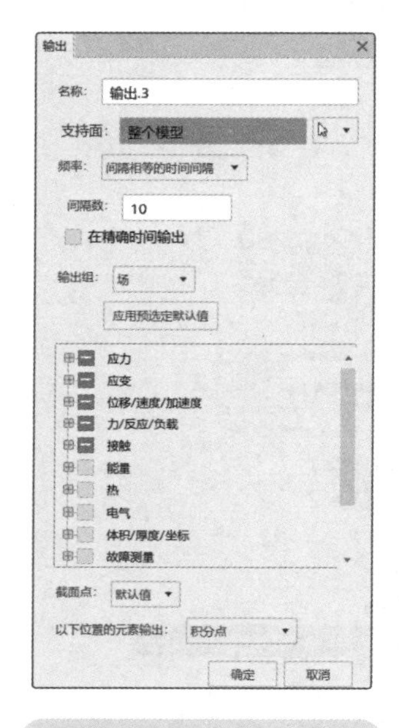

图 9-59　输出设置（一）

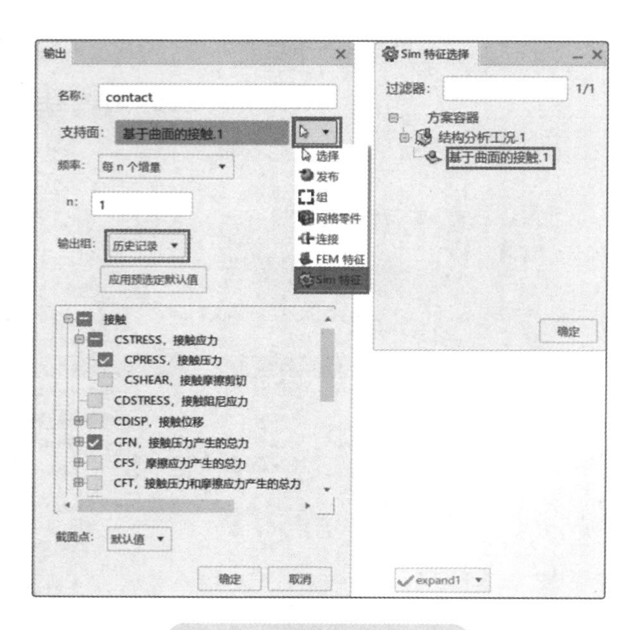

图 9-60　输出设置（二）

步骤 17　设置单元类型

在“特征管理器”对话框中双击“全局元素类型分派 .1”，打开“全局元素类型分派”对话框。如图 9-61 所示，设置不同形状的单元对应的单元类型，其中“线性砖”可以选择 C3D8R 或 C3D8I 单元。单击“确定”退出当前对话框。

设置完成后的“特征管理器”对话框如图 9-62 所示。

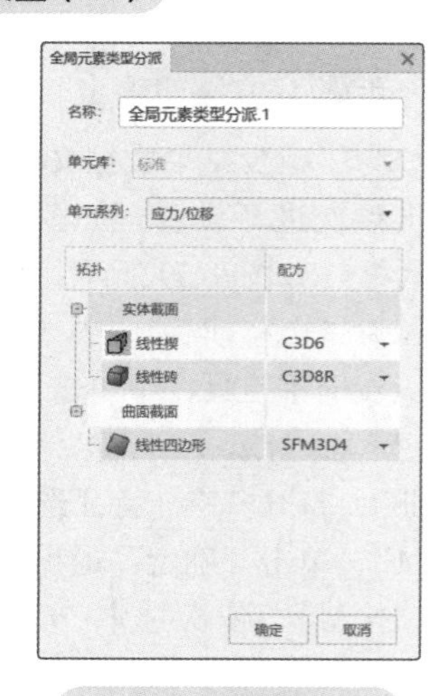

图 9-61　单元分派

步骤 18　运行仿真

在助手工具栏中单击“仿真”/“仿真”，打开“仿真”对话框。如图 9-63 所示，“位置”选择“本地交互式”，“许可证”为“令牌”，设置用于计算的核心数量为“4”。单击“确定”提交运算，运算完成后如图 9-64 所示。

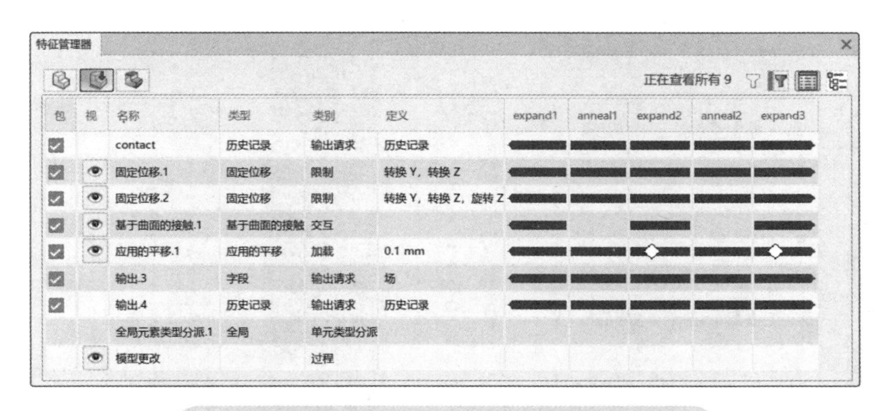

图 9-62　设置完成后的“特征管理器”对话框

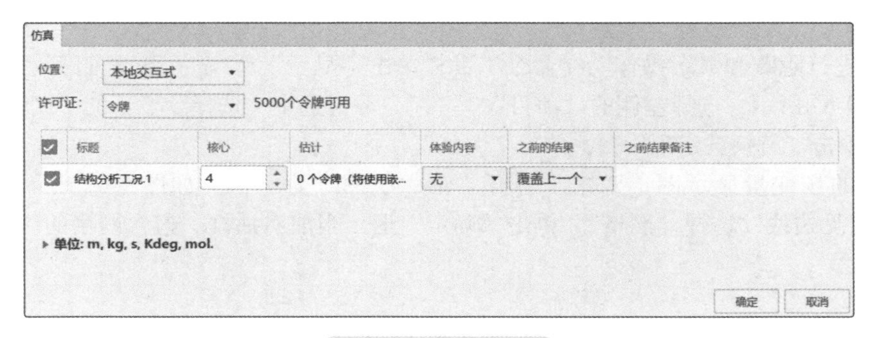

图 9-63　提交运算

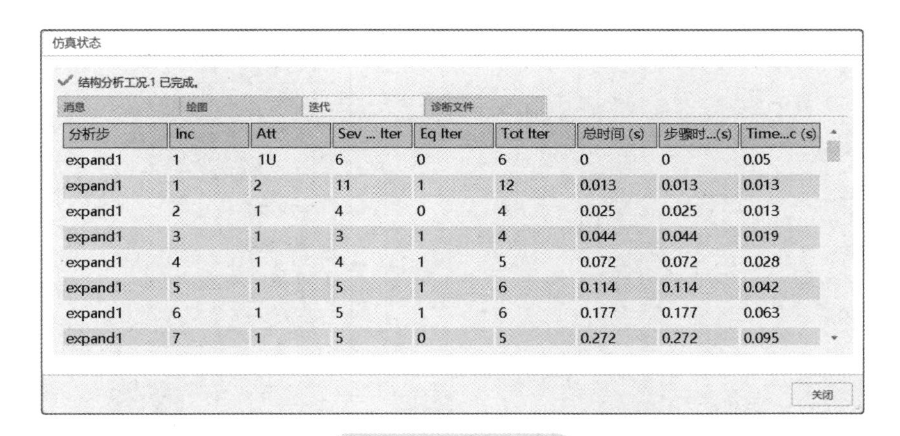

图 9-64　运算完成

9.4　结果解读

在助手工具栏中单击“结果”，进入 SIMULIA 物理结果 APP。在“绘图”对话框的“分析步”下拉菜单中选择对应的分析步显示结果，如图 9-65 所示。在“绘图”的下拉菜单中选择字段变量（场变量）的类型，如位移、等效应力、接触压力等，如图 9-66 所示。

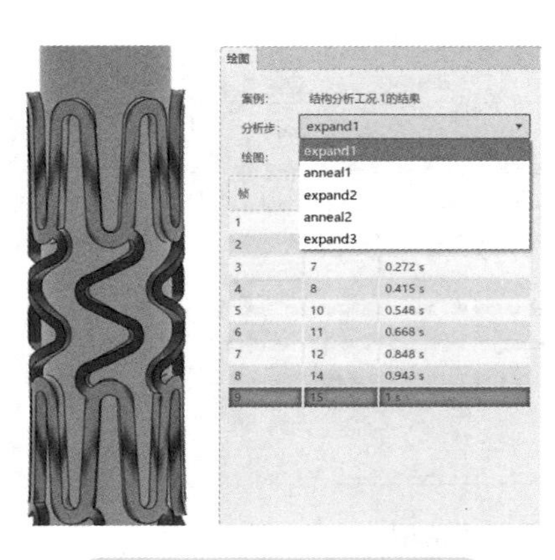

图 9-65　分析步结果显示

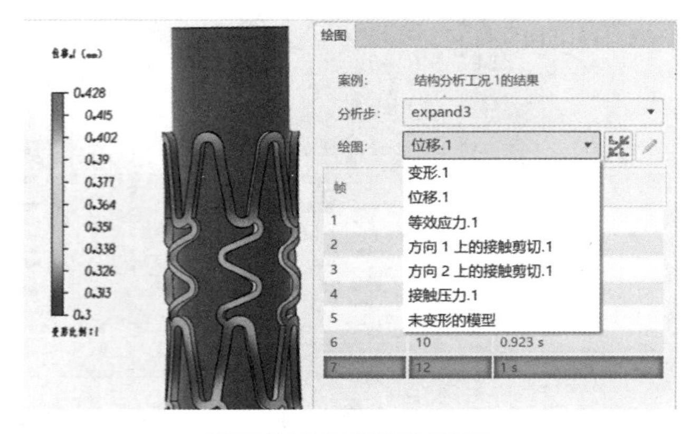

图 9-66　绘图结果显示

对模型进行隐藏和显示操作。在命令工具栏单击“显示”/“显示组”，打开“显示组”对话框。如图 9-67 所示，选择左侧的“项目”/“零件”，取消选中“选择”栏下的“网格化零件 -1”复选按钮，单击“替换选定项”，单击“关闭”。

在支架的场变量显示图上双击，打开“轮廓绘图”对话框。如图 9-68 所示，单击“渲染”，“可见边线”选择“网格”，单击“确定”退出当前对话框。包含网格的应力显示结果如图 9-69 所示。

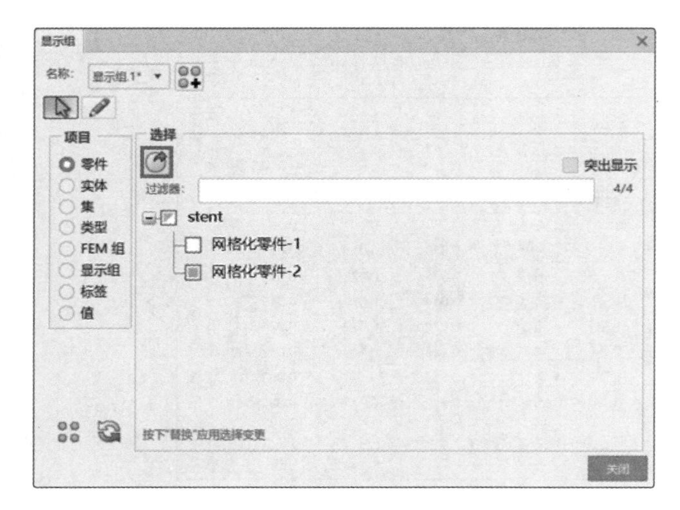

图 9-67　“显示组”对话框

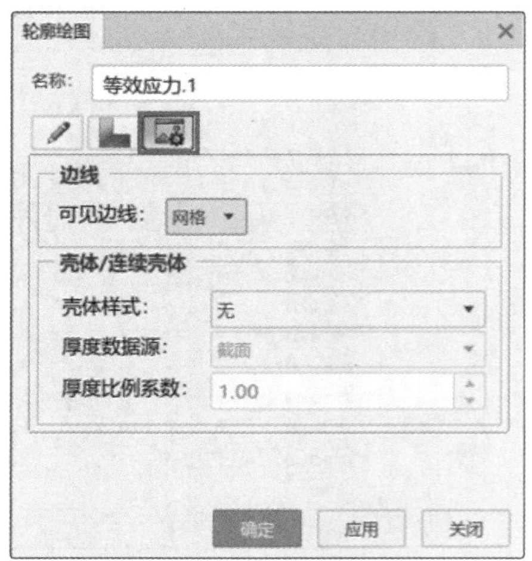

图 9-68　“轮廓绘图”对话框

在命令工具栏单击“绘图”/“历史记录中的 X-Y 绘图”，打开“历史记录中的 X-Y 绘图”对话框。如图 9-70 所示，“变量”选择“CFNM，接触压力产生的总力的数值”，“支持面”选择“contact”，其他采用默认设置。单击“确定”，支架与内圈之间产生的接触力（扩张力）曲线，如图 9-71 所示。

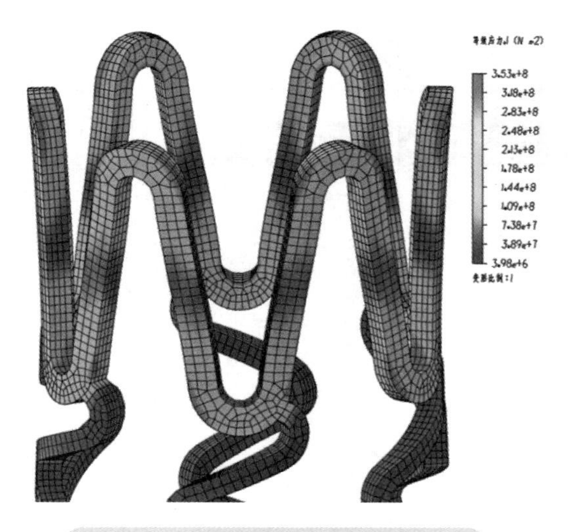

图 9-69　包含网格的应力显示结果

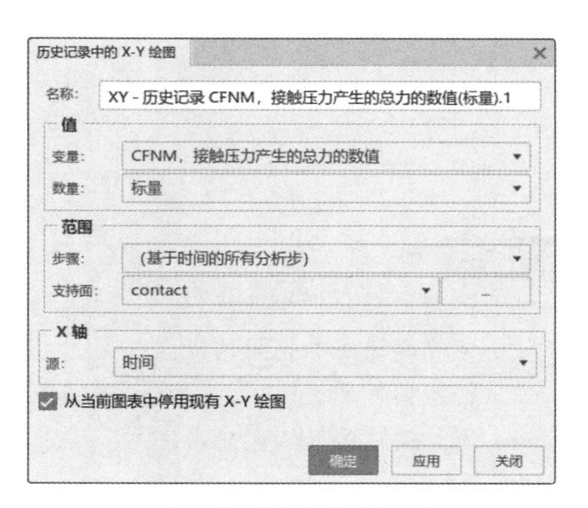

图 9-70　X-Y 绘图设置

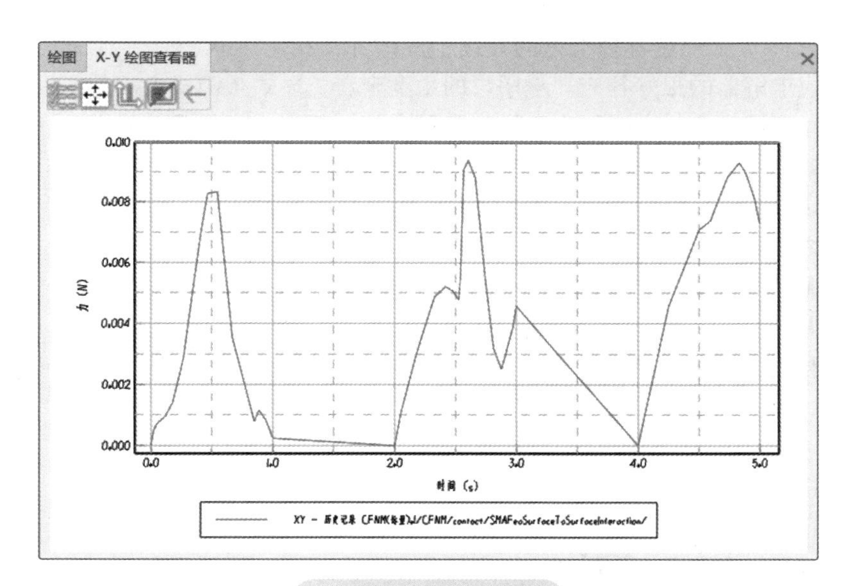

图 9-71　接触力曲线

9.5　小结

本章内容的重点是多步骤仿真以及非线性材料模型的设置。在包含接触非线性的隐式计算模型中，通常会出现接触收敛问题。在隐式静态分析步中需要足够的约束以消除刚体位移，避免出现收敛问题。也可以将接触对中的离散方法从“曲面到曲面”改为“节点到曲面”，或在分析步设置中设置稳定（Stabilize）选项，或从隐式静态分析步改为显式分析步等作尝试，来保证得到最终收敛的计算结果。

第 10 章 碰撞与冲击仿真

学习目标

1）显式动态分析步的流程。

2）常规（通用）接触的设置。

3）初始条件的使用。

4）质量缩放的基本概念与使用。

10.1 技术背景

显式动态程序对于求解各种类型的非线性固体和结构力学问题是一种非常实用有效的工具，这是对隐式求解器的很好补充。从用户的角度来看，显式与隐式方法的区别在于，显式方法需要很小的时间增量步，它仅取决于模型的最高固有频率，而与载荷的类型和持续的时间无关；隐式方法对时间增量步的大小没有内在的限制，增量步的大小通常依赖于精度和收敛情况。

在研究探讨显式动态程序怎样工作之前，需要了解显式动力学求解适合于哪类问题。

1. 高速动力学事件

最初发展显式动力学方法的目的是分析那些用隐式方法分析可能极其费时的高速动力学事件。例如，两根钢管在瞬态冲击载荷下的响应，因为短时间迅速施加的巨大载荷，所以结构的响应在这段时间内变化得非常快。捕获动力响应，精确地跟踪模型内的应力波是非常重要的。因为应力波与系统的最高阶频率相互关联，所以为了得到精确解答需要许多足够小的时间增量。

2. 复杂的接触问题

相对于应用隐式方法建立接触条件的公式，应用显式方法要容易得多，而且利用显式方法能够比较容易地解决多个独立物体相互作用的复杂接触问题，特别适合分析受冲击载荷并随后在结构内部发生复杂相互接触作用的结构的瞬态动态响应问题。

3. 复杂的后屈曲问题

3DEXPERIENCE SSU 中的显式求解器能够比较容易地解决不稳定的后屈曲（Post Buckling）问题。在这类问题中，随着载荷的施加，结构的刚度会发生剧烈的变化。在后屈曲响应中常常涉及接触相互作用的影响。

4. 高度非线性的准静态问题

3DEXPERIENCE SSU 的显式求解器也能解决近似静态的问题，准静态（Quasi-static）过程模拟问题（包括复杂的接触，如锻造、滚压和薄板成形等过程）通常属于这一类型的问题。薄板成形问题通常包含非常大的膜变形、褶皱和复杂的摩擦接触条件。块体成形问题的特征包括大扭曲、瞬间变形以及与模具之间的相互接触。关于显式准静态仿真读者可以参考第 11 章内容。

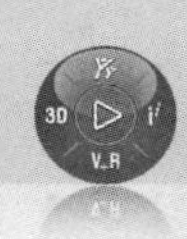

5. 材料退化和失效

在隐式分析程序中，材料的退化（Degradation）和失效（Failure）常常导致严重的收敛困难，但是 3DEXPERIENCE SSU 能够很好地模拟这类材料。材料退化中的一个例子是混凝土开裂模型，其拉伸裂缝导致了材料的刚度变为负值。金属的延性断裂失效模型是一个材料失效的例子，其材料刚度能够退化并且一直降低到零，在这段时间中，单元从模型中被完全除掉。

10.2　实例描述

该模型是垂直交叉的两根金属管，如果其中一根金属管的一端突然断开，含有预应力的金属管会旋转并撞击另一根金属管。我们将采用 3DEXPERIENCE SSU 中的显式求解器对金属管的高速碰撞进行仿真。

带网格的几何模型如图 10-1 所示，图示的两根金属管的直径为 6.5mm，厚度为 0.4mm，长度为 50mm。假设固定管的两端被完全固定，转动管一端位移自由度被约束，其可绕旋转中心进行旋转，而另一端完全自由。由于结构和载荷对称，可以使用 1/2 对称模型来模拟。

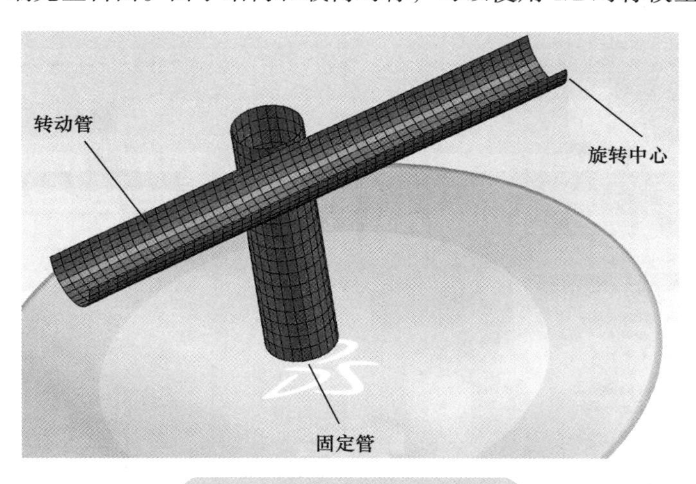

图 10-1　带网格的几何模型

10.3　模型设置

步骤 1　打开仿真平台

打开 3DEXPERIENCE 平台，选择并激活 SSU 角色“Structural Mechanics Engineer”（图 10-2）。从角色中单击“Mechanical Scenario Creation”APP，如图 10-3 所示。

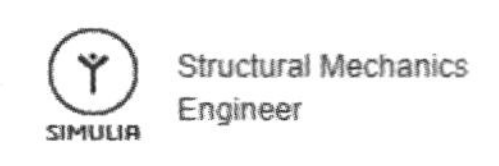

图 10-2　SSU 角色

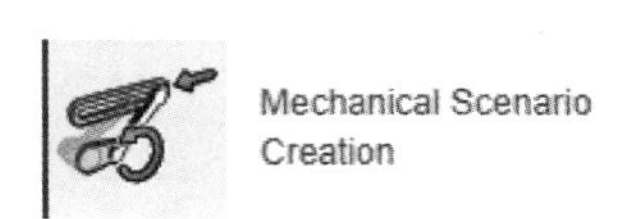

图 10-3　模型创建 APP

在右上角单击 ✚ 导入模型，如图 10-4 所示。

图 10-4　导入模型

图 10-5　导入模型设置

导入模型“ws_pipe_whip_sim”，“格式”选择“带创作的 3DXML”，并删除“复制字符串”文本框中的内容，如图 10-5 所示。单击“确定”进入模型准备与浏览界面。

步骤 2　查看已定义的 FEM 模型

该模型已经包含了网格信息和装配信息。两个钢管的材料为“steel”且均已经提前在模型中定义。查看模型特征树可以发现，模型数据基本完整，如图 10-6 所示。

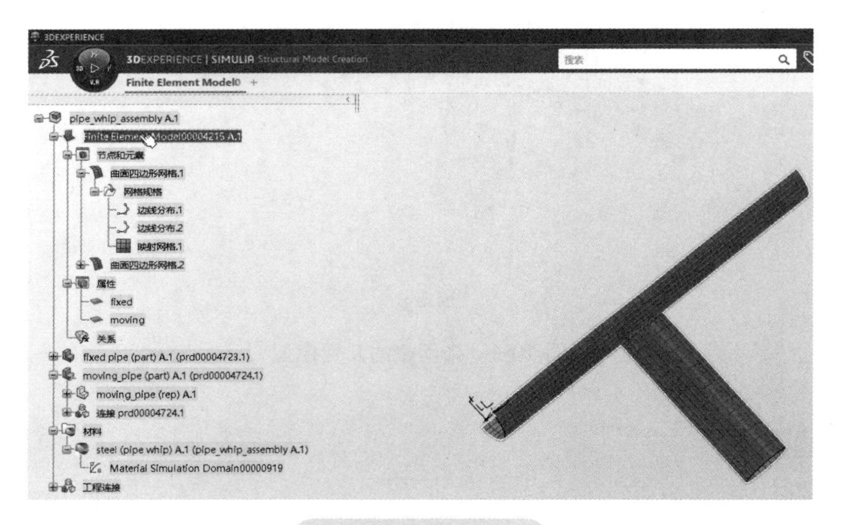

图 10-6　FEM 界面

> 注意：3DEXPERIENCE SSU 显式求解器需要求解动力平衡方程，不能忽略惯性，因此材料的密度必须真实准确。

步骤 3　定义截面属性

双击图 10-6 中高亮显示部分的有限元模型，将其切换至模型界面，并单击“壳体截面”，如图 10-7 所示。

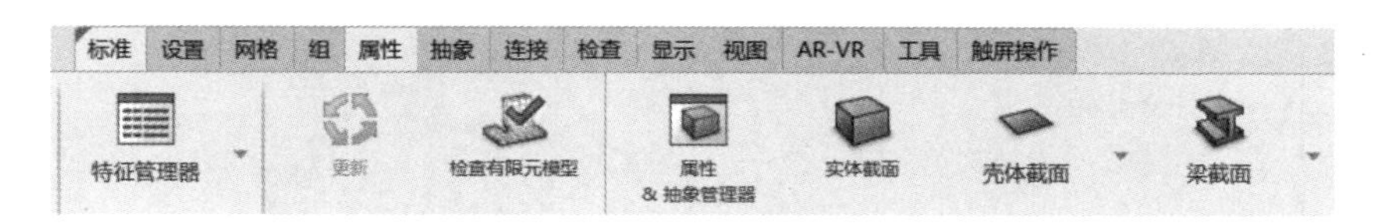

图 10-7　截面定义

在“壳体截面”对话框中分别为固定管和转动管设置截面属性，如图 10-8 和图 10-9 所示。

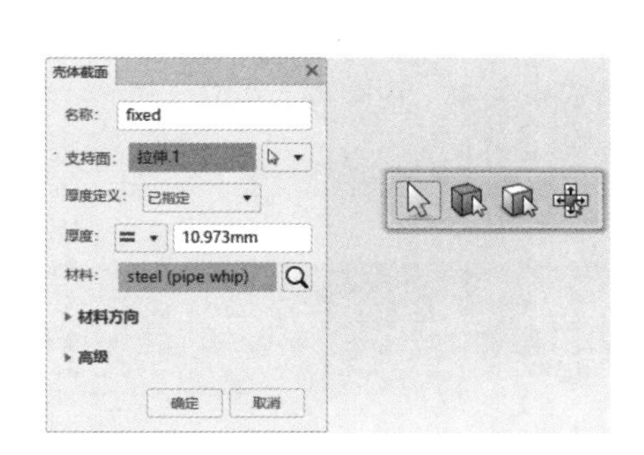

图 10-8 “壳体截面”对话框

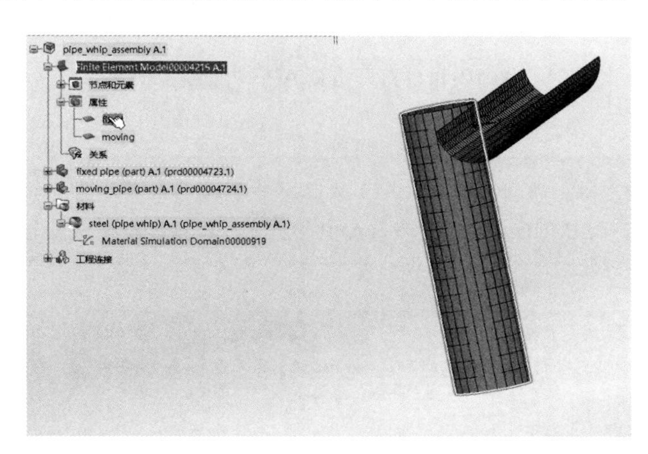

图 10-9　设置好的模型

注意：在需要切换模型或网格显示的时候，可以直接在软件图形区域空白处右击，选择“可视化管理”。在进行整体仿真操作及运行环境检查时，亦可右击选择“特征管理器”，对已经设置的内容进行回看（图 10-10）。

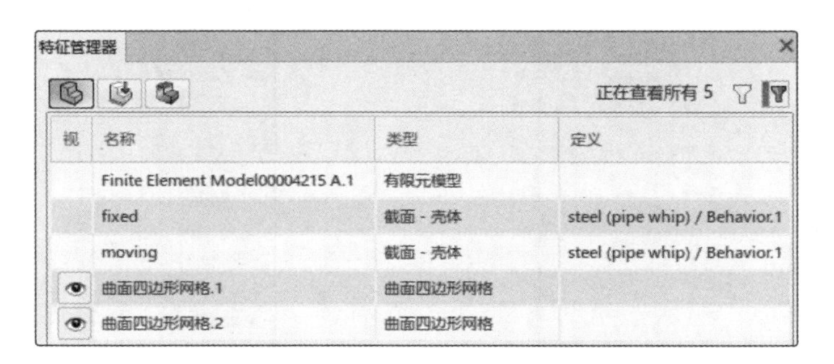

视	名称	类型	定义
	Finite Element Model00004215 A.1	有限元模型	
	fixed	截面 - 壳体	steel (pipe whip) / Behavior.1
	moving	截面 - 壳体	steel (pipe whip) / Behavior.1
👁	曲面四边形网格.1	曲面四边形网格	
👁	曲面四边形网格.2	曲面四边形网格	

图 10-10 “特征管理器”对话框

步骤 4　创建分析场景

在之前的操作中已经创建了分析的 FEM 模型，再次单击打开“Mechanical Scenario Creation”APP（图 10-11）。

在“仿真初始化”对话框中，将“仿真标题”改为“pipe_whip_sim”，“有限元模型”选择之前创建好的 FEM 模型，如图 10-12 所示。

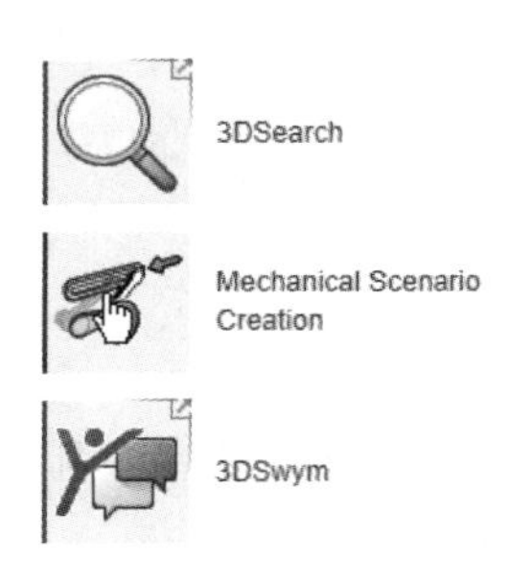

图 10-11　打开仿真 APP 界面

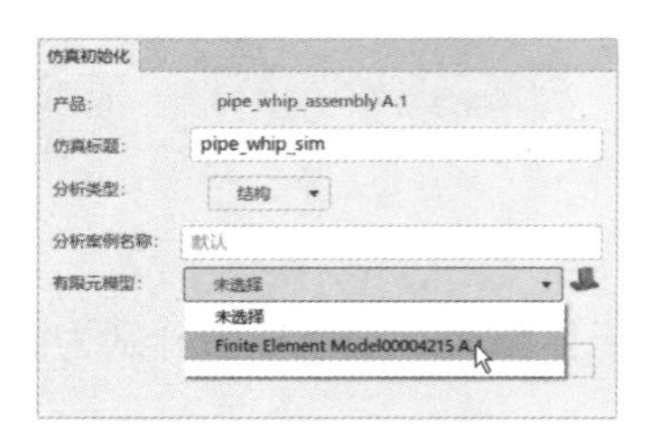

图 10-12　“仿真初始化”对话框

注意：如图 10-13 所示，对于同一个 APP 打开不同的模型类型，界面显示是不一样的。在“SIMULIA 力学方案”APP 中，才可以对模型接触、受力等参数进行设置。

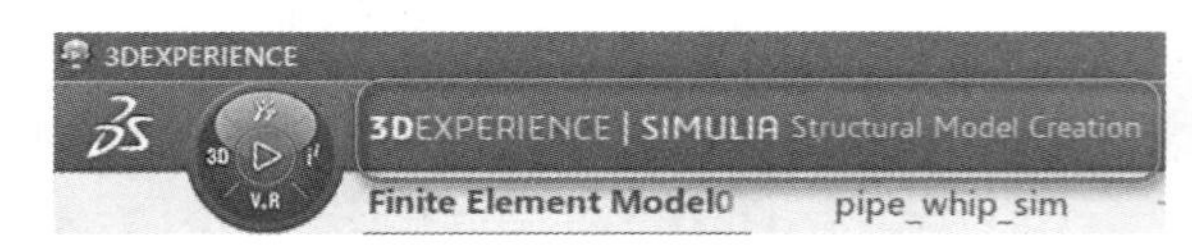

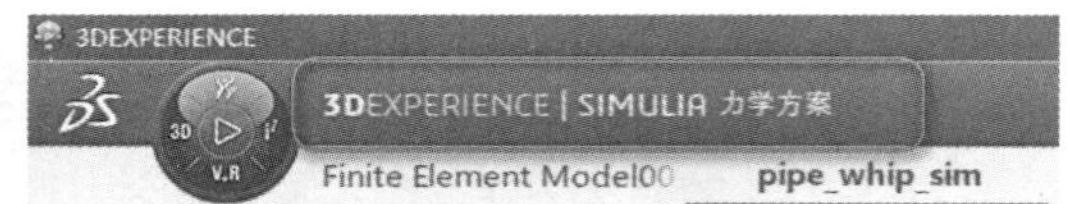

图 10-13　APP 界面差异

步骤 5　仿真助手

在屏幕任意空白位置右击，选择“助手”，打开助手工具栏如图 10-14 所示。

步骤 6　求解器选择

切换到“方案”模块，单击“程序”，选择“显式动态分析步”。在打开的“显式动态分析步”对话框中，设置“步长时间”为“0.015s”，其余选项默认，如图 10-15 所示。

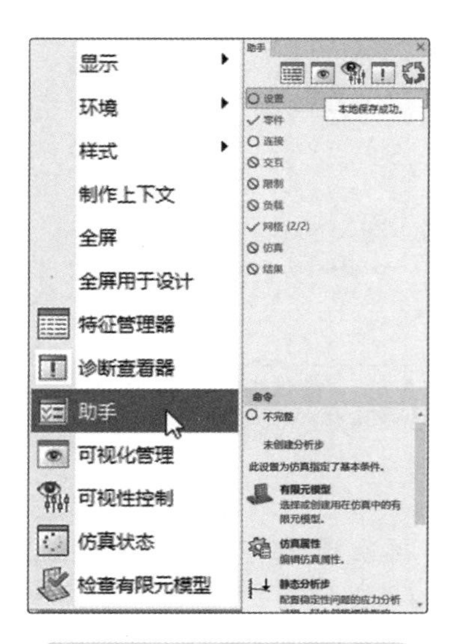

图 10-14　打开助手工具栏

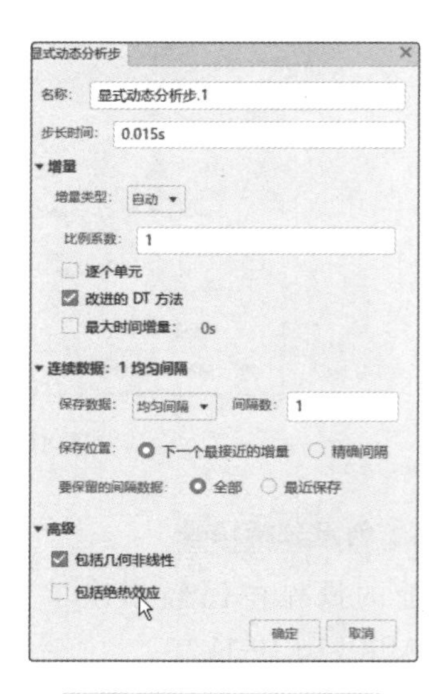

图 10-15　编辑分析步

注意：1）显式动力学分析步中的“步长时间”具有真实的物理意义，因此可以根据仿真在分析步中的受力时间进行实际的调整。

2）最好将仿真的初始模型设计为刚好开始发生接触或碰撞的时刻，并将此时的初始速度预先计算并添加妥当，这样可以省去大量接触前的计算时间，如跌落分析。

步骤 7　修改场变量输出

在命令工具栏单击“方案”/“仿真”/“输出”。在打开的“输出”对话框中，“间隔数”为“100”，在下方的“输出组”中选中“RF，反作用力和力矩”复选按钮，单击“确定”退出设置，如图 10-16 所示。

注意：1）输出“频率”主要控制结果文件的大小，用于节约硬盘空间和加快读取速度，“间隔数”用于定义结果保存的均匀间隔的数量。

2）RF（Recation Force）是反作用力变量，在“输出组”选中此变量才会在结果中保存 RF 相关数据。

3）壳单元默认仅输出上下表面的结果。如需输出其他结果值，需要指定积分点。

步骤 8　定义接触

将助手工具栏切换到“交互”模块，选择“接触特性”创建新的接触属性，并将其命名为“碰撞接触”，如图 10-17 所示，选中“指定切线行为选项”复选按钮，并设置“摩擦系数”为“0.2”，其余保持默认。

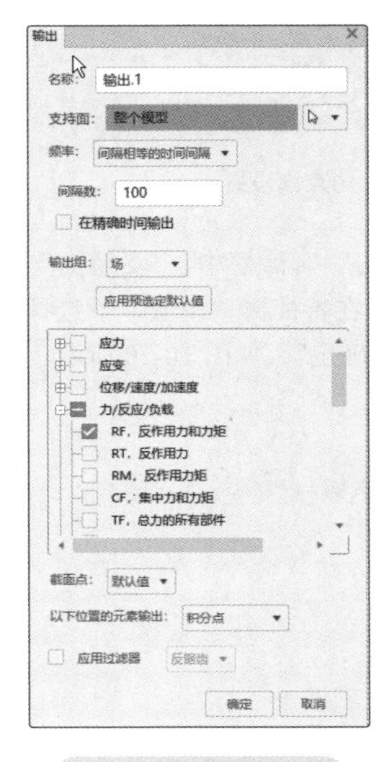

图 10-16　输出设置

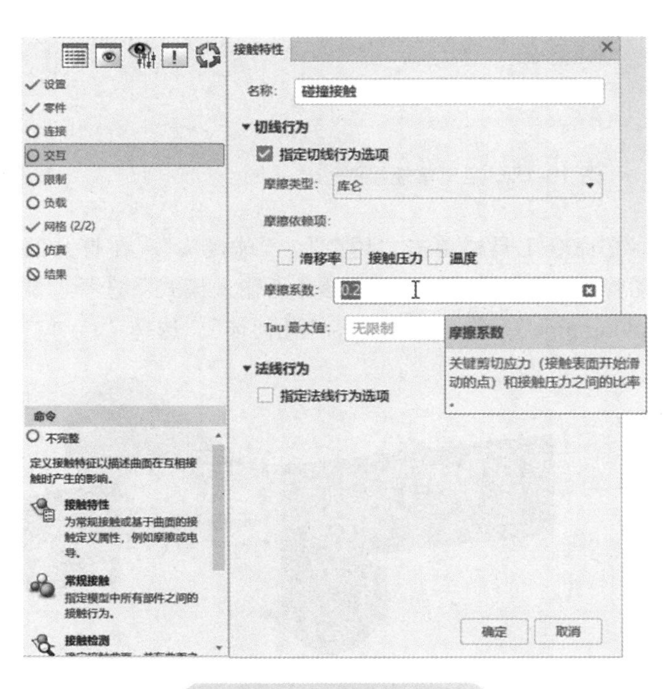

图 10-17　接触属性设置

步骤 9　定义常规接触

单击“常规接触”，在打开的“常规接触”对话框中，“包含的曲面对”选择“所有曲面”，“全局接触属性”选择上一步的“碰撞接触”，单击“确定”完成常规接触的定义，如图 10-18 所示。

步骤 10　定义初始条件

将助手工具栏切换到“约束”模块，定义钢管的自由度约束、旋转速度及旋转中心。首先定义钢管约束部分。单击“紧固”，在打开的“紧固”对话框中，“支持面”选择图 10-19 中的固定边线，单击“确定”。

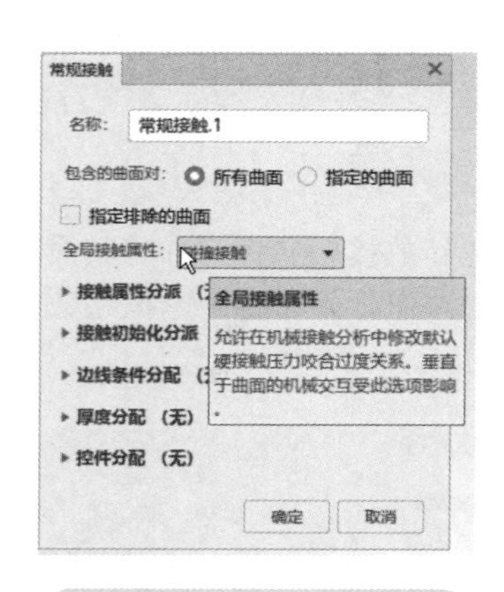

图 10-18　定义常规接触

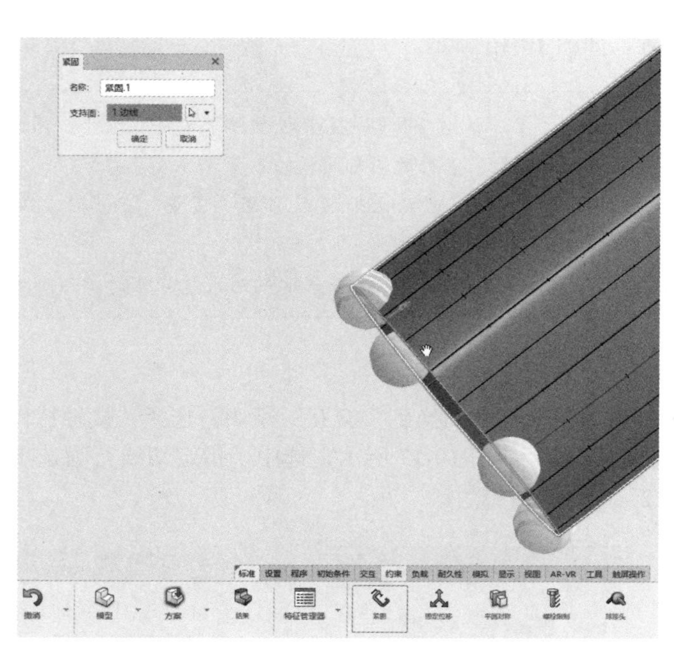

图 10-19　约束端设置

在命令工具栏单击“约束”/“球接头”。在打开的“球接头”对话框中，“支持面”选择转动管 1/2 管的半圆边线，“参考点输入模式”选择“支持面”。在特征树“模型”下选择零件“moving pipe”，单击打开“零件几何体”，选择“点 .1”，单击“确定”，如图 10-20 所示。

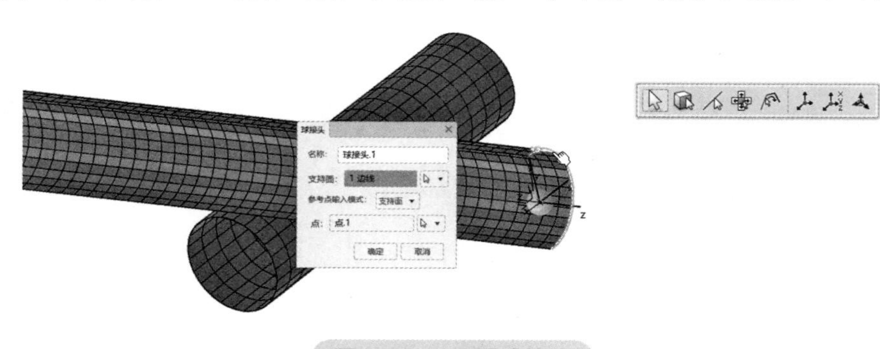

图 10-20　设置球接头

为了模拟 1/2 模型被切除后的对称模式，在命令工具栏单击“边界条件” / “固定位移”。在打开的“固定位移”对话框中，“平移”选择“Z”，“旋转”选择“X”和“Y”，如图 10-21 所示。

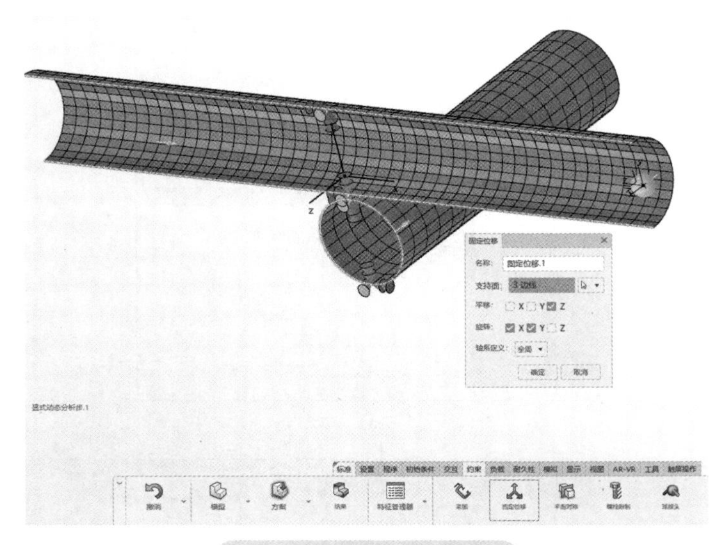

图 10-21　设置对称约束

最后，单击“初始条件” / “初始速度” $\nearrow_{V_0}$。在打开的“初始速度”对话框中，选中“指定旋转”复选按钮，输入“旋转速度”为“75rad_s”，指定“旋转轴”为 Z 轴，如图 10-22 所示。

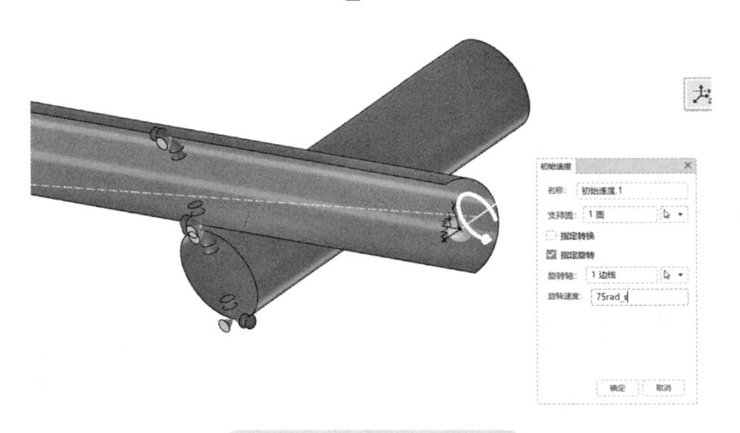

图 10-22　设置初始速度

注意：1）在设置旋转速度时，旋转方向遵从右手定则，即大拇指所指方向沿轴正方向的数值为正。

2）碰撞和跌落分析中的速度条件通常需要定义初始场（如速度），随着计算的进行，结构的速度会随之改变。如果把速度边界条件加载到某一分析步中，则是强制速度边界，这与初始速度场有很大不同。

步骤 11 改变单元类型

在绘图区空白处右击，选择“特征管理器”。在“特征管理器”对话框中，右击“全局元素类型分派.1”，单击“编辑”（图 10-23a）。在打开的“全局元素类型分派”对话框中，将“壳体截面”处的单元类型“S4”变更为“S4R”，如图 10-23b 所示。

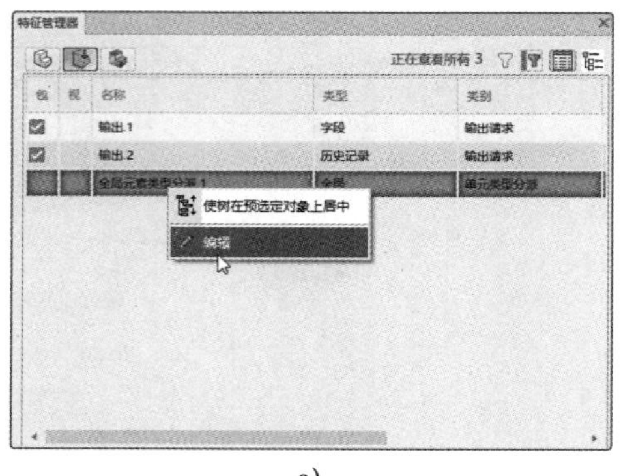

a)

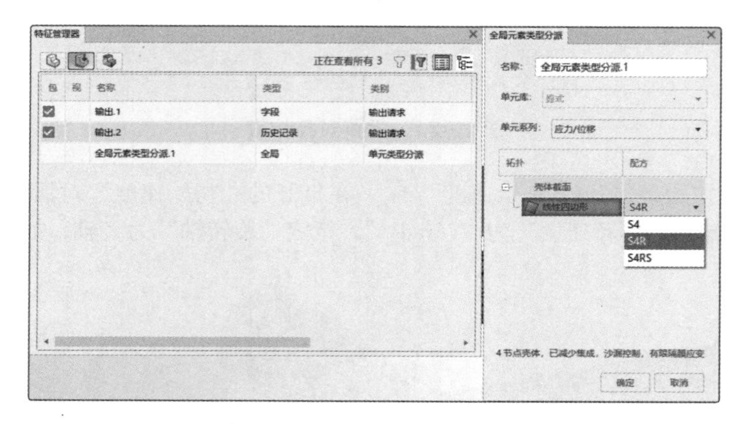

b)

图 10-23 改变单元类型

步骤 12 运行仿真

保存模型。单击命令工具栏中的“模拟”，单击“模型和仿真检查”，进行仿真环境和模型的检查。待确认无误后，单击“模拟”，选择相应的求解形式。本次分析采用本地求解，使用的计算机核心数为 6。单击“确定”提交运算，等待求解完成，如图 10-24 所示。

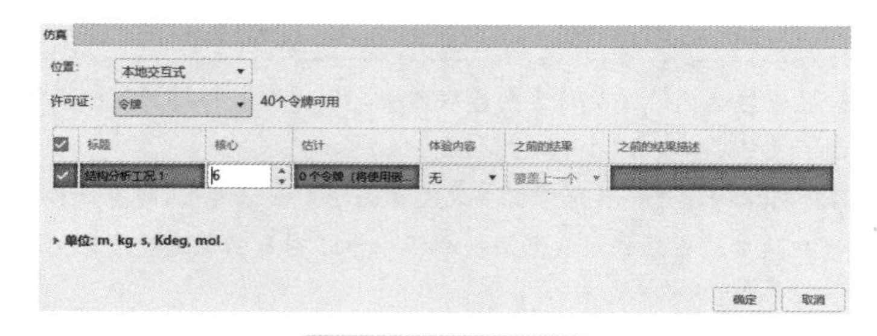

图 10-24 提交运算

在求解过程中，可以通过观察动能 - 增量曲线来分析仿真的结果是否正常，如图 10-25 所示。

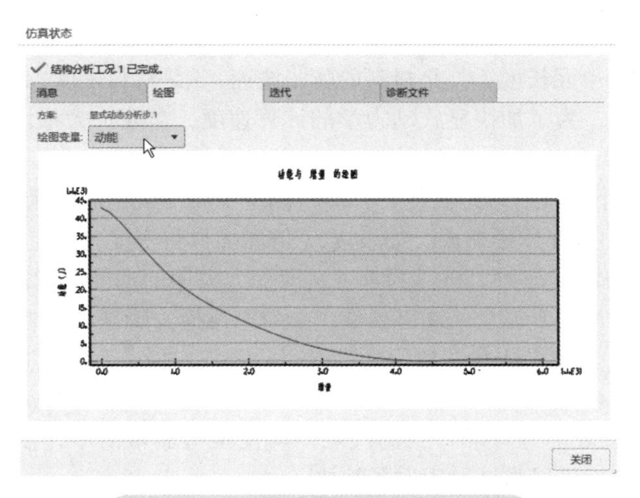

图 10-25　仿真过程动能 - 增量曲线

10.4　结果解读

计算结束后，模型等效应力云图如图 10-26 所示。

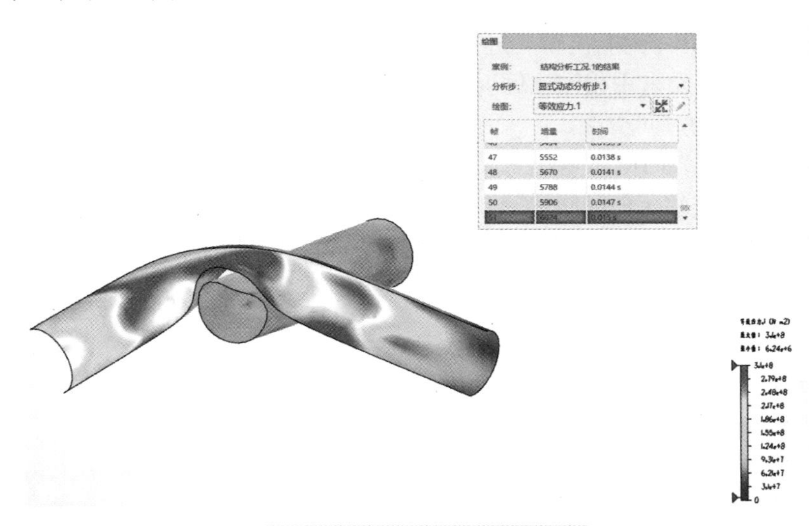

图 10-26　模型等效应力云图

在图 10-26 中的“绘图”对话框中，将“等效应力 .1”改为“应变 .1”，即可显示其应变云图。

10.5　质量缩放与应用

显式求解器计算过程中需要非常小的时间增量，即时间增量是有条件稳定的。显式动力学仿真的稳定时间增量的估计公式为

$$\Delta t=\frac{L^e}{C_d}=L^e\cdot\sqrt{\frac{\rho}{E}} \tag{10-1}$$

式中，L^e 是最小的特征单元长度；C_d 是材料的膨胀波速；ρ 是材料密度；E 是材料弹性模量。

由式（10-1）可见，为了加快显式动力学的计算速度，需要加大稳定时间增量 Δt，可以通过两种方式来实现：

1）加大模型中最小的特征单元长度 L^e，即将模型中尺寸最小的单元尺寸增大。

2）加大材料密度 ρ，即质量缩放。如果以 f^2 倍增加材料密度，稳定时间增量以 f 倍增加。

因此，质量缩放的本质是加大材料的密度，即加大模型的动能。过多的质量缩放将导致非真实的解，如果质量缩放用于完全的动态条件（如瞬态碰撞、瞬态冲击），总质量的变化应该尽量足够小（如小于 1%）。如果质量缩放用于准静态过程，也应查看仿真的结果是否失真，根据计算结果和计算速度来权衡和调整质量缩放系数。

对于该模型，通过之前的计算，我们发现，即使模型非常简单，依然会有很长的计算时间。为了加快求解时间，可以尝试采用质量缩放。

为加快计算速度，可以在 3DEXPERIENCE 显式求解器中使用质量缩放。质量缩放可用于：

1）缩放整个模型、单个单元或单元组的质量。

2）多步骤分析中，缩放每个分析步中的质量。

3）分析步起始或整个过程中进行质量缩放。

质量缩放可通过以下方式执行：

1）采用给定的常数因子对特定单元进行质量缩放。

2）对所有指定的单元采用相同比例因子进行质量缩放，使单元组内任意单元的最小稳态时间增量等于用户给定的时间增量。

3）仅对单元组内稳态时间增量小于用户给定时间增量的单元进行质量缩放，使这些单元的稳态时间增量等于用户给定的时间增量。

用户可以在分析步起始时设置整体模型或少数单元的质量缩放系数，来加快计算速度，具体操作步骤如下：

步骤 1　修改分析步设置

切换到“程序”，单击“显式动力学”边上的箭头，选择“质量缩放”。在打开的“质量缩放”对话框中，将“目标时间增量”设置为“2e-007s”，如图 10-27 所示。

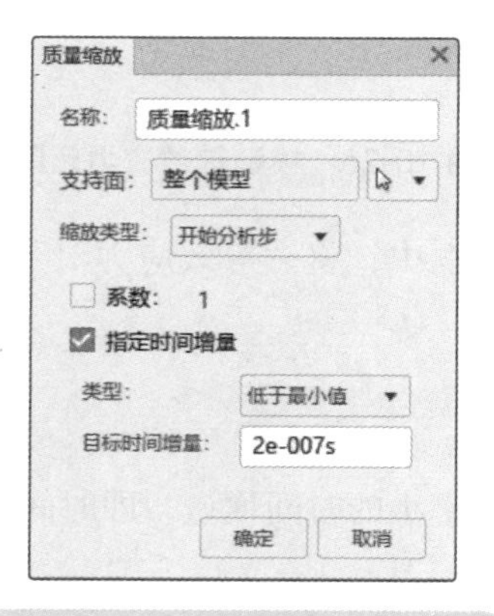

图 10-27　定义质量缩放系数

步骤 2　提交作业并查看结果

根据两次得到的动能与内能比较，可知第二次计算应变结果明显加大，说明质量缩放比例过高，会导致计算结果偏离真实情况。

> 注意：质量缩放会改变动能和内能的计算结果，所以质量缩放会使应力、应变等计算结果产生一定的误差。用户使用质量缩放应密切注意仿真结果是否符合实际情形。

10.6　小结

本章采用显式动态分析步仿真金属管的瞬态碰撞问题，介绍了显式动力学的分析步设置，讲解了刚体约束、通用接触、初始场设置、质量缩放等内容，可作为碰撞或跌落等瞬态分析的常规操作流程。

第 11 章 显式准静态仿真

学习目标

1）显式准静态仿真的流程。
2）平滑幅值曲线的设置。
3）能量平衡与能量图。
4）对称结果的查看。

11.1 技术背景

11.1.1 准静态仿真能解决的实际问题

准静态过程可以看成从最初的一个平衡状态缓慢向另外一个平衡状态转变的过程。准静态仿真主要是用来分析具有时间相关的材料相应问题以及复杂的非线性问题，如蠕变、溶胀、黏弹性及复杂的零部件接触。因为这个转变状态比较缓慢，所以在进行准静态仿真时一般要忽略惯性效应的影响，如果惯性效应对分析结果有影响那么就需要考虑动力学仿真。准静态仿真可以是线性的也可以是非线性的分析。

11.1.2 准静态仿真的两种求解方法

根据准静态仿真能解决的实际问题描述，准静态仿真在 3DEXPERIENCE SSU 中有两种不同的求解方法。第一种是隐式动态，第二种是显式动态。

隐式动态所需角色是 Structural Performance Engineer（SFO），主要用来进行准静态的蠕变及黏弹性分析。这些问题主要是线性问题，且不存在复杂的接触形式。显式动态所需角色是 SSU，可以用来模拟复杂零部件的接触及金属零部件的冲压成型等。复杂零部件的接触及冲压成型一般都与非线性及大位移相关。根据实际情况所选择的分析方法和求解类型是不一样的，选择合适的求解方式才能更好获取所需结果及经济的计算时间。

11.1.3 平滑分析步幅值曲线

在以显式动态方法进行准静态分析时，通常需要忽略状态转变过程中惯性的影响，即仿真结果尽量不受惯性和瞬态冲击的影响，在添加载荷时往往采用平滑分析步幅值曲线加载来最小化惯性效应。平滑分析步幅值曲线是通过在起始和结束的振幅之间建立一个五阶多项式的过渡，使得起始和结束时间曲线导数为零，从而减少惯性效应及冲击效应。平滑分析步幅值定义如图 11-1 所示。

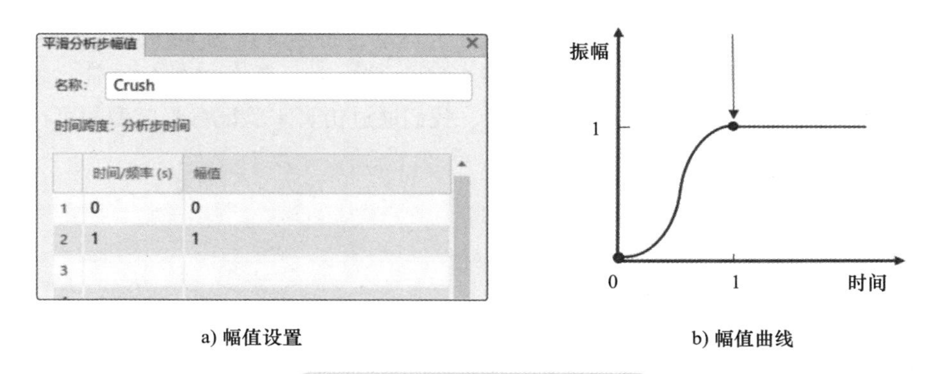

a) 幅值设置　　b) 幅值曲线

图 11-1　平滑分析步幅值定义

单击命令工具栏“设置”/“幅值列表”，在其下拉列表中单击“平滑步长振幅”，如图 11-2 所示。

图 11-2　平滑步长振幅定义

11.1.4　能量平衡

能量输出是显式分析中很重要的一部分，可以根据各能量之间的比例关系，判断该分析响应求解进度的合理性及正确性。尤其可对显式准静态分析中的质量缩放或者时间缩放的合理性进行相应的判断。整体模型的能量平衡的方程为

$$\mathrm{ALLIE}+\mathrm{ALLVD}+\mathrm{ALLFD}+\mathrm{ALLKE}-\mathrm{ALLWK}=\mathrm{ETOTAL}=\mathrm{Constant} \tag{11-1}$$

式中，ETOTAL 是总能量；ALLIE 是内能；ALLVD 是黏性耗散能；ALLFD 是摩擦耗散能；ALLKE 是动能；ALLWK 是外部作用力的功；Constant 表示常数。

在准静态分析中动能（ALLKE）的值应当不超过内能（ALLIE）值的一小部分，通常为 1% ~ 5%。一般来说，在产品成型的工艺早期阶段是很难达到的，因为材料在发生重大变形前就已经有位移的移动，所以需要使用平滑的步长振幅曲线来改善早期的这种问题。

11.2　实例描述

本实例是一个金属弯管成型模型，由上、下模具以及金属管三个零件组成，如图 11-3 所示。该简易成型模具用于金属管的折弯成型。因为弯管成型涉及零部件的大位移，并且是从一个平衡状态转变成另外一个平衡状态，惯性对结果的影响也比较小，所以可以通过准静态仿真来验证模具的可行性，从而在设计初期发现问题，以达到减少浪费、降低成本的目的。

弯管模具在上模具固定的情况下，下模具向上运动，挤压长度为400mm、外径为50mm、厚度为2.5mm的金属钛管，把金属钛管折弯成半径为100mm、角度90° 的弯管，整个折弯过程时间假定为2s。弯管成型示意如图11-4所示，我们通过仿真来验证弯管成型的可行性。

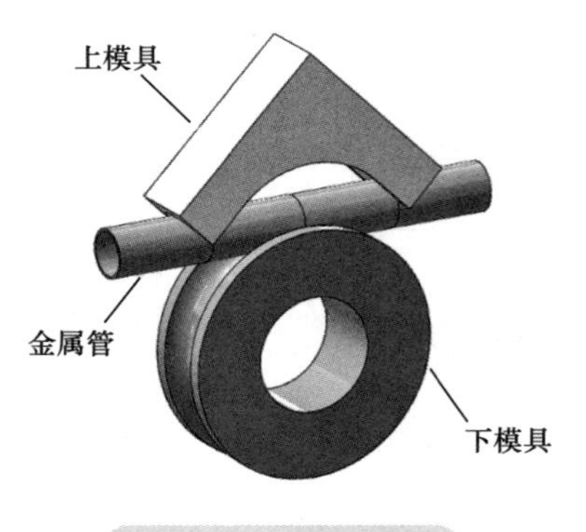

图11-3 弯管模具

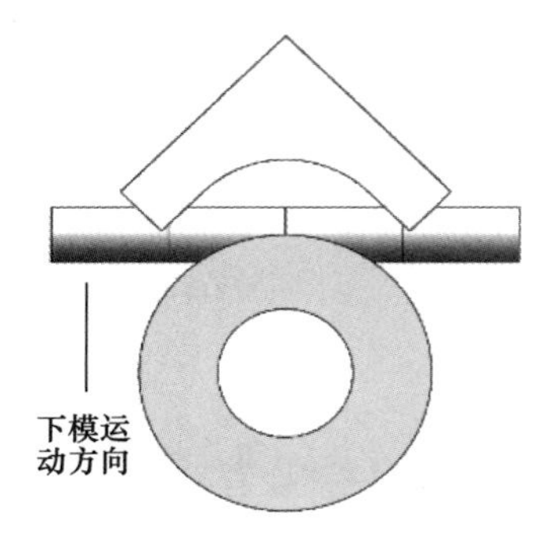

图11-4 弯管成型示意

11.3 模型设置

根据上述实例描述，我们需要进行显式准静态仿真来模拟成型过程，从而验证设计的可行性。

步骤1 打开分析模型

在3DEXPERIENCE SSU角色下，单击“Structural Model Creation”启动模型导入界面。然后单击，单击“导入”，如图11-5所示。在“导入”对话框中，“必需”下的“格式”选择“SolidWorks(*.sldasm)”，在“文件名”选项中浏览第11章中的“Mould_Assembly.SLDASM”文件，其他选项默认。最后单击“确定”导入模型，如图11-6所示。

图11-5 导入模型

在导入模型后弹出“操作报告”对话框，“结果”下的“状态”显示“成功”，单击“确定”即可，如图11-7所示。我们看到导入的模型在绘图区域显示只有完整模型的1/4，如图11-8所示。

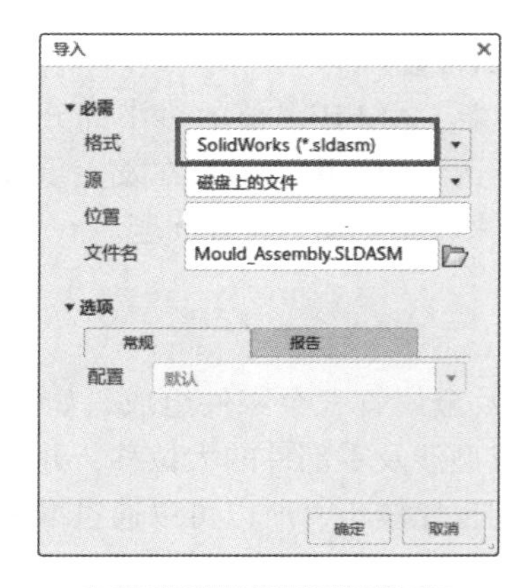

图11-6 导入模型设置

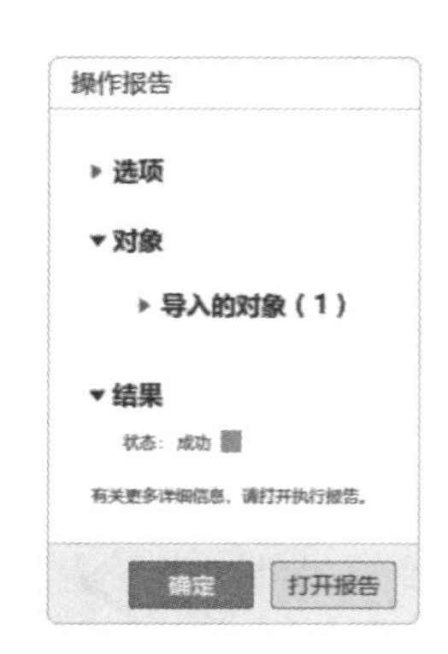

图11-7 导入操作报告

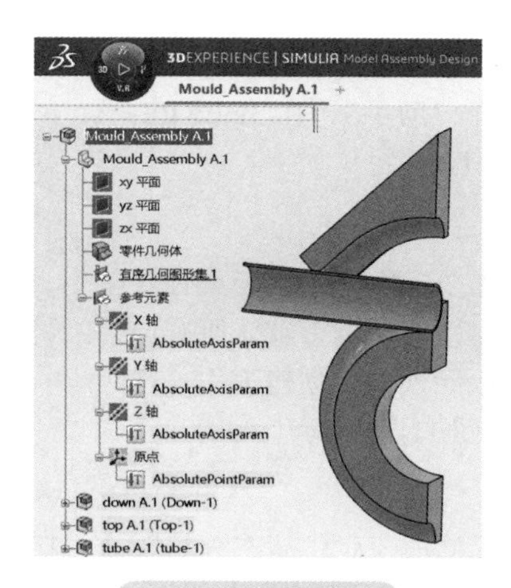

图 11-8 1/4 模型

注意：把模型进行对称简化需要满足三个原则。第一，仿真模型需要在几何结构上对称；第二，仿真模型的约束需要对称；第三，仿真模型的载荷需要对称。只有同时满足这三个条件才能进行对称简化。

步骤 2 启动仿真及保存算例

在左侧特征树上单击模型后再单击罗盘，找到“Mechanical Scenario Creation”APP 并单击，启动仿真分析，如图 11-9 所示。在弹出的“仿真初始化”对话框中，“仿真标题”输入“Mould_Assembly”，“分析类型”选择“结构”，如图 11-10 所示。单击“确定”进入仿真环境，按快捷键 <Ctrl+S> 或单击 3DEXPERIENCE SSU 右上角保存模型。

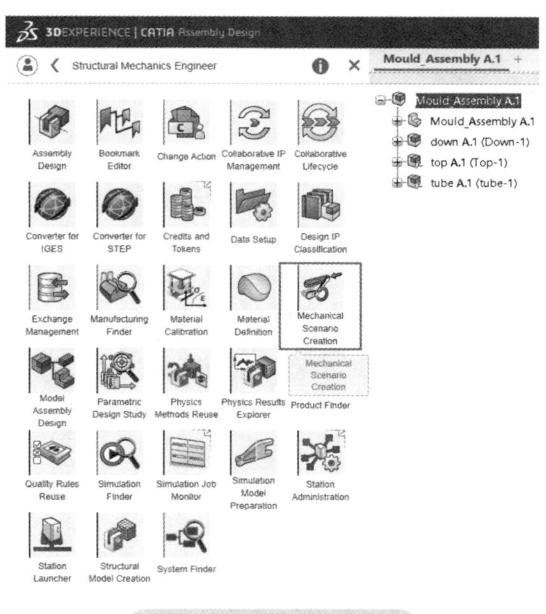

图 11-9 启动仿真分析

步骤 3　打开助手工具

在绘图区空白处右击，选择“助手”，在 3DEXPERIENCE SSU 界面右侧加载助手工具栏。

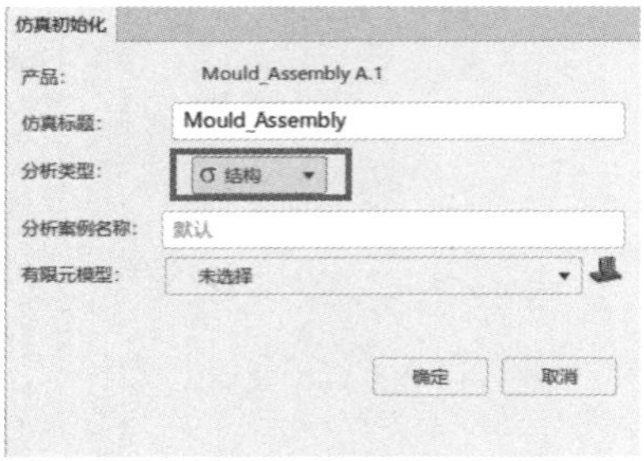

步骤 4　设置有限元模型

在助手工具栏中单击“设置”，然后再单击“有限元模型”，在打开的“有限元模型”对话框下默认所有选项，然后单击“确定”，完成有限元模型的创建工作，这时在绘图区域模型已经隐藏，如图 11-11 所示。

图 11-10　仿真初始化设置

步骤 5　选择分析步

在命令工具栏的“程序”下单击“显式动态分析”。在打开的“显式动态分析步”对话框中，“步长时间”为 2s，其他选项默认，最后单击“确定”，如图 11-12 所示。设定完分析步后绘图区域还没有显示模型。助手工具栏中的“零件”后面有一个对钩的标识，表示这步设置已经完成。

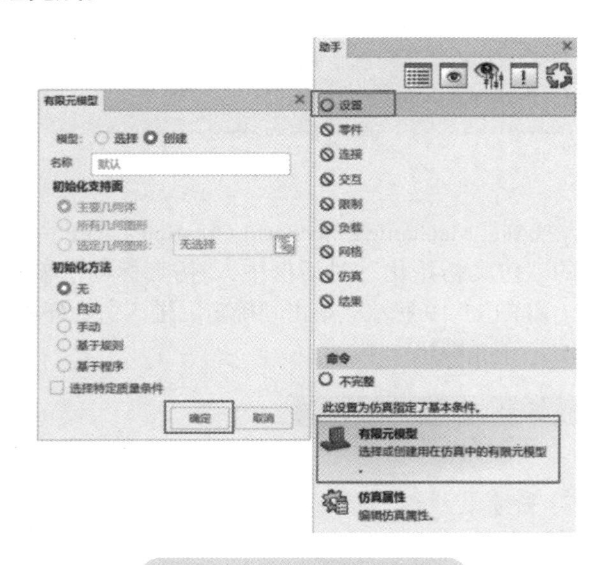

图 11-11　有限元模型设置

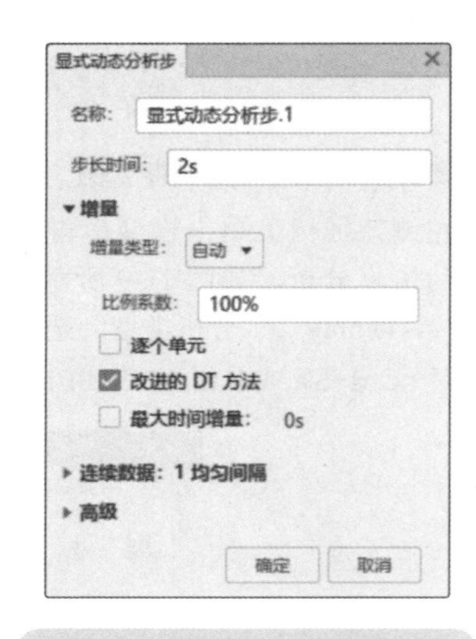

图 11-12　显式动态分析步设置

步骤 6　分析模型材料及属性的设定

在助手工具栏中单击“零件”，弹出“起作用的形状管理器”对话框，选中所有的零部件，然后单击“确定”，如图 11-13 所示。这时模型在绘图区域显示出来。

在命令工具栏单击“材料面板”，打开“材料面板”对话框，单击“DS-Standard”下的“Titanium”材料，在对话框中单击“菜单”/“应用”，如图 11-14 所示。单击“Tube”零件，再单击“应用对象 tube A.1”，最后单击“确定”，如图 11-15 所示，这样就赋予了“Tube”零件钛的材料属性。

使用同样的步骤，在“材料面板”中的“Steel”类别下为“Top”以及“Down”零件添加合金钢（Alloy Steel）材料。零件名称与对应材料见表 11-1。

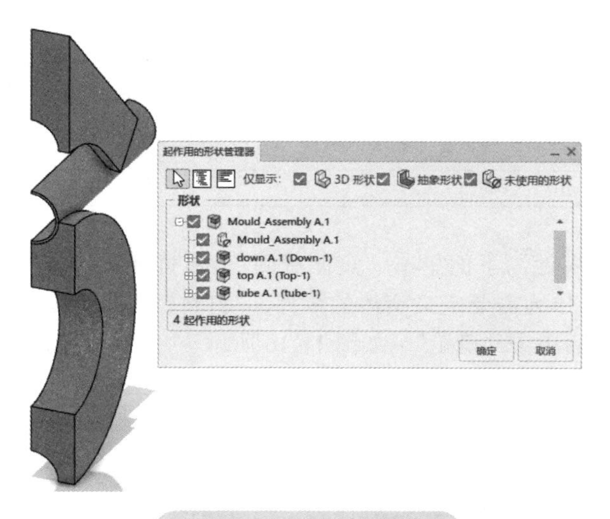

图 11-13　设定分析模型

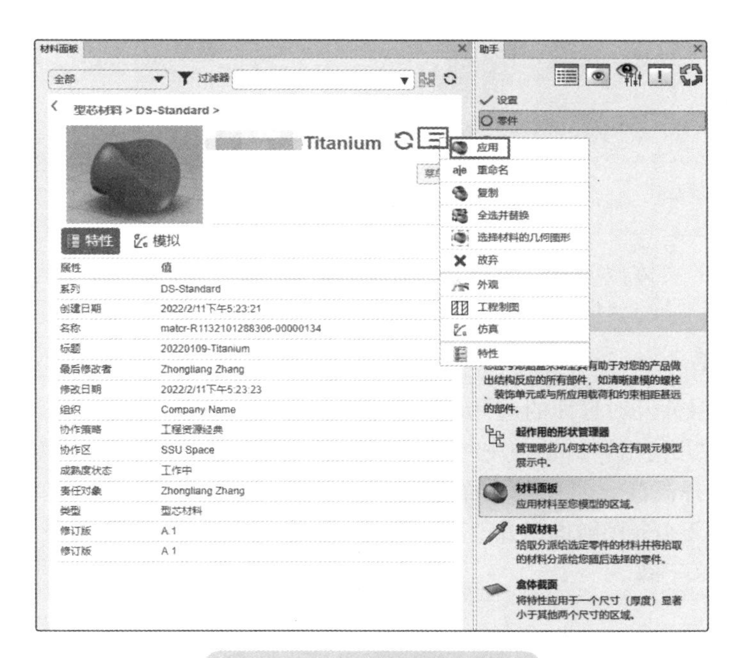

图 11-14　选择钛材料（一）

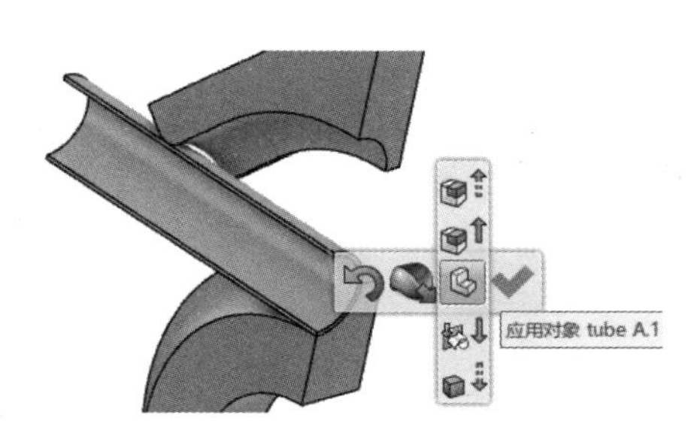

图 11-15　选择钛材料（二）

表 11-1　零件名称与对应材料

零件名称	材料
Tube	钛（Titanium）
Top	合金钢（Alloy Steel）
Down	合金钢（Alloy Steel）

在命令工具栏的“属性”下面单击“实体截面”。在打开的“实体截面”对话框中，“支持面”选择“Top”零件作为需要定义实体的零件，“材料”选择“Alloy Steel”，“行为”选择“Without Plasticity”，最后单击“确定”，如图 11-16 所示。

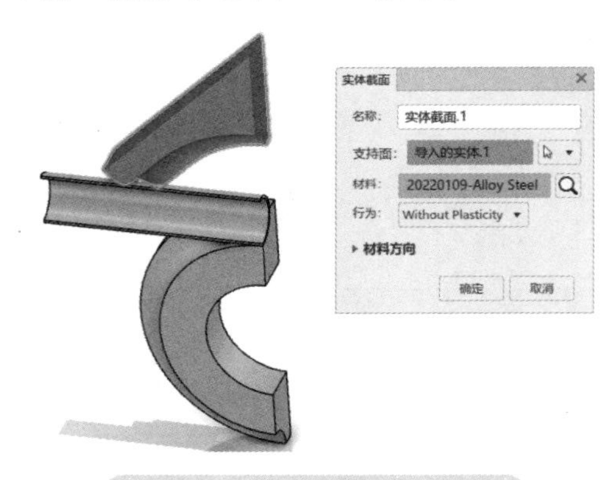

图 11-16　实体截面属性设置

“Down”零件的实体截面属性设置与“Top”零件一致。“Tube”零件的实体截面属性设置步骤与“Top”零件一致，“材料”选择“Titanium”，“行为”选择“Behavior.1”。

步骤 7　组设定

为方便后续接触面及对称面的选择，需要定义相应的面组。单击命令工具栏的“组”/“几何组”，在打开的“几何组”对话框中，设置“名称”为“TopInside1”，“实体类型”为“元素面”，“支持面”选择高亮显示的 2 个面（图 11-17），单击“更新”，然后单击“确定”。根据模型情况还需要定义 4 个接触面组及 2 个对称面组，组面的选择如图 11-18 所示，操作步骤与“TopInside1”组定义一致。

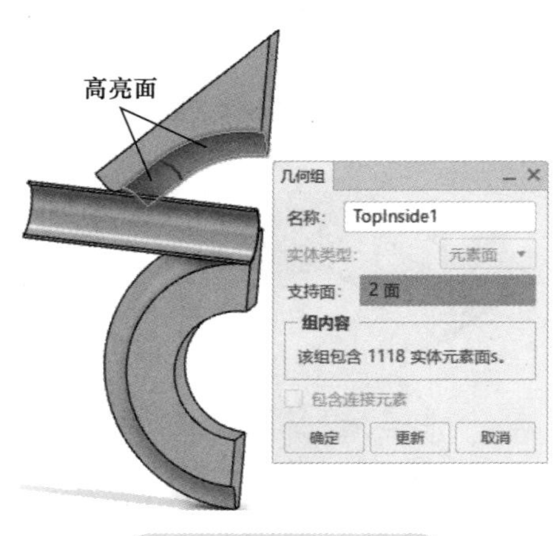

图 11-17　面组定义

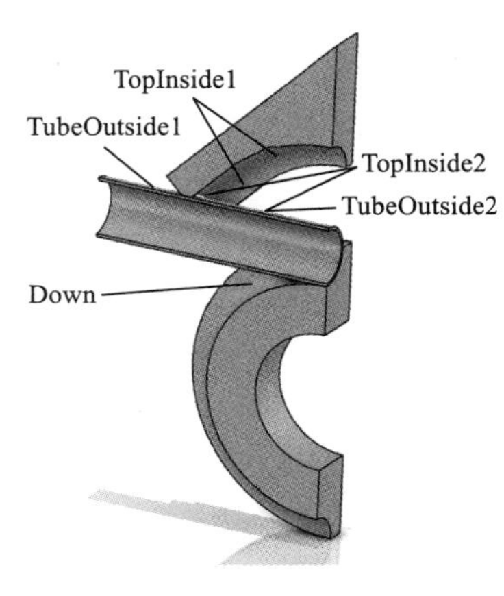

a) 接触面组名称设置

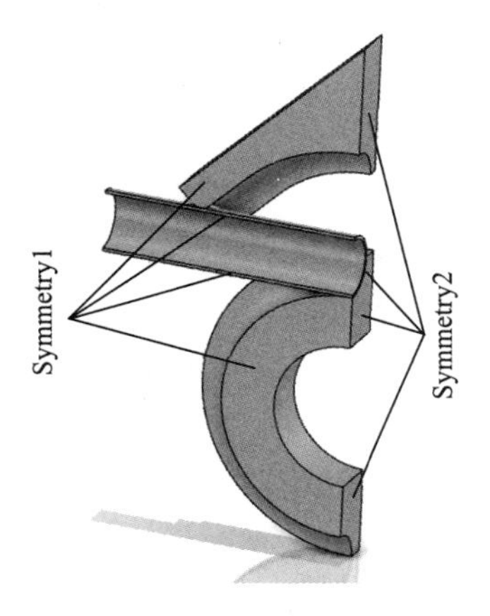

b) 对称面组名称设置

图 11-18　其他面组面定义

步骤 8　划分网格

在助手工具栏中双击“扫掠 3D 网格”。在打开的“扫掠 3D 网格”对话框中，“支持面”选择“Down”零件，“网格大小”为“3mm”，“层数”为“40”。其他选项默认，然后单击“网格”，再单击“确定”，如图 11-19 所示。

在“扫掠 3D 网格”对话框中单击“Tube”零件作为“支持面”，“网格大小”为“2mm”，“层数”为 3，其他选项默认，然后单击“网格”，再单击“确定”，最后单击“关闭”。这样就完成了“Down”零件及“Tube”零件的网格划分。

最后划分“Top”零件的网格。单击“四面体网格”，在“四面体网格”对话框中，“支持面”选择“Top”零件，“元素顺序”为“二次”，“网格大小”为“3mm”，“绝对弦高”为“0.25mm”。然后单击“网格”，再单击“确定”，如图 11-20 所示。

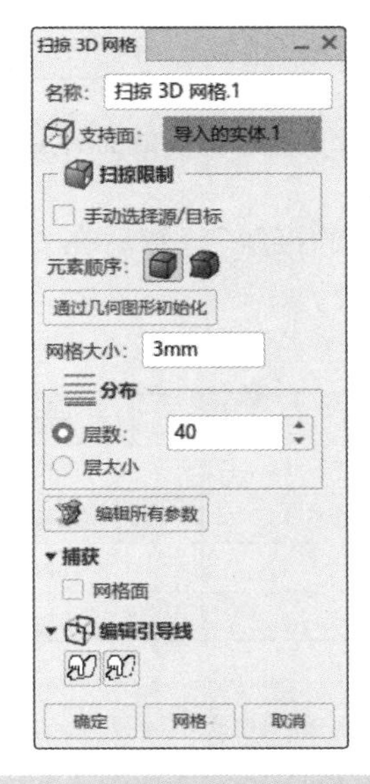

图 11-19　“Down”零件网格设置

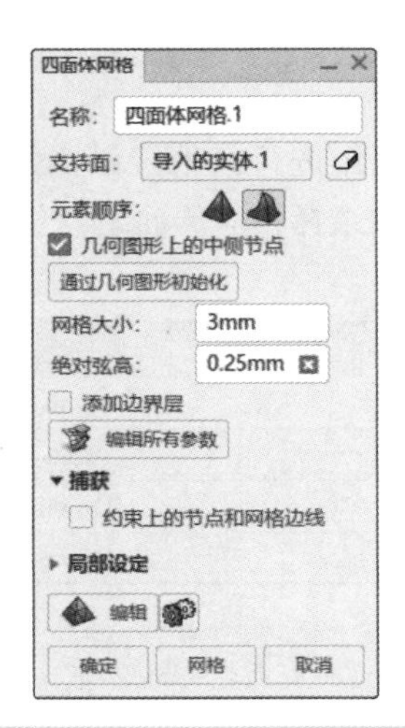

图 11-20　“Top”零件网格设置

注意：要得到比较好的仿真成型效果，成型零件的网格最好以其截面来划分网格，并且沿着成型方向单元的长度不能有显著变化。

步骤 9　交互及接触定义

该模型主要是钛管与上、下模具的接触及摩擦，我们可以定义常规接触，也可以定义基于曲面的接触。为了学习和掌握组的使用，本例中我们将采用基于曲面的接触来进行设置。

在助手工具栏中单击“接触特性”，在打开的“接触特性”对话框中，“名称”重命名为“Fric”，选中“指定切线行为选项”复选按钮，“摩擦系数”输入“0.1”，其他选项默认，最后单击“确定”，如图 11-21 所示。

在助手工具栏中单击“交互”下的“基于曲面的接触”，在“基于曲面的接触”对话框中，“名称”输入“Top-Tube1”，“支持面 1”通过下拉菜单选择“组”，选择“TopInside1”，“支持面 2”用同样的操作选择“TubeOutside2”，“接触属性”选择“Fric”，如图 11-22 所示，单击“确定”。

图 11-21　接触特性设置

图 11-22　基于曲面的接触

按上述操作进行其他接触面组的定义。单击“基于曲面的接触”，然后在“支持面 1”及“支持面 2”中选择相应的面组。各接触面组对应关系见表 11-2。

表 11-2　各接触面组对应关系

序号	名称	支持面 1	支持面 2
1	Top-Tube1	TopInside1	TubeOutside2
2	Top-Tube2	TopInside2	TubeOutside1
3	Down-Tube1	Down	TubeOutside2
4	Down-Tube2	Down	TubeOutside1

注意：主面及次要面的选择，一般是两者之中刚度大的设置为主面，刚度小的设置为次要面；在刚度相同的情况下可以比较面的移动，将模型中移动较少的面设置为主面，移动较多的面设置为次要面。

步骤 10　限制定义

根据实际工况，零件“Top”需要固定。在助手工具栏中单击“限制”，然后再单击“紧固”。在打开的“紧固”对话框中，“支持面”选择图 11-23 所示的高亮显示面。

因为使用了对称的模型，所以必须加上对称约束。单击“平面对称”，在打开的“平面对称”对话框中，“支持面”通过下拉菜单选择“组”，单击“Symmetry1”后单击两次“确定”，完成对称约束的定义，如图 11-24 所示。第二个对称约束的定义与第一个类似，只是“支持面”选择“Symmetry2”。

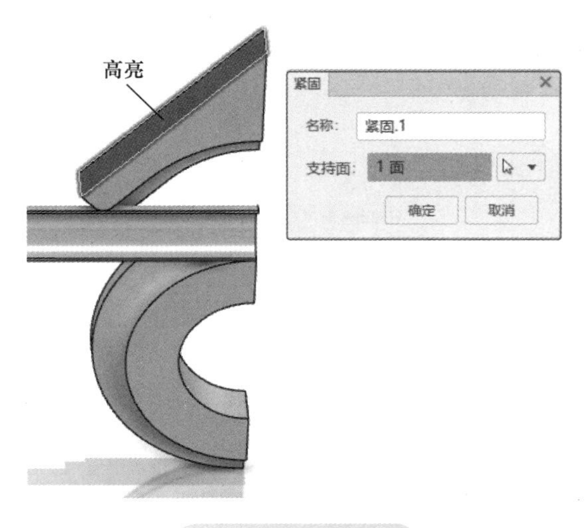

图 11-23　固定面

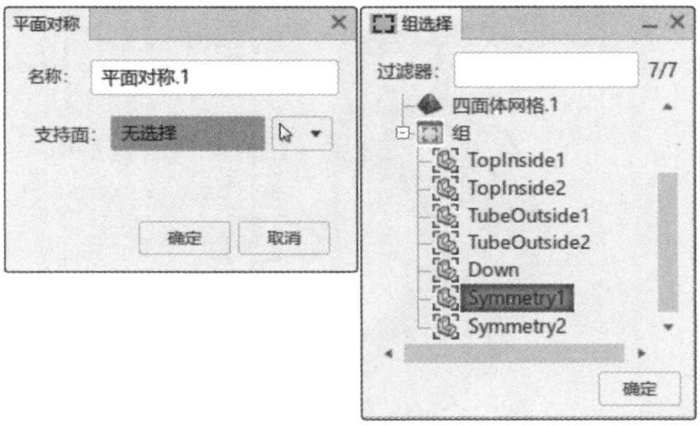

平面对称
名称: 平面对称.1
支持面: 无选择
确定　取消
组选择
过滤器: 7/7
四面体网格.1
组
TopInside1
TopInside2
TubeOutside1
TubeOutside2
Down
Symmetry1
Symmetry2
确定

图 11-24　对称约束定义

步骤 11　负载的添加

实际工况中下模具成型运动的行程为 62mm，需要添加“Down”模具向上移动 62mm 的位移负载。因为是准静态的仿真，需要尽量减少惯性的影响，所以我们定义一个平滑步长振幅来进行位移负载的加载。

先定义平滑步长振幅。在命令工具栏“设置”下单击“平滑步长振幅”，打开“平滑分析步幅值”对话框，其设置如图 11-25 所示。然后再定义零件“Down”的位置负载，单击助手工具栏中的“负载”，然后单击“应用的平移”。在打开的“应用的平移”对话框中，“支持面”选择“Down”零件的内圆面，“平移”输入“62mm”，“自由度”选择“平移 Y”，“幅值”选择“平滑分析步幅值 .1”，如图 11-26 所示。

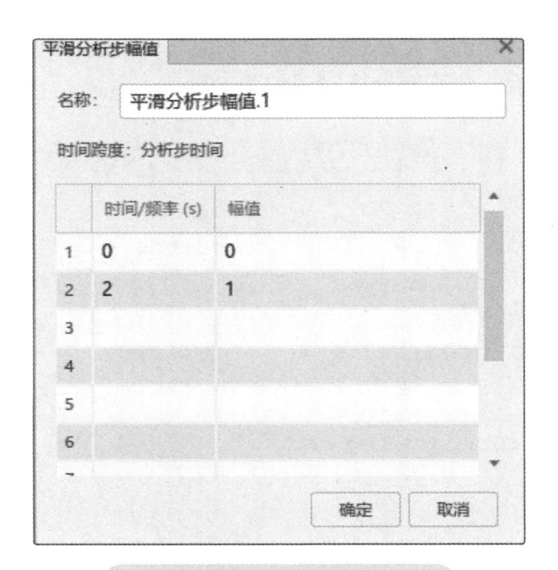

图 11-25　平滑步长振幅定义

步骤 12 质量缩放定义

为了减少计算时间，提高计算效率，本次的算例中需要进行质量缩放，质量缩放的原理请参考 10.5 节内容。

在助手工具栏中单击“设置”，单击命令工具栏“程序”下的“显式动态分析步”，选择“质量缩放”。在打开的“质量缩放”对话框中，输入质量缩放“系数”为“10000”，其他选项默认，最后单击“确定”，如图 11-27 所示。

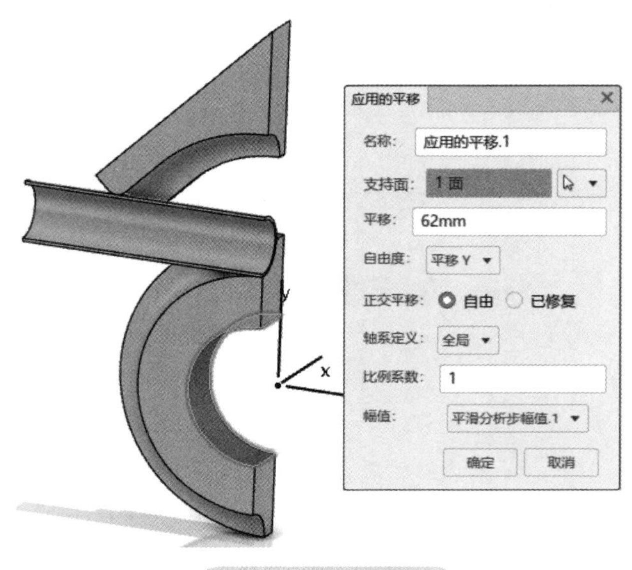

图 11-26 负载定义

图 11-27 质量缩放系数设置

步骤 13 运行仿真

在助手工具栏中单击“仿真”，然后再单击“模拟”，单击“确定”提交运算，如图 11-28 所示。此算例计算时间约为 50min。

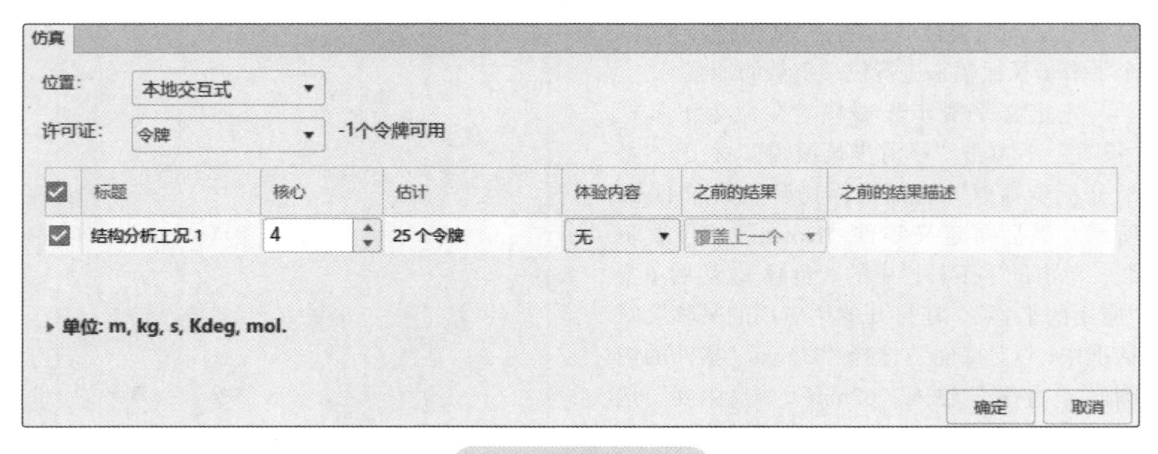

图 11-28 提交运算

11.4　结果解读

有限元分析求解完成后，首先查看位移。通过单击助手工具栏中“结果”下的“轮廓绘图”，绘制一个变形比例系数为 1 的位移图解。在“定义”的“模板”中选择“位移”，如图 11-29 所示。在“选项”的“比例系数”中输入“1”，如图 11-30 所示。最后单击“应用”/“确定”，从而生成弯管成型的位移图解，如图 11-31 所示。

用与生成位移图解同样的操作，创建变形图解以及等效应力图解，如图 11-32 和图 11-33 所示。

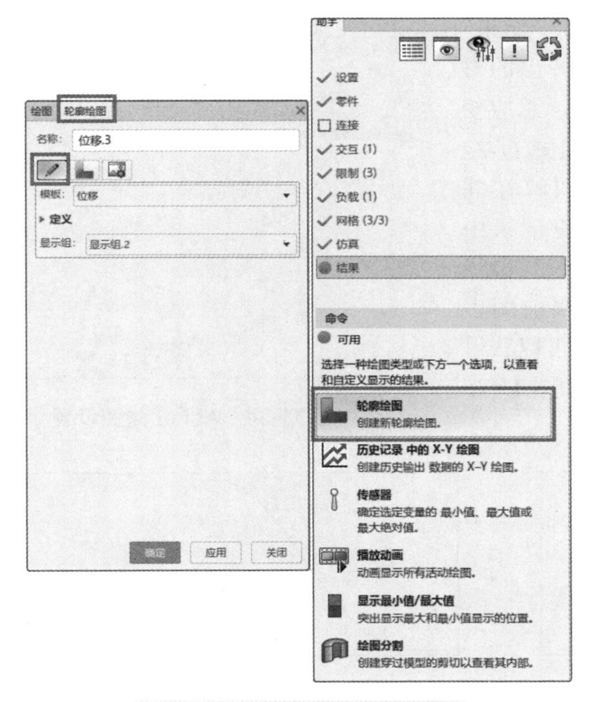

图 11-29　轮廓绘图模板设定

图 11-30　轮廓绘图比例设定

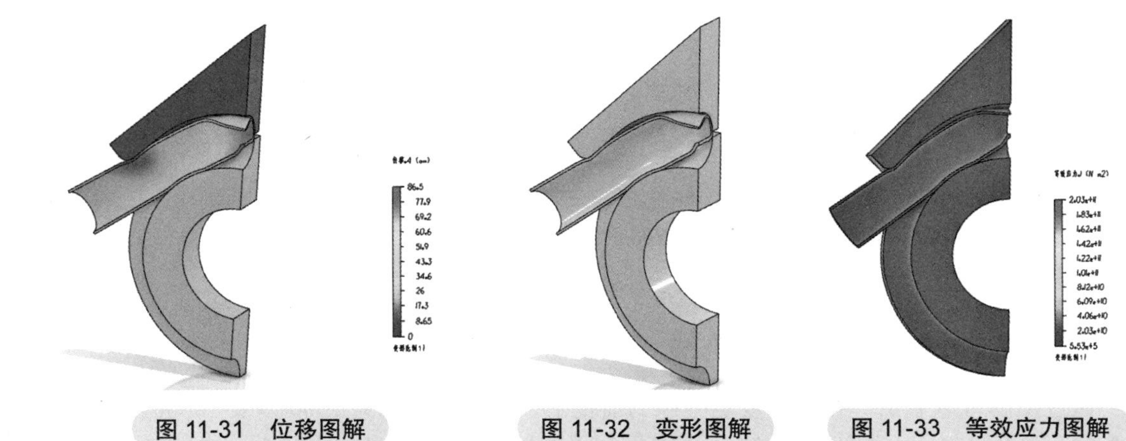

图 11-31　位移图解　　图 11-32　变形图解　　图 11-33　等效应力图解

通过变形图解及位移图解可知本次的钛管成型模具无法使“tube”进行折弯，在 90° 折弯的中间部分出现了 12.5mm（比较大）的永久凹陷变形，弯管折弯成型失败的结果也通过客户的实际样机测试得到了相应的验证。

为了验证质量缩放对该案例的分析影响，现在需要输出能量图解。根据准静态分析中动能（ALLKE）的值应当不超过内能（ALLIE）值的一小部分，所以现在查看 ALLKE 与 ALLIE 的能量图解。

在命令工具栏上的“绘图”下单击“历史记录中的 X-Y 绘图”或者在“助手”工具栏中的“结果”栏中单击“历史记录中的 X-Y 绘图”。在弹出的对话框中，“值”中的“变量”选择“ALLIE，总应变能”，其他选项默认，再单击“应用”，如图 11-34 所示。为了把 ALLKE 的图解与 ALLIE 图解在同一个图解中，不要关闭此图解。在“历史记录中的 X-Y 绘图”对话框中，“值”中的“变量”选择“ALLKE，动能总计”，并取消选中“从当前图表中停用现有 X-Y 绘图”复选按钮，这样就可以获得 ALLIE 与 ALLKE 在同一图解中的图解，如图 11-35 所示。

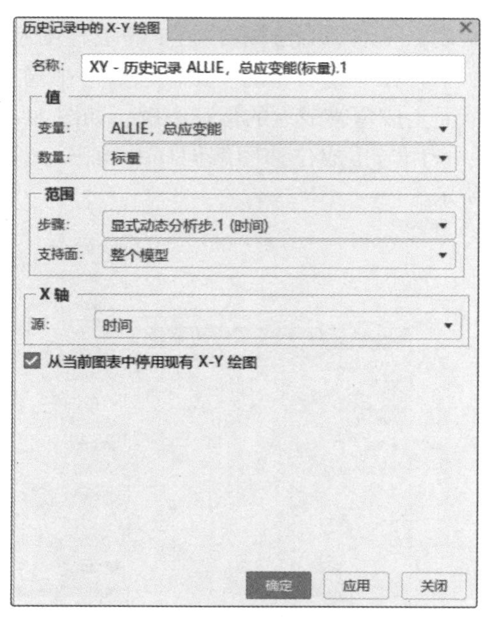

图 11-34　ALLIE 绘图设置

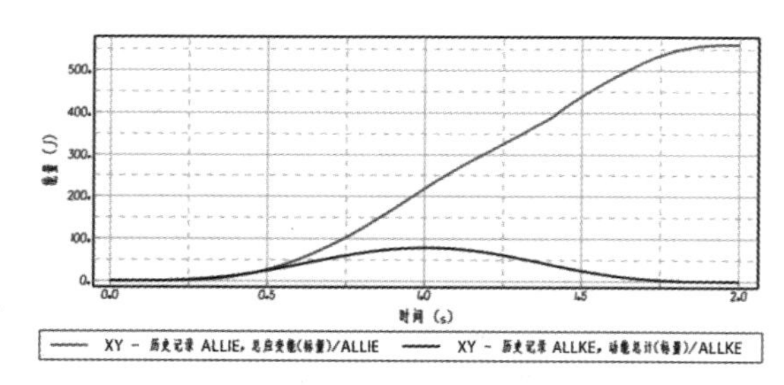

a) 质量缩放 10000

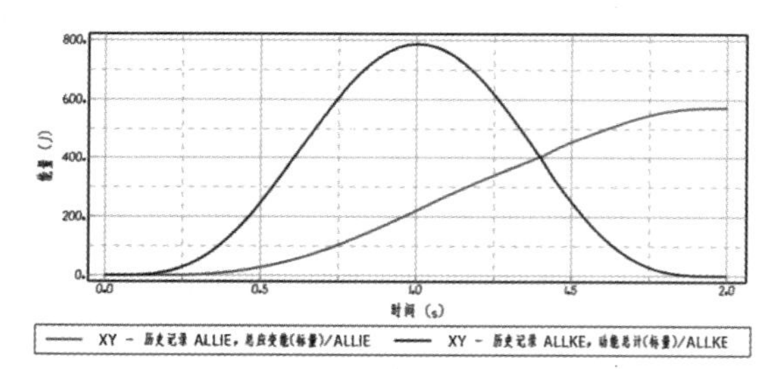

b) 质量缩放 100000

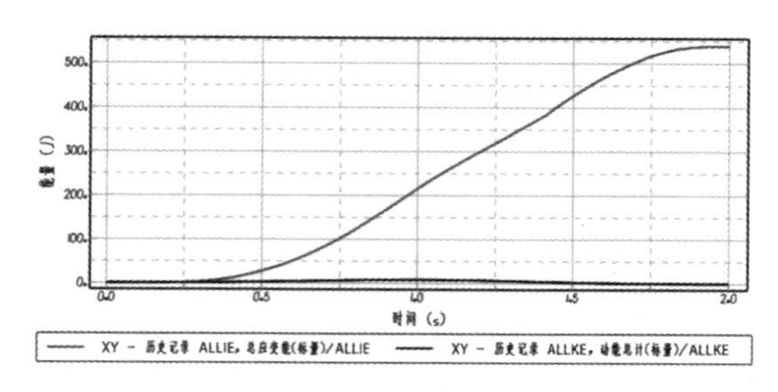

c) 质量缩放 1000

图 11-35　能量输出图解

通过图解可以看出，在其他设定一样的前提下，当质量缩放为 1000 以及 10000 时，动能仅为整个成型过程中内能的一小部分；当质量缩放为 100000 时，动能占整个成型过程中内能较

大，有可能导致仿真结果失真。

现在需要查看分析整体模型而不是其 1/4 模型结果，并且还需要单独查看钛管的分析结果图。整体模型结果需要通过结果选项中的模型对称进行查看，在结果镜像时需要选定相应的坐标系，然后再选择相应的镜像平面，所以需要先定义镜像的坐标系。

在左侧特征树上右击“Mould_AssemblyA.1”弹出相应的菜单，选择“Mould_AssemblyA.1 对象”单击“编辑”，如图 11-36 所示。这时进入模型准备界面。该界面也可以通过单击命令工具栏“设置”下的“模型”/“模型准备”进入。

在命令工具栏“创建”下单击“轴系”，如图 11-37 所示。在弹出的“轴系定义”对话框中，“X 轴”和“Y 轴”单击选择如图 11-38 所示的线，最后单击“确定”，完成对称坐标系的建立。

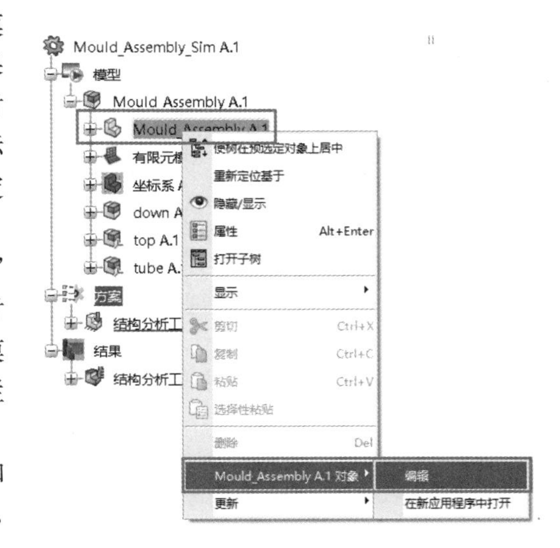

图 11-36　编辑装配体

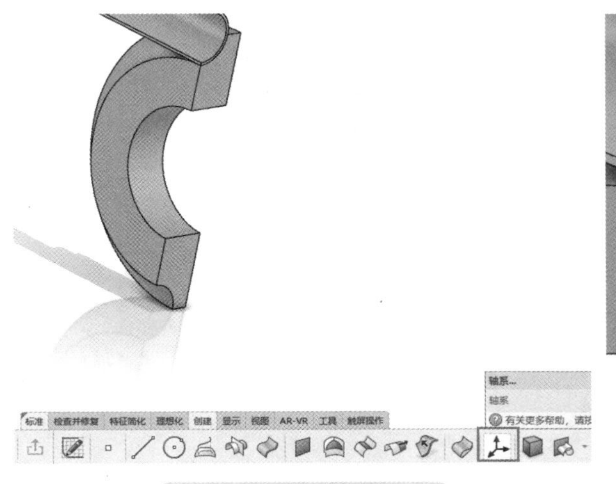

图 11-37　坐标系的建立

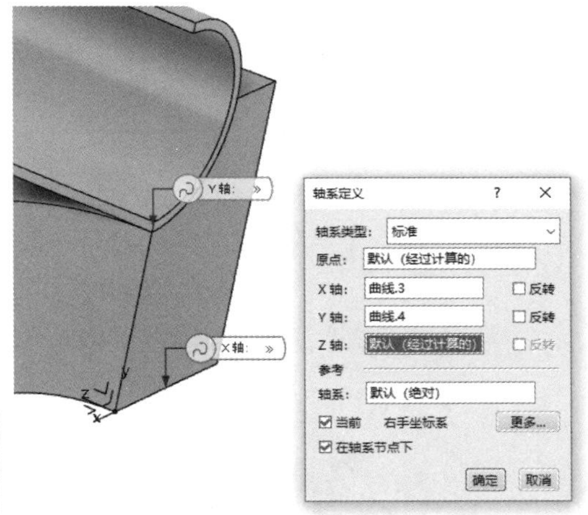

图 11-38　对称坐标系的定义

在特征树上展开“轴系”，右击刚才定义的“轴系.1”，单击“属性”。在打开的“属性”对话框中，选择“特征属性”选项卡，“特征名称”输入“对称坐标系”，如图 11-39 所示。

现在来定义整体模型结果。返回分析的界面，单击助手工具栏中的“结果”，然后再单击“轮廓绘图”，“模板”选择“位移”，单击“确定”。然后在命令工具栏“显示”下单击“结果选项”，在弹出的对话框中单击“模型对称”，“轴系”选择“模型轴系”，然后单击选中左侧特征树上“轴系”下的“对称坐标系”，“镜像平面”选择“XY”和“YZ”，最后单击“关闭”，就可以查看整个模型的位移图解，如图 11-40 所示。

单击“Tube”零件，单击“显示组”，单击“显示保留工具”，如图 11-41 所示，然后再单击“Tube”零件，最后单击。这样就可以单独查看“Tube”零件的位移图解。

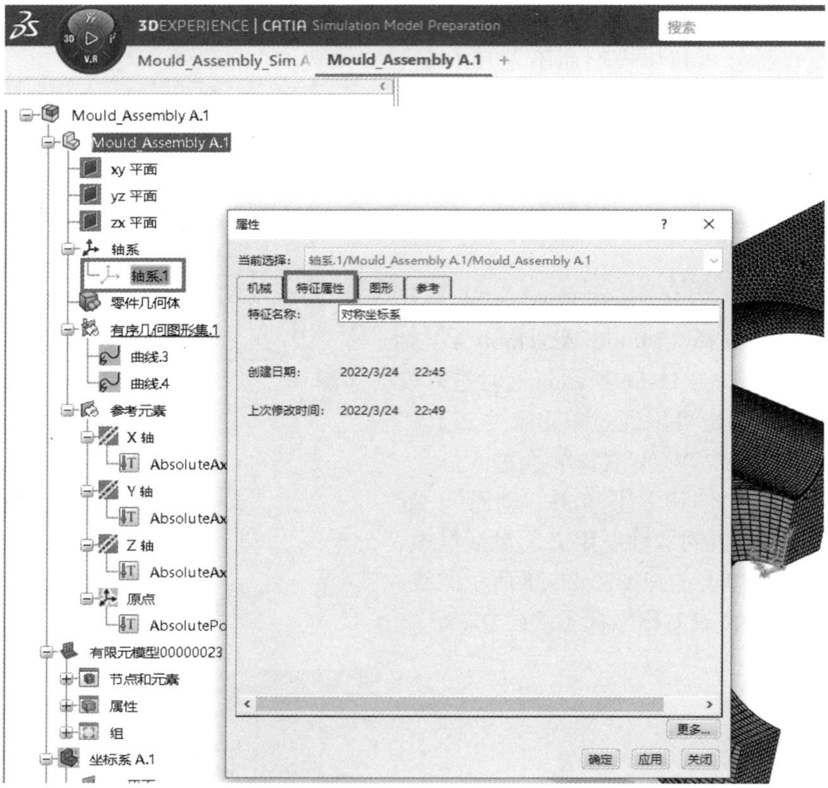

图 11-39　重命名坐标系

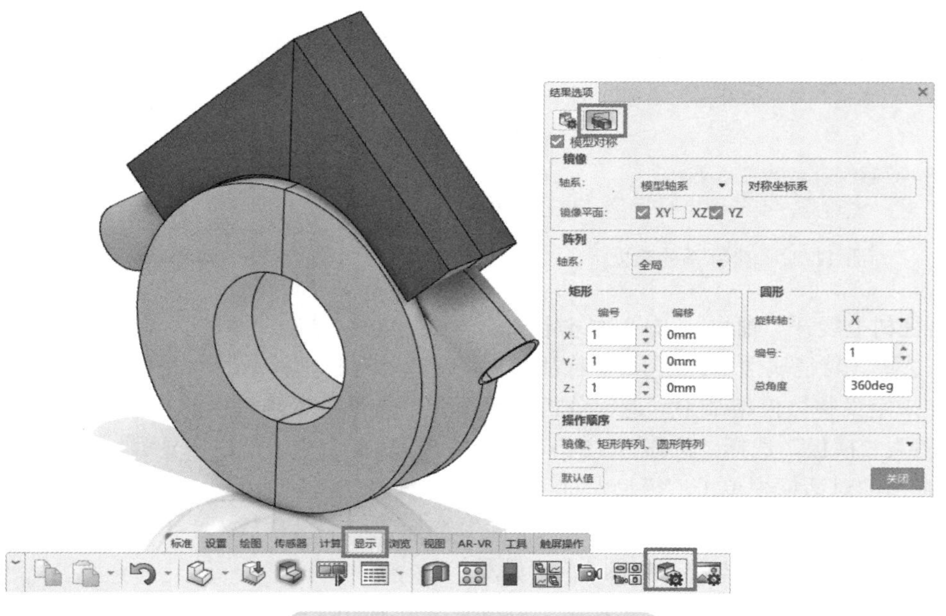

图 11-40　位移对称结果的查看

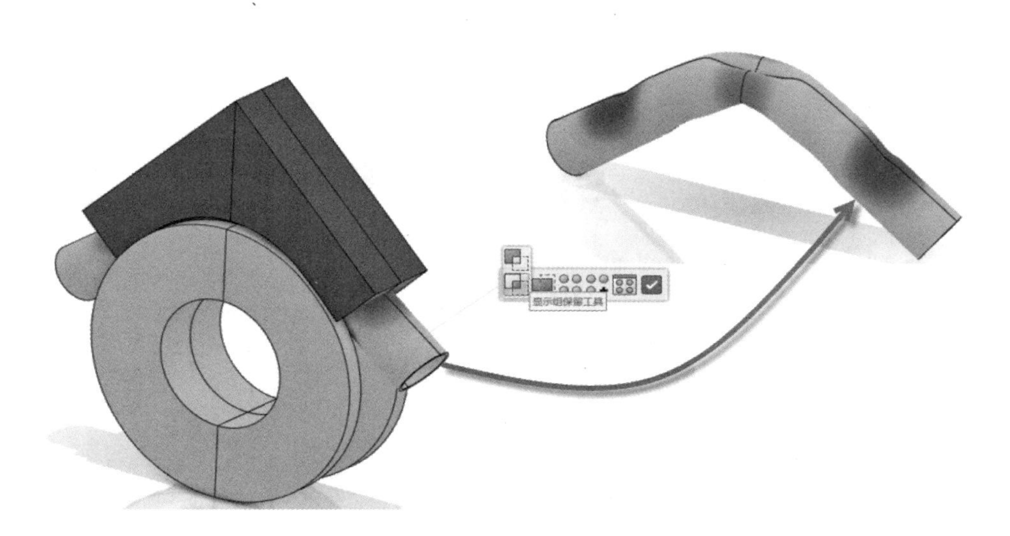

图 11-41　“Tube”零件图解查看

通过查看模型的仿真结果，我们发现使用这种简易的模具无法达到管道折弯的目的，需要专业的折弯机器对管路进行折弯才能有更好的效果。

注意：单个零件的分析图解显示也可以使用显示组来实现，在命令工具栏“显示”下的“显示组”中创建不同的组来查看某些零部件的单独图解。

11.5　小结

通过本章弯管的成型分析，我们了解了准静态分析能解决的实际问题，以及准静态分析的流程和具体操作步骤。对称仿真模型可以使用对称边界进行分析，既能提高计算效率又不影响计算结果。

第 12 章 SPH 流固耦合仿真

12

学习目标

1）SPH 基本概念。

2）SPH 设置与操作流程。

3）反作用力提取。

12.1 技术背景

在本章中，我们将研究装有水的瓶子从高处跌落，以此检验瓶子设计的可靠性。显然，此问题属于流固耦合问题，如果使用流体软件和结构有限元仿真软件强耦合的解决方案，将会大大增加计算成本。我们可以在 3DEXPERIENCE 结构有限元仿真软件中直接模拟该流固耦合作用。

本例中的流体“水”，可以使用光滑粒子流体动力学（Smoothed Particle Hydrodynamics，SPH）方法，对流体进行建模和仿真。如图 12-1 所示，左边为传统四面体网格，右边为 SPH 技术建模的离散体。

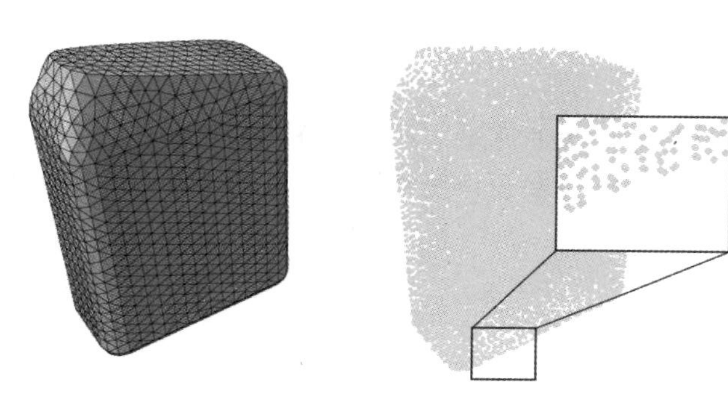

图 12-1 四面体与 SPH 对比

12.1.1 SPH 介绍

光滑粒子流体动力学（SPH）解决了传统方法（FEM、FDM）计算失败或效率低下的问题。基于网格的 CFD 难以应对自由液面的极强流体流动，CEL（耦合欧拉 - 拉格朗日）法则对极大的变形、破坏（破碎或碎裂）处理起来比较困难。

SPH 的优点在于，它采用了一种特殊的方法，在运动的宏观粒子的不规则网格中进行光滑插值和微分。由于节点连通性不固定，避免了严重的单元畸变。因此，该公式允许非常高的应变梯度，如图 12-2 所示。

在解决复杂的力学问题时，传统的拉格朗日网格有限元法和 SPH 法的优势可以结合在一

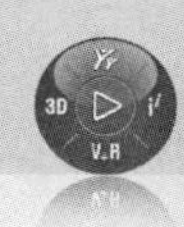

起。拉格朗日网格可用于模拟变形的初始阶段，当网格变形变得显著时，可将其转换为 SPH 粒子。在拉格朗日网格有限元应用中，移除过度扭曲变形的单元可以用于防止由于单元变形过大而导致的分析失败。

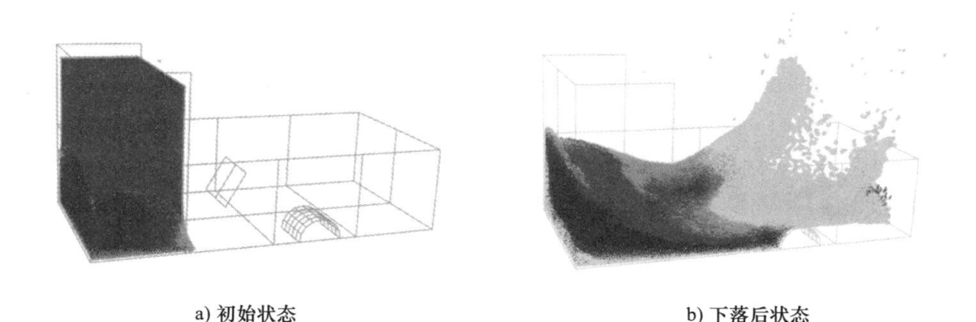

a) 初始状态　　b) 下落后状态

图 12-2　水在重力作用下下落状态

12.1.2　将有限元转换为 SPH 粒子

SPH 仿真模型中，初始零件是以常规的方式定义的，可以使用线性六面体、楔形或四面体单元进行划分。

当满足用户指定的条件时，使用“截面属性”将用户定义的父单元转换为内部生成的 SPH 粒子。已激活的颗粒将通过 SPH 算法与之前激活的颗粒及仍然嵌入激活母体单元中的相邻非活性颗粒相互作用，如图 12-3 所示。

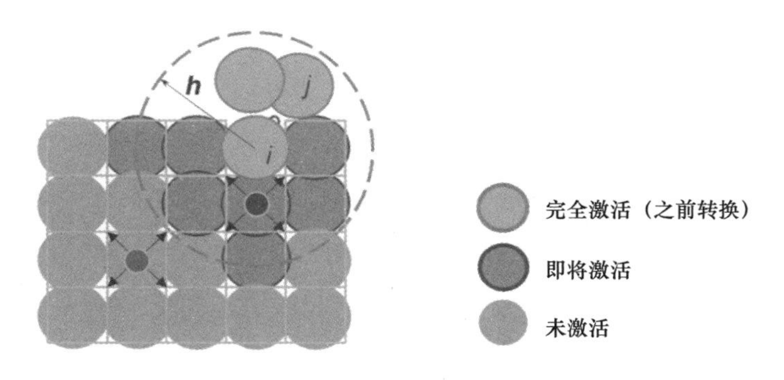

图 12-3　粒子转换

转换后，如果每个单元都产生大量粒子，则分析的计算成本会显著增加，因为需要处理更多的活动单元。SPH 算法只能在显式分析步中使用。内部生成的粒子相关的稳定时间增量随着粒子密度的增加而减小。

12.1.3　边界转移

父单元或其节点关联的属性将在转换时适当地传递给生成的粒子，如初始条件、约束、载荷、材料、单元、质量、相互作用、输出等。

1）初始条件。应力、平移速度和角速度将自动应用于生成的粒子。需要在模型中定义的

原始单元 / 节点集上指定。当父单元（时间零点）在分析开始转换为粒子时，应用于父单元的初始应力将反映在生成的粒子上。当父单元在第一次分析增量后转换为粒子时，将考虑所有其他初始条件。

2）约束。不能直接应用于生成的粒子，应用于父单元节点的边界条件也不会传递给生成的粒子。在包含父单元节点的节点集上指定的温度和场变量将传递给生成的粒子。

3）载荷。在分析期间进行转换的父单元面上指定的表面载荷不会应用于相应生成的粒子。在父单元上转换为粒子时，指定的重力是唯一传递的分布式载荷，但是，重力应用于全局。

4）材料。3DEXPERIENCE SSU 中的任何材质模型都可以使用转换技术。

5）单元。只有 C3D8R、C3D6 和 C3D4 实体单元可用于 SPH 粒子转换。SPH 粒子单元 PC3D 在分析开始时在内部生成。模型最初状态时，父单元处于活动状态，而 PC3D 单元处于非活动状态。转换后，激活状态开关，父单元与其关联生成的粒子单元在任何时候都不会同时处于活动状态。

6）质量。粒子质量 / 体积是根据父单元的质量 / 体积自动计算的，与给定父单元关联的所有粒子将具有相同的质量 / 体积。如果在包含父单元的单元集上定义了质量缩放，则将在内部生成与相应内部单元集关联的质量缩放定义。

7）相互作用。可以通过接触与其他物体相互作用。在转换时，内部产生的粒子也可以与其他物体相互作用，但仅通过常规接触相互作用。

8）输出。输出与父单元有关，将自动创建使用包含生成粒子的相应内部单元集的附加单元输出请求。

12.2 实例描述

如图 12-4 所示为装水的瓶子模型。该模型主要包含三个部分：瓶子主体、水和地面。瓶子主体的材料是高密度聚乙烯，瓶子里几乎装满了水（约 95%），模拟的工况是充满液体的瓶子从大约 300mm 的高度跌落到平坦、坚硬的地面上。对瓶子进行模拟时，必须考虑到地面撞击对瓶子产生的外力，以及水推倒瓶子上的内力。瓶内产生的应力和应变可用于确定其结构可行性。

图 12-4 装水的瓶子模型

瓶子材料的厚度为 0.5mm。瓶子以倾斜的角度撞击地面，其中一个底角承受最初的冲击。最初，瓶子里的水是根据重力方向分配的，即水的液面平行于水平地板。

瓶子由高密度聚乙烯制成，各向异性塑性硬化模型。水被视为几乎不可压缩、几乎无黏性的牛顿流体。整个模型承受重力载荷。

该算例的关键步骤如下：

1）创建硬化材料。

2）创建流体材料。

3）创建 SPH 截面。

4）创建接触。

12.3 模型设置

步骤 1 导入算例

从第 12 章中的模型文件中导入“Drop.3dmxl”文件。导入的模型已经设置了分析步与网格划分。

分析步选择的是“显式动态分析步”，分析步的“步长时间”为“0.05s”，如图 12-5 所示。模型网格如图 12-6 所示。

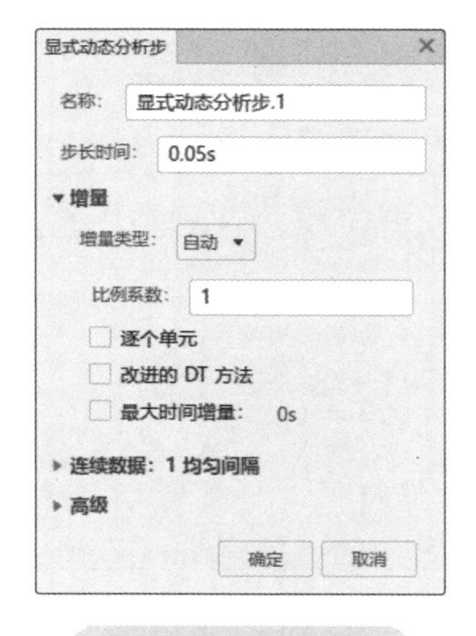

图 12-5 分析步设置

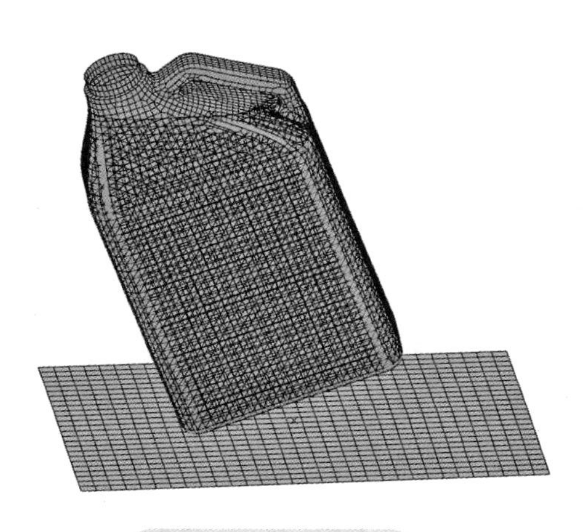

图 12-6 模型网格

步骤 2 创建材料

首先创建瓶体的塑性硬化材料。在命令工具栏单击“创建材料”，如图 12-7 所示。在打开的“创建材料”对话框中，“标题”输入材料名称“Drop-HDPE”，如图 12-8 所示。单击“确定”，进入“材料浏览器”对话框。

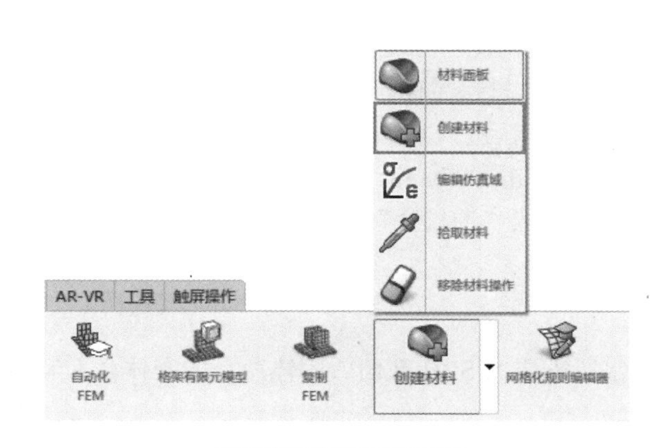

图 12-7 创建材料

图 12-8 输入材料名称

在“材料浏览器”中定位到新创建的材料“Drop-HDPE”，对材料进行仿真域的编辑。单击“仿真”，如图 12-9 所示，进入材料属性编辑页面。

单击“结构”/“常规选项”/“密度”，输入密度为“876kg_m3”。单击“Abaqus 多物理”/“Mechanical”/“弹性”/“弹性”，输入杨氏模量为“9.031e8N_m2”，输入泊松比为“0.39”。

单击“Abaqus 多物理”/“Mechanical”/“塑性”/“金属塑性”/“塑料”，“硬化”选择“各向同性”。塑性数据如图 12-10 所示。单击“确定”，完成瓶体材料创建。

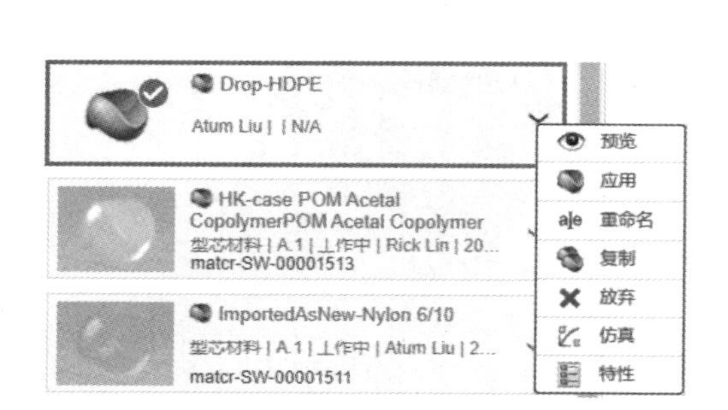

图 12-9 单击“仿真”

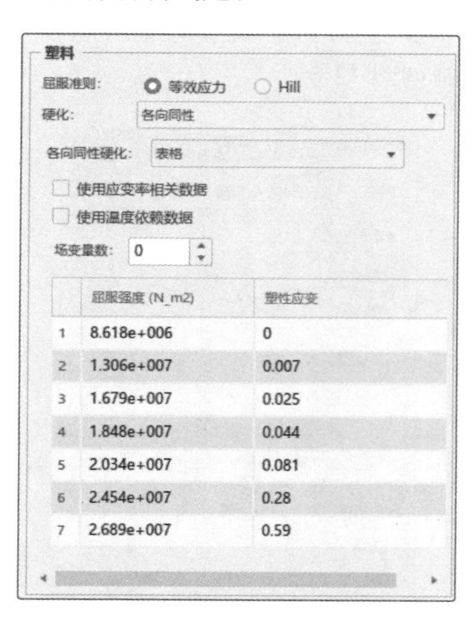

图 12-10 塑性数据

创建“水”流体材料。在命令工具栏单击“创建材料”。在打开的“创建材料”对话框中，“标题”输入材料名称“Drop-Fluid”。在“材料浏览器”中对材料进行仿真域的编辑。单击“仿真”，进入材料属性编辑页面。单击“结构”/“常规选项”/“密度”，输入密度为“996kg_m3”。单击“Abaqus 多物理”/“Mechanical”/“流体动力学”/“EOS”，在打开的“EOS”对话框中，“类型”选择“Us-Up”，输入状态方程参数，如图 12-11 所示。单击“确定”，完成“水”流体材料创建。

创建“1060 Alloy”材料。同样可对 1060 Alloy 材料参数进行设置。在命令工具栏单击“创建材料”，在打开的“创建材料”对话框中，“标题”输入材料名称“Drop-1060 Alloy”。在“材料浏览器”中对材料进行仿真域的编辑。单击“仿真”，进入材料属性编辑页面。单击“结构”/“常规选项”/“密度”，输入密度为“2700kg_m3”。单击“Abaqus 多物理”/“Mechanical”/“弹性”/“弹性”，输入“杨氏模量”为“6.9e10N_m2”，输入“泊松比”为“0.33”。单击“确定”，完成“1060 Alloy”材料创建。

步骤 3 创建 SPH 截面

在本例中，需要创建三个截面，分别是流体水所需要的 SPH 截面、固体瓶身的壳体截面和地面的壳体截面。在本节中主要讲解 SPH 截面。

单击助手工具栏中的“零件”。单击“属性”下的“SPH 粒子”。在打开的“SPH 粒子”对话框中，“支持面”选择“网格零件”/“四面体网格”，单击“确定”，如图 12-12 所示。“材料”选择步骤 2 中新建的“Drop-Fluid”流体材料。“粒子生成”方式为“按单元”，单击“确定”。

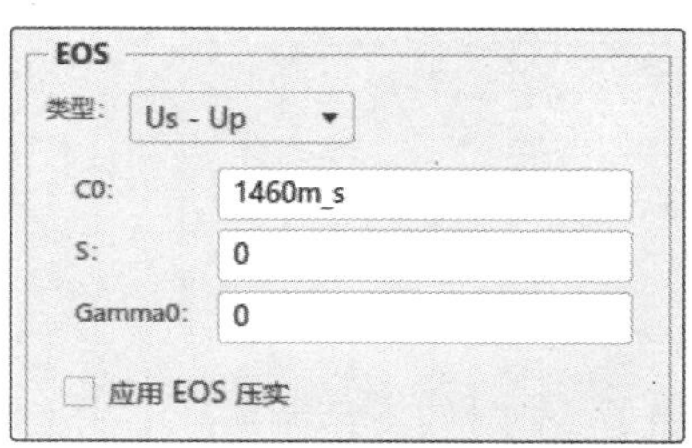

图 12-11　EOS 参数

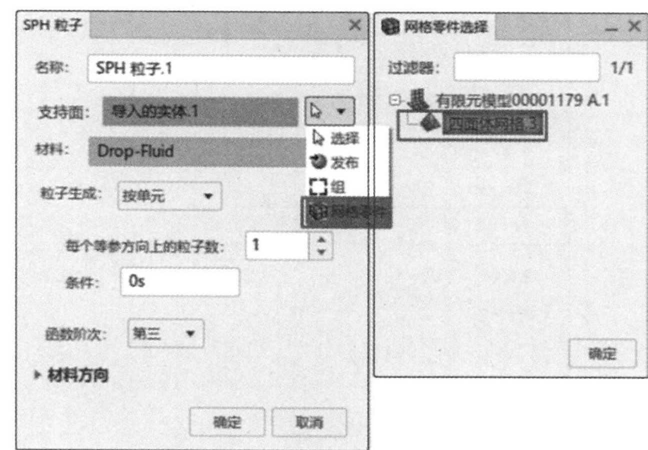

图 12-12　创建 SPH 截面

注意：1）通过“按单元”指定单元“每个等参方向上的粒子数”（最大为 7），可以控制每个父单元生成的 SPH 粒子数。每个父单元生成的粒子总数取决于单元类型。默认情况下，每个父单元生成 1 个粒子，如图 12-13 所示。

2）转换标准是基于时间的准则，无论变形级别如何，所有父单元的转换都会在指定的时间进行。如果指定的转换时间为零，则转换将在分析开始时进行，如图 12-14 所示。

3）“粒子厚度类型”有“统一”和“变量”两种，如图 12-15 所示。生成的粒子的厚度可以是可变的，也可以是均匀的。厚度主要用于解决一般接触域中粒子和表面之间的初始接触，并且不影响粒子的体积和质量。粒子的均匀分布有助于提高结果的准确性。

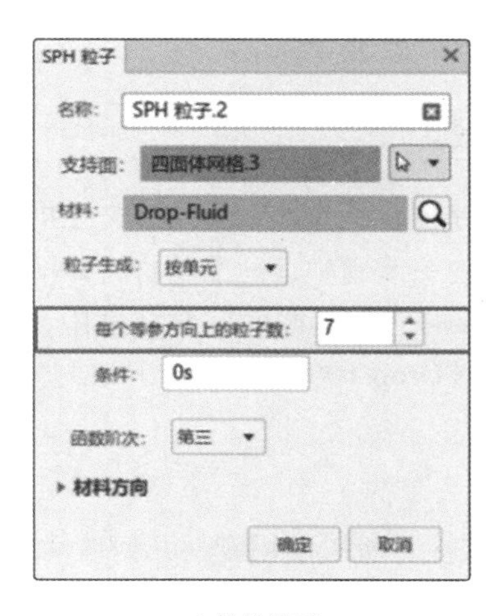

a) 软件界面

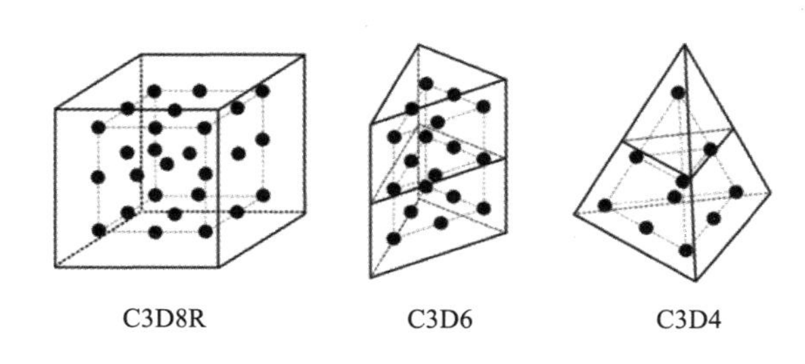

b) 不同单元类型每个等参方向上生成的粒子

图 12-13　按单元

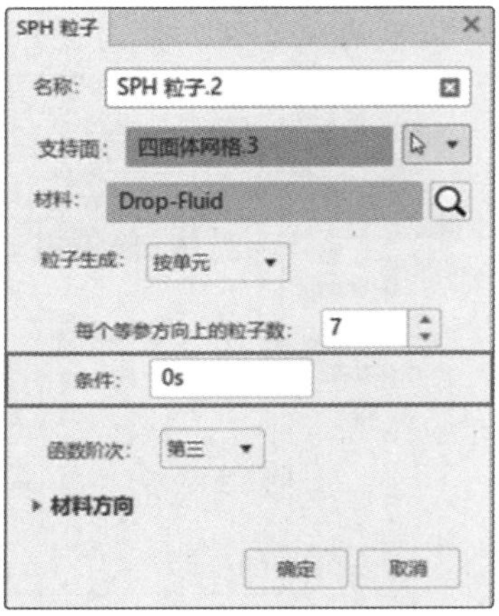

图 12-14 转换条件

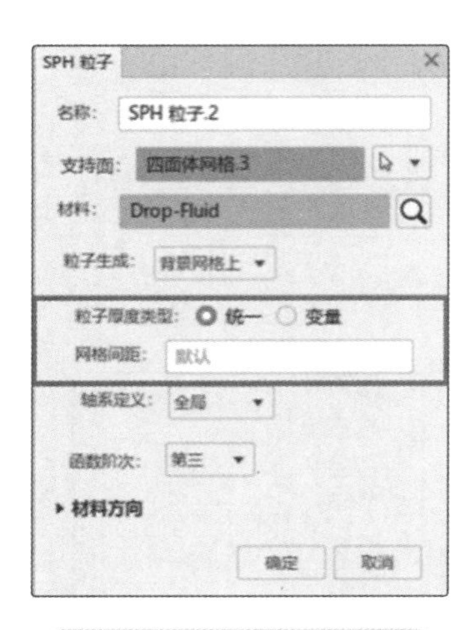

图 12-15 粒子厚度类型

步骤 4 创建其他截面

创建“瓶身”壳体截面。瓶身厚度为“0.5mm”，针对薄壁零件，可以使用壳体截面。在命令工具栏“属性”下，单击“壳体截面”。在打开的“壳体截面”对话框中，“支持面”选择“瓶身”部件，“厚度”输入“0.5mm”，“材料”选择“Drop-HDPE”，单击“确定”，如图 12-16 所示。

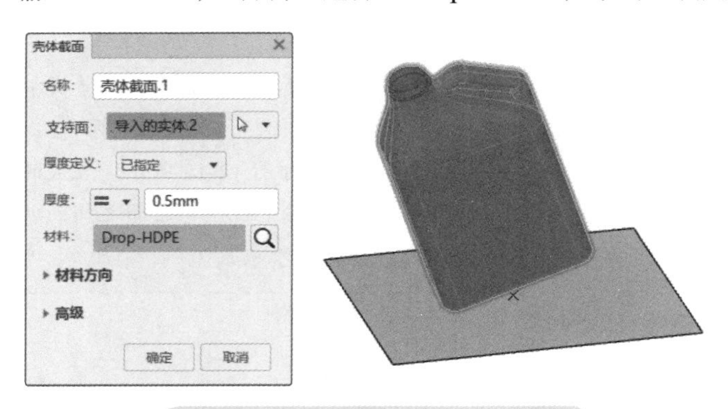

图 12-16 创建“瓶身”壳体截面

创建“地面”壳体截面。“地面”零件对整个分析来说是刚体的角色。在 3DEXPERIENCE SSU 中可以将零件设置为刚体，详细内容见步骤 5。因此在这一步骤中，地面的材料并不重要。

在命令工具栏“属性”下，单击“壳体截面”。在打开的“壳体截面”对话框中，“支持面”选择“地面”，“厚度”输入“0.5mm”，“材料”选择“Drop-1060 Alloy”，单击“确定”，如图 12-17 所示。

步骤 5 创建刚体地面

因为本例的关注点在“瓶身”上，对地面的变形并不关注，所以使用刚性几何体简化“地面”，使整个地面不变形。

在命令工具栏“抽象”下，单击“刚性几何体”。在打开的“刚性几何体”对话框中，“支持面”选择“地面”，“参考点”选择“质心”，单击“确定”，如图 12-18 所示。

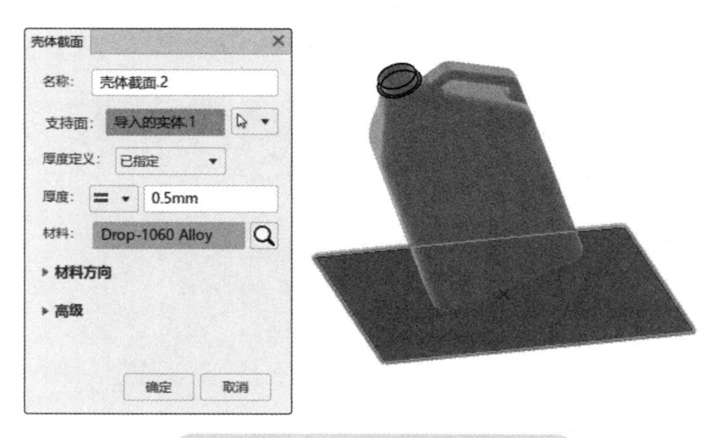

图 12-17　创建“地面”壳体截面

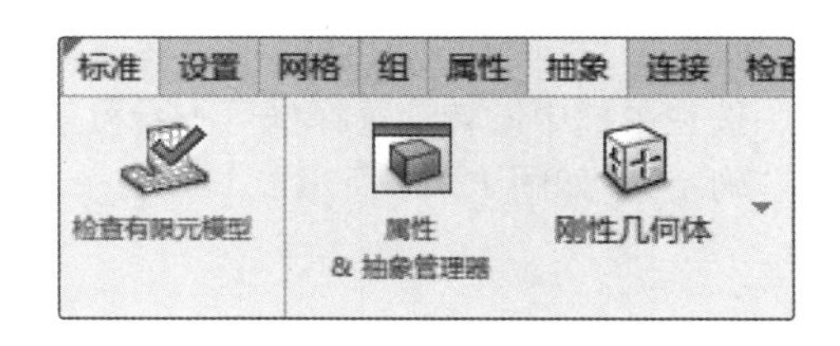

a)“抽象”/“刚性几何体”

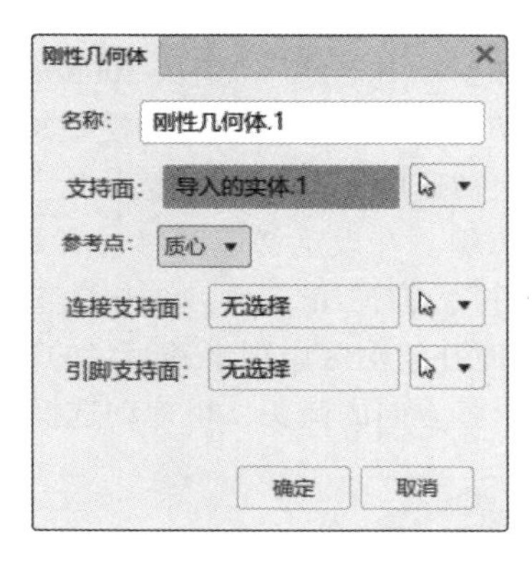

b)“刚性几何体”对话框

图 12-18　创建刚体地面

步骤 6　创建常规接触

在该步骤中需要对整个模型的接触进行设定，可以使用常规接触对整个模型进行全局接触设定。

单击助手工具栏中的“交互”。在“交互”下，单击“常规接触”。在打开的“常规接触”对话框中，保持默认选项，单击“确定”，如图 12-19 所示。

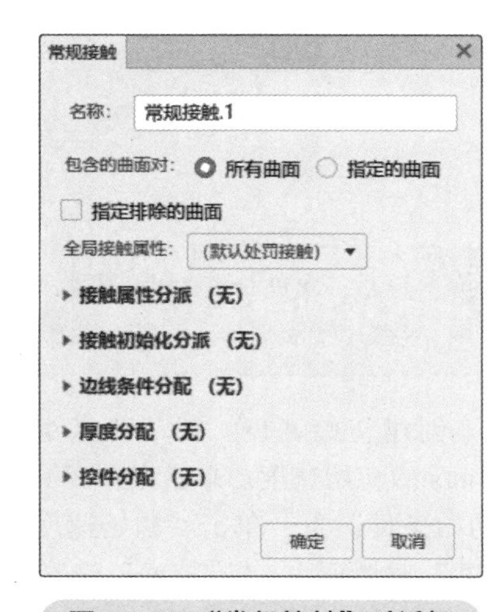

图 12-19　“常规接触”对话框

步骤 7　创建约束

在三个主体零件中，“水”和“瓶身”处于自由状态，“地面”处于固定状态。因此，需要对“地面”进行固定约束的设定。

单击助手工具栏中的“限制”。在“边界条件”下，单击“紧固”。在打开的“紧固”对话框中，“支持面”选择“FEM 特征”/“刚性几何体.1”，单击“确定”，如图 12-20 所示。

图 12-20　创建固定约束

步骤 8　创建负载

由于“瓶身”和“水”，是从 300mm 高的位置进行跌落，因此在到达模型位置时具有一定的初速度，初速度为 2.4m/s。因为模型每时每刻都受到重力的影响，所以在此仿真中，需要设定两个负载，初速度和重力加速度。

创建节点组。在设定初速度时，需要对要施加初速度的网格节点进行分组。单击助手工具栏中的“零件”。在“组”下，单击“空间组”。在打开的“空间组”对话框中，框选“瓶身”和“水”，这时在绘图区出现半透明状的 3D 选择框，按住鼠标中键转动选择框可查看覆盖效果，单击选择框上各方向的箭头，可拖动选择框。单击“确定”，如图 12-21 所示。

a)“瓶身”和“水”模型

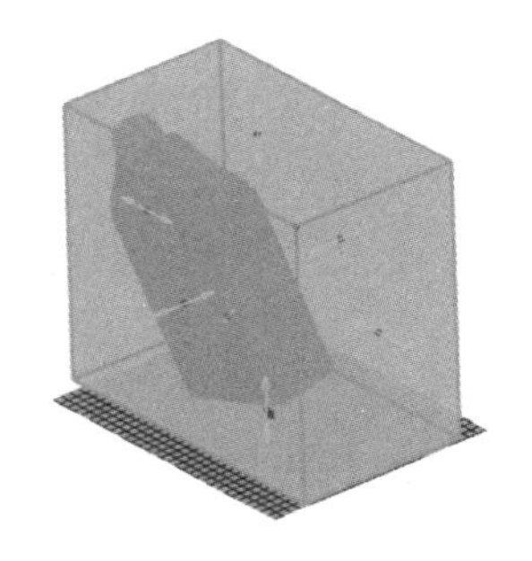

b) 3D 选择框

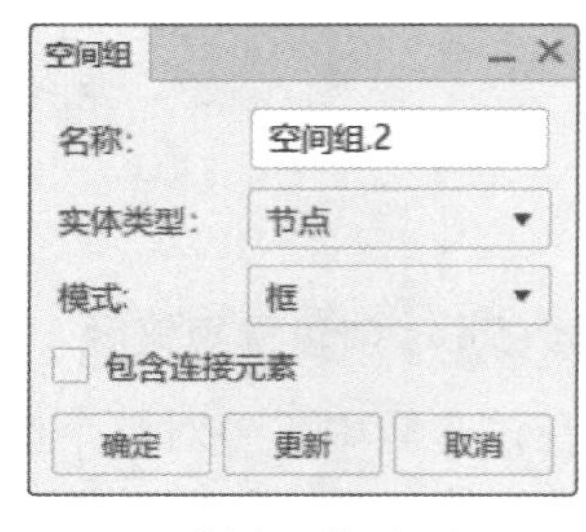

c)“空间组”对话框

图 12-21　创建节点组

> 注意：在进行框选时，可能需要对模型的视角进行重新定位。可以单击“视图”中的定位工具，将模型重新定位，如图 12-22 所示。

创建初始速度。对“节点组”的节点全部施加 2.4m/s 的初始速度。单击助手工具栏中的“负载”。在“初始条件”下，单击“初始速度”。在打开的“初始速度”对话框中，“支持面”选择“空间组 2”，“自由度”为“平移 Z”，“速度”为“−2.4m_s”，速度方向竖

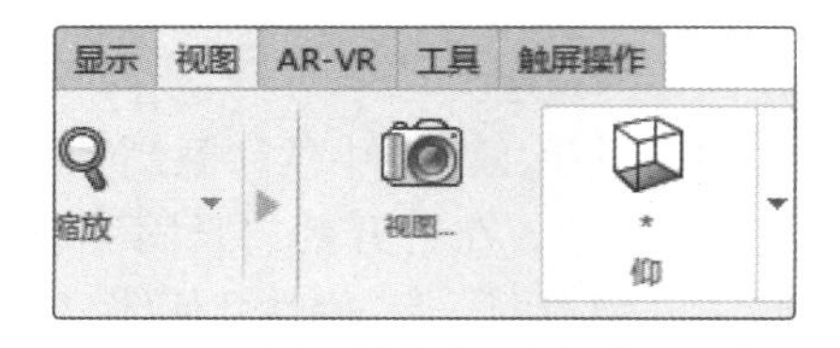

图 12-22　定位视图

直向下，如图 12-23 所示。单击“确定”，效果如图 12-24 所示。

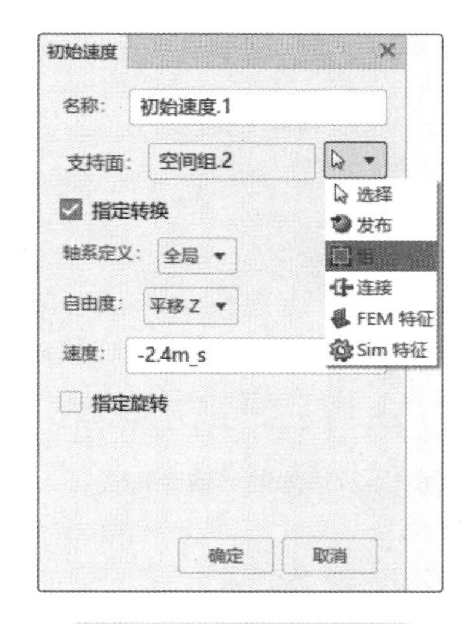

图 12-23　创建初始速度

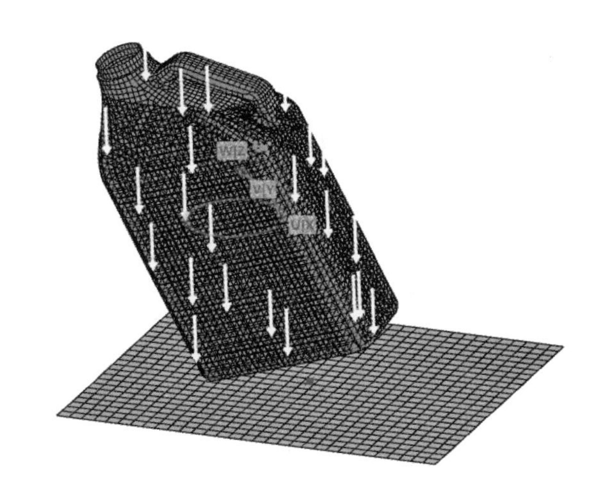

图 12-24　创建初始速度后效果

创建全局重力加速度。在命令工具栏“负载”下，单击“重力”。在打开的“重力”对话框中，“支持面”选择整个模型，设置重力的方向沿着 –Z 方向，“重心 Z”为“–9.81m_s2”，单击“确定”，如图 12-25 所示。

图 12-25　创建全局重力加速度

步骤 9　输出设置

对于结果的步长和需要提取的结果，需要在输出里面去设定。在这个仿真中，需要设定的步长为 0.0005s，共 100 步结果。还需要提取“瓶身”所需要的作用力。

修改场输出间隔。在特征树中，单击“方案”/“结构分析工况 .1”/“输出请求（2）”，右击“输出 .1”，单击“编辑”，如图 12-26 所示。在打开的“输出”对话框中，“频率”选择“每 x 个时间单元”，“x”输入“0.0005s”，单击“确定”，如图 12-27 所示。

新建反作用力输出。在命令工具栏“仿真”下，单击“输出”。在打开的“输出”对话框中，“支持面”选择“FEM 特征”/“刚性几何体 .1”，“频率”选择“每 x 个时间单元”，“x”输入“0.0005s”，选中“RF3，反作用力组件 3”选项，单击“确定”，如图 12-28 所示。

步骤 10　运行仿真

在命令工具栏单击“仿真”/“仿真”，提交运算，如图 12-29 所示。该仿真在 36 核心、主频 4.0G 的计算机上运算需要 12min。

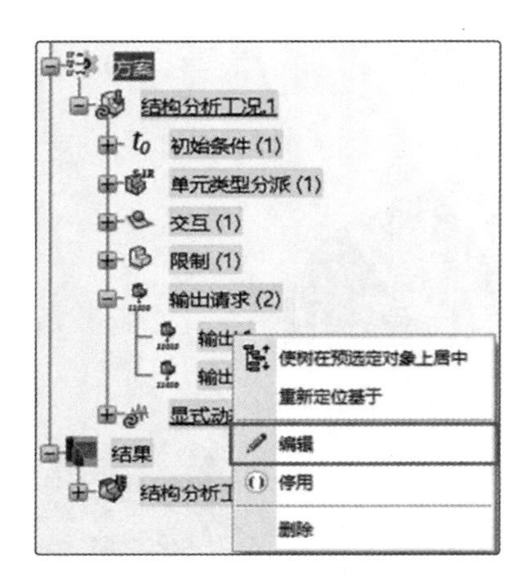

图 12-26 编辑输出

图 12-27 修改场输出间隔

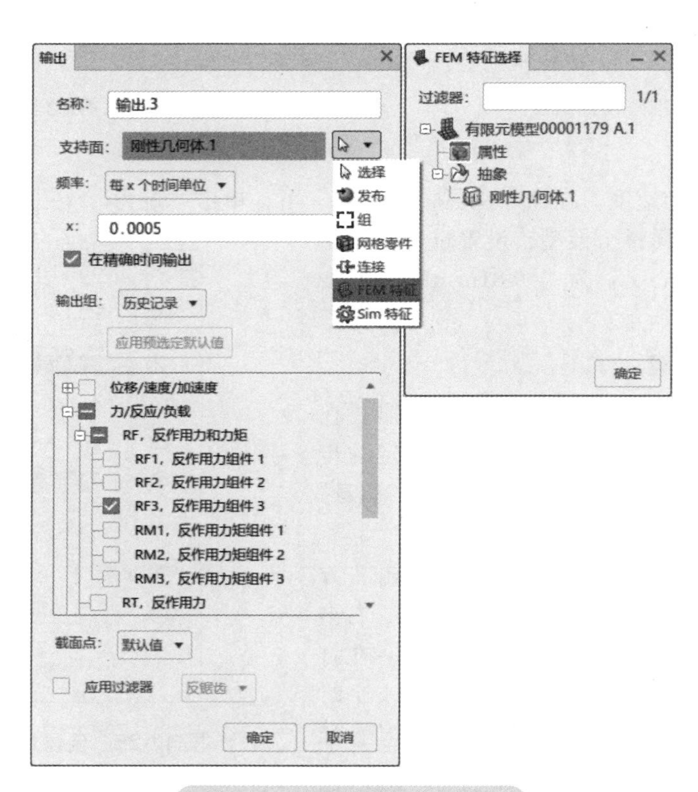

图 12-28 新建反作用力输出

图 12-29 提交运算

12.4　结果解读

在后处理中，需要提取动画结果、“瓶身”的塑性应变、“瓶身”与“地面”的反作用力。

12.4.1　提取动画结果

为了清楚看见流体粒子的流动，可以使用“绘图分割”，将结果进行剖分。在“显示”下，单击“绘图分割”。在显示出来的功能栏中，单击“编辑剪切”，如图 12-30 所示。在打开的“绘图分割”对话框中，“类型”选择“平面”，“原点”Y 方向（第二列）中输入“−25”，即偏移 25mm，单击“关闭”，如图 12-31 所示。

将结果切换到“速度”。单击“显示”下的“播放动画”，观察流体流向，如图 12-32 所示。

图 12-30　编辑剪切

图 12-31　剪切位置参数设置

a) 0s

b) 0.01s

c) 0.025s

d) 0.05s

图 12-32　流体流向

注意：1）在“绘图分割”对话框中，可以单击“创建剪切曲面”，将剪切曲面保存在后处理中，如图 12-33 所示。

2）在动画播放中可以使用“时间控制”，控制动画播放速度，如图 12-34 所示。

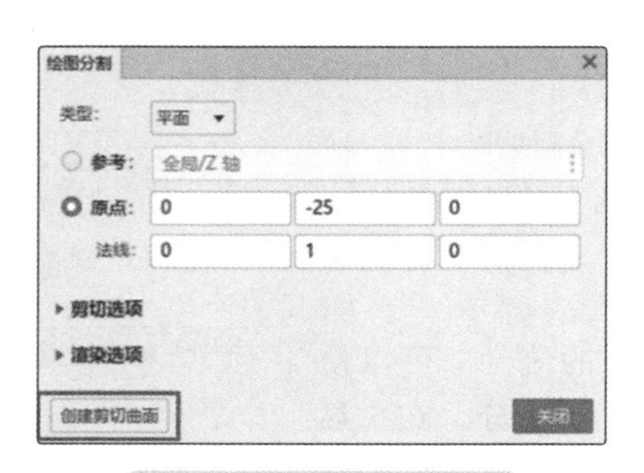

图 12-33　保存剪切曲面

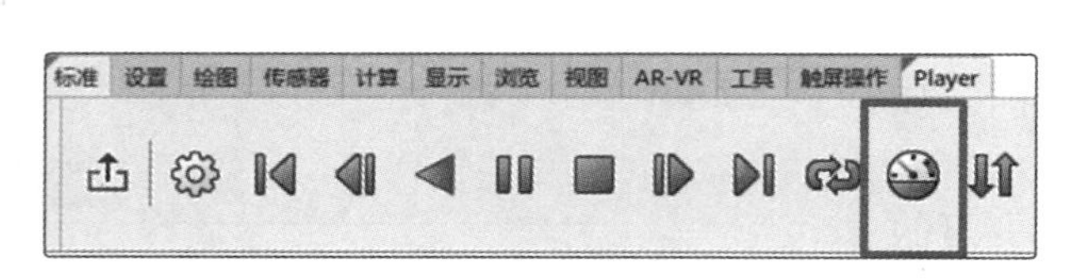

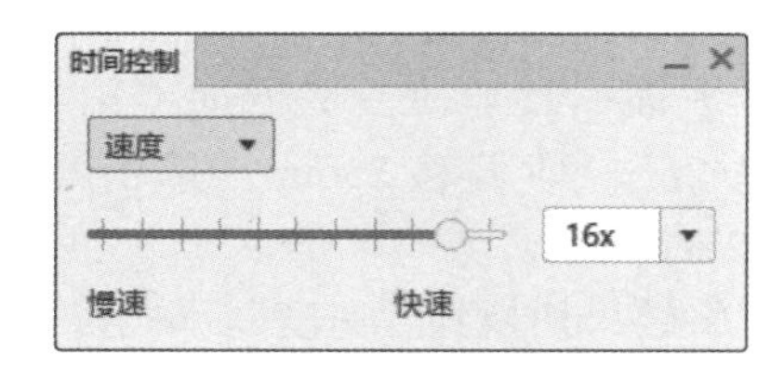

图 12-34　控制动画播放速度

12.4.2　提取“瓶身”的塑性应变

由于本仿真的关注点在“瓶身”上，因此在提取塑性应变结果前，可以使用“显示组”功能将“地面”和“水”进行隐藏。

在命令工具栏单击“显示组”。在打开的“显示组”对话框中，单击“方法”下的“截面”/“壳体截面 .1”/“替换限定项”，单击“确定”，如图 12-35 所示。将结果切换至“塑性应变”，查看“瓶身”的塑性变形。最大塑性应变为 0.155，如图 12-36 所示。

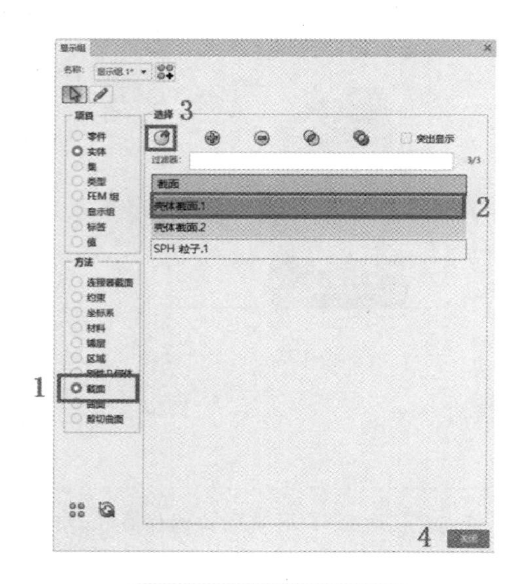

图 12-35　控制显示组

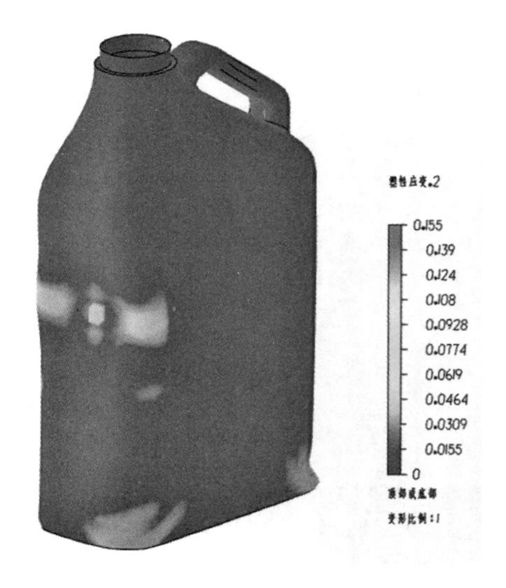

图 12-36　塑性应变分布

12.4.3　提取“瓶身与地面”的反作用力

在这一小节中将会使用“历史记录中的 X-Y 绘图” 进行反作用力提取。

在命令工具栏“绘图”下，单击“历史记录中的 X-Y 绘图”。在打开的对话框中，“变量”选择“RF3，反作用力组件 3”，单击“确定”，如图 12-37 所示。

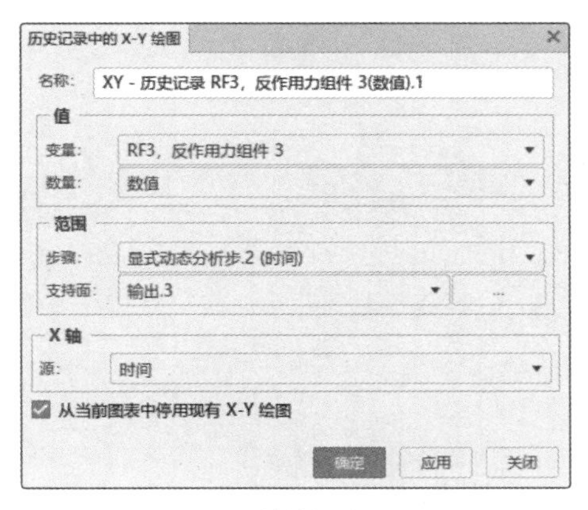

a) 软件设置

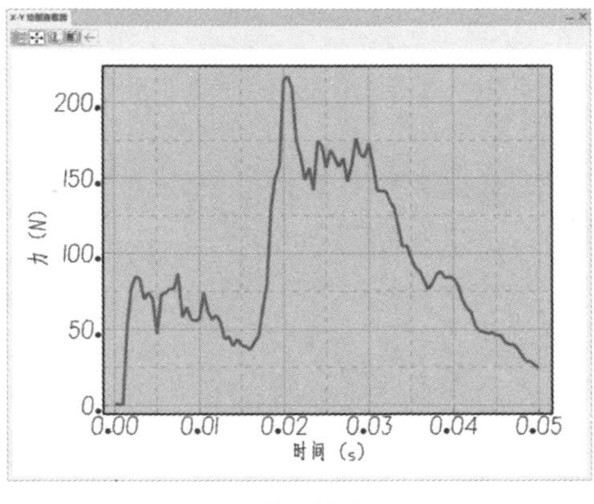

b) 绘图效果

图 12-37　反作用力图

注意：在“X-Y 绘图查看器”对话框中可以直接用鼠标单击曲线，查看曲线上的值，如图 12-38 所示。

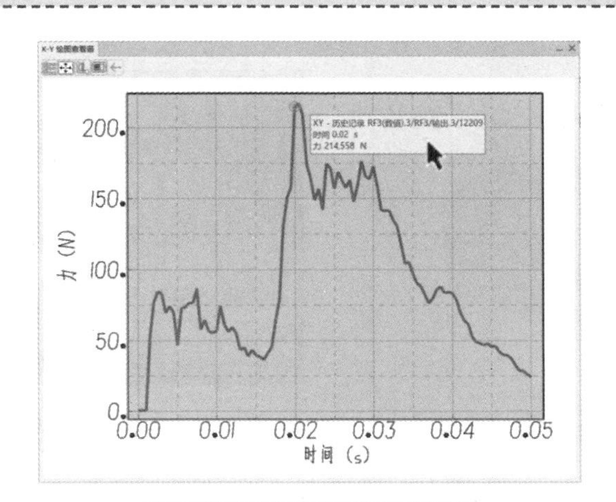

图 12-38　查看曲线上的值

12.5　小结

本章使用 SPH 方法对装有水的瓶子进行跌落测试。对于流体的一般流动可以使用 SPH 方法进行仿真，但是如果涉及高速流动、高马赫数流动建议使用专业的流体分析软件求解。SPH 方法不仅可以在流体建模中使用，而且在力学求解中，对于不连续大变形或损伤建模等，都有很强的收敛性。

第 13 章

塑性金属失效

学习目标

1）材料单轴拉伸测试。

2）名义应力与真实应力。

3）材料塑性损伤与损伤演化。

4）连接器的设置与使用。

5）单元删除与 STATUS 变量输出。

6）应力曲线与应变曲线的组合及函数操作。

13.1 技术背景

在本章中，我们将研究试样单轴拉伸的过程，考虑典型金属试样在简单拉伸试验中的响应，并在仿真中将其复现。单轴拉伸的试验机与试样如图 13-1 所示。

a) 试验机

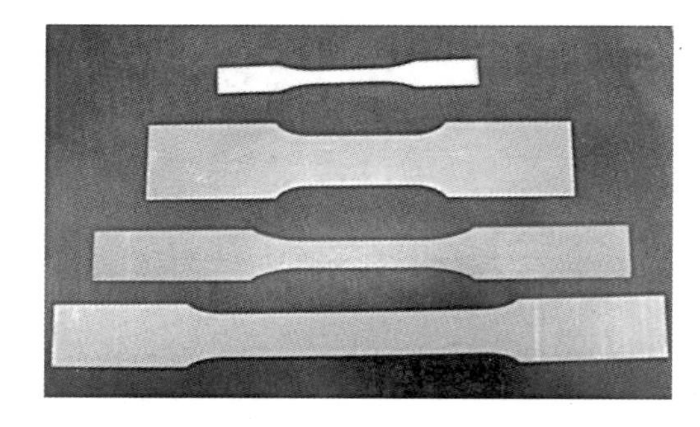

b) 试样

图 13-1 单轴拉伸的试验机与试样

13.1.1 单轴拉伸试验介绍

当我们需要为仿真定义未知的材料时，一般需要涉及以下几个步骤：

1）进行材料试样试验。

2）校准材料数学模型。

3）将材料参数应用到有限元分析。

材料的单轴拉伸试验是第一步（图 13-2），通过试验可以获取材料的原始数据，得到材料

的“名义应力 - 应变曲线”，如图 13-3 所示。图中的应力值可根据施加的载荷计算，相应的应变可根据位移计算。

名义应变公式为

$$\varepsilon_{\mathrm{nom}}=\frac{l-l_0}{l_0}=\frac{l}{l_0}-1 \tag{13-1}$$

式中，$\varepsilon_{\mathrm{nom}}$ 是名义应变；l_0 是试样的原始长度；l 是试样变形后的长度。

名义应力公式为

$$\sigma_{\mathrm{nom}}=\frac{F}{A_0} \tag{13-2}$$

式中，σ_{nom} 是名义应力；F 是施加的拉力；A_0 是试样原始（初始或未变形）横截面积。

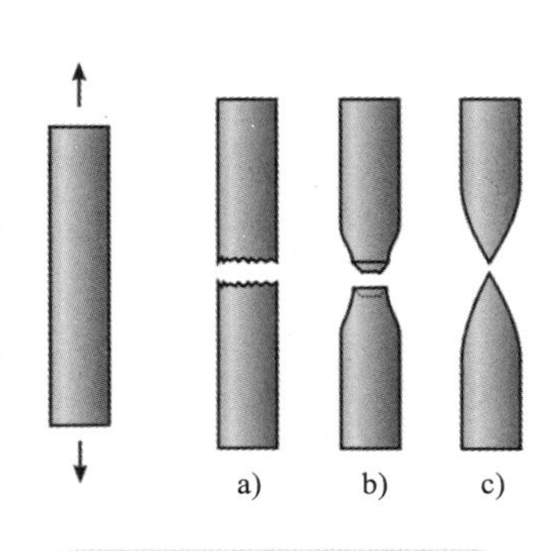

图 13-2　简单单轴拉伸

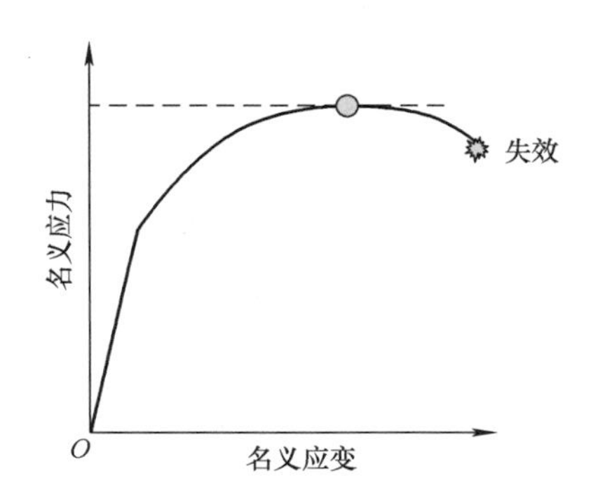

图 13-3　名义应力 - 应变曲线

名义应力 - 应变曲线可以通过数学方法转化为真实应力 - 应变曲线（图 13-4）。

真实应力公式为

$$\sigma=\frac{F}{A}=\sigma_{\mathrm{nom}}(1+\varepsilon_{\mathrm{nom}}) \tag{13-3}$$

真实应变公式为

$$\varepsilon=\ln\left(\frac{l}{l_0}\right)=\ln(1+\varepsilon_{\mathrm{nom}}) \tag{13-4}$$

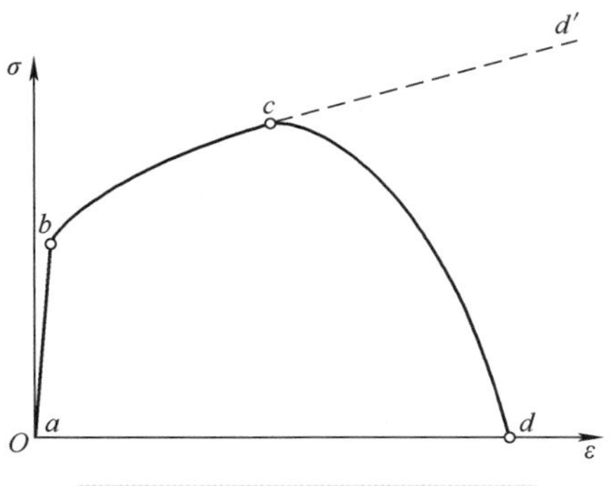

图 13-4　真实应力 - 应变曲线

金属在单轴拉伸过程中的响应包括线弹性响应、塑性响应、损伤演化响应。其中材料响应最初为线弹性，即 ab 段。然后是塑性屈服和应变硬化响应，即 bc 段。超过 c 点，材料承载能力显著降低，直至断裂，即 cd 段。最后阶段的变形局限于试样的颈部区域。c 点确定了损伤开始时的材料状态，即损伤起始标准。超过这一点，应力 - 应变响应（cd 段）受局部化应变和局部区域刚度退化的损伤演化控制。在考虑损伤的情形下，cd 段可被视为损伤演化。材料在没有损伤的情况下曲线会遵循 cd' 路径。

13.1.2 材料损伤与损伤演化响应

损伤特性使用各种损伤算法描述渐进损伤和失效。对于金属的单轴拉伸，需要用到的是延性损伤（Ductile Damage）准则。延性损伤准则用于预测韧性金属中孔洞成核、生长和合并导致的损伤起始。该模型假设损伤开始时的等效塑性应变是应力三轴度和应变率的函数。延性损伤准则可与 Mises、Johnson-Cook、Hill、Drucker-Prager 塑性模型结合使用。

定义延性损伤需要给定“断裂应变”“应力三轴度”和“应变率”。

1）断裂应变。损伤起始时的等效断裂应变为图 13-4 所示的 c 点所对应的真实应变。

2）应力三轴度。应力三轴度所定义的公式为

$$\eta = -p / q \tag{13-5}$$

式中，p 是静水压应力，它是三个方向主应力的平均值；q 是米泽斯（Mises）等效应力。

3）应变率。应变率是指等效塑性应变率（$\dot{\bar{\varepsilon}}_{\mathrm{pl}}$）。

损伤演化指出在满足一个或多个损伤起始标准后，材料如何退化。损伤演化可以通过位移或能量消耗来确定，多种形式的损伤演化可能同时作用于同一种材料。每个定义的损伤起始标准对应一种损伤演化，如图 13-4 所示的 cd 段。

基于有效塑性位移定义损伤演化时，有效塑性位移（$\bar{u}_{\mathrm{pl}}$）的演化方程为

$$\dot{\bar{u}}_{\mathrm{pl}} = L\dot{\bar{\varepsilon}}_{\mathrm{pl}} \tag{13-6}$$

式中，$\dot{\bar{u}}_{\mathrm{pl}}$ 是有效塑性位移（$\bar{u}_{\mathrm{pl}}$）的导数；L 是单元的特征长度；$\dot{\bar{\varepsilon}}_{\mathrm{pl}}$是等效塑性应变率。

基于断裂能定义损伤演化时，可以指定断裂能 G_{f}，即损伤过程中直接消耗的单位面积的能量。如果 G_{f} 指定为 0（不建议使用该选项），必须小心，因为它会使材料点处的应力突然下降，从而导致动态不稳定性。

失效时的等效塑性位移（$\bar{u}_{\mathrm{pl}}$）与能量计算如下

$$\bar{u}_{\mathrm{pl}} = \frac{2G_{\mathrm{f}}}{\sigma_{\mathrm{y0}}} \tag{13-7}$$

式中，σ_{y0} 是达到破坏标准时的屈服应力值；G_{f} 是断裂能。

13.2 实例描述

该模型是一个典型的拉伸试样模型，如图 13-5 所示。模型的截面半径为 5mm，长度为 50mm。在进行单轴拉伸试验时，试样一端固定，另外一端施加 8mm 的位移载荷。

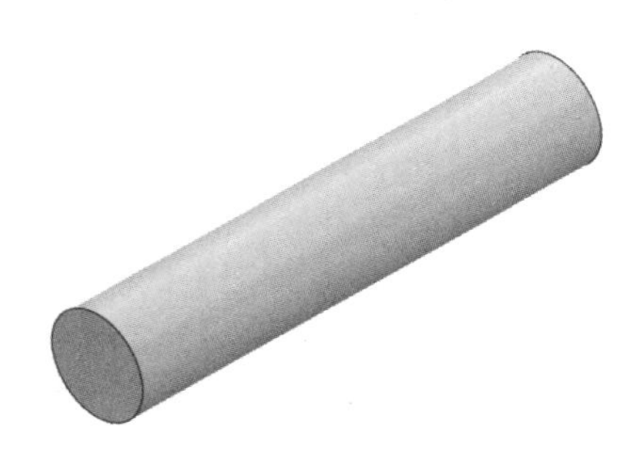

图 13-5 试样模型

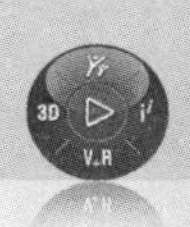

13.3　模型设置

该算例的关键步骤如下：

1）选择分析步类型。

2）创建损伤材料。

3）输出单元删除。

4）后处理创建应力 - 应变曲线。

步骤 1　导入和查看模型

导入模型。从“第 13 章 \ 模型文件”中导入“tension test.3dmxl”文件。

查看模型。本章模型只有仿真需要的三维模型，其他的仿真条件，如分析步、仿真边界条件均需要在接下来的操作中进行设置，如图 13-6 所示。

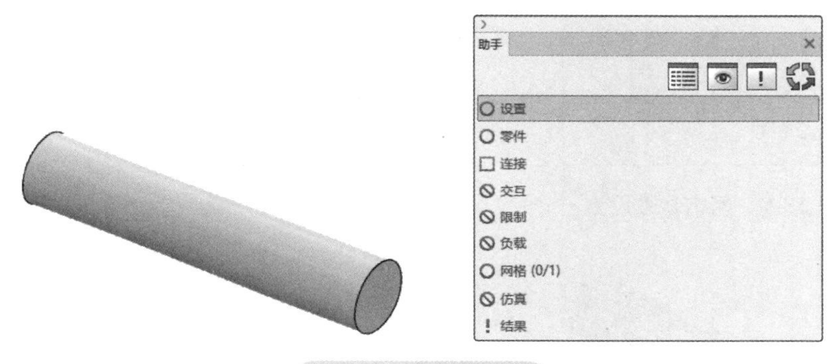

图 13-6　仿真模型

步骤 2　选择分析步

对于单轴拉伸问题，在实验中若要求测定“应变率”（即和时间相关），需要选择动态分析步进行求解。如果仅需要验证材料行为，不要求测定“应变率”参数，选择静态分析步即可。

使用静态分析步求解损伤和需要单元删除的问题时需要注意，在损伤和单元删除的过程中一般涉及能量的释放，极其容易造成不稳定，从而导致求解失败。因此在静态分析步设置时，需要给定比较小的分析步长，帮助整个分析的收敛。

静态分析步设置。在这个简单的单轴拉伸模拟中，选择静态分析步作为求解问题的分析程序。在命令工具栏单击“程序”/“静态分析步”。在打开的“静态分析步”对话框中，设置“步长时间”为“1s”，“最大增量”为“10000”，“初始时间增量”为“0.01s”，“最小时间增量”为“5e-005s”，“最大时间增量”为“0.01s”，单击“确定”，如图 13-7 所示。

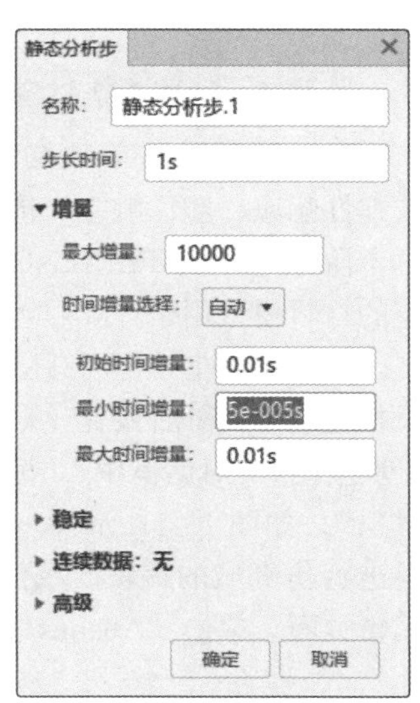

图 13-7　分析步设置

步骤 3　划分网格

划分六面体网格。单击助手工具栏中的“网格”。在“网格”下，单击“分隔六面体网格”。在打开的对话框中，“支持面”选择整个模型，“单元顺序”为“线性”，“网格大小”为“1.6mm”，单击“确定”，如图 13-8 所示。划分后的网格效果，如图 13-9 所示。

更改网格类型。为了加快计算和增强收敛性，可将网格类型设置为“C3D8R”。单击“特征”中的“任务管理器”。右击“全局元素类型分派”，单击“编辑”。在打开的“全局元素类型分派”对话框中，将网格类型设置为“C3D8R”，如图 13-10 所示，单击“确定”。

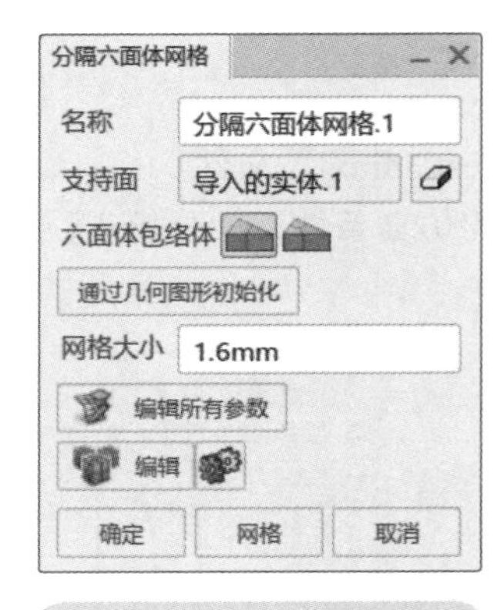

图 13-8　网格参数设置

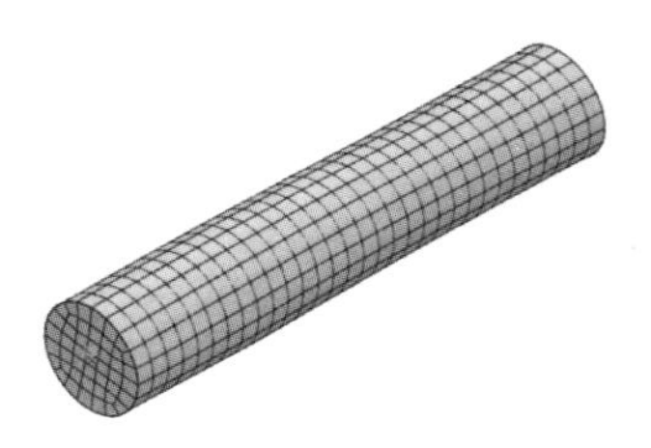

图 13-9　网格效果

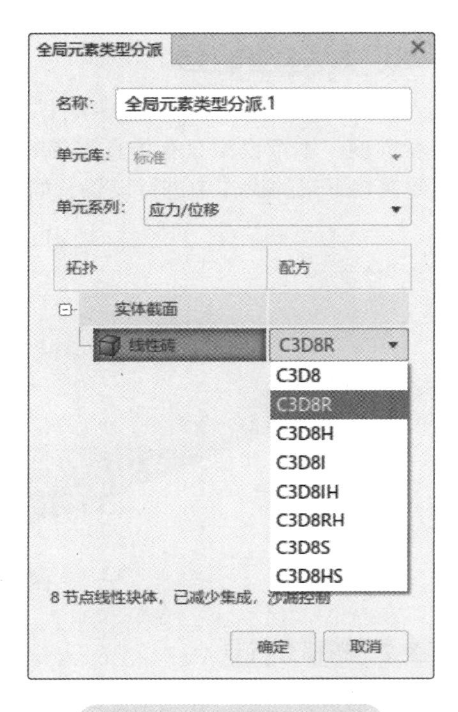

图 13-10　更改网格类型

步骤 4　创建损伤材料

如前所述，在单轴拉伸过程中的金属响应包括线弹性响应、塑性响应、损伤演化响应三个阶段。在每个阶段，3DEXPERIENCE SSU 材料库中都有相对应的材料模型用于计算。

设置线弹性响应。弹性响应的参数需要设置杨氏模量（E）和泊松比（ν）。单击“创建材料”。在“创建材料”对话框中，“标题”输入材料名称“损伤材料”，如图 13-11 所示。在“材料浏览器”中对材料进行仿真域的编辑。单击“仿真”，进入材料属性编辑页面。单击“Abaqus 多物理”/“Mechanical”/“弹性”/“弹性”，输入“杨氏模量”为“2e+011N_m2”，输入“泊松比”为“0.3”，如图 13-12 所示。

图 13-11　输入材料名称

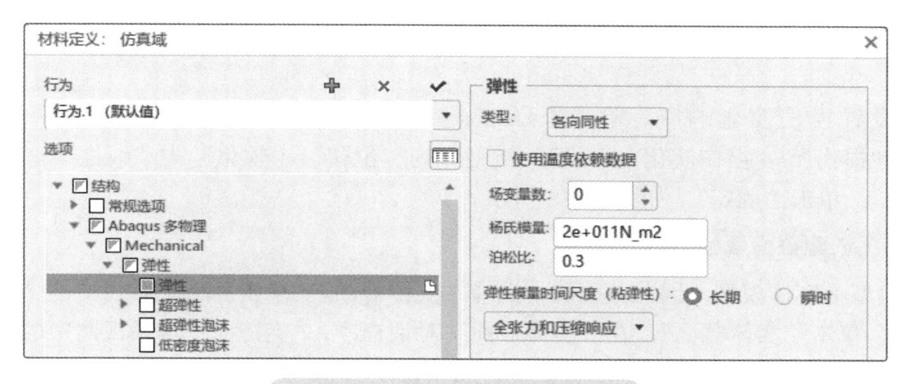

图 13-12　线弹性材料参数设置

材料模型的塑性响应参数需要选择“屈服准则”和“硬化规则”。在此仿真中将使用各向同性硬化塑性的表格模型对材料的硬化规则进行描述。各向同性硬化塑性的表格模型要求定义一个输入表，如图 13-13 所示。这个参数输入表应当遵循以下规则：

1）表格数据每行包括真实塑性应变值和相应的总真实应力（屈服应力）。

2）表格数据中的第一行必须代表零塑性应变（屈服点）下的屈服应力。

3）表格数据中的塑性应变值不能小于或等于上一个值。

4）表格数据中的屈服应力值不能小于之前的值。

5）除了塑性应变外，应力可能还与温度和应变率相关。

6）表格数据中的屈服应力与塑性应变的数据点之间会进行线性插值。当塑性应变超过表格数据给出的最大值时，屈服应力保持不变，即应力 - 应变曲线按水平方向扩展。

设置塑性响应。单击“Abaqus 多物理”/“Mechanical”/“塑性”/“金属塑性”/“塑料”，“硬化”选择“各向同性”，“各向同性硬化”选择“表格”，塑性响应数据如图 13-14 所示。

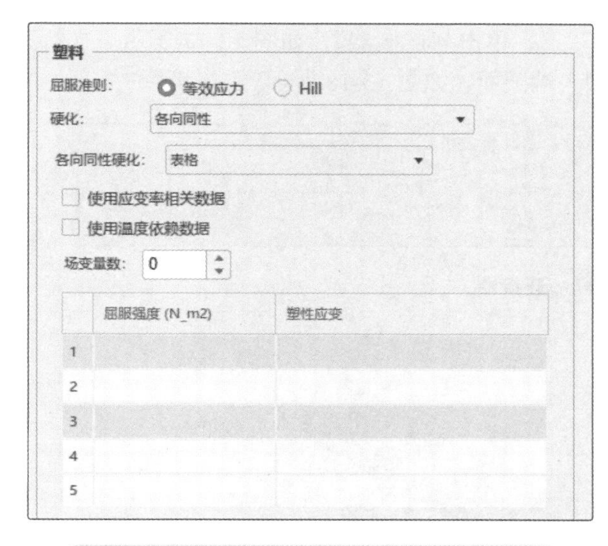

图 13-13　各向同性硬化塑性的表格模型图

塑料

屈服准则：等效应力　Hill

硬化：各向同性

各向同性硬化：表格

使用应变率相关数据

使用温度依赖数据

场变量数：0

	屈服强度 (N_m2)	塑性应变
1	3e+008	0
2	4e+008	2

图 13-14　塑性响应数据

设置损伤材料与损伤演化。首先设置延性损伤。单击“Abaqus 多物理”/“Mechanical”/“损伤”/“韧性金属”/“延性损伤”。设置“断裂应变”为“0.5”，“应力三轴”为“0.33”，“应变率”为“0.5”。

然后设置损伤演化响应。单击“Abaqus 多物理”/“Mechanical”/“损伤”/“韧性金属”/“延性损伤”/“损伤演化”。设置“类型”为“位移”，“软化”为“线性”，“失败位移”为“0.5mm”，单击“确定”，如图 13-15 所示。

步骤 5　创建截面属性

由于模型为实体模型，因此截面属性选择“实体截面”。单击助手工具栏中的“零件”。在“属性”下，单击“实体截面”。在“实体截面”对话框中，“支持面”选择视图中的实体模型，“材料”选择步骤 4 中新建的“损伤材料”，单击“确定”，如图 13-16 所示。

图 13-15　设置损伤演化

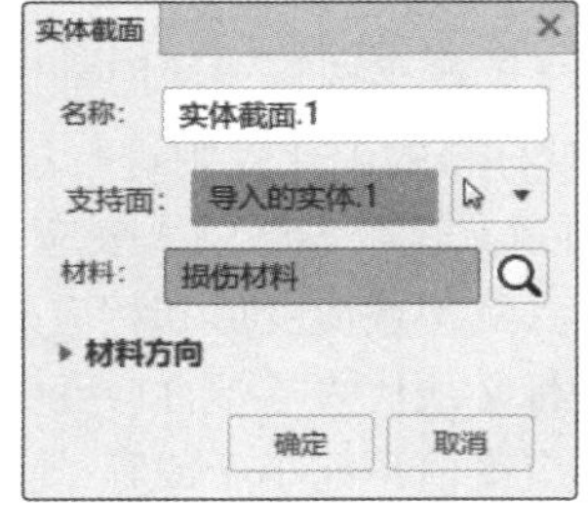

图 13-16　创建实体截面属性

步骤 6　创建连接器

单轴拉伸试验中的边界条件为一端固定、另一端加载 8mm 的位移载荷。由于直接加载载荷到面，会加大实体面网格产生误差的概率，因此在这一步，可以选择在加载面上建立耦合连接，然后将载荷加载到连接器连接的一个端点上，加强边界的稳定性。

单击助手工具栏中的“连接”。在“连接”下，单击“连接器”，如图 13-17 所示。在打开的“连接器”对话框中，“支持面 1”选择模型一端圆面，如图 13-18 所示。

图 13-17　连接器

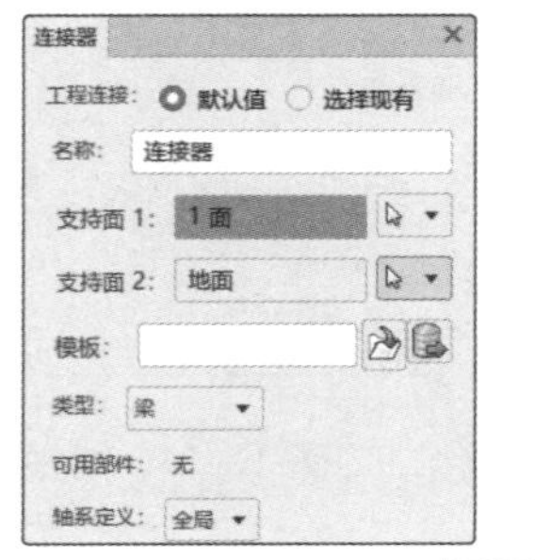

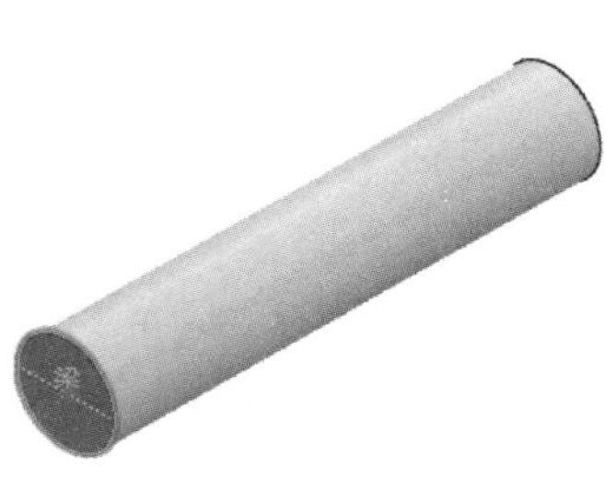

图 13-18　支持面 1

在“支持面 2”中，右击选项框，单击“创建支持面”/“创建点”，如图 13-19 所示。出现“需要选择”的“信息”对话框时，单击模型，如图 13-20 所示。创建点的类型选择为“圆/球面/椭圆中心”，“元素”选择图示实体的圆边线，单击“确定”，如图 13-21 所示。在“连接器”对话框中，设置“类型”为“梁”，“耦合类型”为“动态”，单击“确定”，如图 13-22 所示。

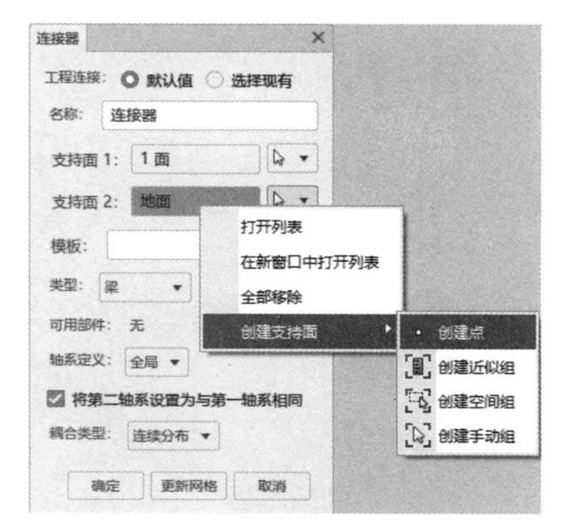

图 13-19　选择创建点

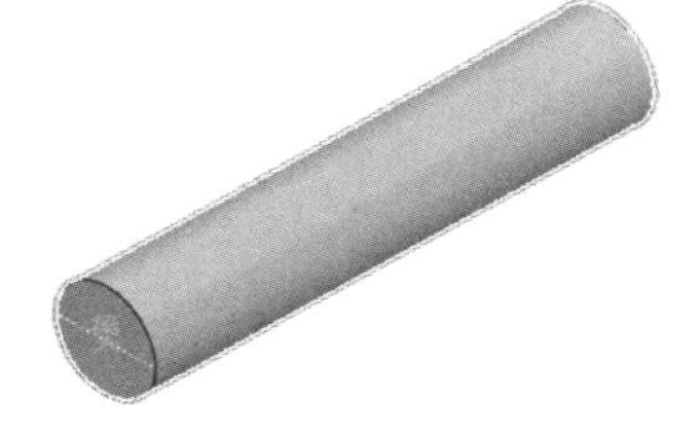

图 13-20　单击模型

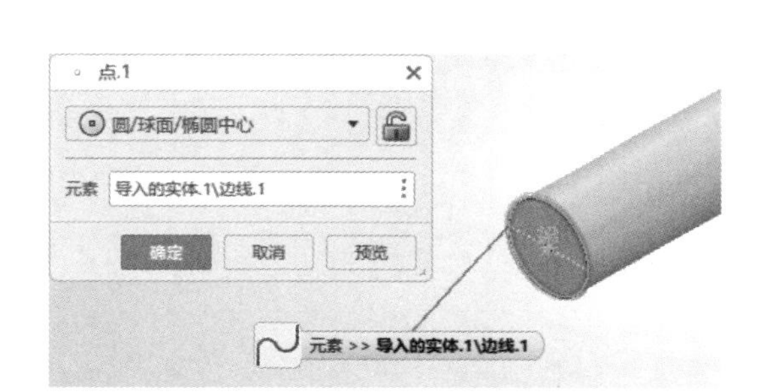

图 13-21　选择圆边线

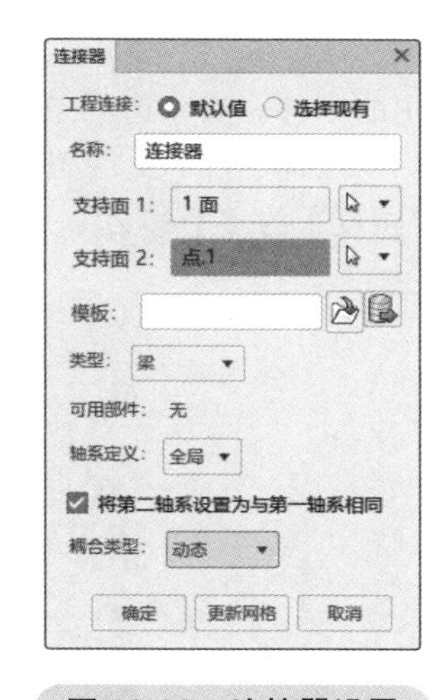

图 13-22　连接器设置

注意：1）连接器中的“创建点”步骤也可以在“模型准备中”完成。

2）该连接器的连接“类型”也可以使用“耦合”来代替，效果是一样的。

步骤 7　创建约束与载荷

该模型的边界条件一端为固定，另外一端加载 8mm 的位移载荷。为了设置 8mm 的强制位移，还需要对约束点的其他方向进行限制。

设置固定约束。单击助手工具栏中的“限制”。在“边界条件”下，单击“紧固”，如图 13-23 所示。在打开的“紧固”对话框中，“支持面”选择模型的另一端圆面，单击“确定”，如图 13-24 所示。

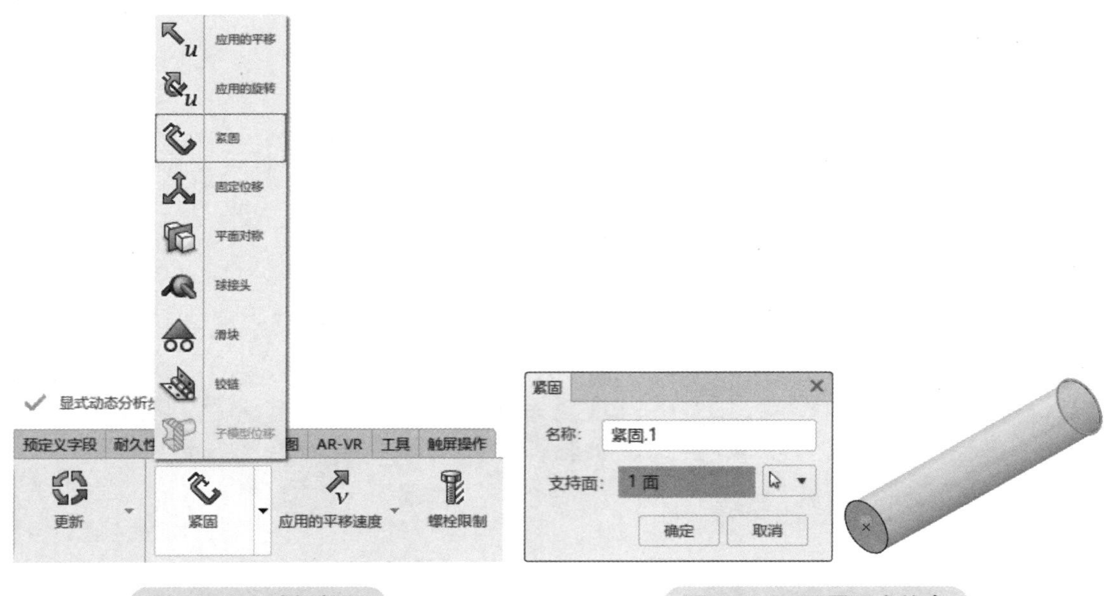

图 13-23　选择紧固

图 13-24　设置固定约束

设置应用的平移。在“边界条件”下，单击“应用的平移”，如图 13-25 所示。在打开的“应用的平移”对话框中，“支持面”选择模型树上的“点 .1”，如图 13-26 所示。设置“平移”为 8mm，“自由度”为“平移 Z”，单击“确定”，如图 13-27 所示。

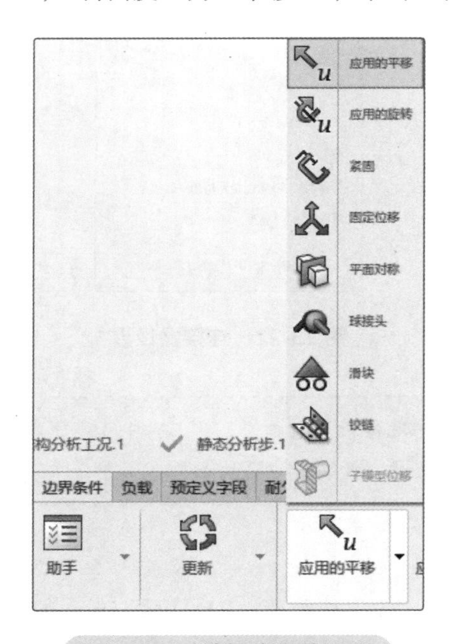

图 13-25　选择应用的平移

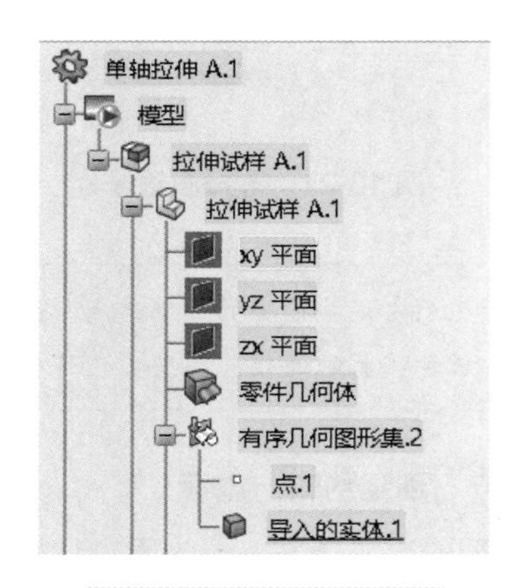

图 13-26　选择“点 .1”

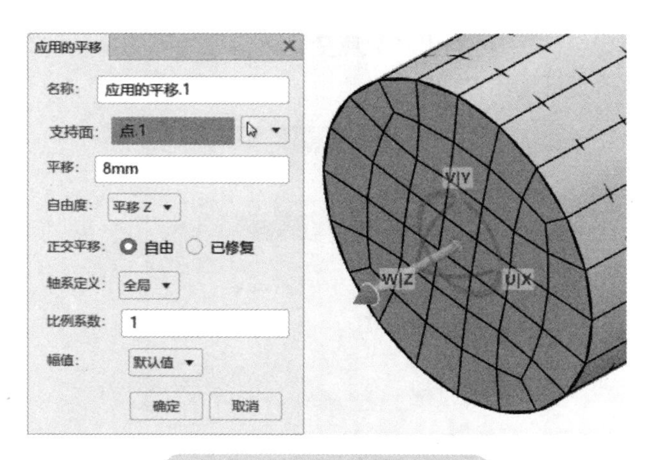

图 13-27　设置应用的平移

设置固定位移。在“边界条件”下，单击“固定位移”，如图 13-28 所示。在打开的“固定位移”对话框中，“支持面”选择模型树上的“点 .1”。选择除平移栏中“Z”以外的所有自由度，单击“确定”，如图 13-29 所示。

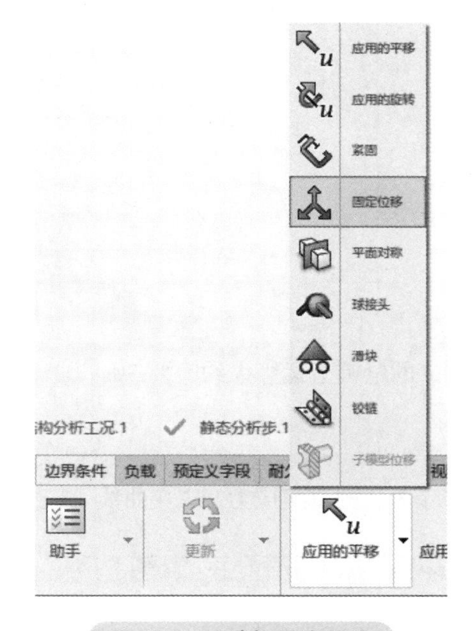

图 13-28　选择固定位移

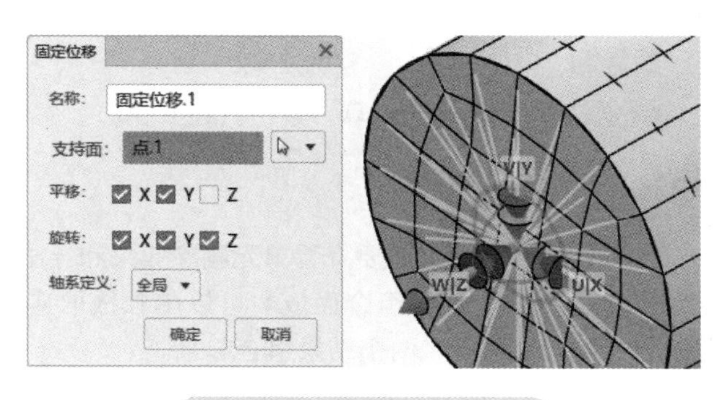

图 13-29　选择限制自由度

步骤 8　创建输出

在输出设定中，除了默认输出外，还需要输出一些必要的参数，如 LE（对数应变）和 STATUS（单元状态）。其中 STATUS 尤其重要，该输出控制单元是否进行删除。当 STATUS 为 1 时，单元保留；当 STATUS 为 0 时，单元删除。通过输出 STATUS 变量，达到结果中单元删除的显示效果。

在“仿真”下，单击“输出”。在打开的“输出”对话框中，“输出组”选择“场”。单击

“应变”/“LE，对数应变组件”，可输出对数应变。单击“故障测量”/“STATUS，状态”，单击“确定”，如图 13-30 所示，可输出 STATUS。

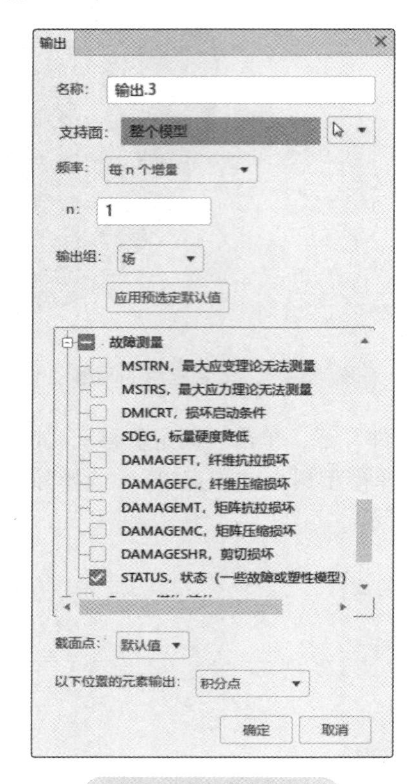

图 13-30 选择输出

步骤 9 运行仿真

单击“仿真”，提交运算。该仿真在 6 核心、主频 3.0G 的电脑上运算大约需要 30s。

13.4 结果解读

在后处理结果中，需要查看单元删除效果和导出被删除单元的真实应力 - 应变曲线。应力 - 应变曲线是由两个数据组合而成。可以单独提取应力和应变结果，最后将两个结果组合起来。

13.4.1 单元删除效果

将结果切换到“等效应力”。在模型树中，单击“结果”/“结构分析工况 .1 的结果”。右击“等效应力 .1”，单击“等效应力 .1 对象”/“定义”。单击“渲染”，将设置“可见边线”为“网格”，单击“确定”，如图 13-31 所示。

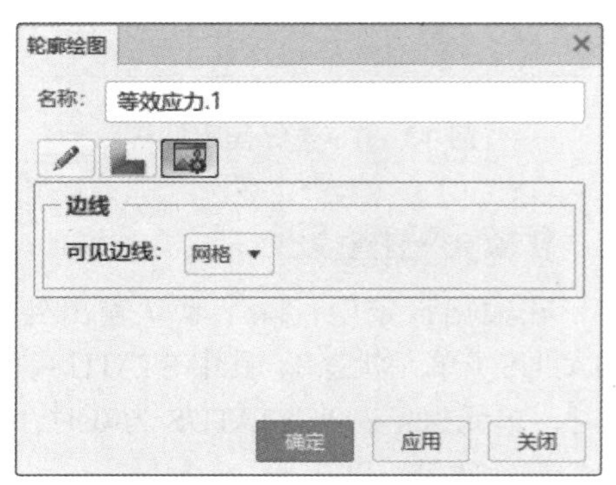

图 13-31 显示网格

单击“显示”下的“播放动画”，单元删除效果如图 13-32 所示。

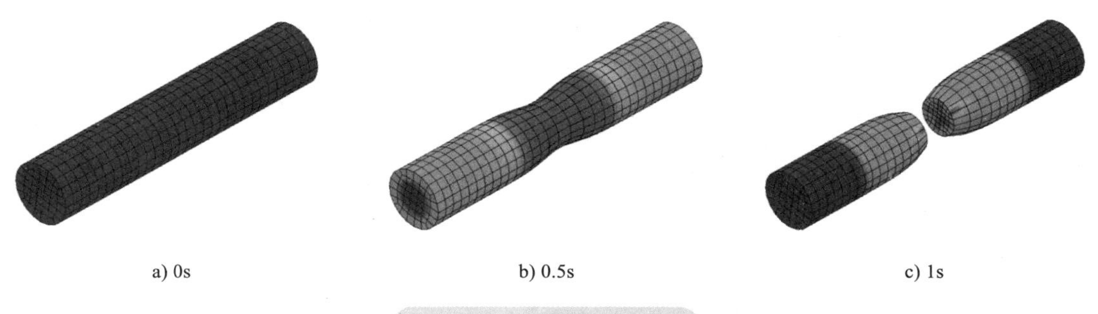

图 13-32　单元删除效果

> 注意：被删除的单元默认不会显示出来。如果想要显示被删除的单元，可在相应的结果中选中“显示失效的单元”复选按钮，如图 13-33 所示。

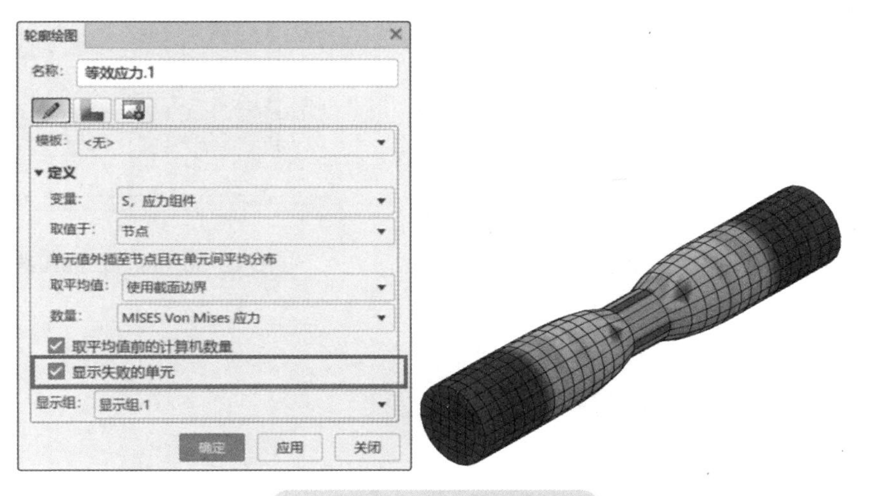

图 13-33　显示失败的单元

13.4.2　显示应力曲线

在“绘图”下，单击“字段中的 X-Y 绘图”。在打开的对话框中，“支持面”选择绘图区域中即将被删除的单元，如图 13-34 所示。设置“变量”为“S，应力组件”，“取值于”为“单元”，“数量”为“MISES Von Mises 应力”，如图 13-35 所示。单击“确定”，结果如图 13-36 所示。

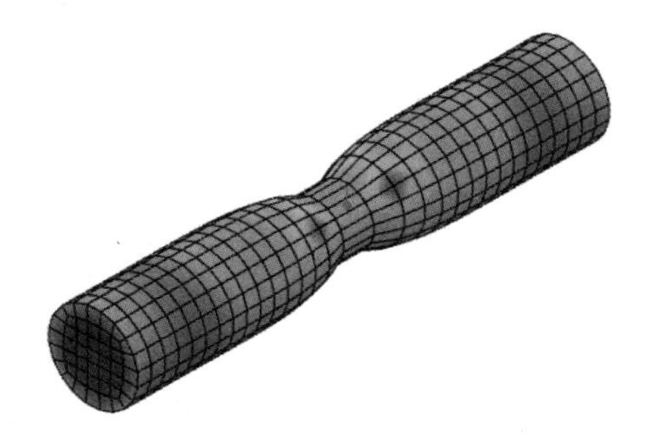

图 13-34　选择支持面

13.4.3　显示应变曲线

显示应变曲线与显示应力曲线的操作步骤一致。在“绘图”下，单击“字段中的 X-Y 绘图”。在打开的对话框中，“支持面”选择与“显示应力曲线”一致的单元位置，设置“变量”为“LE，对数应变组件（单元处）”，“取值于”为“单元”，如图 13-37 所示。单击“确定”，结果如图 13-38 所示。

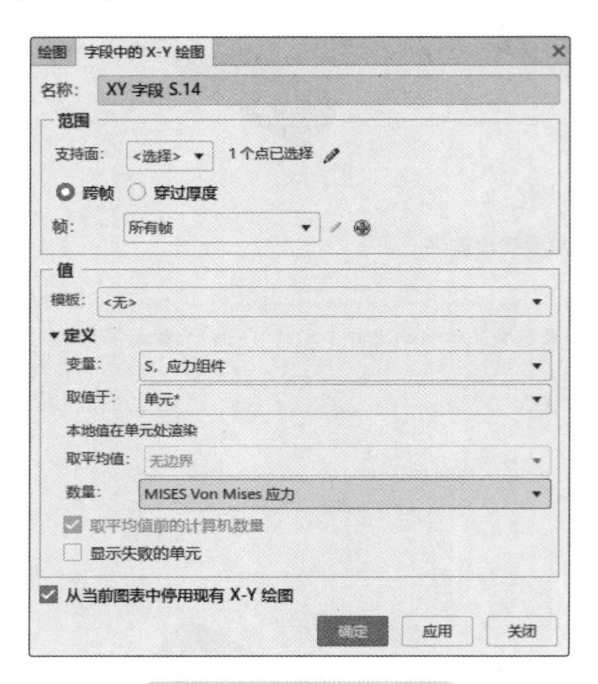

图 13-35　应力曲线图设置

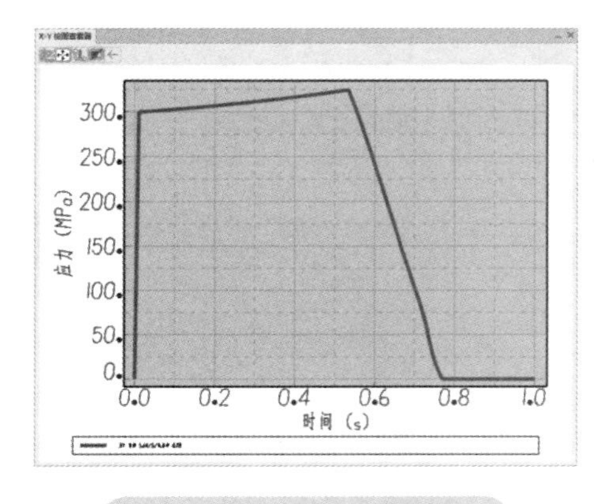

图 13-36　应力曲线图结果

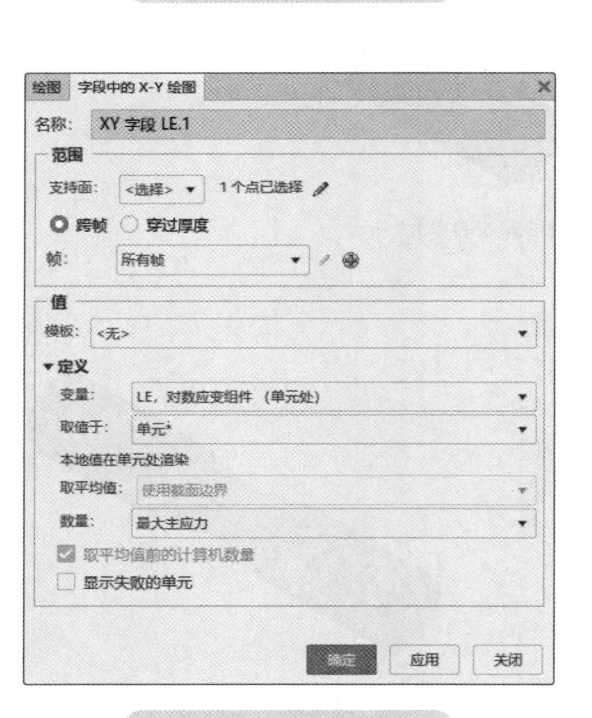

图 13-37　应变曲线图设置

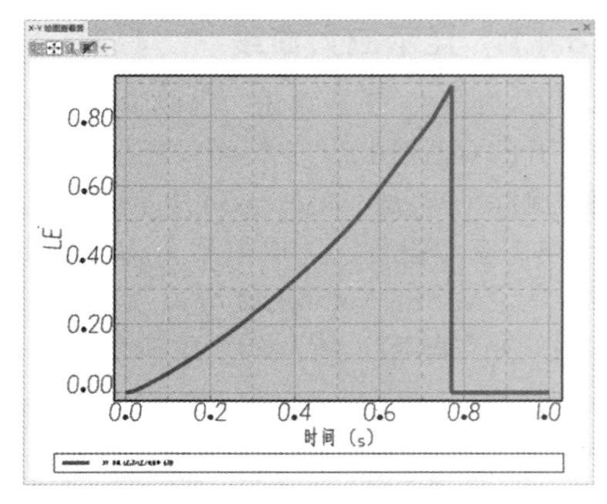

图 13-38　应变曲线图结果

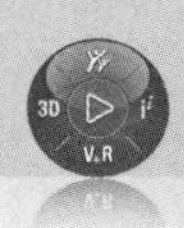

13.4.4 组合应力曲线与应变曲线

在“绘图”下，单击“表达式中的 X-Y 绘图”。在打开的对话框中，单击“函数” f(x) 中的“combine”函数。先单击“XY 字段 LE.1/LE”，再单击“XY 字段 S.1/S”，如图 13-39 所示。单击“确定”，结果如图 13-40 所示。

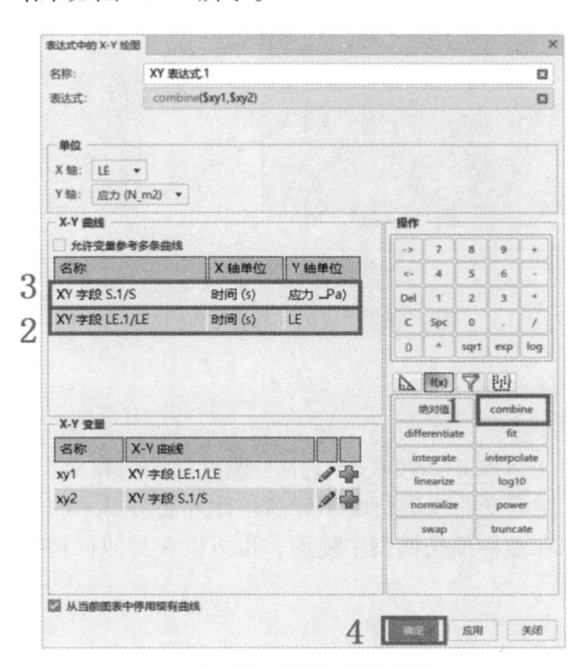

图 13-39 组合曲线设置

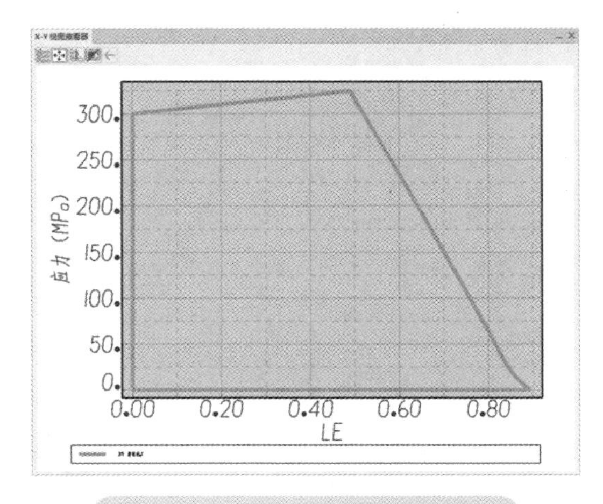

图 13-40 应力 - 应变曲线图结果

13.4.5 结果数值

从应力 - 应变曲线中可知，材料从 300MPa 开始屈服。损伤从 0.5 应变开始，材料承载能力显著降低，直到断裂，如图 13-41 所示。

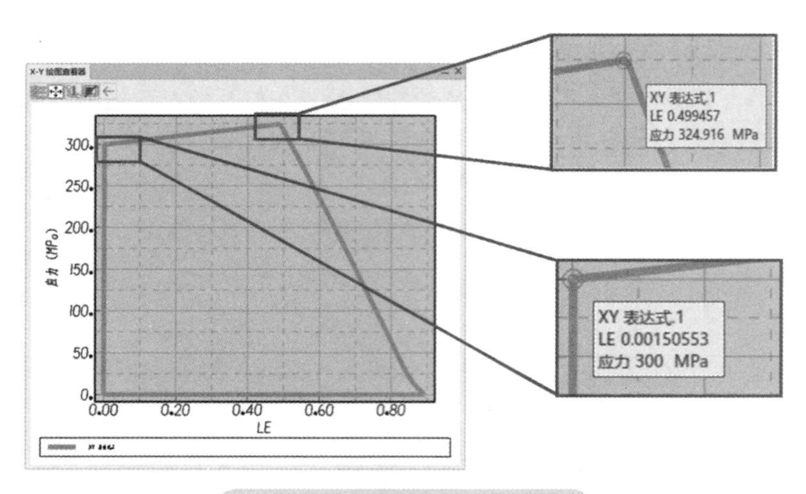

图 13-41　应力 - 应变曲线数值

13.5　小结

本章讨论了如何在 3DEXPERIENCE SSU 中实现材料损伤和损伤演化的过程。在后处理中使用了历史输出，对应力 - 应变曲线进行绘图显示。此外还对单元的删除输出状态进行了说明，单元的输出状态不仅可以在塑性损伤模型中使用，也可以在其他材料损伤材料模型中使用。

第 14 章 脆性玻璃失效

14

学习目标

1）脆性材料失效基本概念。
2）脆性开裂材料模型的设置。
3）刚性几何体的设置。
4）跌落仿真初始速度的设置。
5）断裂与失效后处理显示。

14.1 技术背景

跌落仿真模拟的是产品从一定高度和一定角度掉落碰撞地面以后的结果。对于玻璃这种脆性材料，需要采用 3DEXPERIENCE SSU 中的混凝土脆性开裂模型，该模型支持梁、壳、实体等多种单元类型，并且可以与线弹性材料模型结合使用，用于模拟与混凝土类似的玻璃、陶瓷、岩石等脆性材料。

混凝土脆性开裂模型以最大主应力超过脆性材料的极限拉伸强度来侦测初始化裂纹，后期裂纹将会在初始化裂纹的基础上考虑拉伸和剪切两种模式的开裂行为。对于拉伸模式，用户可以通过裂纹开裂后的应力 - 应变曲线（图 14-1）或应用断裂能开裂准则来研究裂纹开口行为。对于剪切模式，由于裂纹开裂后的剪切模量与其开裂程度有关，因此将裂纹开裂后的剪切模量定义为裂纹开口应变的函数，其表达式为

$$G_c = \rho(e_{nn}^{ck})G \tag{14-1}$$

式中，G_c 为裂纹开裂后的剪切模量；G 为开裂前的剪切模量；$\rho(e_{nn}^{ck})$ 为剪切保留系数，它与裂纹开口应变 e_{nn}^{ck} 有关，它们的分段线性形式如图 14-2 所示。

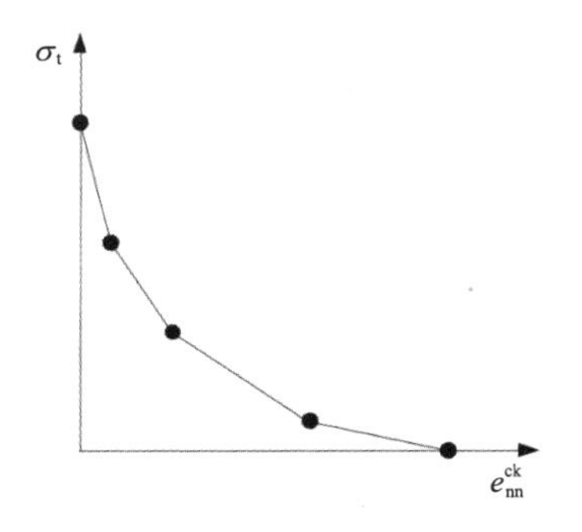

图 14-1 裂纹开裂后的应力 - 应变曲线

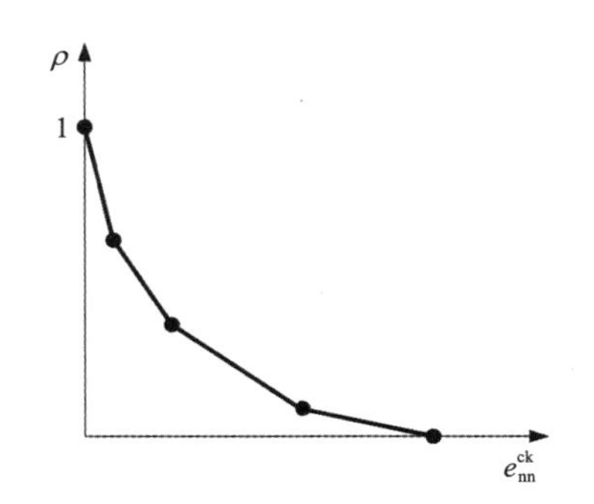

图 14-2 剪切保留模型的分段线性形式

混凝土脆性开裂模型可以指定脆性失效（破坏）准则，当一个单元的所有积分点达到破坏条件后（每个积分点上的单向、双向或三向局部裂纹开裂后的应变达到指定的开裂破坏应变），则从网格中删除该单元。

> 想一想：
> 剪切保留系数与裂纹开口应变是否有其他表达形式？什么情况下不能使用脆性失效（破坏）准则？

14.2 实例描述

本章主要研究灯泡在2.5m左右高度跌落至刚性地板上的受力及碎裂情况。灯头和刚性地板均采用线性材料模拟，灯头材料为铝合金6063-T5，灯泡玻璃采用自定义的玻璃参数，刚性地板赋予合金钢材料。灯头采用实体单元模拟，灯泡玻璃和地板采用壳单元模拟，灯泡玻璃厚度设置为1.2mm，地板厚度设置为1mm。灯头和灯泡玻璃连接关系为接合（或黏结），灯泡与刚性地板的接触不考虑摩擦。不考虑灯泡与刚性地板碰撞前的自由落体分析，因此将会赋予灯泡一定的初始速度用于仿真，整个仿真仅考虑碰撞开始后0.01s左右的时间。灯泡与地板的三维模型如图14-3所示。

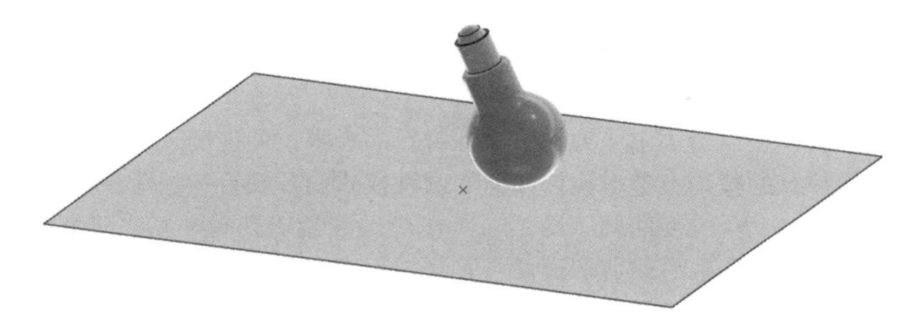

图14-3　灯泡与地板的三维模型

> 想一想：
> 赋予灯泡的初始速度是多少？应如何计算？

14.3 仿真整体思路

本章灯泡跌落仿真主要分为8步，具体如下所示。

1）导入模型：模型导入3DEXPERIENCE平台，并进行简化。

2）创建显式动态分析步：创建仿真算例，指定分析类型。

3）设置零件属性及材料：指定所有零件的壳体或实体属性及材料。

4）划分网格：指定所有零件不同的网格类型及网格划分尺寸。

5）设置连接及接触：指定不同零件之间的连接关系或接触效果。

6）设置约束及载荷：指定约束位置、初始速度及重力加速度。

7）运行仿真：设置输出参数及求解运行。

8）查看结果：查看玻璃碎裂情况。

14.4　模型设置

步骤 1　导入模型

在 3DEXPERIENCE 平台右上角单击➕，选择“导入”，在弹出的对话框中选择“格式”为“STEP（*.step）”，“源”为“磁盘上的文件”，进入正确的位置路径选择文件“灯泡跌落.STEP”，其余默认设置，单击“确定”，如图 14-4 所示。导入完成后，弹出“操作报告”和“完成转换”对话框，均单击“确定”。

图 14-4　导入模型

在特征树上双击模型“刚性地板 1mm A.1”，会自动加载应用程序“Simulation Model Preparation”。选择工具栏“创建”，单击“点”▫，在弹出的对话框中，选择“在平面上”，“H”和“V”均输入“0mm”，其余默认设置，如图 14-5 所示。单击“确定”，关闭“点 .1”对话框。

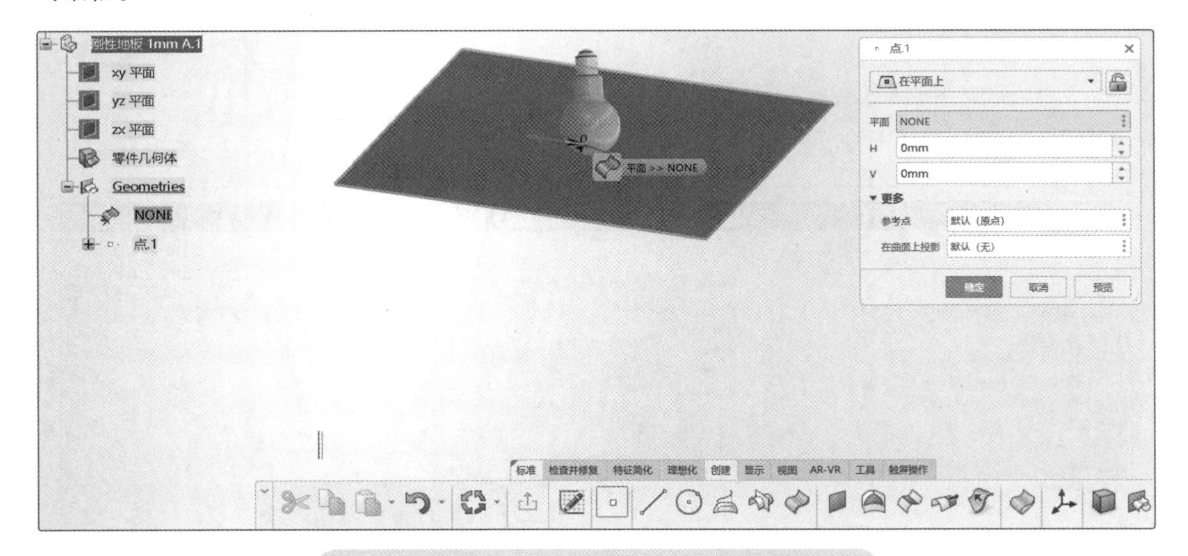

图 14-5　特征树双击位置与“点 .1”对话框设置

步骤 2　创建显式动态分析步

在特征树上单击“灯泡跌落 A.1”，选择左上角导航罗盘，单击“搜索”，输入“Mechanical Scenario Creation”，在“我的应用程序”中单击“Mechanical Scenario Creation”APP，如图 14-6 所示。

软件默认弹出“仿真初始化”对话框，“仿真标题”输入“灯泡跌落”，“分析类型”选择“结构”，“分析案例名称”输入“灯泡跌落”，单击符号，弹出“有限元模型”对话框，“名称”输入“灯泡跌落”，其余默认设置，单击“确定”，关闭“有限元模型”对话框，单击“确定”，关闭“仿真初始化”对话框，如图 14-7 所示。

图 14-6　创建仿真

进入 SIMULIA 力学方案 APP 界面，模型名称为“灯泡跌落”。选择命令工具栏“程序”，单击“显式动态分析步”，在弹出“显式动态分析步”对话框中，设置“步长时间”为“0.01s”，“增量类型”为“自动”，其余默认设置，如图 14-8 所示，单击“确定”，关闭对话框。

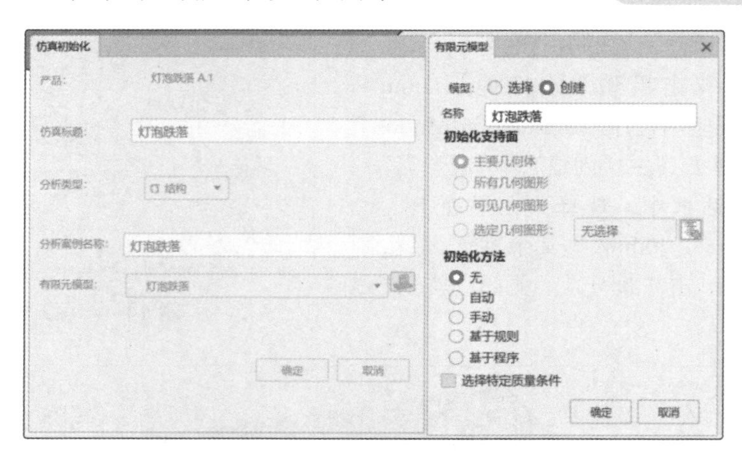

图 14-7　仿真名称设置

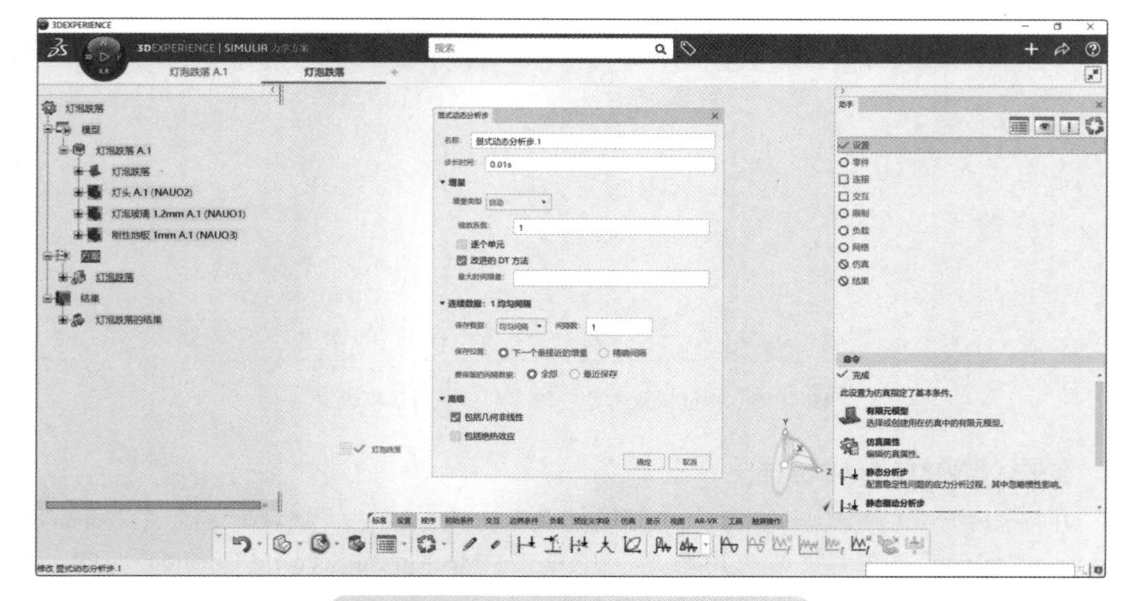

图 14-8　仿真界面与显式动态分析步设置

步骤 3　设置零件属性及材料

单击助手工具栏中的“零件”，默认弹出“起作用的形状管理器”对话框，勾选所有部件，如图 14-9 所示，单击“确定”，关闭对话框。

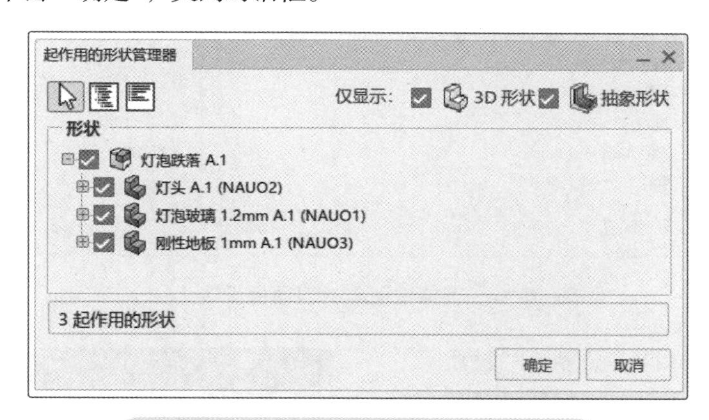

图 14-9　“起作用的形状管理器”对话框

选择命令工具栏“属性”，单击“实体截面”，在弹出的“实体截面”对话框中，“支持面”选择灯头模型。单击材料搜索按钮，弹出“材料面板”对话框，在“过滤器”中搜索“6063-T5”并选择该材料，如图 14-10 所示，单击“确定”，关闭“材料面板”对话框。设置“行为”为“Without Plasticity”，不考虑灯头塑性变形，单击“确定”，关闭“实体截面”对话框。

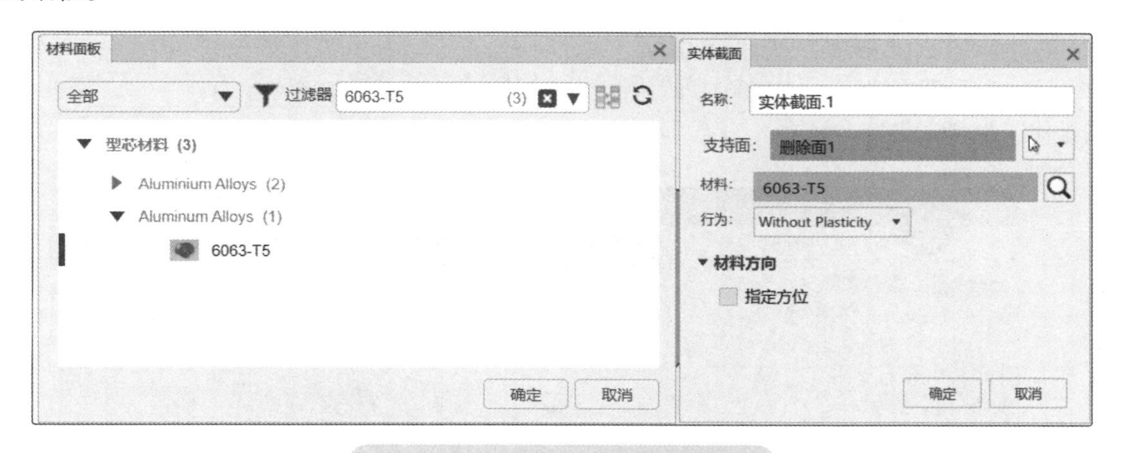

图 14-10　实体截面与材料面板设置

在命令工具栏“属性”中单击“壳体截面”，在弹出的“壳体截面”对话框中，“支持面”选择刚性地板模型，设置“厚度”为“1mm”，单击材料搜索按钮，弹出“材料面板”对话框，在“过滤器”中搜索“Alloy Steel”并选择该材料，如图 14-11 所示，单击“确定”，关闭“材料面板”对话框。设置“行为”为“Without Plasticity”，其余默认设置，单击“确定”，关闭“壳体截面”对话框。

选择左上角导航罗盘，单击“搜索”，输入“Material Definition”，在“我的应用程序”中单击“Material Definition”，如图 14-12 所示。

图 14-11　壳体截面与材料面板设置（一）

软件默认进入材料定义界面“材质编辑器”，选择命令工具栏“材料工具”，单击“创建材料”。在弹出的“创建材料”对话框中，“核心材料”的“标题”输入“Glass”，如图 14-13 所示，其余默认设置，单击“确定”，关闭“创建材料”对话框。

双击材料树中 Glass 下方的材料仿真域，在弹出的“材料定义：仿真域”对话框中，输入“密度”为“2400kg/m^3”，“杨氏模量”为“72000MPa”，“泊松比”为“0.2”。

图 14-12　材料定义 APP

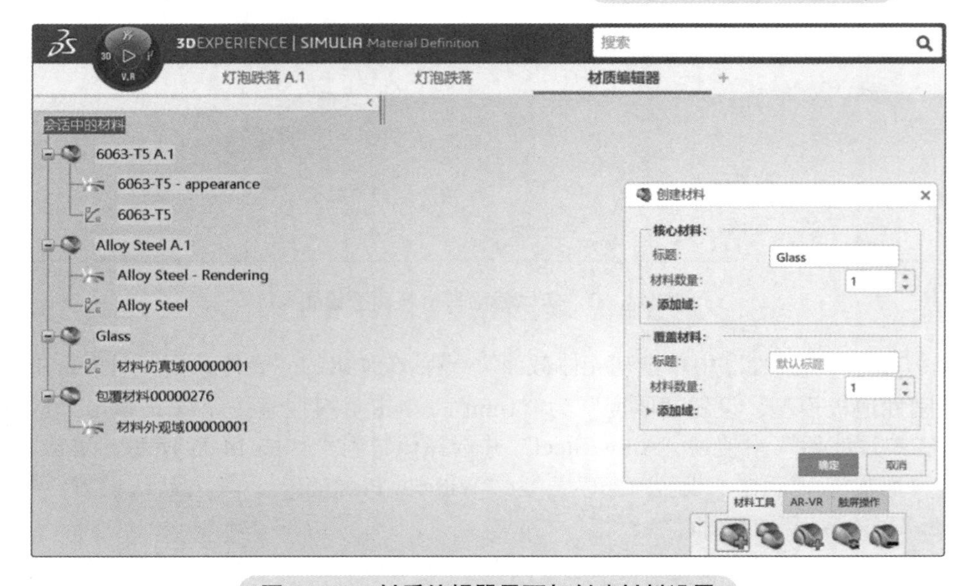

图 14-13　材质编辑器界面与创建材料设置

在“塑性”/“混凝土”中找到脆性开裂模型，在“脆性开裂”中选择“类型”为“应变”，第 1 行索引中输入“开裂后直接应力”为“56”，“直接开裂应变”为“0”。第 2 行索引中输入“开裂后直接应力”为“0”，“直接开裂应变”为“1e-005”，如图 14-14 所示。在“脆性剪切”中选择“类型”为“保留系数”，第 1 行索引中输入“剪切保留系数”为“1”，“裂缝开口应变”为“0”，第 2 行索引中输入“剪切保留系数”为“0”，“裂缝开口应变”为“1e-005”。在“脆性破坏”中选择“破坏条件”为“单向”，“直接开裂破坏应变”为“1e-005”，单击“确定”，关闭“材料定义：仿真域”对话框。

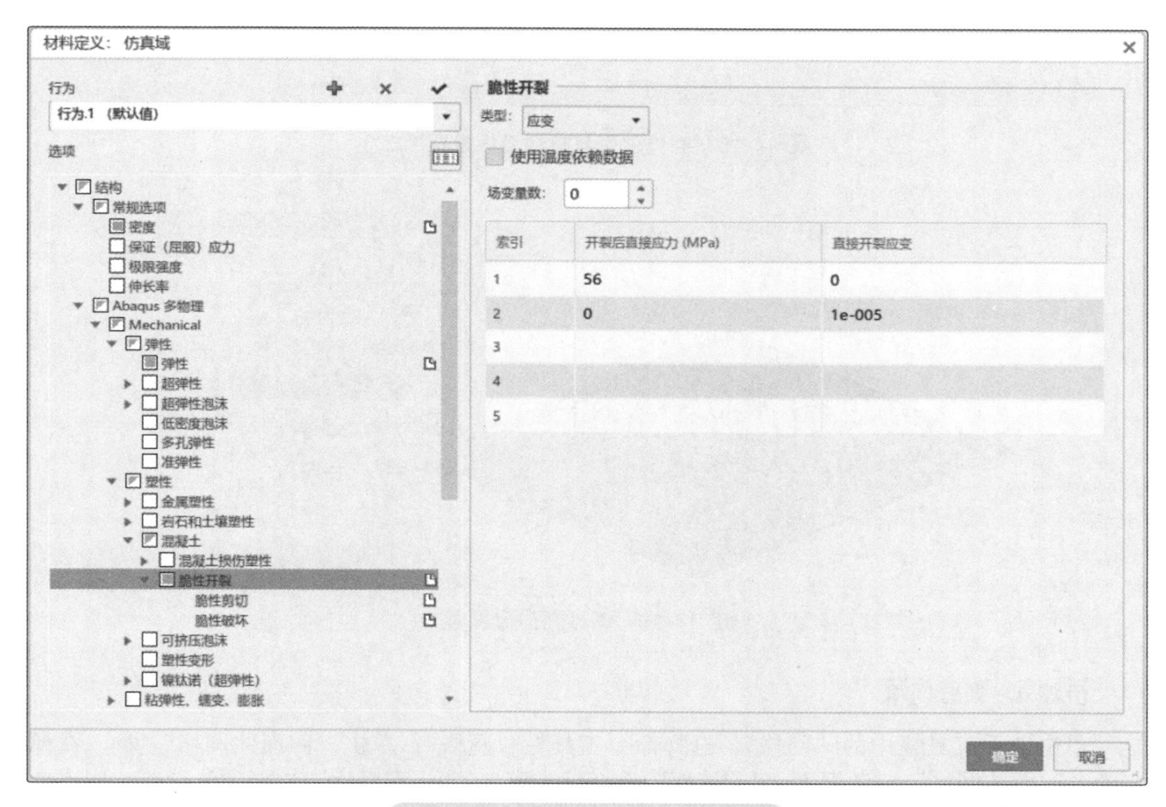

图 14-14　玻璃材料参数定义设置

选择右上角“保存”，在弹出的菜单中，单击“保存”，关闭材质编辑器界面。

进入仿真界面“灯泡跌落”，在命令工具栏“属性”中单击“壳体截面”，在弹出的“壳体截面”对话框中，“支持面”选择灯泡玻璃模型，设置“厚度”为“1.2mm”，单击材料搜索按钮，弹出“材料面板”对话框，在“过滤器”中搜索“Glass”，选择创建的玻璃材料，如图 14-15 所示，单击“确定”，关闭“材料面板”对话框。其余默认设置，单击“确定”，关闭“壳体截面”对话框。

在命令工具栏“抽象”中单击“刚性几何体”，在弹出的“刚性几何体”对话框中，“支持面”选择刚性地板模型，指定“点”为刚性地板模型中的“点 .1”，如图 14-16 所示，单击“确定”，关闭“刚性几何体”对话框。

图 14-15　壳体截面与材料面板设置（二）

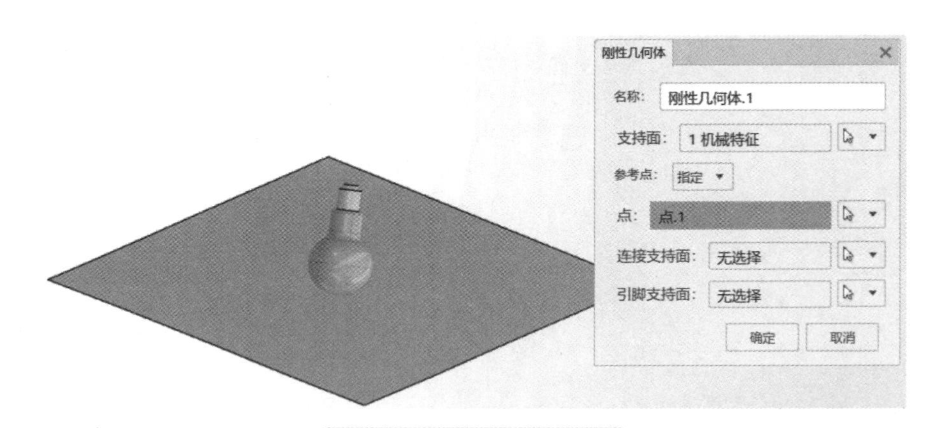

图 14-16　刚性几何体设置

步骤 4　划分网格

单击助手工具栏中的“网格”，选择命令工具栏“网格”，单击“四面体网格”。在弹出的“四面体网格”对话框中，“支持面”选择灯头模型，“元素顺序”选择“线性”，“网格大小”为“5mm”，“绝对弦高”为“1mm”，其余默认设置，如图 14-17 所示。单击“网格”，单击“确定”，关闭“四面体网格”对话框。

选择命令工具栏“网格”，单击“曲面三角形网格”。在弹出的“曲面三角形网格”对话框中，“支持面”选择刚性地板模型，“元素顺序”选择“线性”，“网格大小”为“5mm”，“绝对弦高”为“1mm”，其余默认设置，如图 14-18 所示。单击“网格”，单击“确定”，关闭“曲面三角形网格”对话框。

选择命令工具栏“网格”，单击“曲面三角形网格”，在弹出的“曲面三角形网格”对话框中，“支持面”选择灯泡玻璃模型，“元素顺序”选择“线性”，“网格大小”为“2mm”，“绝对弦高”为“0.4mm”，其余默认设置，如图 14-19 所示。单击“网格”，单击“确定”，关闭“曲面三角形网格”对话框。

整体模型网格划分效果如图 14-20 所示。

图 14-17　灯头网格设置

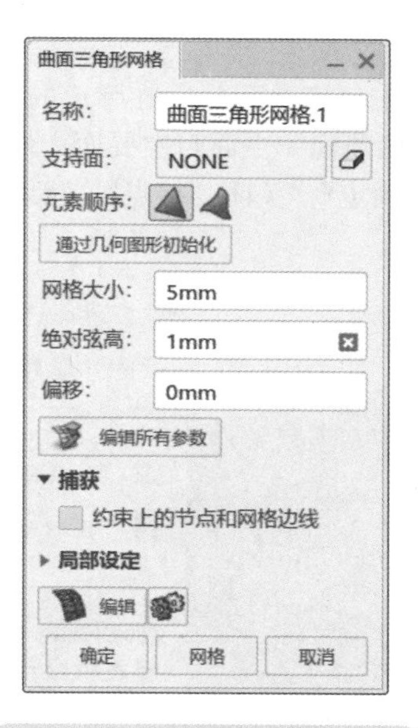

图 14-18　刚性地板网格设置

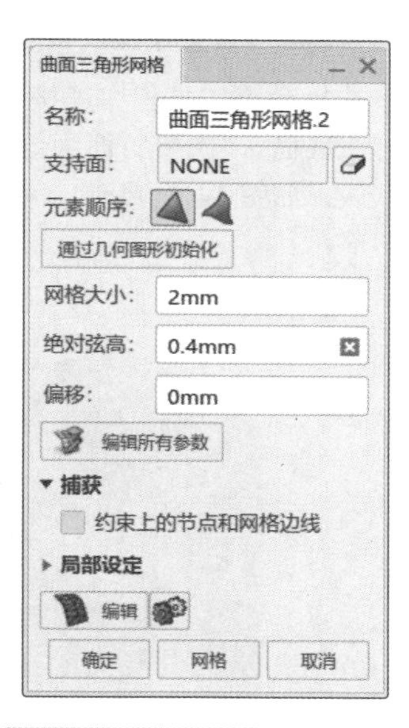

图 14-19　灯泡玻璃网格设置

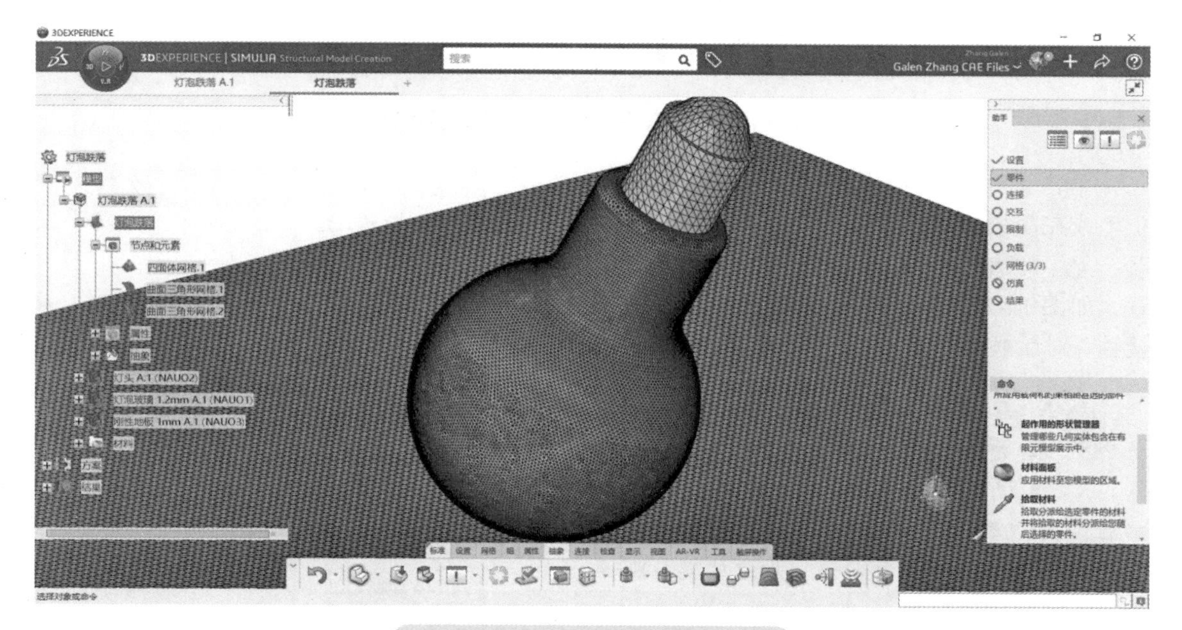

图 14-20　整体模型网格划分效果

提示

通过“可见性管理器”可以隐藏或显示网格、模型、负载符号等。网格中三角形单元类型默认为 S3R，四面体单元类型默认为 C3D4。

步骤 5　设置连接及接触

选择命令工具栏“连接”，单击“接点”，在弹出的“接点”对话框中，设置“主”面为灯头底面，“次要”面为灯泡玻璃顶面（主面与次要面为灯头与灯泡玻璃的接触面），其余参数默认，如图 14-21 所示。单击“确定”，关闭“接点”对话框。

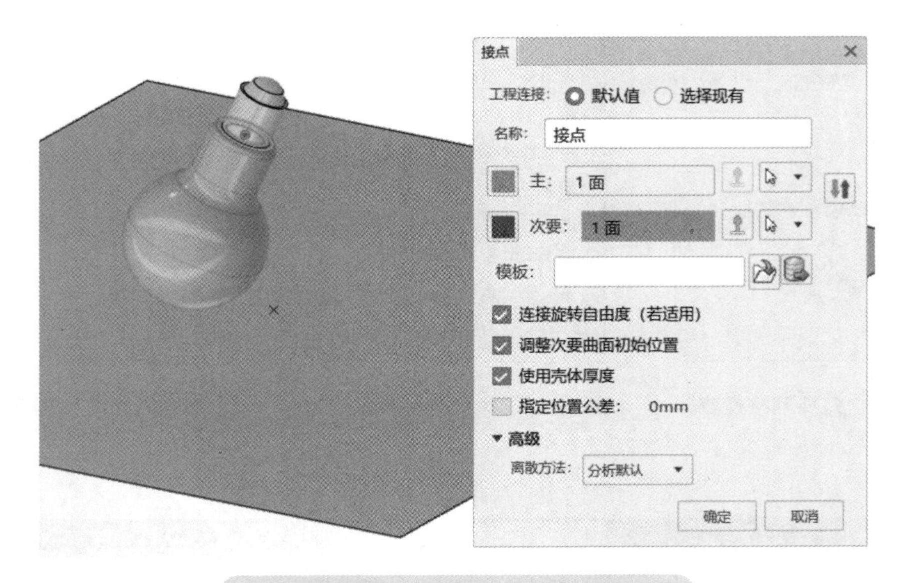

图 14-21　灯头与灯泡玻璃接点连接设置

单击助手工具栏中的“交互”，在“命令”中（或在命令工具栏“交互”中），单击“常规接触”，弹出“常规接触”对话框，保持默认设置，如图 14-22 所示。单击“确定”，关闭“常规接触”对话框。

图 14-22　常规接触设置

提示

“常规接触”对话框中的“全局接触属性”为“默认处罚接触”，若为无摩擦或光滑接触，软件可以自动识别灯泡玻璃与刚性地板之间的接触面。

步骤 6　设置约束及载荷

单击助手工具栏中的“限制”，在“命令”中（或在命令工具栏“边界条件”中）单击“紧固”。在弹出的“紧固”对话框中，“支持面”选择刚性地板模型中的“点 .1”，如图 14-23 所示。单击“确定”，关闭“紧固”对话框。

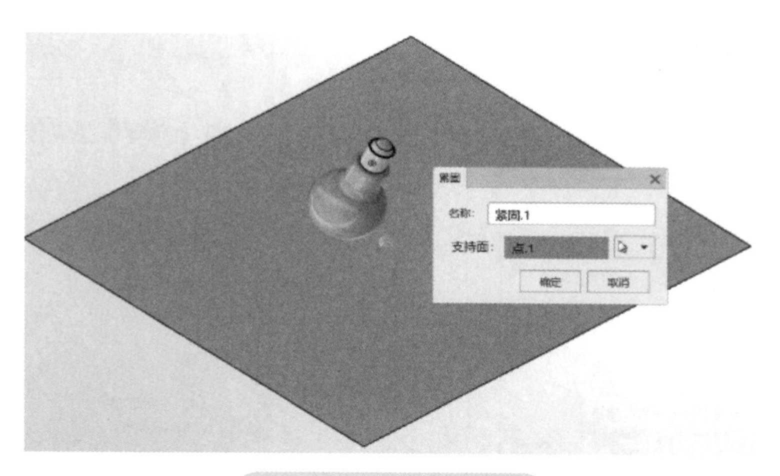

图 14-23　紧固约束设置

选择命令工具栏“初始条件”，单击“初始速度”。在弹出的“初始速度”对话框中，“支持面”选择灯泡玻璃和灯头模型（需要在左侧模型树上展开零件选择），设置“自由度”为“平移 Y”，“速度”为“−420000mm_mn”（单位为：mm/min），如图 14-24 所示。单击“确定”，关闭“初始速度”对话框。

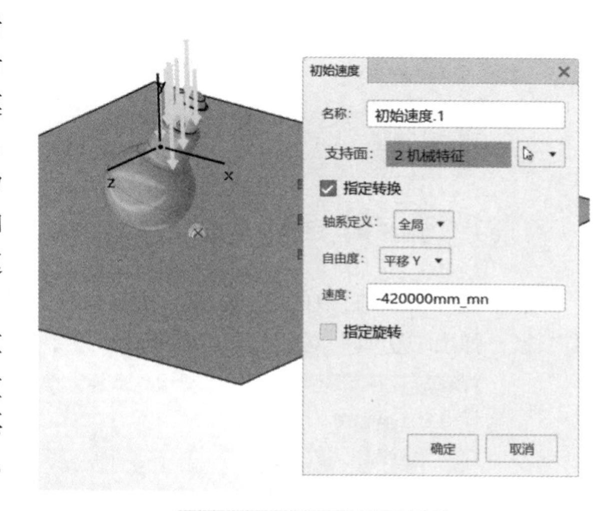

图 14-24　初始速度设置

在命令工具栏选择“负载”，单击“重力”。在弹出的“重力”对话框中，“重心 Y”输入重力加速度为“−9.81m_s2”，其余方向加速度为“0m_s2”，如图 14-25 所示。单击“确定”，关闭“重力”对话框。

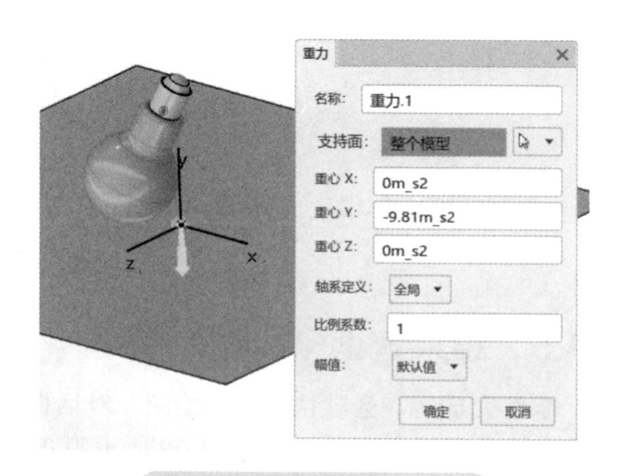

图 14-25　重力加速度设置

步骤 7　运行仿真

在特征树“方案”中，双击“输出 .1”。在弹出的“输出”对话框中，设置“频率”为“每 x 个时间单位”，保存时间步长“x”为“5e-005s”，勾选“故障测量”中的选项“STATUS，状态（一些故障或塑性模型）”，其余默认设置，如图 14-26 所示。单击“确定”，关闭“输出”对话框。

在特征树“方案”中，双击“输出 .2”。在弹出的“输出”对话框中，设置“频率”为“每 x 个时间单位”，保存时间步长“x”为“5e-005s”，其余默认设置，如图 14-27 所示。单击“确定”，关闭“输出”对话框。

输出
名称：输出.1
支持面：整个模型
频率：每 x 个时间单位
x：5e-005s
在精确时间输出
输出组：场
应用预选定默认值
SDEG，标量硬度降低
DAMAGEFT，纤维抗拉损坏
DAMAGEFC，纤维压缩损坏
DAMAGEMT，矩阵抗拉损坏
DAMAGEMC，矩阵压缩损坏
DAMAGESHR，剪切损坏
STATUS，状态（一些故障或塑性模型）
质量/中心/运动学
自定义变量/时间
截面点：默认值
以下位置的元素输出：积分点
应用过滤器
确定 取消

图 14-26　输出 .1 设置

图 14-27　输出 .2 设置

单击助手工具栏中的“仿真”，在“命令”中（或在命令工具栏“仿真”中），单击“仿真”，弹出“仿真”对话框，保持默认设置，如图 14-28 所示。单击“确定”，开始运行仿真。

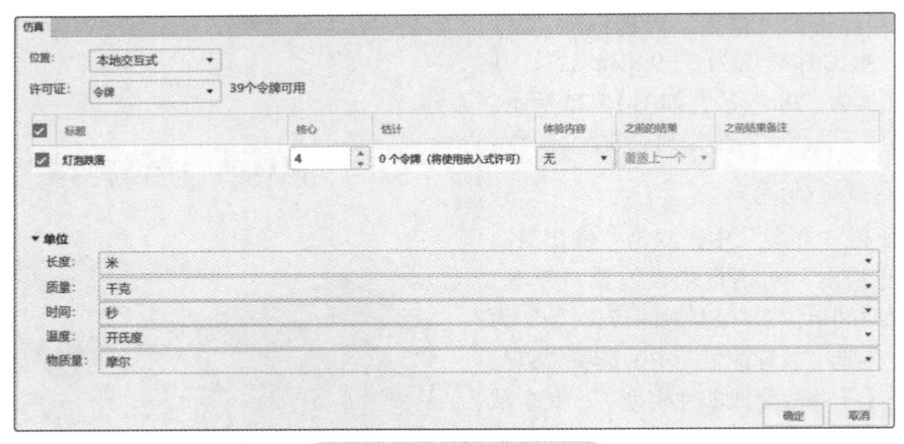

图 14-28　运行仿真设置

14.5　结果解读

求解完成后，会默认弹出“绘图”对话框（或在助手工具栏中选择结果），在其中可以查看应力、位移等云图结果。图 14-29 所示为 0.005s 时玻璃碎裂的应力云图结果，图 14-30 所示为 0.01s 时玻璃碎裂的应力云图结果。

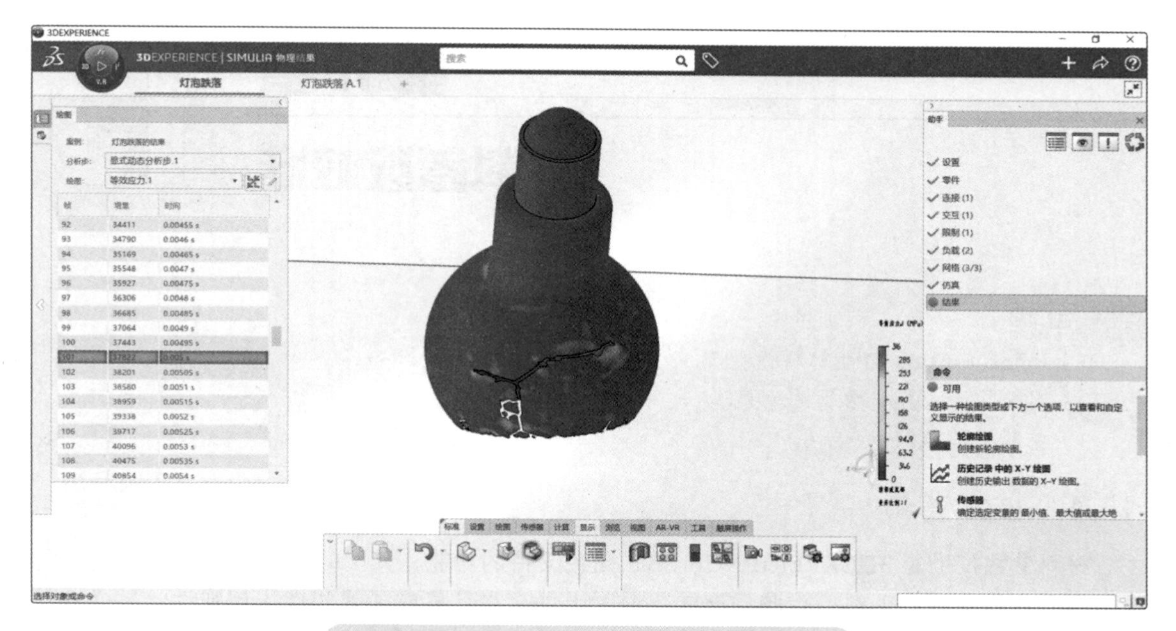

图 14-29　0.005s 时玻璃碎裂的应力云图结果

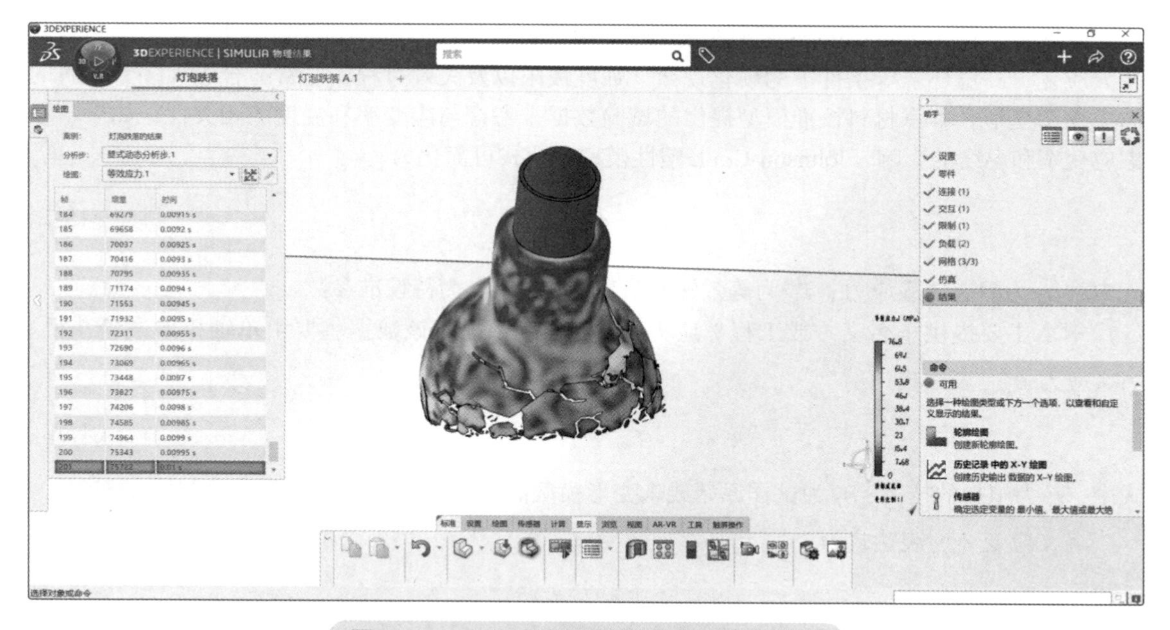

图 14-30　0.01s 时玻璃碎裂的应力云图结果

14.6　小结

本章灯泡跌落的操作流程占用了较大篇幅，目的在于让用户学习掌握脆性材料断裂的基本操作过程，学会基础的脆性断裂材料创建方法、初始速度的施加、刚体的使用方法等功能。

第 15 章 材料参数校准

学习目标

1）Johnson-Cook 塑性材料模型。
2）名义应力 - 应变数据的输入。
3）材料校准 APP 的使用。

15.1 技术背景

材料参数校准是 3DEXPERIENCE SSU 角色支持的功能，其中的材料校准 APP 支持多种材料模型，如金属、塑料、橡胶、泡沫、混凝土等，并且集成了弹塑性、超弹性、黏弹性等较常见的材料模型，用户可使用最佳的材料模型来拟合不同材料的拉伸、剪切、弯曲等试验数据。

本章主要用到 Johnson-Cook 塑性模型进行材料参数校准。Johnson-Cook 塑性模型模拟材料在大应变、高温环境等条件下的硬化规律、强度极限以及失效过程，非常适合绝大多数金属的高应变率变形。本章材料校准模型提供的试验数据未考虑与应变率和温度的相关性。如果不考虑应变率和温度的影响，Johnson-Cook 塑性模型表达式可简化为

$$\sigma_0 = A + B(\bar{\varepsilon}_{\rm pl})^n \tag{15-1}$$

式中，σ_0 为静态屈服应力；$\bar{\varepsilon}_{\rm pl}$ 为等效塑性应变；A、B、n 为待校准参数。

本章主要提供了名义（或工程）应力 - 应变曲线数据，该数据主要由单轴拉伸试验获得。名义应力 $\sigma_{\rm nom}$ 表达式为

$$\sigma_{\rm nom} = F / A_0 \tag{15-2}$$

式中，F 为施加的拉力；A_0 为试样原始或未变形横截面积。

名义应变 $\varepsilon_{\rm nom}$ 表达式为

$$\varepsilon_{\rm nom} = (l - l_0) / l_0 \tag{15-3}$$

式中，l 为试样拉伸后的实际长度；l_0 为试样的原始长度。

想一想：

1）Johnson-Cook 塑性模型若考虑与温度和应变率的相关性，有哪些待校准参数？
2）真实应力 - 应变曲线和名义应力 - 应变曲线有什么关系，如何利用公式推导？

15.2　实例描述

本章需要校准的为各向同性材料 SAE 1018 钢，主要确定该材料在室温下 Johnson-Cook 塑性模型的待校准参数。试验数据以 MS Excel 格式提供，其中第一列为名义应变（无单位），第二列为名义应力（单位为 MPa）。SAE 1018 钢为低碳钢，其已知的弹性模量为 205GPa，泊松比为 0.33。

提示

弹性模量可通过名义应力 - 应变曲线直接提取，也可以在材料校准 APP 中进行修正。材料校准 APP 主要支持的数据导入格式为：MS Excel、CSV、Text files（ASCII）。

15.3　仿真整体思路

本章材料校准主要分为以下 6 个步骤。

1）创建仿真：进入材料校准 APP。

2）导入试验数据：指定每列的数据点信息。

3）编辑试验数据：修正初始试验不稳定、删除误差较大和缩颈的数据点。

4）设置材料校准：指定 Johnson-Cook 塑性模型。

5）运行校准：调整优化控制，指定误差测量方法。

6）查看结果并导出：查看数据拟合情况，并导出到 3DEXPERIENCE 平台材料定义 APP。

15.4　模型设置

步骤 1　创建仿真

在 3DEXPERIENCE 平台选择左上角导航罗盘，单击“搜索”，输入“Material Calibration”，在“我的应用程序”中单击“Material Calibration”APP，如图 15-1 所示。

图 15-1　打开材料校准 APP

软件默认打开材料校准 APP，并自动创建物理仿真算例，校准界面中出现特征树、命令工具栏，并弹出“校准设置”对话框。右击特征树最上方物理仿真名称，选择“属性”，在打开的“属性”对话框中，将“标题”修改为“SAE 1018”，单击“确定”，如图 15-2 所示。

步骤 2　导入试验数据

在“校准设置”对话框或命令工具栏中，单击“测试数据”，弹出“导入材料测试数据”对话框，进入正确的试验数据存储路径，选择“1018 Steel Test Data.xlsx”，单击“打开”，如图 15-3 所示。

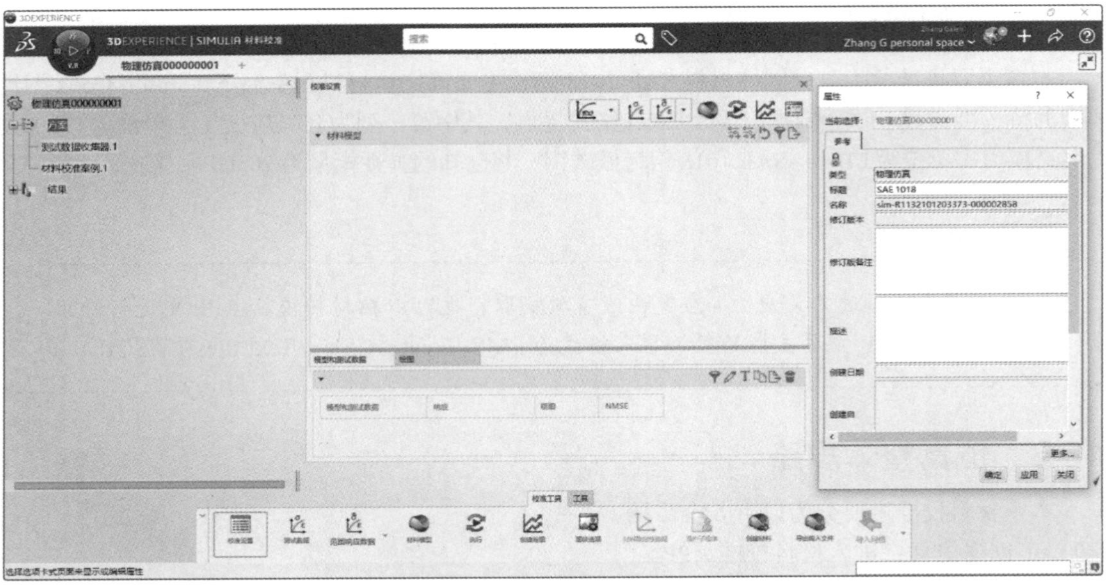

图 15-2 材料校准界面及“属性”对话框

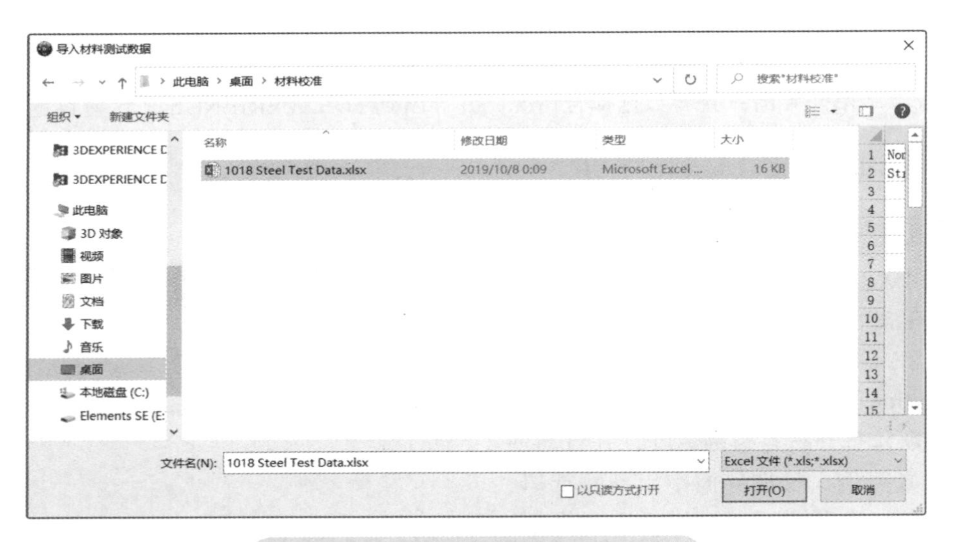

图 15-3 “导入材料测试数据”对话框

在弹出的“导入材料测试数据 -1018 Steel Test Data.xlsx”对话框中，保持“名称”“域”“变形模式”为默认设置，按住 <Shift> 键选择 A、B 两列试验数据（图 15-4），单击“下一个”。

在新对话框中单击两列数据顶部的下三角按钮，指定对应的数据类型，第一列为“标称单轴应变”，第二列为“标称单轴应力（MPa）”。指定“X 轴”为“标称单轴应变”，“Y 轴”为“标称单轴应力（MPa）”（图 15-5），单击“下一个”。

在新对话框中保持默认参数，单击“导入”，单击“关闭”，关闭“导入材料测试数据 -1018 Steel Test Data.xlsx”对话框，并默认弹出“绘图 .1”对话框，所有试验数据点将显示在“绘图 .1”对话框中，如图 15-6 所示。

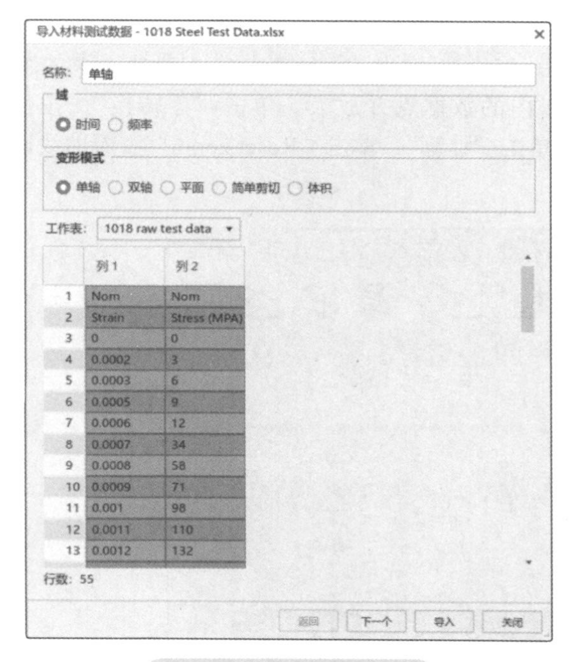

图 15-4　导入表格数据

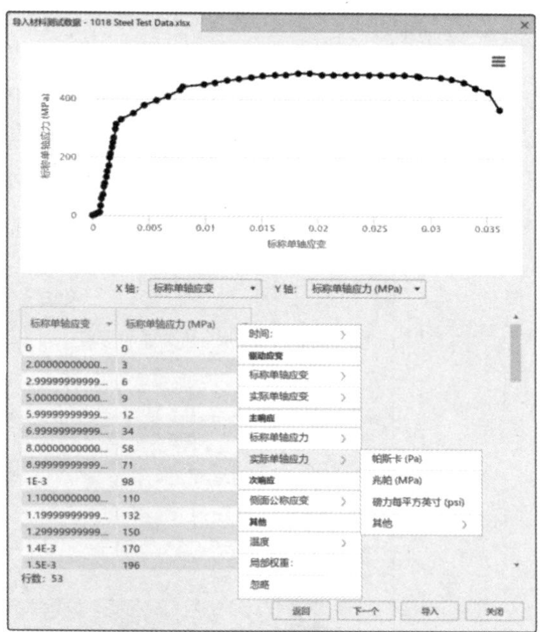

图 15-5　设置数据类型

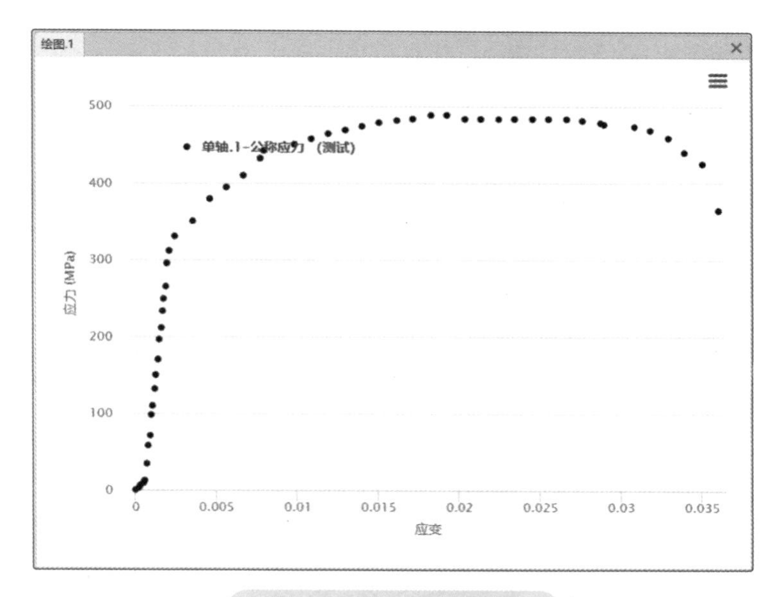

图 15-6　“绘图 .1”对话框

提示

在“绘图 .1”对话框中单击“设置” ≡ 可调整试验数据点的颜色。

步骤 3　编辑试验数据

在“校准设置”对话框中双击“单轴 .1”（图 15-7），弹出“测试数据”对话框，其右侧为曲线显示界面，按住 <Ctrl> 键框选 300MPa 以内的数据点并放大。单击“零转换”，按住 <Shift> 键选中表格中 110~170MPa 四个数据点，单击“计算”，单击“Reset zoom”查看曲线修正后的情况，单击“确定” ，如图 15-8 所示。

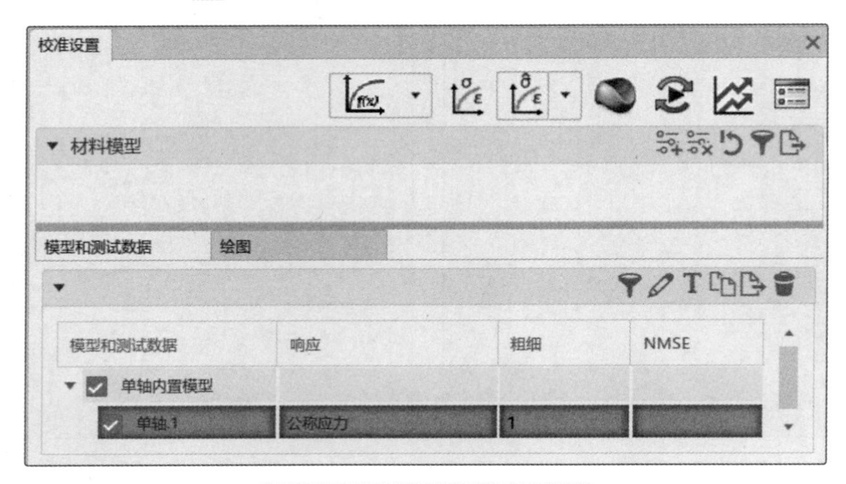

图 15-7 “单轴 .1”显示位置

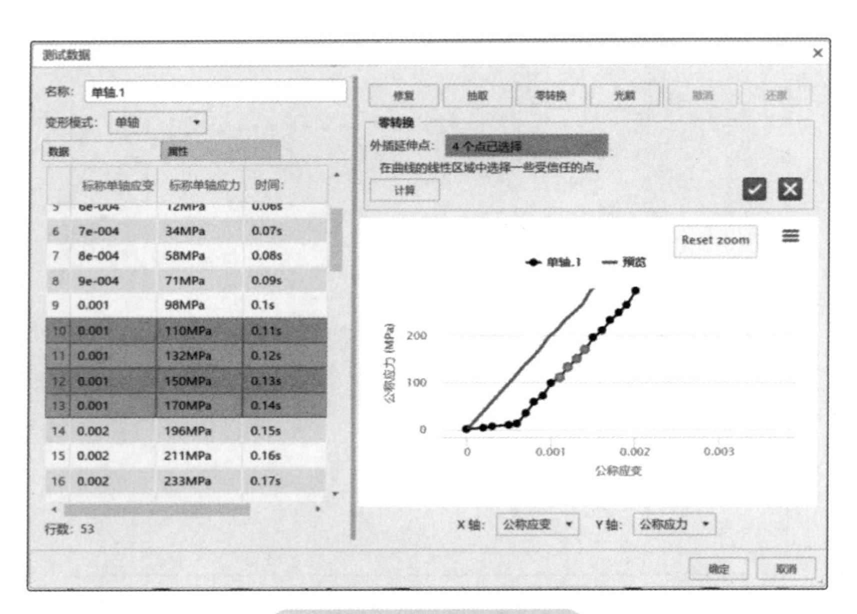

图 15-8 零转换设置界面

利用表格或右侧曲线显示界面，右击删除会导致曲线拟合时误差较大的异常数据点（0.007，441MPa），如图 15-9 所示。在右侧曲线显示界面中，按 <Shift> 键框选高于名义应变 0.019 后的所有缩颈数据点，右击“删除”，单击“确定”，关闭“测试数据”对话框，如图 15-10 所示。

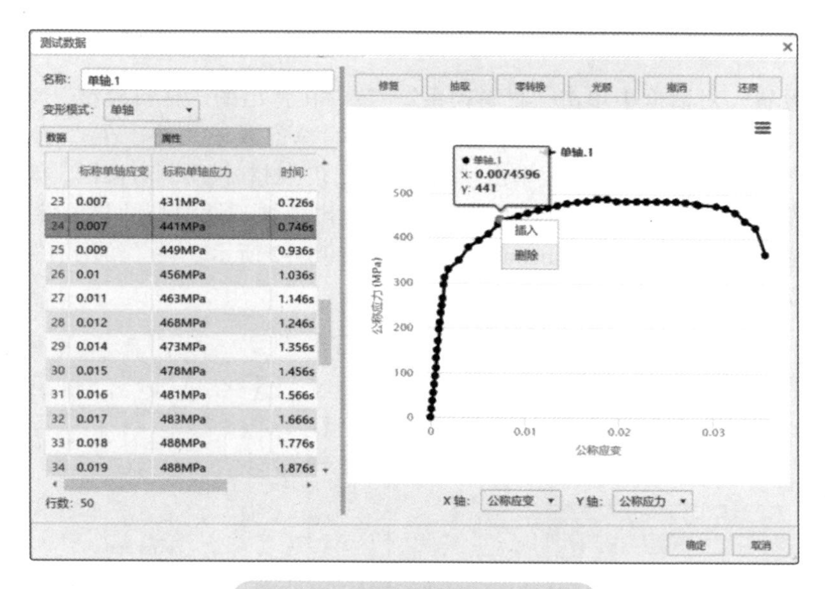

图 15-9　删除误差较大数据点

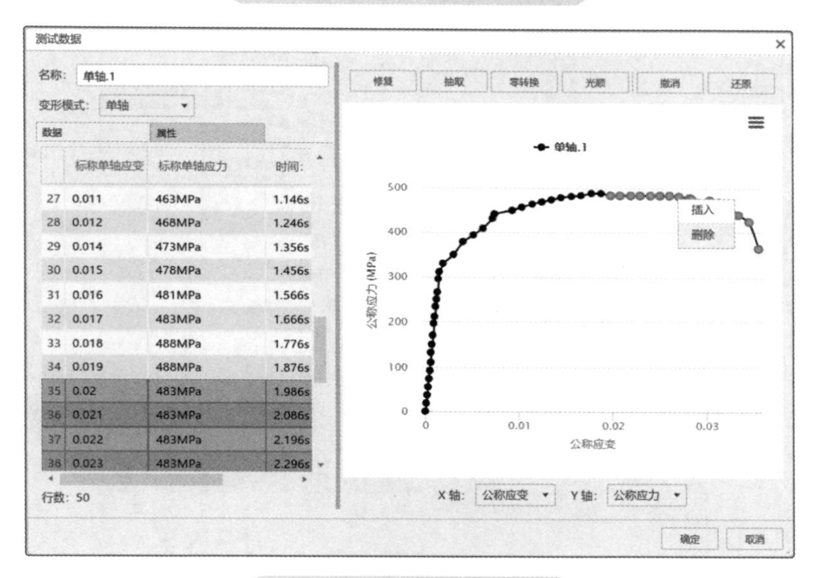

图 15-10　删除缩颈数据点

提示

利用帮助文件可以进一步了解图 15-10 所示的“修复”“抽取”“光顺”“撤消”“还原”等功能。

“零转换”主要用于修正单轴试验前期不稳定的数据点，并调整名义应力 - 应变曲线初始点为（0，0）。

缩颈是一种非常复杂且非均匀的应力应变状态，材料校准 APP 中未包含拟合缩颈数据点的功能。

步骤 4　设置材料校准

在“校准设置”对话框中单击“材料模型”，在弹出的“材料模型”对话框中，保持“名称”为默认，“校准模式”选择“数字模式”，单击“全部展开”，在“可用于数字模式的材料型号”选项中，勾选“弹塑性”，单击“确定”，关闭“材料模型”对话框，如图 15-11 所示。

在“校准设置”对话框的“材料模型”选项中，出现弹塑性模型的相关参数，在“类型”下拉列表中，选择“各向同性，Johnson-Cook”，如图 15-12 所示。在“绘图 .1”对话框中可以看到默认参数拟合情况，如图 15-13 所示。

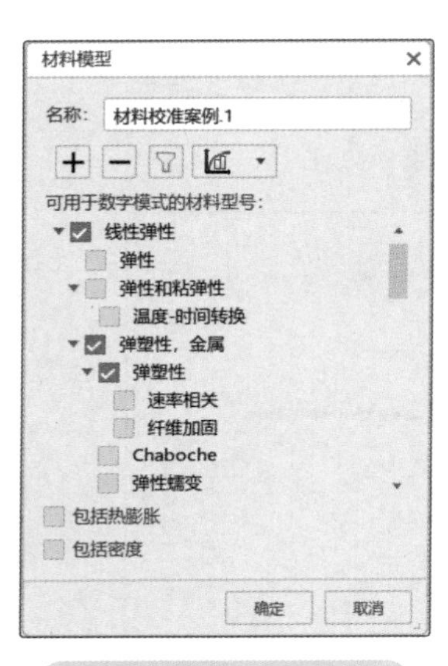

图 15-11　材料校准模式

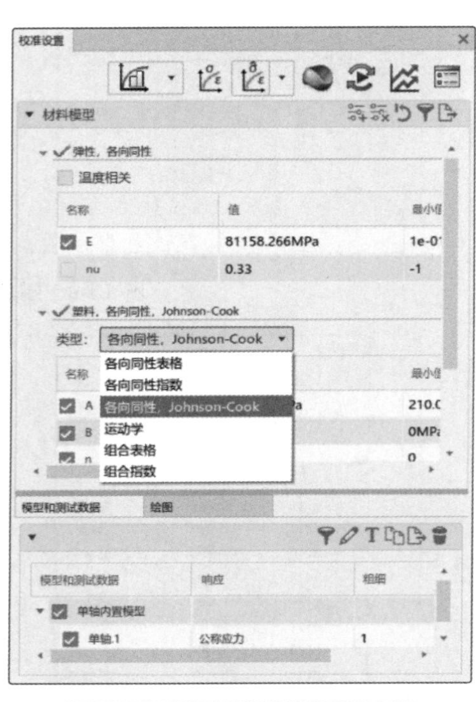

图 15-12　Johnson-Cook 模型

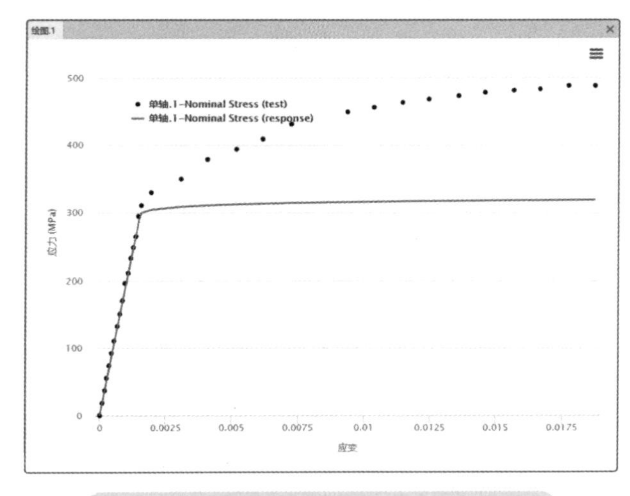

图 15-13　默认 Johnson-Cook 参数响应

在“校准设置”对话框的“弹性，各向同性”选项中，取消选中杨氏模量“E”复选按钮，并调整为已知的杨氏模量和泊松比，其中杨氏模量“E”设置为“205000MPa”，泊松比“nu”设置为“0.3”，如图 15-14 所示。

图 15-14　调整 E 和 nu

在“校准设置”对话框中单击“优化控制”，在弹出的“优化控制”对话框中，将“最佳拟合误差测量”调整为“均方误差（MSE）”，其余为默认设置，单击“关闭”，关闭“优化控制”对话框，如图 15-15 所示。

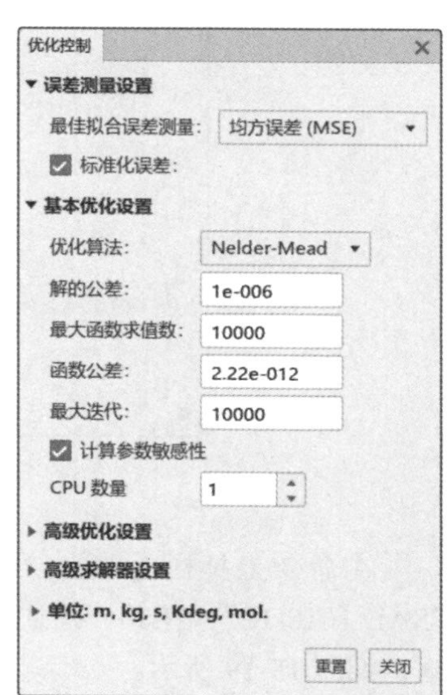

图 15-15　优化控制选项

提示

用户可选择不同的材料模型进行拟合，查找最佳的拟合模型。

若杨氏模量未知，可由软件根据应力 - 应变曲线自动计算，但是泊松比需要根据试验情况由用户自行输入。

“优化控制”对话框中的选项非必须调整，可保持默认设置，不同的误差测量设置，仅会导致轻微的结果差异。

步骤 5　运行校准

在“校准设置”对话框中单击“执行”，在弹出的“校准历史记录”对话框中可查看拟合误差情况，如图 15-16 所示。

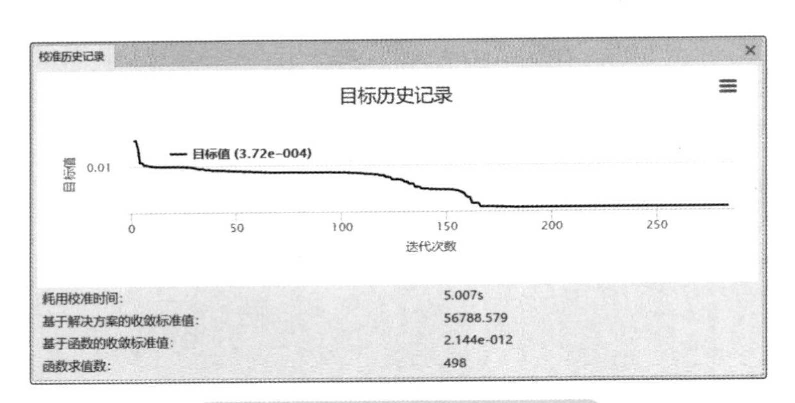

图 15-16 “校准历史记录”对话框

15.5 结果解读

在“校准设置”对话框的“塑料，各向同性，Johnson-Cook”选项中，可查看待校准参数“A”“B”“n”的拟合值。若“绘图 .1”对话框未显示，可以在“校准设置”对话框的“绘图”选项卡中双击“绘图 .1”，如图 15-17 所示。在“绘图 .1”对话框中可以看到运行校准后的拟合效果，如图 15-18 所示。

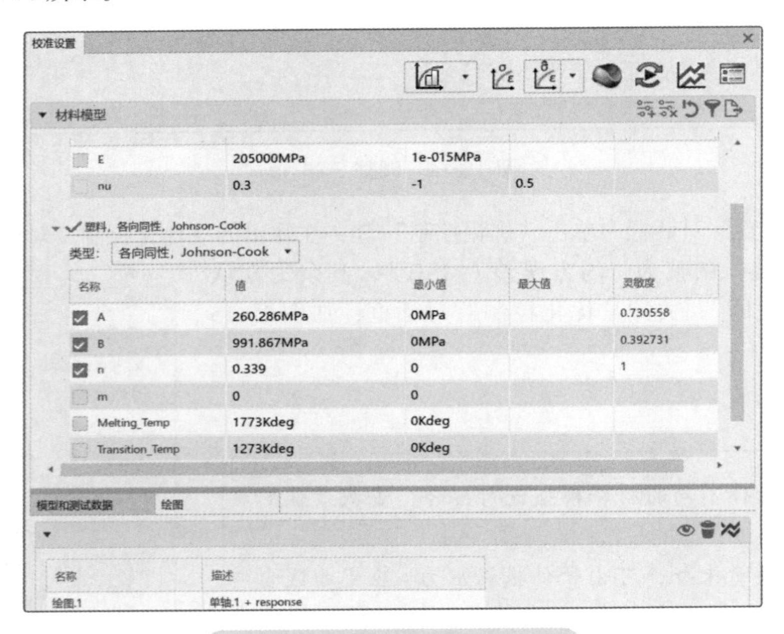

图 15-17 待校准参数的拟合值

在命令工具栏上单击“创建材料”，在弹出的“创建材料”对话框中，“标题”输入“SAE 1018-JC”，在其“描述”输入“材料校准 APP 仿真拟合数据”，单击“确定”，关闭对话框，如图 15-19 所示。

单击材料校准 APP 右上角“分享”，在其下拉菜单中单击“保存”（图 15-20）。打开材质编辑器 APP，双击材料仿真域，可以查看导出的材料数据，如图 15-21 所示。

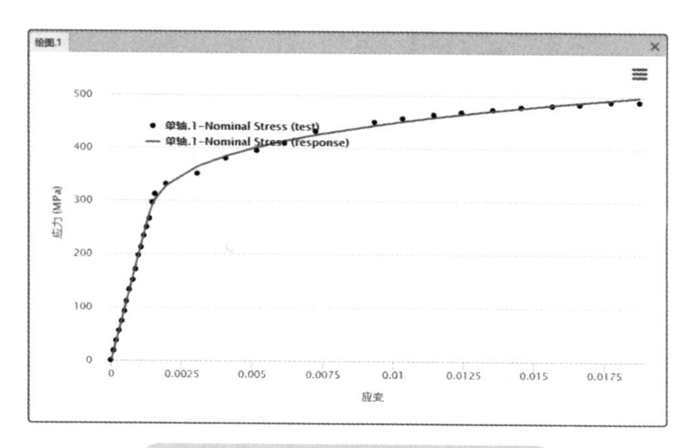

图 15-18　运行校准后的拟合效果

图 15-19　“创建材料”对话框

图 15-20　保存材料校准

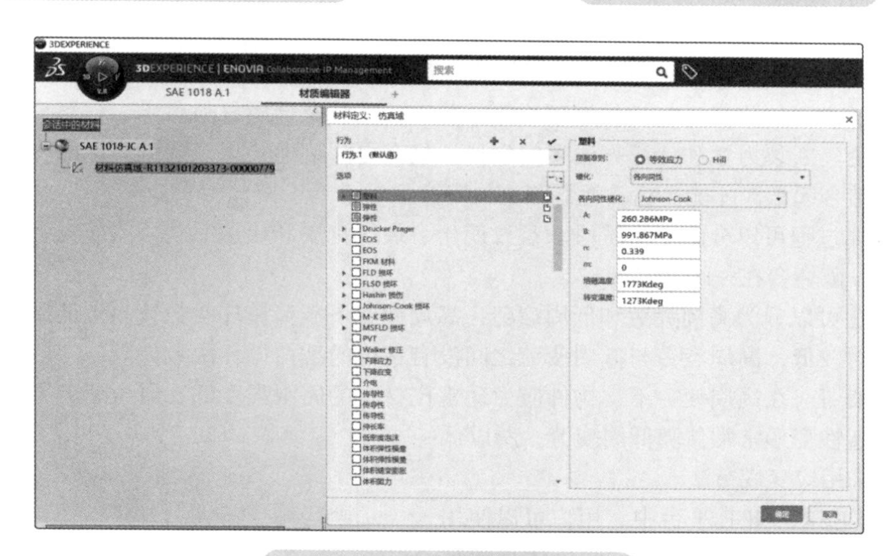

图 15-21　查看导出的材料数据

15.6　小结

本章主要介绍材料参数校准，目的在于让用户学习掌握材料校准 APP 的基本操作。导出的材料数据中并没有密度、损伤等参数，用户在进行动力学、损伤等相关仿真时，需要在当前材料参数的基础上，自行添加相关参数。

第 16 章 疲劳仿真

16

学习目标

1）疲劳分析基本概念。

2）疲劳仿真的流程。

3）可变振幅叠加加载。

4）耦合顺序帧加载。

5）疲劳仿真结果后处理。

16.1 技术背景

16.1.1 疲劳简介

疲劳是材料在循环应力或应变作用下，经过一定循环次数后材料发生失效或产生裂纹的过程。疲劳寿命的定义为疲劳破坏时的载荷循环次数，或从开始受载到失效所经过的时间。

构件的疲劳是个复杂的过程，受多种因素的影响。要精确地预估构件的疲劳寿命，需要选择合适的模型，这就需要宏观力学方面的研究，包括疲劳裂纹发生、发展直至破坏的机理。还需要微观力学方面的研究，包括位错理论等。此外，还涉及金属材料科学、材料力学、振动力学、疲劳理论、断裂力学和计算方法多门学科。只有更深刻地认识了疲劳破坏的机理，将宏观和微观研究结合起来，才能更精确地预测材料寿命。

疲劳破坏过程可以分为三个阶段：裂纹萌生、裂纹扩展和快速断裂。当应力强度超过材料断裂韧度时，破坏会在一瞬间发生。

疲劳问题可以分为高周疲劳和低周疲劳，高周疲劳下载荷循环次数较高，低周疲劳下载荷循环次数相对较低，高周疲劳与低周疲劳之间没有精确的载荷循环次数界限，一般认为几万次以上是高周疲劳。在高周疲劳下，构件应力通常比材料的屈服强度低，应力疲劳方法通常用于高周疲劳；塑性变形常常伴随低周疲劳，所以低周疲劳通常采用应变疲劳法。

在 3DEXPERIENCE 平台中，用户可以使用 Durability and Mechanics Engineer 角色仿真计算构件的疲劳寿命。

16.1.2 材料疲劳性能

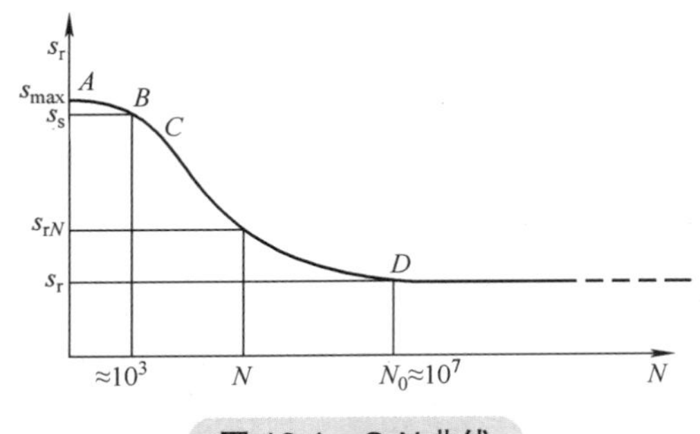

图 16-1 S-N 曲线

如图 16-1 所示，*S-N* 曲线是材料的基本疲劳性能曲线，描述的是材料的疲劳性能作用的应力范围 σ 与到破坏时的载荷循环次数 N 之间的关

系。N 为在给定应力比 R、恒幅载荷作用下循环到破坏的循环次数。对应于循环次数 N 的应力范围 σ_{-1N}，称为寿命为 N 循环的疲劳强度。在给定应力比 $R=-1$ 下，应力范围 σ 越小，寿命越长。当应力 σ 小于 N_0 所对应的应力范围时，试件不会发生破坏，寿命将趋于无限长。

幂函数表达式是 S-N 曲线常用的表达式，其形式如下

$$N\sigma^m = C \tag{16-1}$$

式中，N 是材料疲劳寿命；σ 是名义应力（MPa）；m 是幂数；C 是材料常数。

对式（16-1）取对数形式得到

$$\log N = A + B\log\sigma \tag{16-2}$$

式中，A 为材料常数；B 为斜率参数；A 和 B 的值通常可以在机械材料 S-N 曲线系数表中查到，其中 $A=\log C$，$B=-m$。

16.1.3　平均应力修正理论

试验表明，平均应力会影响寿命。当塑性应变的幅度相对较低时，平均应力将始终保持不变并影响寿命。正平均应力的增加通常会缩短寿命，而负平均应力的增加通常会改善寿命。所以，准确地预测疲劳寿命必须考虑如何处理平均应力对疲劳寿命的影响。

目前广泛使用的平均应力修正理论主要有以下三种：Goodman 修正、Soderberg 修正、Gerber 修正，它们之间的关系如图 16-2 所示。Goodman 理论适用于低韧性材料，对压缩平均应力没有做修正；Soderberg 理论比 Goodman 理论更为保守，在某些情况下可用于脆性材料；Gerber 理论可以为韧性材料提供良好的拉伸平均应力，但是它不能正确地预测出压缩平均应力的有害影响。

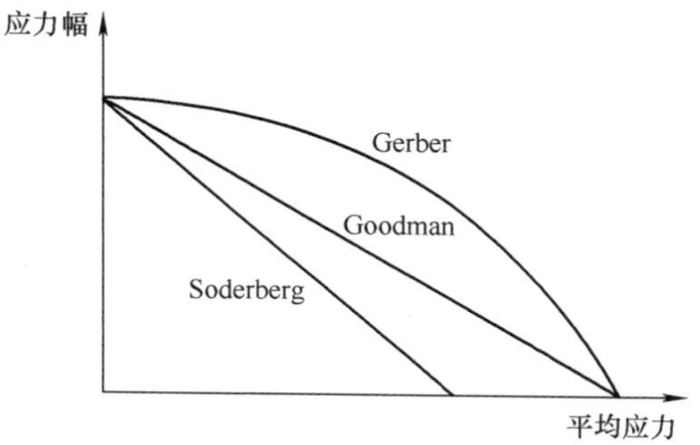

图 16-2　平均应力修正模型

Goodman 曲线公式如下

$$\frac{S_a}{\sigma_{-1}} + \frac{S_m}{\sigma_b} = 1 \tag{16-3}$$

Gerber 曲线公式如下

$$\frac{S_a}{\sigma_{-1}} + \left(\frac{S_m}{\sigma_b}\right)^2 = 1 \tag{16-4}$$

Soderberg 曲线公式如下

$$\frac{S_a}{\sigma_{-1}} + \frac{S_m}{\sigma_s} = 1 \tag{16-5}$$

式中，S_a 是应力幅；S_m 是平均应力；σ_{-1} 是应力比 $R=-1$ 时的疲劳极限；σ_b 是材料强度极限；σ_s 是材料屈服极限。

16.1.4 影响疲劳的因素

影响疲劳的因素主要包括：

1）平均应力。平均应力越大，寿命越短。

2）应力分布方式。高应力区较多的构件（如大直径构件）更容易破坏。

3）载荷作用方式。例如，拉压比弯曲更容易破坏。

4）构件表面因素。表面质量越好，寿命越长。

16.2 3DEXPERIENCE 疲劳寿命计算方法

3DEXPERIENCE FGM 中采用的疲劳求解器是 SIMULIA Fe-safe。实际产品在工作过程中处于多轴应力状态，且疲劳破坏都从构件表面开始。构件表面在多数情况下处于二向应力和三向应变状态。因此，Fe-safe 软件更多地采用二轴分析方法，对构件进行应力 - 疲劳分析计算。Fe-safe 推荐使用的疲劳裂纹产生条件，对延性金属采用平均应力修正的 Brown-Miller 组合应变准则。该准则认为最大疲劳损伤发生于经受最大剪应变幅的平面，且损伤与该平面上作用的剪应变和正应变有关，对延性材料能提供较佳的计算结果。

16.2.1 疲劳寿命计算步骤

在大多数情况下，我们在得到结构仿真模型的结果输出之后再定义疲劳仿真模型。该操作过程的整体流程和各个阶段的输入输出如图 16-3 所示。

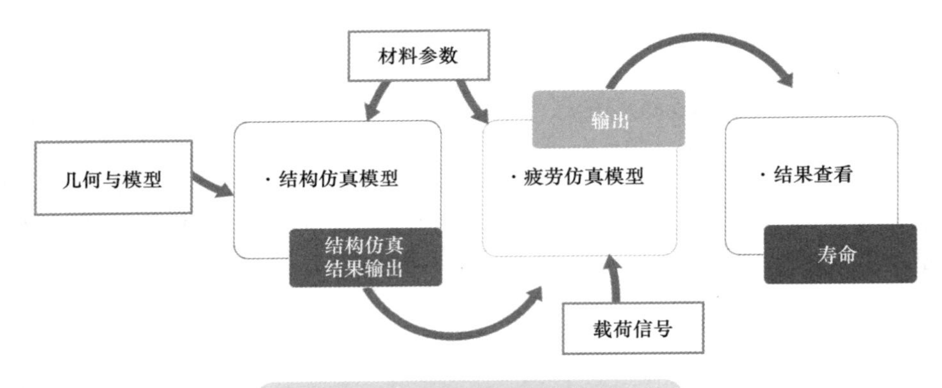

图 16-3 Fe-safe 疲劳分析基本流程

创建疲劳分析的全部过程包括两组步骤：一组是在结构仿真模型中进行，另一组是在疲劳仿真模型中进行。

执行以下步骤来配置现有的结构仿真模型，以便随后在耐久性计算中使用：

1. 在模型上应用适当的材料

选择一种在其仿真域中定义了疲劳选项的材料，以便在结构分析案例和耐久性分析案例之间共享模型。疲劳选项还包括疲劳算法的配置，它可以描述有限寿命或无限寿命行为。该应用程序需要一个疲劳算法和仿真域中的相关疲劳选项来运行耐久性分析案例。

也可以在结构案例初始求解后应用新的材料，但是这样的改变会使应力结果无效，需要再次运行仿真。

> 注意：如果数据库中没有合适的材料，可以采取以下两种方式。
>
> 1）从头开始创建一个具有适当疲劳行为的新材料。
>
> 2）导入弹性 - 疲劳材料库（DS-ElasticFatigue-*.3dxml 文件），它提供了一套适合弹性疲劳分析的 300 多种材料。

2. 重新网格划分（可选）

重新审查网格以确定它是否适合于疲劳分析，用户可能需要切换到结构模型创建应用程序来审查网格。例如，用户可能需要在感兴趣的区域进行网格收敛研究，以确保网格密度能够准确捕捉应力。与材料分配一样，对网格的改变会使之前解决的结构分析案例失效。

3. 为模型中的实体几何形状配置输出请求

大多数疲劳失效发生在实体的外表面。用户应该使用元素节点的应力或平均应力，而不是内部（高斯）积分点的应力，以确保最准确的疲劳寿命预测。对于涉及弹塑性材料行为的结构分析，应该使用具有节点积分的元素。对于只涉及弹性行为的结构分析，可以使用具有节点的元素或具有内部积分点的元素。在后一种情况下，应用程序在进行疲劳计算之前将应力外推到元素节点上（没有节点平均），疲劳分析结果在元素节点上输出。

4. 在模型中配置壳单元的几何形状的输出请求

与实体几何的输出请求一样，确认应力是在壳单元顶部和底部输出的。

16.2.2　疲劳分析尝试

本案例是一个缺口板模型，需要对其进行可变振幅叠加加载，并完成疲劳分析。

步骤 1　导入模型

在 3DEXPERIENCE 界面中导入模型文件“ws_Notched_Plate.3dxml”，如图 16-4 所示。

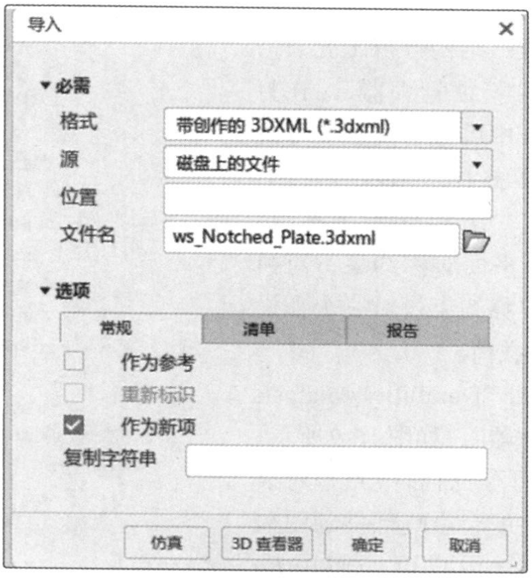

图 16-4　模型导入

步骤 2　进入仿真分析界面

本模型是一个已完成的结构仿真模型，自带应力分析结果，模型成功导入后（图 16-5），右击特征树中的项目“Notched_Plate-SIM A.1”，单击“打开”。

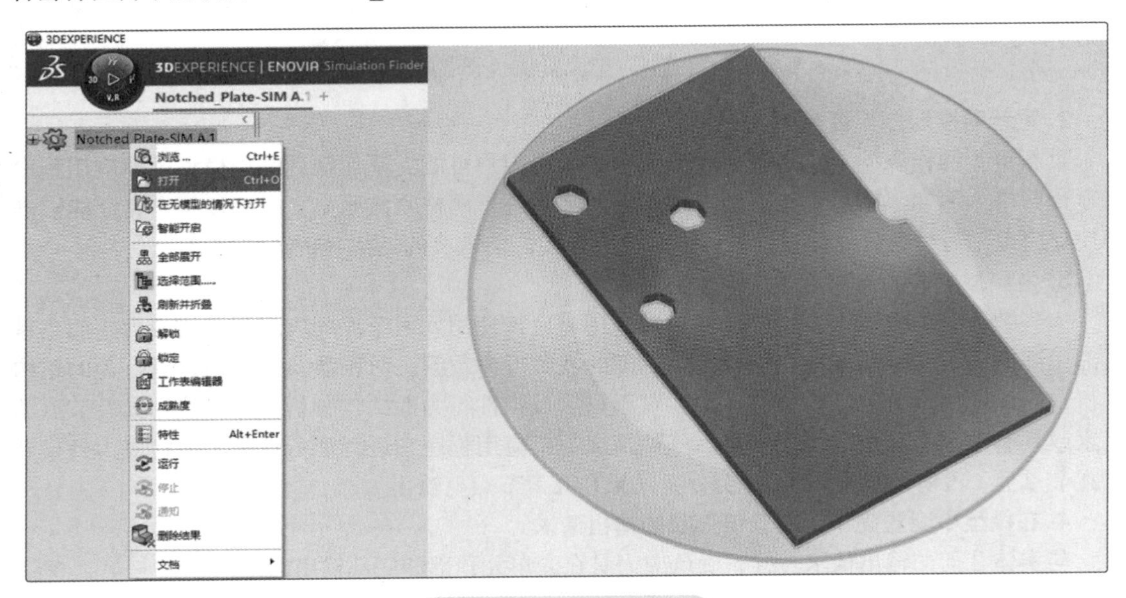

图 16-5　模型查看界面

步骤 3　查看仿真设置

我们可以在特征树中查看已完成的设置，如模型材料、约束、载荷以及网格设置，如图 16-6 所示。

当然，也可以通过“特征管理器”查看基础设置。首先将分析步切换成“结构分析工况 .1”，然后在绘图区右击，选择“特征管理器”，在打开的“特征管理器”对话框中可查看模型及方案中的相关设置，如图 16-7 和图 16-8 所示。

通过图 16-8 可知，在“结构分析工况 .1”算例中设置了 *XY*、*YZ* 两个平面对称约束，对模型的一个边线设置了固定位移约束，对三个孔设置了沿 *X* 方向的 500N 远程载荷。

接下来将分析步切换成“Durability Analysis Case.1”，并打开“特征管理器”，如图 16-9 所示。

双击查看“曲面抛光 .1”。曲面抛光是对表面粗糙度的设置，表面粗糙度会影响部件的耐久性。在 3DEXPERIENCE 中，用户可以使用 *Ra* 或 *Rz* 来描述表面粗糙度。

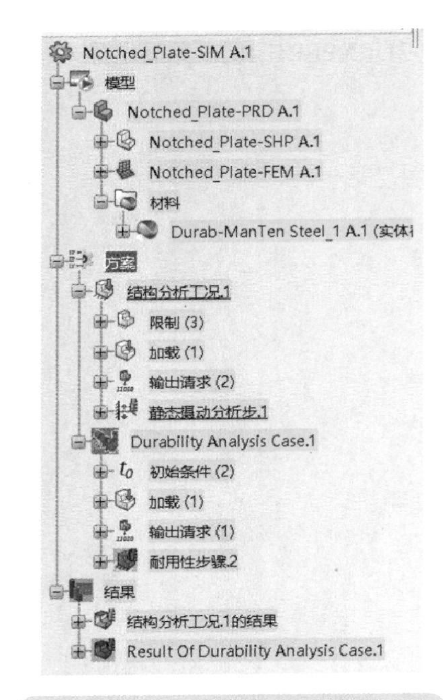

图 16-6　模型自带的仿真案例设置

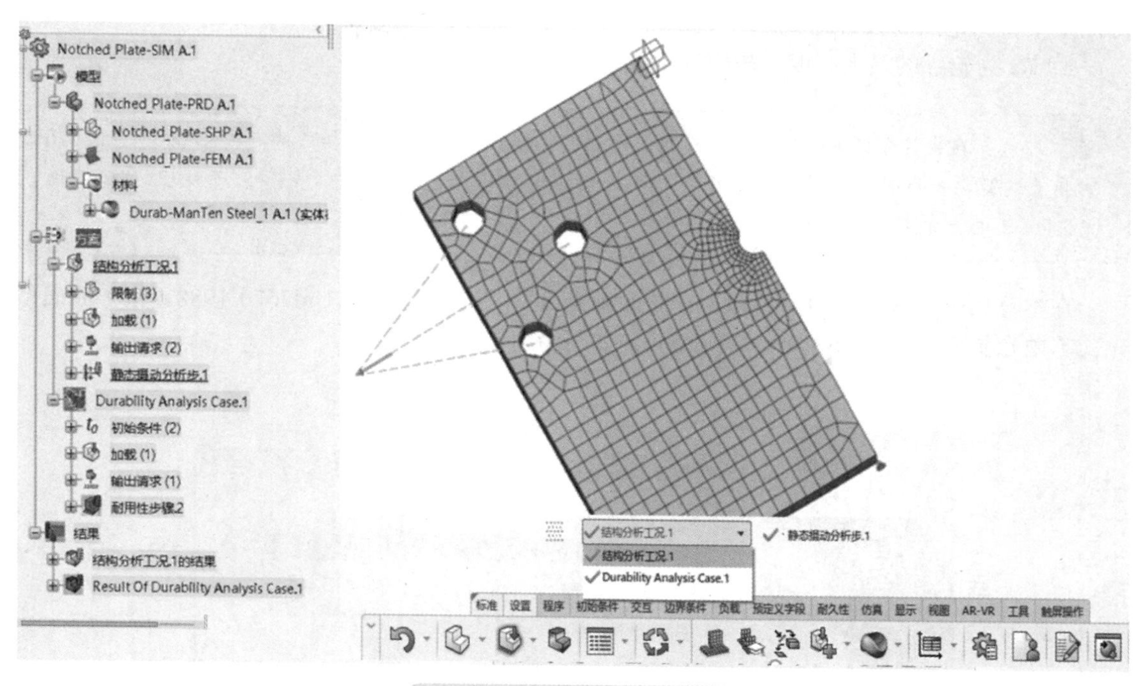

图 16-7　仿真案例创建界面

特征管理器

正在查看所有 7

包	视	名称	类型	类别	定义	静态摄动分析...
✓	👁	固定位移.1	固定位移	限制	转换 Y	
✓	👁	平面对称.1	平面对称	限制		
✓	👁	平面对称.2	平面对称	限制		
✓		输出.1	字段	输出请求	场	
✓		输出.2	历史记录	输出请求	历史记录	
✓	👁	远程力.1	远程力	加载	量级: 500 N	
		Global Element Types	全局单元映射	单元类型分派		

图 16-8　结构分析步“特征管理器”对话框

特征管理器

正在查看所有 3

包	视	名称	类型	类别	定义	耐用性步骤.2
		疲劳负载.1	疲劳负载	加载	Superposition.1	
✓		基曲面抛光.1	基曲面抛光	初始条件	Kt 1	
✓		曲面抛光.1	曲面抛光	初始条件	0.6 < Ra <= 1.6 um	

图 16-9　疲劳分析步“特征管理器”对话框

1）*Ra* 为轮廓的算术平均偏差：在取样长度（*lr*）内轮廓偏距绝对值的算术平均值。在实际测量中，测量点的数目越多，*Ra* 越准确。

2）*Rz* 为轮廓的最大高度：轮廓峰顶线和谷底线之间的距离。

> 注意：在疲劳分析中，用户可以使用多种方式定义表面粗糙度，包括“特定的Kt值”“Uni7670 1988（钢）表面处理”“Juvinaall 1967（钢）表面处理”“Rcjohnson 1973（钢）表面处理”“曲面抛光值”“曲面抛光文件”。

在本算例中，缺口曲面的名称为“曲面抛光 .1”，抛光类型为“Uni7670 1988（钢）曲面抛光”，“抛光质量”为“$0.6 < Ra \leq 1.6\mu m$”，如图 16-10 所示。

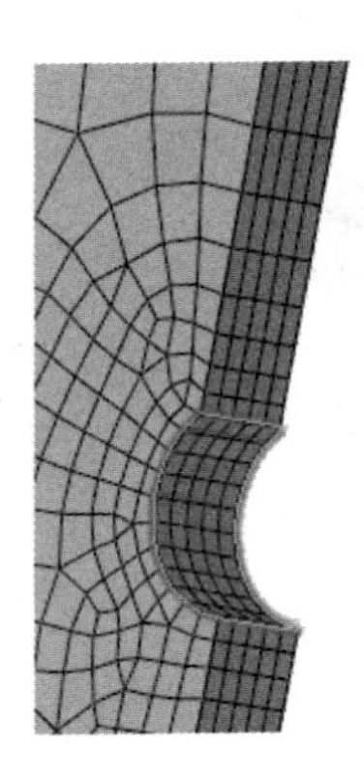

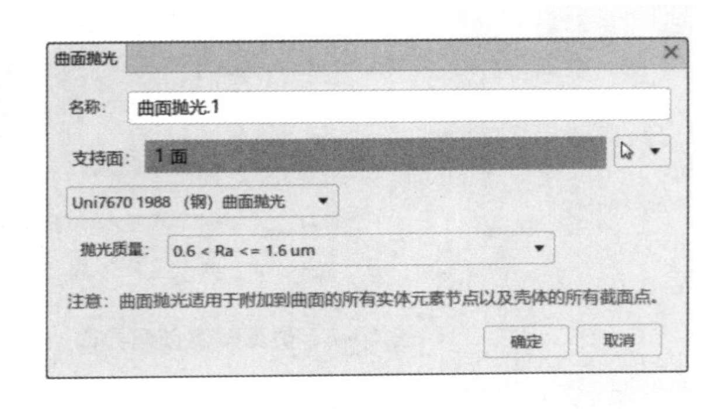

图 16-10　当前曲面抛光设置

双击查看“疲劳负载 .1”，右击“信号”，并单击“绘图”，查看载荷振幅，载荷振幅最大值为 1kN，如图 16-11 和图 16-12 所示。

图 16-11　查看疲劳负载设置

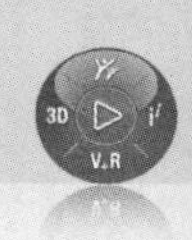

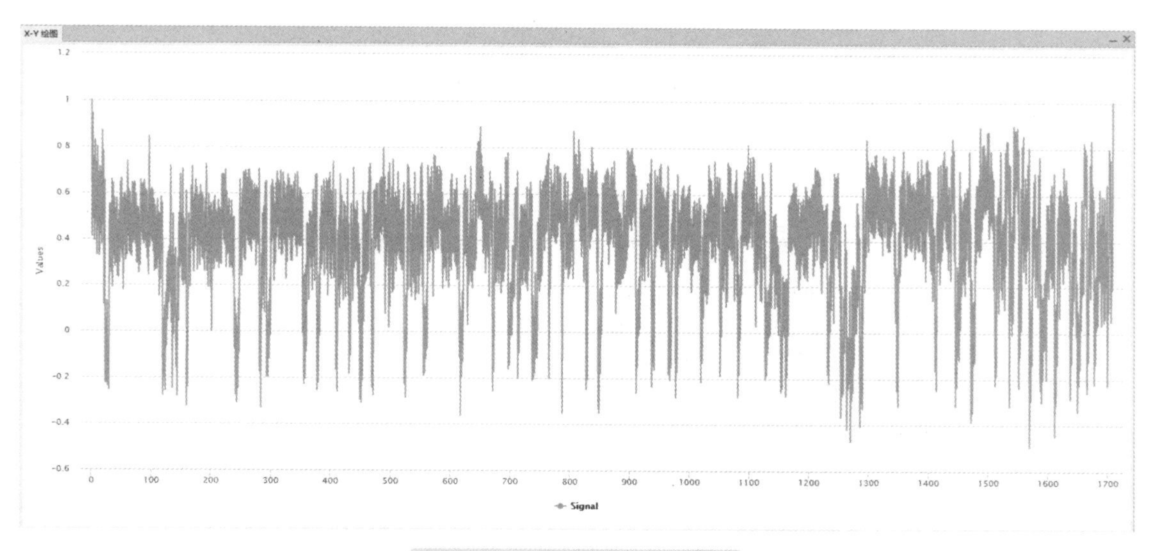

图 16-12　已加载的载荷振幅

该疲劳载荷的事件是在载荷扰动情况下，1kN 载荷结束时的应力场与载荷信号的叠加，其比例系数设置为 15.6。因为信号是一个可变振幅的载荷，最大为 1kN，而感兴趣的疲劳载荷最大需要 15.6kN，所以设置一个 15.6 的比例系数。

步骤 4　结果查看

单击命令工具栏中的“设置”/“结果”（或按 <Ctrl+R> 键），显示已完成的分析结果在“绘图”对话框中，“案例”选择“结构分析工况 .1 的结果”，“绘图”选择“等效应力 .1”，查看结构分析案例的结果，最大应力的数值为 27.4MPa，如图 16-13 所示。

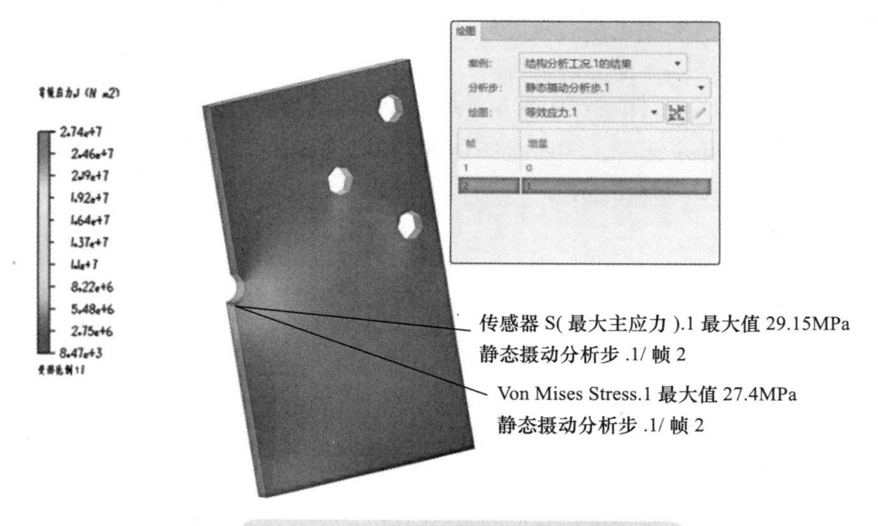

图 16-13　结构分析等效应力云图查看

查看疲劳分析结果。在“绘图”对话框中，“案例”选择“Result of Durability Analysis Case”，“绘图”选择“生命周期日志（重复）”，查看疲劳寿命结果，如图 16-14 所示。

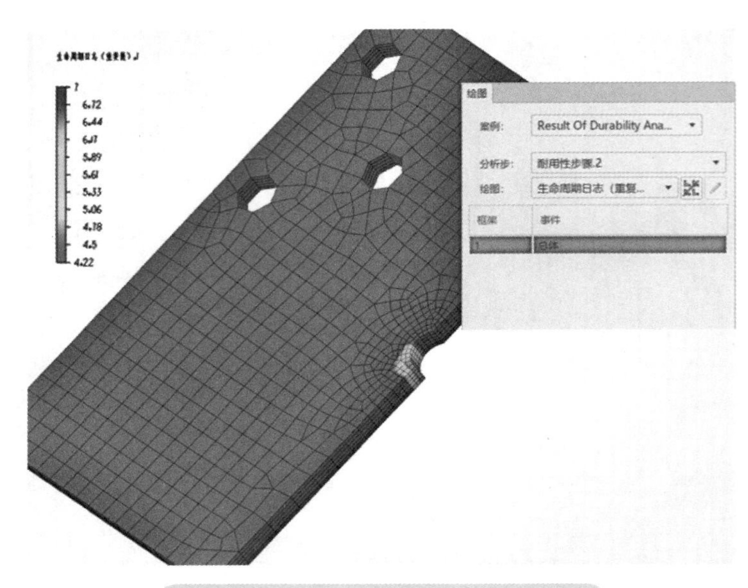

图 16-14　疲劳分析生命周期云图查看

除此之外，还可以通过“绘图”查看损坏、最差循环平均应力（已纠正）、最差循环损坏参数（已纠正）、最差循环平均应力（未纠正）、最差循环损坏参数（未纠正）等结果。

知识点：

在本案例中，使用的疲劳算法是Brown-Miller，Brown-Miller是一种基于应变的临界面多轴疲劳算法。

Fe-safe独特地提供了“临界平面”算法来配合Brown-Miller准则（以及主应变准则等），以获得最好的计算精度。临界平面法的核心思想是：将每个位置处的应变分解到按某种规律变化的一系列平面上，计算每个平面上的损伤，以这些平面中的最小寿命作为该位置的寿命。

在Brown-Miller算法中，对于有限寿命分析，可以选择Morrow、User-Defined或不选择平均应力校正；对于无限寿命分析，可以选择Goodman、Gerber或用户定义的平均应力校正。本案例选择的平均应力修正为Morrow。

16.3　模型设置

本案例是一个管道定位器模型，管道定位器通常用于石油或天然气成井中。定位器是一个短的管子，它的两端与长的生产管子通过螺纹连接起来。定位器内部的凹槽部分用于将传感器定位在钻杆的特定深度处。由于模型对称，为了减少计算量，我们将使用1/4模型，如图16-15所示。

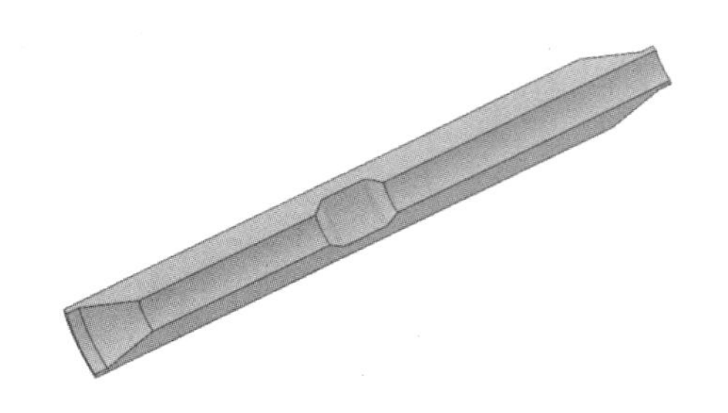

图 16-15　管道定位器 1/4 模型

石油管道每年可能需要几次维护或保养，在整个维护操作的过程中载荷会发生显著变化。石油管道疲

劳载荷加载历史见表 16-1。

表 16-1　石油管道疲劳载荷加载历史

载荷类型	0s	1s	2s	3s
拉伸载荷 /bf	0	500	11000	7500
内压力 /psi	0	10000	110000	90000
外压力 /psi	0	15000	150000	135000

本案例已提前完成结构分析案例，其中定义了三个分析步，以代表总时间中每秒结束时的载荷。步骤 1 为管道的基础应力状态，所以不包括在疲劳加载历史中。另外，几何非线性包括在分析步中，但其影响可以忽略不计。针对此案例工况可以初步估计管道处于低周疲劳范畴。

步骤 1　导入模型

在 3DEXPERIENCE 界面中导入模型文件“ws_Locator.3dxml”，如图 16-16 所示。

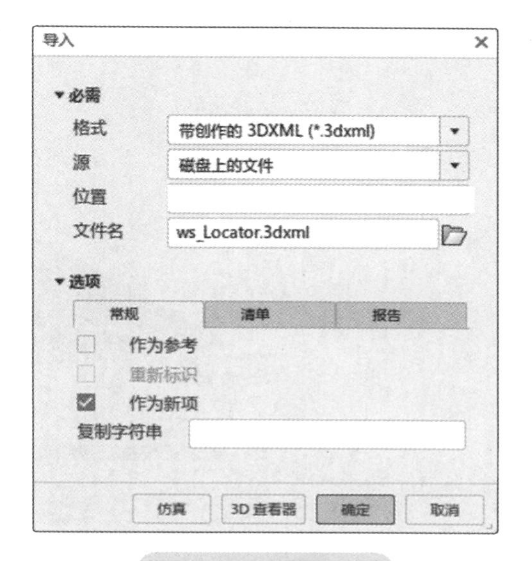

图 16-16　模型导入

步骤 2　进入仿真分析界面

模型成功导入后，右击特征树中的项目“Locator-SIMA.1”，单击“打开”。打开后如图 16-17 所示。本算例已完成应力分析设置及网格划分，后续只进行疲劳分析设置即可。

步骤 3　查看仿真设置

我们可以在特征树中查看已完成的设置，如模型材料、约束、载荷以及网格设置，如图 16-18 所示。

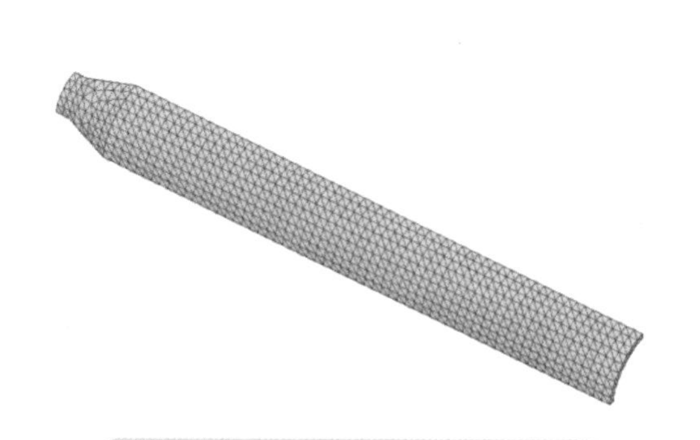

图 16-17　包含设置和网格的模型

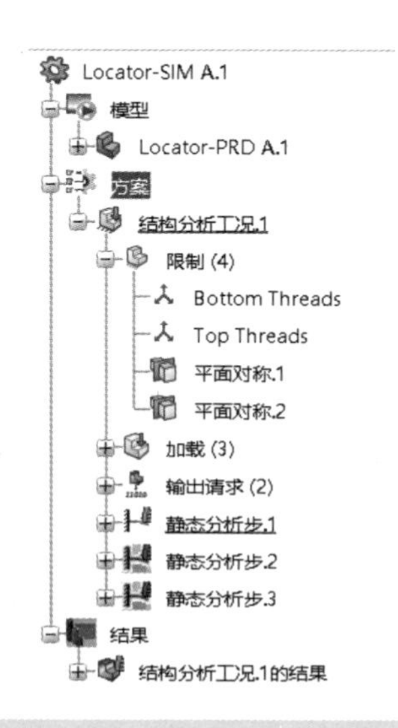

图 16-18　模型自带的仿真案例设置

首先关注约束位置。在本算例中，对底螺纹和顶螺纹设置固定约束，限制其 X、Y、Z 向位移，如图 16-19 所示。其次查看载荷情况，可以看到在 3 个分析步中，内压、外压和拉伸载荷加载位置、方向完全一样，只有数值不同，如图 16-20 所示。

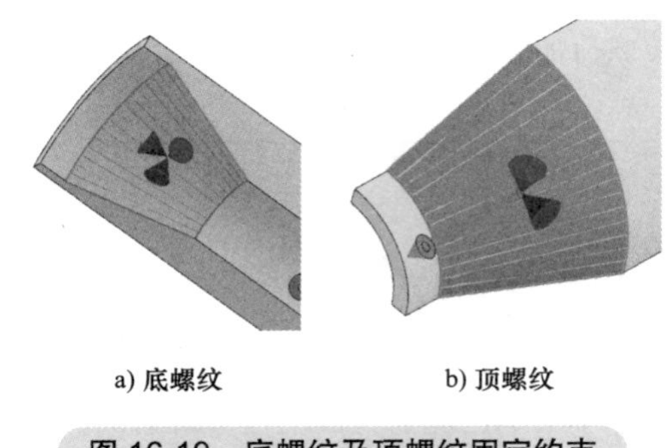

a) 底螺纹　　b) 顶螺纹

图 16-19　底螺纹及顶螺纹固定约束

接下来我们需要更换材料，将默认的“steel”更换为“AISI 4340 Steel”。在“材料面板”中搜索材料“4340”，在材料属性中单击“应用”/“实体截面”赋予材料，单击“确定”，完成材料替换，如图 16-21 所示。

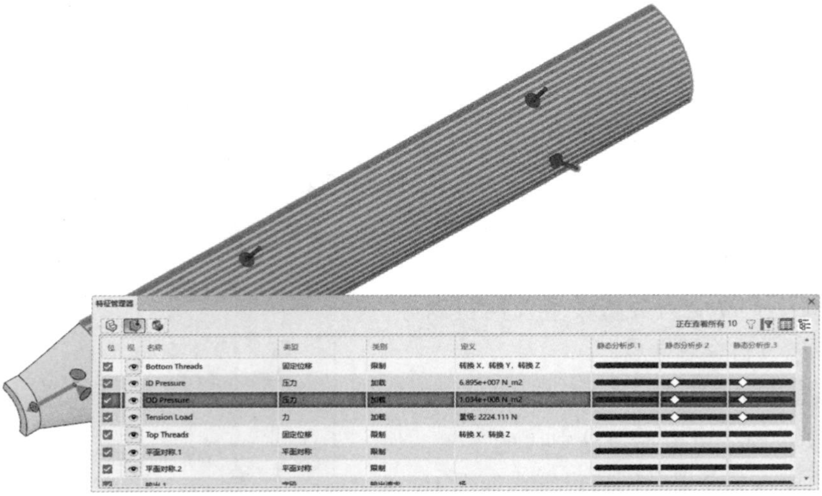

图 16-20　“特征管理器”对话框中的载荷设置

a) 搜索材料　　b) 应用

图 16-21　对已有材料进行替换

步骤 4　设置疲劳分析步

在这一步中我们需要完成对疲劳分析的设置。首先在命令工具栏中选择“耐久性”/“创建

耐用性案例”后单击“确定”，如图 16-22 所示。此时疲劳分析步会出现在分析步选择器中。

图 16-22　创建疲劳分析步

接着设置疲劳负载，在命令工具栏中选择“耐久性”/“疲劳负载”，然后单击右上角的“帧顺序”（图 16-23 中箭头处图标），添加疲劳帧，如图 16-23 所示。然后右击“帧序列 .1”选择“添加帧”，在“帧”中选择“静态分析步 .2”中的“所有增量”，如图 16-24 所示。

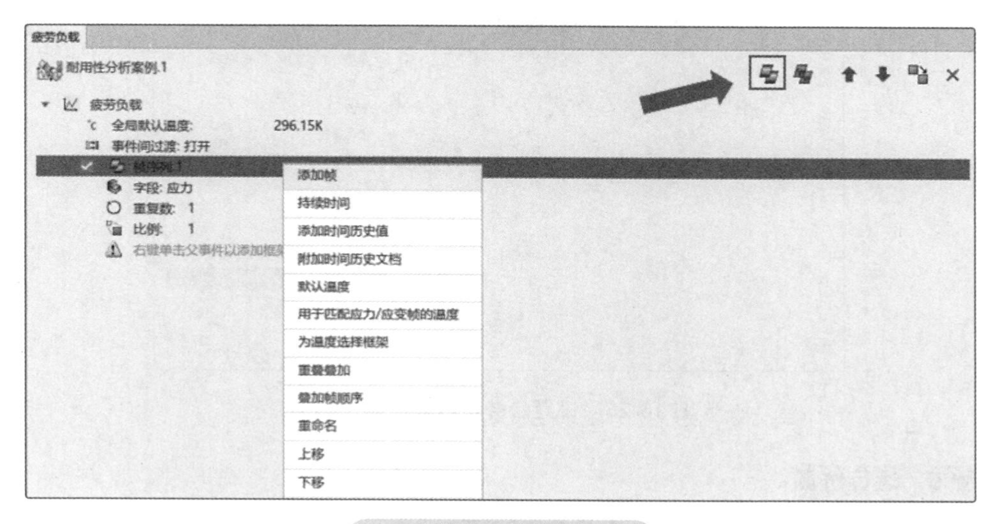

图 16-23　设置疲劳负载

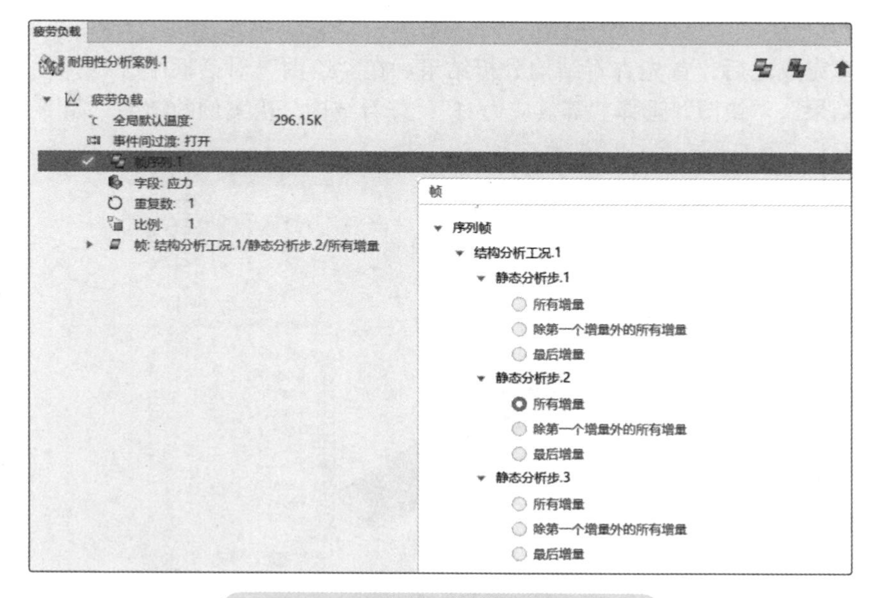

图 16-24　设置疲劳负载顺序帧（一）

在此基础上再增加一个顺序帧，右击“帧序列.1”选择“添加帧”，在“帧”中选择“静态分析步.3”中的“最后增量”，然后单击“确定”，完成疲劳载荷的加载，如图16-25所示。

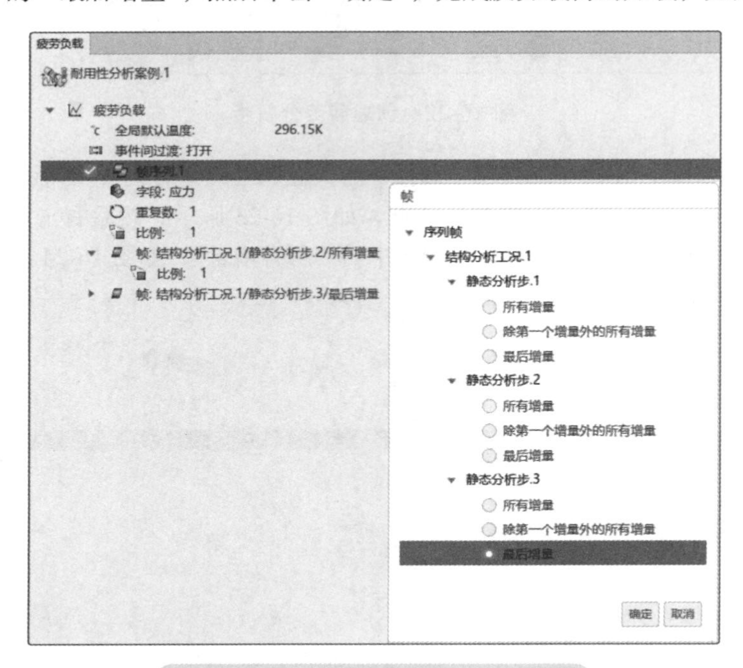

图16-25 设置疲劳负载顺序帧（二）

步骤5 运行仿真

设置好疲劳算例之后，单击命令工具栏中的“仿真”/“仿真”，运行结构分析及疲劳分析。

16.4 结果解读

结果计算完成之后，首先查看结构分析结果。在“绘图”对话框中，“案例”选择“静态分析步.2的结果”，“绘图”选择“等效应力.1”，查看结构分析案例的结果，如图16-26所示。

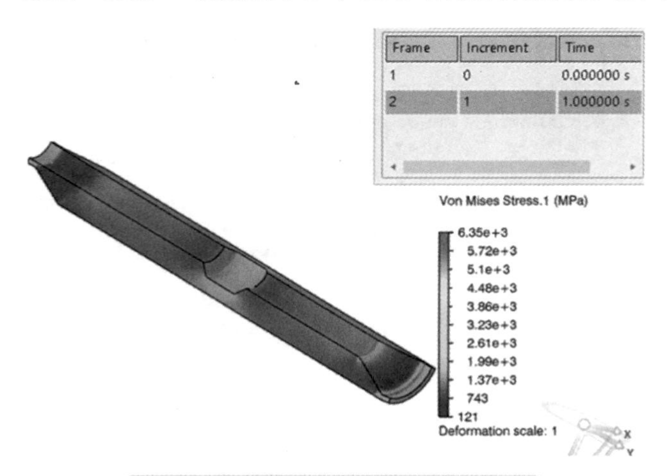

图16-26 静态分析步.2的应力云图

查看疲劳分析结果。在“绘图”对话框中，“案例”选择“疲劳分析”，“绘图”选择“寿命周期”，结果如图 16-27 所示。

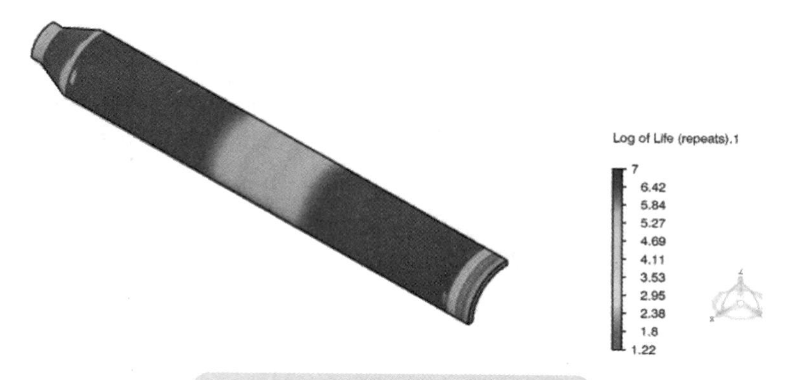

图 16-27　疲劳分析步的寿命云图

另外，如果只想显示定位器内部轮廓中的元素结果，可以使用“显示组”对话框来调整。局部疲劳寿命结果如图 16-28 和图 16-29 所示。

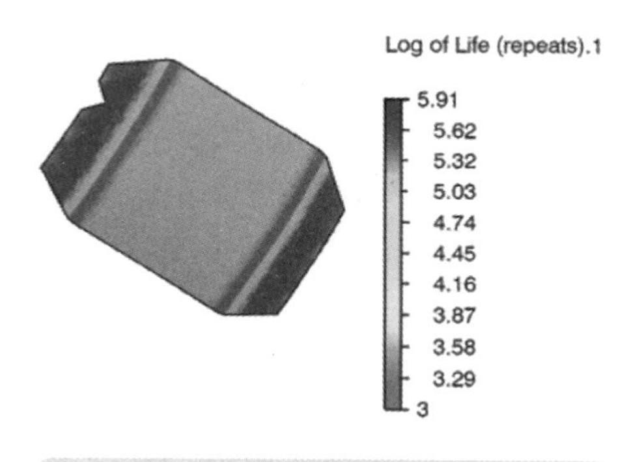

图 16-28　仅显示内部轮廓的疲劳寿命

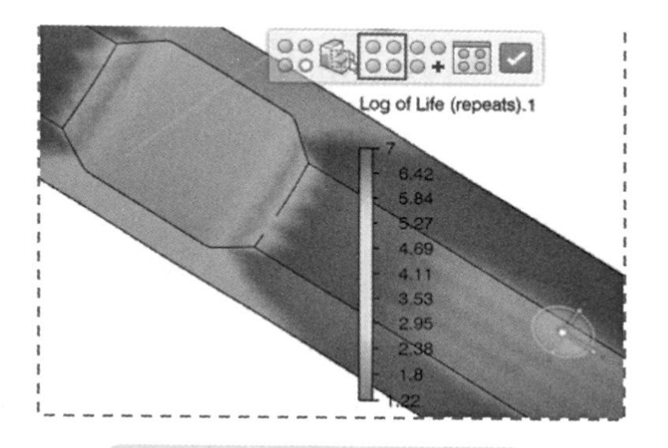

图 16-29　局部疲劳寿命查看

16.5　小结

本章主要介绍了 3DEXPERIENCE 平台中疲劳分析的相关内容。首先简单概述了疲劳分析中的一些基本概念和理论，包括材料疲劳性能、平均应力修正等。然后通过两个案例实操带领用户了解如何使用 FGM 角色进行疲劳分析，其中第一个案例自带结构分析结果，使用的是可变振幅叠加加载进行疲劳分析。第二个案例的结构分析中存在多个分析步，在疲劳分析中需要使用耦合顺序帧进行加载。

参 考 文 献

[1] Dassault Systemes. 3DEXPERIENCE User Assistance R2023x on the Cloud[Z].2023.

[2] JOHNSON G R，COOK W H. Fracture characteristics of three metals subjected to various strains，strain rates，temperatures and pressures[J]. Engineering Fracture Mechanics，1985，21（1）: 31-48.

[3] 张法，葛新峰，王宁宁，等 . 基于疲劳累积损伤理论的抽水蓄能电站顶盖螺栓疲劳分析 [J]. 水电与抽水蓄能，2021，7（3）: 78-83.

[4] 赵龙龙，王庆龙，席飞，等 . 铝合金单轴拉伸应力 - 应变关系研究 [J]. 建筑结构，2022，52(S01): 1289-1292.